U0202647

国家出版基金项目
NATIONAL PUBLICATON FOUNDADON

未来无线通信网络

宽带移动通信系统的网络自组织(SON)技术

彭木根　李勇　梁栋　顾昕钰　著

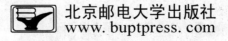北京邮电大学出版社
www.buptpress.com

内 容 简 介

本书全面深入地介绍了蜂窝移动通信系统的网络自组织技术,包括第 4 代宽带移动通信系统和关键技术组成、无线网络自组织技术提出背景和标准化现状、无线网络自组织协议架构和流程、物理小区标识和邻区关系自配置、覆盖和容量自优化、无线干扰自优化、切换和负载均衡自优化、能量节省自优化、多目标联合自优化、中断检测和自补偿、分层异构无线网络自组织等。

本书内容翔实丰富、深入浅出,可作为高等院校的通信工程、电子信息工程和计算机应用等专业的研究生和高年级本科生相关课程的参考教材和工程及研究的参考技术著作,也可作为相关工程技术人员的参考书。

图书在版编目 (CIP) 数据

宽带移动通信系统的网络自组织(SON)技术 / 彭木根等著 . -- 北京:北京邮电大学出版社,2013.10

ISBN 978-7-5635-3615-3

Ⅰ. ①宽… Ⅱ. ①彭… Ⅲ. ①移动通信—宽带通信系统—自组织系统—通信技术 Ⅳ. ①TN929.5

中国版本图书馆 CIP 数据核字 (2013) 第 179399 号

书　　　名:宽带移动通信系统的网络自组织(SON)技术
著作责任者:彭木根　李勇　梁栋　顾昕钰　著
责 任 编 辑:刘　颖
出 版 发 行:北京邮电大学出版社
社　　　址:北京市海淀区西土城路 10 号(邮编:100876)
发 行 部:电话:010-62282185　传真:010-62283578
E-mail:publish@bupt.edu.cn
经　　　销:各地新华书店
印　　　刷:北京宝昌彩色印刷有限公司
开　　　本:720 mm×1 000 mm　1/16
印　　　张:29.75
字　　　数:612
印　　　数:1—3 000 册
版　　　次:2013 年 10 月第 1 版　2013 年 10 月第 1 次印刷

ISBN 978-7-5635-3615-3　　　　　　　　　　　　　　　定　价:69.00 元

· 如有印装质量问题,请与北京邮电大学出版社发行部联系 ·

丛书总序

　　近年来,智能手机、平板电脑、移动软件商城、无线移动硬盘、无线显示器、无线互联电脑等的出现开启了无线互联的新时代,无线数据流量和信令对现有无线通信网络带来了前所未有的冲击,容量需求呈非线性爆炸式增长。伴随着无线通信需求的不断增长,用户希望能够享受更加丰富的业务和更好的用户体验,这就要求未来的无线通信网络能够提供宽带、高速、大容量的无线接入,提高频谱利用率、能量效率及用户服务质量,降低成本和资费。基于此,本丛书着眼于未来无线通信网络中各种创新技术的理论和应用,旨在给广大读者带来一些思考和帮助。

　　本丛书首批计划出版 5 本书,其中无线泛在网络的移动性管理技术一书详细介绍无线泛在网络环境中移动性管理技术面临的问题与挑战,为读者提供了移动性管理技术的研究现状及未来的发展方向。认知无线电与认知网络一书主要阐述认知无线电的概念、频谱感知、频谱共享等,向读者介绍并示范如何利用凸函数最优化、博弈论等数学理论来进行研究。环境感知、机器学习和智能决策是认知网络区别于其他通信网络的三大特征,认知网络中的人工智能一书关注的是认知网络的学习能力,重点讨论了人工神经网络、启发式算法和增强学习等算法如何用于解决认知网络中的频谱检测、功率分配、参数调整等具体问题。下一代宽带移动通信系统的网络自组织技术一书通过系统讲解 IMT-Advanced 系统的SON 技术,详细分析了 SON 系统方案、协议流程、新网络测量方案、关键技术解决方案和算法等。绿色通信网络技术一书重点介绍多网共存的绿色通信网络中的相关技术,如绿色通信网络概述、异构网络与绿色通信、FPGA 与绿色通信等。

　　从最早的马可尼越洋电报到现在的移动通信,从第一代移动通信到现在第四代移动通信的 20 年中,无线通信已经成为整个通信领域中的重要组成部分,是具有全球规模的最重要的产业之一。当前无线移动通信的持续发展面临着巨大的挑战,也带来了广阔的创新空间。我们衷心感谢国家新闻出版总署的大力支持,将"丛书"列入"十二五"国家重点图书出版规划项目,并给与国家出版基金的支持,衷心希望本丛书的出版能为我国无线通信产业的发展添砖加瓦。本丛书的作者主要是年轻有为的青年学者,他们活跃在教学和科研的第一线,本丛书凝聚了他们的心血和潜心研究的成果,希望广大读者给予支持和指教。

孔红

前　言

第四代宽带蜂窝移动通信系统（IMT-Advanced）无论在技术、网络结构，还是在业务支撑和服务环境上，都和传统蜂窝网络有很大不同，具体表现在：（1）采用增强的多输入多输出（MIMO）、无线中继、多点协作传输（CoMP）、载波聚合等先进技术为各种多媒体分组业务提供高达 1 Gbit/s 的传输速率，并且小区边缘用户的性能能够有效保证；（2）采用扁平化网络架构以减少传输时延，改变传统集中控制模式，基站间采用协商方式进行相应的无线资源分配和切换等，以减少小区间干扰和提高切换性能；（3）采用家庭基站技术增强室内覆盖，满足室内便捷、高速和绿色通信要求；（4）采用网络融合协作和干扰协调技术，使 2G、3G 以及 3G 增强和 IMT-Advanced 等多种无线接入模式共存，实现各系统的平滑切换且保证异构系统间的互联互通；（5）增强基站功能，提高 IMT-Advanced 应急通信能力，实现便捷灵活的高效组网。IMT-Advanced 系统的这些新特征和技术需求使得传统无线网络规划、网络优化和网络管理方法和流程不再高效，需要采用具有学习能力的智能化网络规划优化及管理方法，以增强网络的健壮性和鲁棒性，同时提高网络的传输性能。

将网络自组织（SON）引入 IMT-Advanced 系统的主要目的是适应新技术需求，提高网络的自组织能力，简化无线网络设计和网络运维，实现网络的自配置（self-configuration）、自优化（self-optimization）和自治愈（self-healing），以适合 IMT-Advanced 系统的技术和业务需求。网络自配置的目标是尽量减少网络规划和网络管理的人工参与，降低网络建设和维护成本，基站能够自动发现和建立邻区关系，自动配置小区识别号（ID），并使配置结果满足网络要求。网络自优化是通过监测网络性能指标的变化和一些异常事件发生，通过自动调整基站相关参数来达到减少干扰、优化网络性能的目的；与无线资源管理算法不同，SON 的自优化考虑的不仅是单小区性能，而是一个（局部）网络多小区的整体性能，目标是使整体网络性能得到改善。网络自治愈是指由于基站或服务节点的故障,使得单小区内部或多小区间的覆盖或容量出现严重问题时,通过对故障进行检测、定位、补偿、恢复,实现网络快速恢复。

目前 3GPP 和 IEEE 802.16m 都展开了对 SON 的标准化工作,重点是联合网管协议和规范,针对 3G、3G 长期演进系统(LTE)、移动 WiMAX 等系统的网络自配置和网络自优化的技术需求和方案开展研究,以解决现有无线网络规划和优化的各种问题。IMT-Advanced 系统采用增强的 MIMO、无线中继、家庭基站、CoMP、载波聚合等先进技术会改变传统无线网络的拓扑结构,带来资源池扩大、载波资源增加、调度协调节点数量膨胀等问题,根据网络负荷的实时变化自动进行干扰减少、容量优化、节能降耗等问题需要依靠 SON 来解决。

考虑到 3GPP Release 8 和 Release 9 已经为 3G 及其演进系统的 SON 进行了相关的标准化工作,本书主要介绍和总结 LTE 和 LTE 演进系统(LTE-Advanced)网络自组织的协议组成、技术方案和算法性能等。本书共分 11 章:第 1 章让读者建立第四代宽带蜂窝移动通信的组成和先进技术等基本概念,为后面的学习打下必备的基础;第 2 章扼要介绍了无线网络自组织技术提出背景和标准技术规范现状;第 3 章详细介绍了无线网络自组织协议架构和流程;第 4 章描述了网络自组织技术,重点介绍了物理小区标识和邻区关系自配置;第 5~9 章详细介绍了网络自优化技术,分别是覆盖和容量自优化、无线干扰自优化、切换和负载均衡自优化、能量节省自优化、多目标联合自优化;第 10 章阐述了无线网络自治愈技术,重点介绍了中断检测和自补偿;第 11 章针对分层异构无线网络,介绍了分层异构网络的自组织协议及其自配置、自优化和自治愈技术等。

本书由"新一代宽带无线移动通信网"国家科技重大专项"IMT-Advanced 自组网(SON)关键技术研发"课题研究成果总结而成。李文璟、赵瑾波、金巴等参与了第 3 章的撰写,李文宇、郑伟、魏垚等对第 4 章进行了编写,冯志勇、陈俊等参与了第 5 章的编写,周一青、李雪娜等参与了第 6 章的撰写,宋梅、冯春杰、闵世军等参与了第 7 章的撰写工作,粟欣、江甲沫等参与了第 8 章的内容,莫益军、王亚峰等参与了第 9 章的撰写,陈华、丰俊伟等参与了第 11 章的编写工作,在此表示感谢。

本书的部分研究内容受"IMT-Advanced 自组网(SON)关键技术研发"课题(课题编号 2011ZX03003-002-01)和国家自然科学基金优秀青年基金项目"无线分层异构网络的协同通信理论与方法"(编号 61222103)

资助,在此特别表示感谢。在本书的编写过程中,还得到了工业和信息化部电信传输研究所、大唐移动通信设备有限公司、中国移动通信有限公司、清华大学、中国科学院计算技术研究所、华中科技大学等的大力支持,这些单位的相关老师提供了许多宝贵建议和有益帮助,在此表示诚挚的谢意。

　　由于无线网络自组织技术还在不断完善中,第四代宽带移动通信技术在不断发展演进到第五代宽代移动通信系统,加之作者水平有限,谬误之处在所难免,敬请广大读者批评指正。根据大家反馈的意见以及技术的增强和演进,本书将会陆续修改部分章节内容,欢迎读者来信讨论其中的技术问题:pmg@bupt.edu.cn。

编 著

目　　录

第1章 宽带蜂窝移动通信系统和技术

　　为了实现降低成本和提高性能的目标,3GPP(3rd-Generation Partnership Project)在众多国内外大型运营商的提倡下于 2004 年将 UTRAN 的长期演进(Long Term Evolution,LTE)计划正式批准立项。2008 年 3 月,国际电信联盟无线电部门(ITU-R)发布了关于第四代移动通信系统(4G)标准的一系列要求,即所谓的 IMT-Advanced 规范,该要求明确规定在高速移动的场景下(如高速列车、汽车上的用户),4G 服务的峰值速率能够达到 100 Mbit/s,在低速移动场景下(如步行、静止的用户)的峰值速率达到 1 Gbit/s。

　　由于 WiMAX 和 LTE 发布的第一个版本的系统标准所支持的峰值速率远小于所要求的 1 Gbit/s,二者均不符合 IMT-Advanced 的要求,但是,它们一般都被服务提供商对外宣称为 4G 系统。2010 年 12 月 6 日,ITU-R 意识到这两种技术以及其他所谓的后 3G 技术都不符合 IMT-Advanced 的要求,因此不能再被称为 4G,它们至多只能算是 IMT-Advanced 系统的先驱或者算是对已经部署的 3G 系统的性能和容量有了一定的增强。

　　移动 WiMAX 的第二个版本(也被称为 WMAN-Advanced 或者 802.16m)和 LTE-Advanced(LTE-A)都符合 IMT-Advanced 的要求,承诺提供大约 1 Gbit/s 的速率,且后向兼容这两个系统的先前版本,原计划在 2013 年得到部署。不同于早期几代移动通信系统,4G 系统不再支持传统的电路交换电话服务,而是基于全 IP 的通信方式,如 IP 电话。所有的 4G 候选系统都放弃了 3G 系统所用到的 CDMA 扩频技术,取而代之的是正交频分复用(OFDM)多载波传输技术以及频域均衡(FDE)机制,这使得在多径无线电传播环境下的超高速数据传输成为可能。

　　新一代的移动通信系统包括一系列的特征,物理层方面包括:采用多天线技术,对多天线和多用户 MIMO 进行空间处理获得超高的频谱效率;频域均衡技术,例如,下行采用多载波调制,上行单载波频域均衡,可以用简单的均衡方式利用频率选择性信道的特性;频率统计多路复用,根据信道条件分配不同的子信道给用户;采用 Turbo 纠错码,降低接收端解调所需要的 SNR。其他的特点还包括:链路自适应,动态地选择调制编码方式;移动全 IP;基于 IP 的家庭基站技术。

　　本章将简要介绍作为 3.9G 的 LTE 系统,同时也将概要介绍作为 4G 的 LTE-A 系统的组成和 4G 系统使用的各种先进技术,为后续章节介绍网络自组织技术提供系统和技术演进背景。

1.1   LTE 蜂窝移动通信系统

LTE 从标准角度而言，是介于 3G 与 4G 技术之间的一个过渡时期，通常称之为 3.9G 技术，但从技术角度而言，由于采用 OFDM 和多输入多输出（MIMO）使它区别于 3G 及 3G 增强型技术，成为新一代移动宽带技术。LTE 的目标有以下几点：

（1）实现比现有技术更高的数据率。在 20 MHz 带宽下，用户终端设备（UE）下行采用 2 天线，UE 上行采用 1 天线发射的情况下，其上行峰值速率应达到 50 Mbit/s，下行峰值速率达到 100 Mbit/s，频谱利用率比 R6 版本提高 2～4 倍。全小区范围内，数据速率应保持一致性，在边缘区域，速率不能有明显下跌。

（2）提供比 R6 版本高 3～4 倍的小区容量，在小区边缘容量比 R6 版本高 2～3 倍。

（3）显著降低用户平面和控制平面的时延，用户平面内部单向传输时延应低于 10 ms，控制平面从睡眠状态到激活状态迁移时间应低于 100 ms，从驻留状态到激活状态的迁移时间应小于 100 ms。

（4）显著降低用户和运营商的成本。

此外，LTE 系统支持的移动性能最高可达 500 km/h，它还改善了小区边缘用户的性能，提高小区容量和降低系统延迟。LTE 要求在满足以上目标时尽可能平滑地实现技术进步。所以要求新的无线接入技术必须与现有的 3G 无线接入技术并存，并且能与现有无线网络以及其替代版本兼容。

3GPP 于 2008 年 1 月将 LTE 列入 3GPP R8 正式标准，2009 年 3 月 3GPP 冻结 LTE R8 版本的 FDD-LTE 和 TDD-LTE 标准，R8 版本正式完成。它定义了 LTE 基本功能，包含了 LTE 的绝大部分特性，原则上完成了 LTE 标准草案，LTE 进入实质研发阶段。LTE R9 版本主要以完善和增强 LTE 系统为目标，已经于 2009 年年底基本完成，主要完善了 LTE 家庭基站、管理和安全方面的性能，以及 LTE 微微基站和自组织管理等功能。2011 年 3 月完成包括频分双工（FDD）和时分双工（TDD）在内的 LTE 又一个新版本 Release 10 即 LTE-A，该版本主要增加了增强的上下行 MIMO、载波聚合、无线中继、增强的小区间干扰协调等新功能。

1.1.1   LTE 协议架构

LTE 系统设备与 2G/3G 时代设备相比，更为灵活、简便和环保，并且更加节约网络建设成本。LTE 采用了与以往通信标准不同的空中接口技术，即基于 OFDM 技术实现空口信号传输。由于在系统中采用了基于分组交换而非电路交换的设计方案，所以 LTE 物理层不再提供专用信道，而是共享业务信道。目前 LTE 系统支持

FDD 和 TDD 两种上下行双工方式,前者的主要优点是减少上下行信号的反馈时延,而后者不需要成对的频段,因此对业务配置的灵活性很高,适用于以分组业务为主的移动通信系统。另外,LTE 在 3G 时代的基础上,对网络架构进行了优化,即采用两层结构的扁平化网络结构,接入网仅包含基站(NodeB),不再有 RNC(Radio Network Controller)。这样可以减少控制面路径的网元数量,尽可能地降低系统的控制面时延。

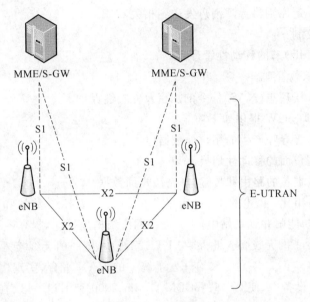

图 1-1 LTE 系统架构

整个 LTE 系统由演进后的分组核心网(Evolved Packet Corenetwork,EPC)、演进后的基站(eNodeB)以及用户设备(UE)3 部分组成。EPC 负责核心网部分的功能,EPC 中由 MME 处理信令,由 SAE GateWay(S-GW)处理数据;eNodeB(eNB)负责接入网部分的功能,提供到 UE 的接入网控制面以及用户面的协议终止点,一般用 E-UTRAN 表示;UE 即 User Equipment,指用户终端设备。

如图 1-1 所示,eNB 与核心网通过 S1 接口连接,并支持多对多的连接方式。eNB 之间通过 X2 接口连接,并且在需要通信的两个 eNB 之间总存在该接口。和 3G 系统相比,LTE 的接口类别也做到了精简。在 LTE 系统中,eNB 提供如下功能:

(1)无线资源管理相关功能,包括上下行资源动态分配、无线承载控制、无线接纳控制、连接移动性控制等。

(2)对 IP 包进行头压缩,并加密用户数据。

(3)用户面数据向 S-GW 的路由。

（4）配置测量与测量报告。

（5）在 eNB 有多个 MME/S-GW 可供连接时，为 UE 选择适当的 MME 附着。

（6）调度与传输寻呼信息。

（7）系统广播信息的调度传输，以一定调度原则向空口发送 MME 或操作维护等广播消息。

MME 提供如下功能：

（1）按照一定原则将寻呼消息发送到相关 eNB。

（2）安全控制。

（3）理想（Idle）态的移动性管理。

（4）SAE 承载管理。

（5）非接入层理想（NAS）信令的加密及完整性保护。

服务网关即 S-GW 提供如下功能：

（1）终止由于寻呼产生的用户面数据包。

（2）支持用户面的移动性切换。

（3）控制数据包的路由和传输，加密用户面数据。

与 3G 网络相比，上述的 LTE 扁平化网络结构去掉了基站和核心网之间的 RNC，将 RNC 功能归并到基站中，一方面使网络结构扁平化，提高系统反应速度，另一方面大大减少了网元设备。此外，在 LTE 系统中，统一的无线接入网络（RAN）平台大大节省设备空间。各大厂家均开发了统一的 RAN 平台，实现多标准、共平台，在同一个 RAN 设备中，使 GSM、WCDMA/cdma2000 和 LTE 可以在同一个无线单元中。此外，大部分统一 RAN 平台还提供多频率和多运营商模式，只需在现有平台中增加模块即可。另外，LTE 设备在能耗方面有了显著降低，使运营商可以节约大量运维成本。由于减少了设备空间和网元，能耗大幅减低，同时通过引入多赫提（Doherty）功放技术、引入风能/太阳能以及控制温度等技术，LTE 设备的功耗比以往 2G/3G 设备可降低 55%～70%不等。

1.1.2　TD-LTE 技术特征

根据双工方式的不同，LTE 可以分为 FDD LTE 和 TD-LTE 两种。其中，TD-LTE 是 TD-SCDMA 的长期演进系统，是继 TD-SCDMA 之后又一个由中国主导的国际化移动通信标准。TD-LTE 的标准化工作经历了以下里程碑式的大事件：

（1）2004 年 3GPP LTE 研究项目在多伦多召开的 3GPP 会议上启动。

（2）2005 年 6 月大唐移动联合国内厂家在法国召开的 3GPP 会议上提出了基于 OFDM 的 TDD 演进模式的方案。

（3）2005 年 11 月，在汉城举行的 3GPP 工作组会议通过了大唐移动主导的针对 TD-SCDMA 后续演进的 LTE TDD 技术提案。

（4）2006年6月，LTE的可行性研究阶段基本结束，规范制定阶段开始启动。

（5）2007年9月，3GPP RAN37次会议上，几家国际运营商联合提出了支持TYPE2的TDD帧结构。

（6）2007年11月LTE TDD融合技术提案在工作组会议上通过，被正式写入3GPP标准中，此后TDD系统的演进与FDD系统的演进同步进行。

（7）2008年3月，LTE增强版本LTE-A开始在3GPP RAN/RAN1中讨论。

（8）2009年6月，LTE Release 8版本的规范基本完成。

为了实现LTE系统高频谱效率、高移动速度、低时延等性能指标，需要增强现有3G系统的空中接口技术和网络结构，因此尽管TD-LTE是3G技术的演进版本，但其采用的物理层技术与3G系统相比有很大的不同之处。TD-LTE的技术特点主要体现在以下3个方面。

1. 基于 TDD 的双工技术

TDD技术有以下几个优点：由于TD-LTE系统无须成对的频率，因此可以方便地配置在LTE FDD系统所不易使用的零散频段上，具有一定的频谱灵活性，能有效提高频谱利用率；未来移动通信系统中处于主导地位的数据和多媒体业务具有上下行不对称特性，而TD-LTE系统可以根据业务类型灵活配置TD-LTE帧的上下行配比，因此在支持不对称业务方面相比于FDD LTE具有一定的优势。

2. 正交频分复用 OFDM 技术

3GPP LTE决定下行的多址方案上采用较为成熟的OFDMA技术，在上行方向上采用峰均比较低的单载波频分多址DFT-SOFDM（SC-FDMA）。OFDM系统一个主要优点在于能够很好地对抗频率选择性衰落和窄带干扰。循环前缀（Cyclic Prefix，CP）的长度决定了OFDM系统的抗多径能力和覆盖能力。为了达到小区半径100 km的覆盖要求，LTE系统采用长、短两套循环前缀方案，根据具体场景进行选择：短CP方案为基本选项；长CP方案用于支持LTE大范围小区覆盖和多小区广播业务。

3. MIMO/SA 多天线技术

TD-SCDMA系统中主要采用智能天线技术通过赋形来提高覆盖和干扰协调能力。除了沿用TD-SCDMA中的智能天线技术之外，TD-LTE还采用了MIMO多天线技术提供空间复用的增益和发射分集增益，以满足系统容量、灵活性等性能指标的需求。与此同时，如何将智能天线与MIMO技术相结合，提高系统在不同应用场景下的通信质量，也是TD-LTE系统多天线技术发展的机遇和挑战。

我国自2008年年底就在工业与信息化部的支持下展开TD-LTE的规模测试，试验分为三阶段：概念验证、技术试验和规模试验。目前已进入规模试验阶段。

TD-LTE的规模试验是TD-LTE技术试验的第三阶段，以工信部为主导、运营商配合。工信部成立了TD-LTE规模技术试验领导小组，统一领导TD-LTE试验工作，负责全面组织协调TD-LTE研发产业化、国际推广等方面的重大问题。2010

年 12 月中旬，工信部批准在上海、深圳、广州、杭州、南京、厦门 6 个城市开展规模技术试验，加上原有的北京实验网，国内将有 7 个城市进行规模试验。按照中国移动 TD-LTE 规模试验的规划，TD-LTE 试验网将部署于各城市经济文化核心区域，以满足高端用户数据流量的需求。在 TD-LTE 规模测试方面，除厦门之外的 5 个试点城市第一阶段将各部署 220 个基站，6 个城市总共建设 1 210 个基站。试验频率方面，主要采用室外 2.6 GHz、室内 2.3 GHz 的方案进行组网。规模试验初期将根据芯片发展情况，分为单模阶段和多模阶段。

1.2　IMT-A 蜂窝移动通信系统

2003 年在世界无线大会（WRC）上确定了将在下一届会议上讨论对于超 IMT-2000（beyond IMT-2000，即 B3G）的频率划分，这标志 B3G 国际标准化的开始。ITU-R WP5D 的前身是 ITU-R WP8F，2007 年 10 月召开的无线电全会（RA07）对 ITU-R 进行了调整，将原来的 SG8 改组为 SG5。相应的 ITU-R WP8F 也改组为 ITU-R WP5D。ITU-R WP5D 的重要工作是征集 IMT-Advanced 候选技术并最终确定 IMT-Advanced 技术方案。2008 年 3 月 ITU-R 正式向各成员国征集 IMT-Advanced 候选技术提案，随后将开始技术方案的提交和评估，完成 IMT.Radio 技术框架报告和 IMT.RSPEC 技术规范。ITU-R WP5D 为 IMT-Advanced 技术制定了详细的技术要求、评估方法和流程。与此同时 3GPP、3GPP2 和 IEEE 等国际标准化组织也在积极准备 IMT-Advanced 技术方案。国际上针对速率更高、性能更先进的第四代移动通信技术已有多年研究，IMT-Advanced 的国际标准化工作以 ITU-R WP5D 为主导。

2009 年 10 月在德国德累斯顿举行了 ITU-R WP5D 工作组第 6 次会议，共收到了 6 份 IMT-Advanced 技术提案，分别围绕 3GPP LTE Release 10、LTE-A 以及 IEEE 802.16m WiMAX（以下简称 IEEE 802.16 m 技术）展开。2010 年 10 月，汇聚了欧洲、美国、中国技术标准的 LTE-A 和源自美国的 IEEE 802.16m 技术提案成为 4G 标准的两大候选者。2012 年 1 月 20 日，ITU-R 在 2012 年无线电通信全会全体会议上，正式审议通过将 LTE-A 和 IEEE 802.16 m 技术规范确立为 IMT-Advanced 国际标准，标志着 4G 时代的到来。

1.2.1　LTE-A 系统和技术概述

为了确保 LTE 技术及其后续先进技术的长久生命力，同时也为了满足 IMT-Advanced 对未来通信的更高需求，3GPP 开始了 LTE 的平滑演进 LTE-A 技术的研究，并将其作为 4G 的首选标准。根据 3GPP 要求，LTE-A 支持的主要指标和需求如表 1-1 所示。

表 1-1　LTE-A 支持的主要指标与需求

系统性能		LTE-A	LTE
峰值速率	下行	1 000 Mbit/s@100 MHz	100 Mbit/s@20 MHz
	上行	500 Mbit/s@100 MHz	50 Mbit/s@20 MHz
控制面时延	空闲到连接状态	<50 ms	<100 ms
	睡眠到激活状态	<10 ms	<50 ms
用户面时延(无负荷)		比 LTE 更短	<5ms
频谱效率	峰值	下行:30 bit/s/Hz@<=8×8 上行:15 bit/s/Hz@<=4×4	下行:5 bit/s/Hz@2×2 上行:2.5 bit/s/Hz@1×2
	平均	下行:3.7 bit/s/Hz/cell @<=4×4 上行:2.0 bit/s/Hz/cell @<=2×4	下行:R6 HSPA 的 3~4 倍 @2×2 上行:R6 HSPA 的 2~3 倍 @1×2
	小区边缘	下行:0.12 bit/s/Hz/cell/user @<=4×4 下行:0.07 bit/s/Hz/cell/user @<=2×4	N/A
移动性		≤350 km/h, ≤500 km/h@freq band	≤350 km/h
带宽灵活部署		连续频谱@>20 MHz,频谱聚合	1.4,3,5,10,15,20 MHz 支持成对的频谱和非成对的频谱

作为 LTE 技术演进版本的 LTE-A,需要保持与 LTE 系统的强兼容性。基于这一定位,LTE-A 系统应理所当然地支持 LTE 的全部功能,并支持 LTE 的前后向兼容性,即 LTE 的终端可以接入 LTE-A 系统,LTE-A 的终端可以接入到传统 LTE 系统。但是这个要求也存在矛盾,如果这个要求得到严格的执行,势必要求 LTE-A 与 LTE 系统在现有的场景下共用一个技术平台,只在一些新场景中采用一些更先进的技术。但是这必将会限制技术革新,所以一旦发现了可以显著提高 LTE-A 系统性能的先进技术,"强兼容"要求需要适度放松。

传统的蜂窝技术"重室外"而"轻室内","重蜂窝组网"而"轻孤立热点","重移动切换"而"轻固定游牧"。但是随着业界逐步加深对移动因特网发展趋势理解,也越来越清楚什么是宽带移动通信的主要应用场景。统计表明,人们对宽带多媒体业务的需求主要来自于室内,未来 80%~90% 的系统吞吐量将发生在室内和热点游牧场景。室内,低速,热点可能成为移动因特网时代更重要的应用场景。

由于 LTE 的大规模技术革新已经消耗殆尽将近 20 年来学术界积累的先进信号处理技术(如 OFDM,MIMIO,自适应技术),因此 LTE-A 的技术发展将更多地集中在天线资源管理(Radio Resource Management,RRM)技术和网络层的优化方面。为了满足

LTE-A 的性能要求 3GPP 制定了 LTE-A 的研究目标,提出的关键技术包括了载波聚合(Carrier Aggregation,CA),增强型上下行 MIMO,协作的多点传输与接收(Coordinated Multiple Point transmission and reception，CoMP),中继(Relay)和异构网络中的增强型小区干扰消除(enhanced Inter Cell Interference Control,eICIC)。

1. 载波聚合技术

载波聚合技术通过在频谱上进行扩展带宽,以满足更大带宽的需求,上行、下行 MIMO 是在空域上进行扩展,提高小区的平均吞吐量和频谱效率,CoMP 是通过相邻小区的协作,提高小区边缘的吞吐量,中继是无线的接力,拉近基站跟用户之间的距离,扩大容量,提高覆盖和临时网络部署,eICIC 是解决异构网络下不同类型基站之间的干扰问题,通过这些关键技术 LTE-A 充分满足并超过了 IMT-A 的要求。

在系统带宽方面,LTE-A 提出的要求为最大支持 100 MHz 的带宽,但是如此宽的连续频谱很难找到,所以 LTE-A 提出了载波聚合的概念。载波聚合是能满足 LTE-A 更大带宽需求且能保持对 LTE 后向兼容性的必备技术。目前,LTE 支持的最大频谱带宽是 20 MHz,LTE-A 通过聚合多个对 LTE 后向兼容的载波可以支持到最大 100 MHz 带宽。接收能力超过 20 MHz 的 LTE-A UE 可以同时接收多个成员载波,而对 LTE Release 8 的终端,也可以正常接收其中一个成员载波。

首先可以考虑将相邻的数个较小的频带聚合为一个较大的频带,如图 1-2 所示。由于频谱规划和分配的结果,一个运营商拥有的频率资源可能分散在各个非连续的频段。非连续载波的聚合提供了一个系统对分散频率资源进行整合利用的解决方案,如图 1-3 所示。同样是出于对运营商所拥有的频率资源使用情况的考虑,在载波聚合中各个单位载波的单元的带宽并不限定为 20 MHz,但不能大于 20 MHz,可以支持更小的载波单元以提供充分的灵活性。

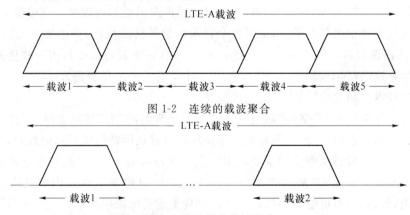

图 1-2　连续的载波聚合

图 1-3　非连续的载波聚合

载波聚合主要是为了将分配给运营商的多个较小的离散频带联合起来,当做一个较宽的频带使用,通过统一的基带处理时限离散频带的同时传输。对于 OFDM 系统,这种离散频谱整合在基带层面可以通过插入"空白子载波"来实现。但真正的挑战在射频层面,终端需要在一个很大的滤波器同时接收多个离散频带。如果频带间隔较小,则有可能实现,如果间隔很大,则滤波器很难实现。

2. 无线中继技术

扩大小区覆盖面积,为小区中阴影衰落严重的地区以及覆盖死角提供服务信号,提供热点地区的覆盖以及室内覆盖等是中继的主要作用。随着 LTE- A 对系统性能要求的提高,Relay(中继)技术引起了人们的广泛关注,并进行了深入的研究。

中继技术主要定位在覆盖增强场景,Relay 节点(RN)用来传递 eNB 和终端之间的业务/信令传输,目的是为了增强高数据速率的覆盖、临时性网络部署、小区边界吞吐量提升、覆盖扩展和增强、支持群移动等,同时也能提供较低的网络部署成本。

中继作为新引入网络的节点,需要增加新的链路。包含中继的小区中根据链路服务对象的不同分为 3 种:接入链路、直连链路以及中继链路,如图 1-4 所示,图中RN 为中继节点。无线链路 1 和无线链路 4 为直连链路,它们用于基站与附近用户的直接通信。无线链路 3 为接入链路,它用于中继与中继服务的用户相互连接。无线链路 2 为中继链路,它是服务于中继与基站间的通信。

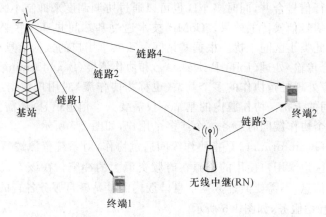

图 1-4 中继小区的无线链路示意

扩大小区的覆盖面积或是在覆盖范围不变的情况下提高小区的容量,同时利用中继造价低的特点降低网络建设成本是中继的主要作用。根据中继执行功能的不同可以将中继分为 3 种:层一中继、层二中继和层三中继。

层一中继也称为直放站(Repeater),仅仅起到了放大信号和继续向前传输数据的作用,中继将基站或者用户发送来的数据经放大后转发给用户或者基站。层二中继中涵盖了媒体接入控制(Medium Access Control,MAC)层的功能,同时也可以包含无线链路控制(Radio Link Control,RLC)层功能。该种中继可以执行调度功能,可以对 MAC 业务数据单元(Service Data Unit,SDU)进行复用和解复用以及优先级的处理。与层二中继相比层三中继包含了更多的功能,可以执行部分或者全部的无线资源控制(Radio Resource Control,RRC)功能,可降低 RRC 连接设置的时延,对数据进行快速路由以及对移动性进行管理。

3. 基站间协同

OFDM 技术通过子载波的正交性有效地消除了小区内的干扰。但是当小区系统中的频率复用因子为 1 时，小区间干扰仍然存在。小区间干扰阻碍了小区吞吐量以及边缘用户吞吐量进一步提高。功率控制，灵活的频率复用，随机干扰消除等技术被提出来解决这个问题。但是这些技术一般都能提高边缘用户吞吐量，但是往往多以小区整体吞吐量为代价。基于这样的研究现状，在 3GPP 技术标准组（Technical Specification Group，TSG）RAN 第 54 次会议上，阿尔卡特-朗讯等公司提出了协作 MIMO 的概念，也即 CoMP 的雏形。协作 MIMO 通过基站间协作，共享一些必要的信息，如信道状态信息、调度信息、数据信息等。可以有效地降低小区间干扰，甚至可以将干扰变为有用信号。从整体上提高小区容量，尤其是边缘用户吞吐量。

协作多点传输是一种提升小区边界容量和小区平均吞吐量的有效途径。其核心想法是当终端位于小区边界区域时，它能同时接收到来自多个小区的信号，同时它自己的传输也能被多个小区同时接收。在下行，如果对来自多个小区的发射信号进行协调以规避彼此间的干扰，能大大提升下行性能。在上行，信号可以同时由多个小区联合接收并进行信号合并，同时多小区也可以通过协调调度来抑制小区间干扰，从而达到提升接收信号信噪比的效果。CoMP 技术通过基站间共享一些必要的信息，可以有效地消除此类小区间干扰。根据基站间是否共享用户的数据信息可以将 CoMP 分为两类：联合传输/处理（Joint Processing）和协作调度（Beamforming）。

联合传输/处理是指协作的多个基站（也称为协作簇）对用户数据进行联合预处理，消除基站间的干扰。协作簇内的基站不仅需要共享信道信息，还需要共享用户的数据信息。整个协作簇同时服务一个或多个用户，如图 1-5 所示。

协作调度（Beamforming）是指协作簇间通过协作，对系统资源进行有效分配，尽可能地避免小区边缘用户使用的资源在时频资源上的冲突。在该方式下，协作簇间需要共享信道信息，不需要共享数据信息。簇内的基站各自服务各自的用户，即一个 UE 只由一个基站服务，如图 1-6 所示。

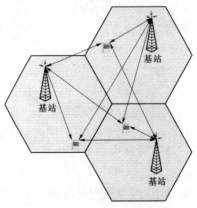
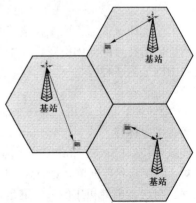

图 1-5　联合传输/处理　　　　　　　　图 1-6　协作调度

对 CoMP 协作簇的选择，主要有 3 种不同的方式：静态协作、动态协作和半静态协作。

4. 分层异构和无线家庭基站技术

分层异构网是一种显著提升系统吞吐量和网络整体效率的技术。异构网是指低功率节点被布放在宏基站覆盖区域内，形成同覆盖的不同节点类型的异构系统。低功率节点（Low Power Node，LPN）包括微基站（Micro），皮基站（Pico），远端射频单元（Remote Radio Head，RRH），Relay 和家庭基站（Femto）等。目前讨论的异构场景主要包括室内家庭基站、室外热点和室内热点。异构网中很重要的部分就是同覆盖的各节点间的干扰问题，尤其是因为宏基站发射功率较 LPN 大很多，导致宏站对 LPN 中边界用户下行接收的干扰，以及宏站边缘大功率终端对附近 LPN 的干扰。另外，在家庭基站等闭合用户群（Closed Subscriber Group，CSG）场景下，家庭基站的发射也会对附近的宏基站用户造成影响，因而控制信道之间的干扰是更关键的问题。

3GPP 已经对家庭基站进行了大量研究，但家庭基站的应用对 LTE-A 的相关工作带来挑战。这个挑战是大是小，很大程度上取决于家庭基站的使用范围。如果只有少量的家庭基站部署，则不需要太多的标准化工作支撑。但如果家庭基站大范围部署，则可能对现有系统架构造成较大的冲激。一方面，家庭基站的重叠覆盖，密集部署会造成很复杂的干扰结构；另一方面，由于运营商可能部分地丧失网规网优的控制权，更加剧了干扰控制和接入管理的大数量的小区 ID 和小区扰码，采用更先进的干扰协调和干扰消除技术等。另外，由于家庭基站数量庞大，现有网络架构能否支持海量的接口也是需要考虑的问题。

5. 增强型物理传输技术

虽然 LTE-A 可能无法找到全新的先进传输技术，但仍可能在现有的传输技术的基础上作进一步优化。

多天线技术的增强是满足 LTE-A 峰值谱效率和平均谱效率提升需求的重要途径之一。LTE-A 中为提升峰值谱效率和平均谱效率，在上下行都扩充了发射/接收支持的最大天线个数，允许上行最多 4 天线 4 层发送，下行最多 8 天线 8 层发送，从提升频谱利用率。由于 LTE 已经在下行采用了较先进的 MIMO 技术，其中一个优化的方向则是将 R8 中采用的单流波束赋形扩展到多流波束赋形。可从一个天线阵列形成两个波束，同时用以一个 UE，则可形成基于波束赋形的单用户 MIMO（SU-MIMO）传输。如果这两个波束赋形分别用以两个 UE，则可形成基于波束复兴的多用户 MIMO（Multiple User MIMO，MU-MIMO）传输。在上行，还可以考虑在原有 MU-MIMO 的技术上，增加 SU-MIMO，多天线发射分集合上行波束赋形等技术。

上行多址技术是一个可以考虑的优化方向。对于 LTE-A 系统所侧重的室内，热点覆盖，小区边缘问题不是十分严重。因此可以考虑在某些场合采用 OFDMA 作为上行多址技术，用以提高频谱效率并增加资源分配的灵活性，更有效地支持对带宽操作，上行 SU-MIMO 和基站先进接收机。而在室外宏蜂窝、小区边缘及带宽相对较小时，仍可采用 SC-FDMA 获得更好的功率效率。

1.2.2　IEEE 802.16m 标准化和技术概述

2011 年 4 月，美国标准化组织 IEEE 通过了 802.16m 标准，该标准又称为 Wireless MAN-Advanced 或者 WiMAX 2。该标准是基于移动 WiMAX 标准 802.16e 而开发的，这个新标准历时 4 年，一方面是为了配合 ITU 的 IMT-Advanced 标准化进程，另一方面也是由于它正好出现在 WiMAX 技术在移动领域中处于下风的时期，大多数致力于 4G 技术的厂家及运营商都热衷于 LTE 的发展。从商用进展来看，WiMAX 论坛仍在就 WiMAX 2 进行共同测试、网络互用性前期测试、互操作性检测等工作，为 WiMAX 2 认证作准备。但目前仅有 UQ 等极少数 WiMAX 运营商宣布采用该技术，因此商用前景并不乐观。该技术在核心技术方面与 802.16e 类似，但通过技术升级和增强，使其技术指标能够达到 IMT-Advanced 的要求，其关键技术如下：

（1）多址方式

正交频分多址 OFDMA 以其抗多径衰落、频谱资源分配灵活性、子载波内信道平坦的特性，成为宽带通信系统最有竞争力的多址方案。IEEE 802.16m 作为移动无线宽带解决方案，下行和上行均采用了 OFDMA 技术。

（2）参数设计

OFDM 系统设计中重要的参数有：采样频率、FFT 大小、子载波间隔、符号长度、CP 长度、保护带宽及 TDD 系统上下行转换时间等。这些参数的设计直接影响系统在各种传播环境中性能，其中 CP 主要用于抗多径时延扩展带来的符号间干扰，IEEE 802.16m 为了适应各种传播环境，支持 3 种短、中、长的 CP（分别为有用符号长度的 1/16、1/8、1/4）。考虑到与 IEEE 802.16e 的后向兼容和设备成本，IEEE 802.16m 采用了与 IEEE 802.16e 相同的采样频率和载波间隔，载波间隔为 10.94 kHz，具体参数这里不再赘述。

另外，为了支持更多灵活的带宽，IEEE 802.16 m 支持基于 10 MHz 和 20 MHz 的频谱带宽参数设计，删除频带边缘的载波（tone dropping），以支持更多频谱带宽带宽（如 5～10 MHz 和 10～20 MHz 间的各种带宽）。

（3）无线帧结构

IEEE 802.16m 帧结构支持超帧、帧、子帧、符号的多层设计，以降低时延和信令开销。其中 20 ms 长度的超帧包含 4 个 5 ms 帧，一个帧包含多个子帧，根据 CP 长度不同，包含的子帧个数不同，上下行转换点的长度也不同，并可根据需要将数据符号用做转换点。

（4）多天线技术

在 IEEE 802.16m 系统设计中，基站支持 1、2、4、8 根发射天线，终端支持 1、2、4 根发射天线，根据每个资源上调度的用户不同，分为单用户 MIMO 和多用户 MIMO。

（5）多载波技术

ITU 关于 IMT-Advanced 需求中规定最大支持 100 MHz 频谱带宽，为了满足 ITU 需求，IEEE 802.16 m 支持多载波技术，支持多个连续或不连续载波的聚合，这些载波可以是相同或不同带宽。另外对于连续的载波，充分利用保护子载波，将连续载波间的保护子载波用于数据的传输。

（6）多基站 MIMO

IEEE 802.16 m 满足 IMT-Advanced 需求的原则上，进一步增强性能和满足不同的场景，支持中继技术、Femto、多基站 MIMO 等。多基站 MIMO 技术通过多基站间的协作联合处理、协调来降低小区间干扰，提升扇区频谱效率和小区边缘频谱效率。

1.3 　先进无线通信技术

为了进一步提高宽带蜂窝移动通信系统的频谱效率和能量效率，业界陆续提出了无线认知网络技术、分层异构无线网络技术、无线协同网络编码技术等，下面简单介绍。

1.3.1 　无线认知网络技术

认知无线电（Cognitive Radio，或者称为感知无线电）是一种新的智能无线通信技术，它可以感知到周围的环境特征，采用构建理解的方法进行学习，通过无线电知识描述语言（Radio Knowledge Representation Language，RKRL）与通信网络进行智能交流，实时调整传输参数，使系统的无线规则与输入的无线电激励的变化相适应，以达到无论何时何地通信系统的高可靠性和频谱利用的高效性。认知无线电具有在不影响其他授权用户（即主用户）的前提下智能地利用空闲频谱的能力，并具有随时随地、智能、高可靠通信的潜能。而诸如信号处理、人工智能、软件无线电、频率捷变、功率控制等技术的迅猛发展使得认知无线电具有非凡性能。

认知无线电这个术语首先是 Joseph Mitola 在软件无线电概念的基础上提出的。1999 年 Mitola 在他的博士论文中描述了一个认知无线电系统，通过无线知识描述语言（RKRL）来加强个人无线服务的灵活性，对认知无线电进行扩展，并给出了令人感兴趣的跨学科的认知无线电的概念总结。

实际上，未来宽带移动通信系统的一个重要发展趋势就是宽带多媒体通信，限制它的一个主要原因是频谱资源的紧张以及频谱分配方式缺乏灵活性，远远不能满足需要。认知无线电是公认的未来发展方向，其特殊扩展感知无线电可以应用频谱统筹的技术有效地利用有限的频谱资源，实现灵活的资源配置和工作模式的调整。可以预见，认知无线电具有广阔的发展空间。

认知无线电技术自从其提出来后，发展非常迅速。美国联邦通信委员会（FCC）2002 年发布的频谱政策特别工作组（SPTF）报告，对频谱资源的使用政策具有深远的影响。报告设定了认知无线电工作组，并于 2003 年 5 月在华盛顿成立，随后在 2004 年 3 月在美国拉斯维加斯召开了一个认知无线电的学术会议，标志着认知无线电技术正式起步。学术界也行动起来，著名通信理论专家 Simon Hakin 于 2005 年 2 月在 *JSAC in Communications* 上发表了关于认知无线电的综述性文章 *Cognitive radio: brain-empowered wireless communications*，开始了国际性的认知无线电技术研究。随后，Berkeley、Virginia、Stevens 等大学研究所和软件无线电（SDR）论坛等研究组织纷纷展开研究，Rutgers 大学 Winlab 实验室还进行了认知无线电平台的开发。

IEEE 于 2004 年 10 月正式成立 IEEE 802.22 工作组——无线区域网络（WRAN），其目的是研究基于认知无线电的物理层、MAC 层和空中接口，以无干扰的方式使用已分配给电视广播的频段。将分配给电视广播的 VHF/UHF 频带（北美为 54～862 MHz）的频率用做宽带接入频段。IEEE 802.22 的数据通信速率为数 Mbit/s～数十 Mbit/s，基站设备可覆盖的范围很大，如半径可超过 40 km。

1. 认知无线电的基本原理

电磁波频谱是一种自然资源。尽管可以通过复用技术来提高频率利用率，但就某一频率或频段而言，在一定的区域、一定的时间、一定的条件下之下，它又是有限的。随着无线技术的不断发展，对于频谱资源的需求变得越来越多。现有的频谱越来越难以满足无线技术和业务的发展，无线通信系统的发展将面临着频谱资源紧缺这个"瓶颈"。所以如何有效地利用有限的资源，开发新的资源，成为了无线通信领域的重要命题。目前的频谱管理主要存在 3 个方面的矛盾情况：频谱使用是动态的，但频谱分配是固定的；频谱属于稀有资源，但频谱利用率不高，且存在大量空闲；可分配频谱很少，但无线通信业务量和新技术在快速发展，频谱需求量也在快速增长。

在当前的频谱分配状况下，所有的频段都被分配给了特定的业务和用户，未经授权的用户不允许使用频谱资源。近年的研究和测试表明，授权给用户使用的频谱，不论对于时间还是空间而言，其利用率都是非常低的。2002 年 11 月在美国联邦通信委员会（FCC）发布的频谱资源报告中指出，"频谱的准入是一个比频谱本身稀缺更加重要的问题"。

频谱使用的不平衡性，部分频段利用不充分，另一些频段则过分拥挤，激发人们在工程、经济和管理领域去寻找更好的频谱管理政策，一些更为灵活和有效的频谱管理思想被提了出来。其中，认知无线电（Cognitive Radio, CR）作为一种灵活的无线技术，可以用来提升频谱的使用效率。通过监测无线环境，CR 可以检测出当前未被使用的频段,在不影响授权用户的情况下为其他用户提供服务,从而填补频谱的缺口。为了有效提高频谱利用率,可以在当前的主用户(Primary User,PU)空闲时允许一个副用户(Secondary User,SU)使用授权给 PU 的频段。为了实现这一点,CR需要持续地监测其使用的频谱来及时感知 PU 的出现。一旦 PU 出现,CR 需要从当前频段撤出以减少其可能产生的干扰。这就是 CR 技术的基本原理与核心思想。

总体来说,认知无线电是一种智能的无线系统,它可以根据无线环境的特点实时地调节系统的运行参数,如传输功率、载波频率,以及调制方式等,可以在实现高效频谱利用的同时提供可靠的高可靠性通信服务。通过与其他频谱用户进行协商,可以有效地共享频谱;CR 能够探知频谱的缺口,利用这些缺口进行传输,并避免产生干扰;CR 也可以使工作在不同频谱、使用不同模式的通信系统进行协同合作,作为连接不同通信系统的桥梁。CR 技术主要包含以下功能:

(1) 频谱监测功能。为用户提供可用频谱的比例,并监测当前工作频段上 PU工作情况。

(2) 接入管理功能。基于网络条件,CR 能为设备选取合适的工作频谱。

(3) 适配调制功能。根据可用频谱调整传输参数,与其他用户以协同方式接入当前信道。

(4) 功率控制功能。使设备在传输过程中可以在不同的功率水平之间切换。

(5) 安全认证功能。使得授权的 CR 用户享受接入服务。

IEEE 已经成立了基于 CR 技术的无线空中接口标准工作组。例如 IEEE 802.22工作组的目标就是为使用 TV 频段的未授权用户制定无线区域网络的物理层和媒体接入层标准。

2. 认知无线电的技术内容

CR 技术的认知过程主要分为 3 个阶段(如图 1-7 所示):首先是频谱感知阶段,检测授权频段并发现空白的频谱;第二阶段为信道状态估计和容量预测阶段,作用在于分析该空白频谱的特性,估算并预测出信道容量;第三阶段为功率控制与频谱管理阶段,该阶段根据第二阶段的分析结果制定最合适的传输功率和调制方式等传输参数,选择合适的空白频段给用户。

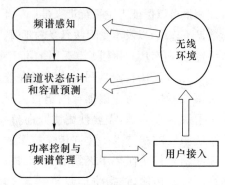

图 1-7 CR 技术的认知过程

CR 技术中最重要的部分是频谱监测技术,直接关系到动态频谱分配和功率控制能否有效地实施,决定着是否可以真正提高在复杂电磁环境下的频谱使用效率,决定着认知无线电技术能否在实际中得以应用。频谱监测使得 CR 可以测量和感知到无线系统的参数,这些参数与信道特征、频谱占用度、噪声温度、用户需求等息息相关。对于 CR 而言，直接测量主用户到接收端的信道参数是很困难的。已有的频谱监测算法都是从 CR 本地的测量结果来检测主用户的发射信号。

　　关于频谱检测的研究方法比较多，总的可以归结为以下 3 类：一类是需要有先验知识的频谱检测方法（如匹配滤波器法、本振泄漏检测法等）；另一类是不需要有先验知识的频谱检测方法（如能量检测法、循环平稳特征检测法等）；最后一类是结合以上两种方法特点的联合频谱检测方法。由于第一类和第二类方法都有其应用的具体限制条件和问题，不适合于所有情况，目前联合频谱检测的方法被一致认为是最好和最有效的频谱检测方法。联合检测的方法可以减弱外部环境对单个检测节点频谱检测的影响，通过处理多个检测节点的检测信息来更准确地对频谱使用情况进行判断。联合频谱检测的方法可以分为集中式和分布式两种合作方式。由于集中式联合检测需要将多个检测节点检测到的信息传输到中心基站，由中心基站统一分析和处理，这种联合检测方式对中心基站软硬件要求较高，在实际应用中不易实现；另一方面考虑到自感知泛在网络将成为未来信息通信社会的必然趋势且对设备软硬件要求较低，因此，在大多数研究中主要以分布式联合检测技术为应用背景。一般的分布式联合检测过程如下：首先单个检测节点局部检测频谱环境；接着检测节点之间互相交流检测信息；然后各个用户对信息进行分析判断；最后对所有用户的决策依据一定的准则进行综合分析并作出判决，得出整个认知无线电网络的判决结果。与单用户检测相比，联合检测综合了多个处于不同地理位置检测节点的检测结果信息，可以有效避免由于某一个检测节点检测结果误差造成系统检测结果不准确的问题。

　　CR 快速和灵活的监测特性使其可以十分顺利地填补频谱缺口，提升频谱占用率。然而当 PU 接入系统的授权频谱时，CR 需要立即停止该频段的 SU 服务。这种 CR 的快速切换可以保证为主系统带来最小的干扰，但是其带来的传输扰动将会导致 SU 的传输数据不连续，以及承受无法忍受的延时。为了解决这个问题，可以使用一个共享的中继网络，使得所有用户可以共享瞬时的可用频谱资源，并提供无缝的数据传输。

　　此外，CR 技术的另一个难题是隐藏终端，即当 CR 被阴影覆盖、存在严重的多径衰落或者位于高穿透损耗的建筑内时，PU 在附近工作而无法被 CR 发现的情况。为了解决这个问题，需要使用协同通信技术。协同通信技术是一种可以突破无线通信系统限制的新技术。协同传输技术的基本思想是考虑到由信源广播或直传到信宿的无线信号都是使用单天线的，如果该信号也同时被其他终端或中继节点接收，并由中继处理并传输，信宿将信源和中继接收到的信号结合，则可以利用从不同终端以及传输路径多次接收相同信息产生空间多样性。在这种方式下，可以通过分布式空间处理技术极大地减小各终端之间接收信号的干扰。因此，如果令多个 CR 进行协同式的频谱监测，就可以有效解决隐藏终端的问题。CR 的协同频谱监测技术和无线传感器网络中的分布式决策十分相似，即每一个传感器做出本地决策之后将决策结果报告给决策中心，根据全局约束做出最终决策。上述二者的区别主要在于无线网络环境的不同。相比于无线传感器网络,CR 以及其决策中心分布在相当广泛的地理区域,使得从 PU 到 CR 的监测信道以及从 CR 到决策中心的信道承受着衰落或阴影效应,这将为协同频谱监测带来极大的挑战。

3. 认知无线网络架构

由于认知无线电技术目前大部分工作都集中于理论研究阶段,各研究机构在研究认知无线电网络的过程中针对不同的应用场景和技术体制,提出了不同的认知无线电网络架构,其中有两种最具代表性的模型。一种是频谱池模型,此模型基于正交频分复用技术,认知网络由一个认知无线电基站和多个移动认知用户组成。正交频谱复用技术优势是子载波的峰值对应于其他载波的零点,从而使得认知用户在授权用户占用的载波上发射的干扰功率为零。基站通过周期地广播检测帧来完成授权用户的检测。在检测帧期间,移动用户进行频谱感知,并将感知信息发给基站,由基站统一控制各移动终端的工作子载波的频段和其他发射参数。另一种是 IEEE 802.22 模型,也是全世界第一个基于认知无线电技术的标准。IEEE 802.22 标准是无线区域网络标准,主要研究构造固定的点到多点无线区域网络。IEEE 802.22 中使用特殊的电视频道及保护频段进行通信,并且指定一个固定的点到多点无线空中接口用来使基站管理本小区及其授权用户。基站使用一种独特的分布式感知的方式,需要有特殊的保护机制并且有基站来控制,基站指导多个用户驻地设备来完成分布式检测。在一定功率的条件下,覆盖范围可以达到 100 km。

基于 CR 技术,在实际网络应用中,PU(授权用户)以及 SU 共同组成了 CR 网络。SU 的接入组网方式主要分为集中式和分布式。图 1-8 展示了集中式组网方式的 CR 网络。图中的 SU 由一个基站提供接入,CR 技术保证该基站在不影响主用户的条件下为其覆盖范围内的 SU 提供接入服务。

在分布式 CR 网络中,如图 1-9 所示,不存在单独的基站为 SU 提供接入服务。SU 之间通过自组织的方式组网。类似于无线 Mesh 的组网方式,当 SU 位于 PU 基站信号覆盖范围内,则由 CR 技术为其选取空闲的信道资源进行传输。当 SU 位于基站信号覆盖范围外,则由其他 SU 充当路由节点完成数据转发。在这种 CR 网络中没有中心控制节点,结合了传统 CR 网络和无线 Mesh 网路的优点,组网简单灵活。

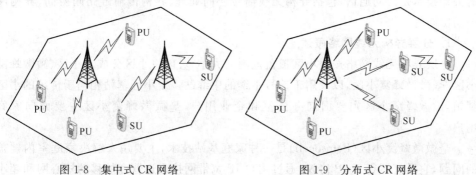

图 1-8　集中式 CR 网络　　　　　　　　图 1-9　分布式 CR 网络

由于 CR 技术的特性，传统的频谱接入方式已经不再适用。在 CR 网络中，SU 的接入属于动态频谱接入（Dynamic Spectrum Access，DSA）方式。由于 PU 用户行为的不确定性，SU 和 PU 的交替接入会导致 MAC 层设计变得非常复杂。其中，信道接入与竞争是最为重要的问题之一。它负责决策 SU 用户在何时接入哪一个信道，同时不对 PU 造成干扰。在分布式 CR 网络中，以网状网（Mesh）方式组网的 SU 之间的信道接入和竞争问题将更具有挑战性。

CR 网络中的路由技术也有许多自身的特点。传统网络中的路由失效主要来源于用户的移动性。与传统网络不同，CR 网络可能由于频谱资源的变化而导致一些路由失效。这种快速的路由变化需要完善的路由恢复机制来应对。因此相比传统网络的路由协议，CR 网络的路由协议设计更富挑战性。

认知无线电技术作为目前一种全新的无线通信技术，其发展和应用必将会对解决频谱资源日益紧张这一影响无线宽带通信业务发展的制约因素起到至关重要的作用，将成为未来宽带移动通信网络演进过程中的关键技术。

1.3.2 分层异构无线网络技术

随着社会进步和无线通信网络的高速发展，无线中继、小小区、家庭基站、终端直通等技术不断提出，以满足用户随时随地获得高质量无线业务的需求，从而造成网络的分层异构覆盖特征越来越明显。异种网络结构引进一些相对于传统的小区基站发射功率更小的发射节点，包括微微蜂窝（Picocell）、毫微微蜂窝（Femtocell）以及用于信号中继的中继站（Relay）。这些节点的引入可以为室内和热点场景的覆盖提供很好的保障；这些节点的发射功率小，便于灵活地部署网络；同时这些节点的覆盖范围小，可以更加方便地利用 LTE-A 潜在的高频段频谱。分层异构技术为人们提供机动灵活的业务服务的同时，也带来了许多问题，如用户行为复杂多样，业务质量要求不同，干扰形态复杂多样，频谱资源日益匮乏，能量消耗增多等。这些问题导致网络资源能效利用率低下，严重影响无线网络的可持续发展，如何提高无线异构网络环境下的传输速率（高谱效）和节约能量（高能效）是未来急需解决的问题。分层异构网络的关键技术是协同通信，包括异构无线信号协同处理、异构传输链路间协同、异构网络间协同等。

1. 分层异构无线网络概述

分层异构无线网络按照小区覆盖范围的大小，可以将小区分成宏小区、微微蜂窝小区、毫微微蜂窝小区，以及用于信号中继的中继站。宏小区基站相当于传统的小区基站，微微蜂窝小区主要面向办公室和企业用户，毫微微蜂窝小区主要面向家庭用户。

毫微微蜂窝小区（Femtocell）是一种家庭基站技术，主要用来解决家庭室内覆盖的问题，它具有运行于 IP 协议、通过用户 IP 宽带网接入运营商的移动核心网和超小型化、即插即用等创新特性。Femtocell 又被称为家庭基站(Home eNB,HeNB),在 LTE-A 中又被称为封闭用户群(Closev Subscriber Group,CSG)。Relay 技术是在原有站点的基础上,通过增加一些新的 Relay 站(或称中继节点),加大站点和天线的分布密度。相比于 Picocell 和 Femtocell,Relay 在 LTE-A 中被研究得更多。

分层异构无线网络引入后,对传统蜂窝移动通信网络的挑战包括:

(1) 网络拓扑变化所造成的干扰变化

在一个传统的蜂窝网的小区内引入很多不同类型的小区,对于宏小区的基站来说,相当于小区内部增加了许多"小区边缘",增加了整个小区内干扰协调的复杂度。

对于封闭用户群基站来说,由于其部署有很大的随意性,小区形状不规则,两个不同的家庭基站 HeNB 的覆盖范围可能会有很大程度的重叠,在不同的家庭基站之间协调干扰也是一个新的问题。

(2) 不同类型小区基站发射功率不同所造成的干扰变化

不同类型的基站发射功率相差很大,在一个 Picocell 或者 Femtocell 中通信的 UE,其接收到来自于 Picocell 或者 Femtocell 基站发射的功率可能小于来自于宏小区基站的发射功率,Picocell 或 Femtocell 内的 UE 接收到很强的干扰。

(3) 小区间切换所造成的干扰变化

在 LTE Release 8 中,UE 选择接入小区的标准是其接收到功率的大小,选择接入到接收的功率大的基站,即仅仅从下行链路的质量来确定。而对于异构网络来说,UE 处在 Picocell 或者 Femtocell 合理的覆盖范围之内,但是其接收到的来自 Picocell 或 Femtocell 基站的功率依然小于来自 Macrocell 的基站,特别是对于靠近小区边缘的 UE 更是如此。如果仍然按照 Release 8 的标准,那么微型小区的覆盖范围会非常小,达不到设计的目的。

从上行链路的角度来衡量,UE 选择接入微型小区其路径损耗会更小。如果把上行链路中接入路径损耗大小作为接入标准的话,微型小区的覆盖范围会扩大,那么微型小区中 UE 以及基站的发射功率都会增大,会对宏小区中其他用户造成很大的干扰。

分层异构无线网络的优点包括:

(1) 有效支持宽带多媒体用户对高数据速率的要求,提供良好的用户体验。

(2) LTE-A 潜在的部署频段包括:450~470 MHz、698~862 MHz、790~862 MHz、2.3~2.4 GHz、3.4~4.2 GHz、4.4~4.99 GHz,大量潜在的频段集中在 3.4 GHz 以上的较高频段。高频段的路径损耗和穿透损耗都比较大,异构网络缩短了用户和基站之间的距离,更加便于利用这些高频频段。

分层异构无线网络的技术挑战包括:

(1) 在原来的小区范围之内引入了新的发射节点,相当于引进了新的干扰源,小区间干扰协调是一个新的挑战。

（2）对于引进的新的发射节点，除了层 1 的小区间的干扰协调的挑战外，对于层 2 和层 3，还需要设计与之相关的公共信道、控制信道、协议结构和物理过程，在一定程度上增加了复杂度。

2. 分层异构无线网络干扰协调技术

为了提高系统的频谱效率，分层异构无线网络将在不同异构无线链路间进行资源复用，这时异构无线链路的同信道干扰是制约无线通信网络性能的主要因素之一，多小区协同通信和资源调度可以有效地协调和抑制干扰。

（1）协同干扰协调

基本原理是采用异构协同多点传送和接收（Coordinated Multiple Point Transmission and Reception），结合 CoMP 技术的异构网络小区间干扰协调的方法有：

① 频分复用的方法

利用 CoMP 技术中 UE 的测量和反馈机制，设计出频分复用的方法消除异构网络小区间干扰。Picocell 和 Femtocell 覆盖的范围小，发射功率小，LTE-A 系统可以将某些潜在的高频频段分配给这些基站，这些频段在不同的距离比较远的 Picocell 和 Femtocell 之间还可以复用。当 UE 接近某个微型小区的基站时，UE 和微型小区的基站及宏小区的基站进行通信，申请进入微型小区，并在宏小区的基站登记，之后 UE 就可以切换到较高频段的微型小区。

② 波束成形的方法

本书所描述的波束成形的方法，特别适用于覆盖小区范围小和服务用户少、小区内用户移动性稳定的情况，可以通过空口实现信令的交互，简单实用。其过程如下：

a. 基于效用函数（基于频谱效率、交互的容量和延迟、发射端信道状态信息的准确程度、UE 的优先级、UE 处理能力、网络容量等），UE 分配到一定的无线资源并正常通信，基站给小区边缘受到干扰的 UE 发送空间反馈信息请求（Spatial Feedback Information Request，SFI-REQ），请求信息向 UE 指示了干扰小区。

b. 接收到 SFI-REQ 的 UE 向一个或者多个目标小区（即干扰小区）发送空间反馈信息 SFI，SFI 中包括信道方向信息 CDI（Channel Direction Information）以及效用。

c. 接收到 SFI 后，eNB 对资源调度进行优化，决定发射功率以及波束，并对原来设定的资源分配进行调整。向特定的用户群发送资源质量信息请求 RQI-REQ（Resource Quality Information Request），并向小区内广播资源质量指示信号 RQI-RS（Resource Quality Indication Reference Siganl），指称适合 UE 测量特点的资源块中的信道质量以及干扰的大小。

d. UE 分别向 eNB 回复资源质量信息 RQI，eNB 根据接收到的 RQI 信息再次进行资源调度，完成数据通信。

（2）协同资源调度

除了采用 CoMP 的方法消除异构网络之间的干扰,还可以采用跨层优化和资源调度,实现资源的动态分配,降低异构网络之间的干扰。

① 子载波分配的方法

在一个小区中,把可以使用的子载波的集合进行分配,一些子载波的集合分配给 Picocell 使用,一部分分配给 Macrocell 使用。依照信道的质量信息,对子载波的分配可以进行动态调整,但是这种调整是比较慢的。存在干扰的可能情况在于不同的小区分配的子载波方式不同,可能在小区边缘造成干扰。

② 功率控制的方法

除了将子载波进行分配之外,利用功率控制的方法,也可以降低异构网络之间的干扰。可以将子载波分成如下 3 种子类:

a. 无功率限制的开放接入载波 Macrocell 和 Picocell 可以用最大功率发射;不能被封闭用户群 CSG(HeNB)用做 PSC、SSC、PBCH 和 PDCCH 信道。

b. 有功率限制的开放接入载波 Macrocell 必须用限定的低功率发射;Picocell 可以用最大功率发射;不能被封闭用户群 CSG(HeNB)用做 PSC、SSC、PBCH 和 PDCCH 信道。

c. 低功率的封闭接入载波可以被 Macrocell、Picocell 以及 CSG 使用(由于 CSG 基站的发射功率都很小,所以其他类型的基站在使用这些载波的时候,其发射功率都是受到限制的)。

结合上面干扰协调的要求,再把不同 UE 不同业务的 QoS 要求、整个小区系统容量和临近的 Macrocell 内的资源分配都考虑进来,可以设计出更好的动态资源调度的算法,这在 LTE-A 系统中也是研究的重点。由于要准确地测量信道质量和接收功率,不同的发射节点要实时更新共享信息,信令设计以及 UE、eNB 的计算复杂度都会增加。

1.3.3 无线协同网络编码技术

为了满足高速多媒体业务发展的需求,人们不断提出新的通信技术来提高系统的性能和容量。其中为了对抗无线信道衰落的影响,人们相继提出了多种分集技术。近几年,基于多输入多输出(MIMO)系统空时信号处理的空间分集技术得到了广泛的研究。已有成果表明,在天线间衰落独立的前提下,空时编码可以获取很高的分集增益,但是其性能会随着天线间信道衰落相关性的增加而下降。随着未来无线宽带通信系统可用频段的增高(超过 5 GHz),视距(LOS)传播环境会大大增加天线间的相关性。同时,很多移动台由于受到设备硬件的限制,只能配备一个天线。这种情况下,空间分集技术似乎没有明显的应用前景。然而,协同通信(Cooperative Communication)技术以一种新的方式推广了空间分集的定义(即提供空间独立衰落的信号复本),开辟了一个新的研究领域。

协同通信基本思想是用户间可以共享彼此的天线，以构建一个虚拟的 MIMO 系统，使多用户单入单出（SISO）系统获得 MIMO 系统的好处。由于无线通信的广播特性，一个用户所发生的信号，不仅可以被目的端接收到，也可以被其他用户接收到。从而，该用户可以与其他伙伴用户互通信息，以协同方式和目的端通信。

协同通信基本思想可以追溯到 Cover 和 Gamal 关于中继信道的信息论特性的研究。他们分析了一个三节点网络（源节点、目的节点和中继节点）的容量，奠定了中继通信的基础理论，促进了协同通信的发展。目前协同通信在很多概念和内容上都不同于中继通信，最突出的特征就是中继通信中，中继与信源是两个独立实体。协同通信技术要得到很好的应用，主要存在以下几个问题：

（1）复杂度问题。在协同通信中，移动台必须有能力检测上行信号，这增加了移动台接收机的复杂度。

（2）安全问题。为了保证伙伴之间数据信息的保密性，在协同通信系统中，用户的数据在传输之前必须进行加密，使移动台虽可以检测到同伴的数据，但无法译出同伴传输的信息，但这也增加了系统的复杂度。

（3）MAC 层及其上层协议问题。协同通信是基于两个或多个伙伴关系的用户，那么在高层就会存在一些问题，例如，谁将与谁结为伙伴？在什么情况下他们将结为伙伴？他们将工作于可获得的速率平面的哪一点以及为什么？谁来决定协同伙伴，是移动台还是基站？解决以上这些问题就是协同通信 MAC 的主要功能。

最近协同通信技术的研究开始突破传统单一资源域，往多域协同方向发展，多域协同意味着可以从时域、频域、空域、码域等方面充分发掘无线资源的潜能，从物理层、媒体接入控制层以及网络层甚至应用层进行协同，从而获得无线接口协同、核心网协同、业务协同等增益。基于异构无线中继技术的协同通信研究属于多域协同研究的一个重要分支，对完善多域协同、扩展协同信息理论，具有非常重要的作用。

为了充分利用有限的无线资源，提高网络覆盖和容量，目前无线领域的研究多采取多跳传输形式，如 IEEE 802 工作组提出的无线自组织网络，无线 Mesh 网络以及无线传感器网络等，信息可以通过中间节点进行复制、放大和转发，从而使各接收节点能快速收到完整信息，但是中继节点简单的转发能力一般无法实现最大信息传输；而 21 世纪初基于有线网络提出的网络编码的概念，理论上可以实现网络的最大流传输，能有效解决中继节点传输瓶颈问题。它允许中继节点将从多条路径接收的信息进行编码转发，接收节点通过相应的解码得到原始信息，提高节点接收速率。

1. 无线协同网络编码原理

网络编码强调节点之间相互合作，它是从网络信息论的角度出发，将这种节点合作编码的概念应用到整个网络，以提高整体性能。目前通过对网络编码的理论研究和仿真实现，已经显示网络编码在网络传输中的优势，它不仅可以提高网络流量，还在信息可靠性、安全性等方面有极大的前景。

将建立在有线网络基础上的网络编码技术应用在无线网络中,应用节点协作的概念和有效的编码算法,以提高无线网络性能是无线领域研究的有效前景,它需要结合无线链路特性,利于无线传输的广播方式和节点侦听能力,但也要考虑各种衰落、干扰及隐藏终端和暴露终端等因素的影响。随着各种高性能低功耗的器件的出现和定位精度的提高,多信道技术、多径技术以及联合跨层技术的发展,节点可以具有相应的处理能力和实施复杂算法,网络编码的应用将更为方便;同时网络编码的应用也将推动相应新型技术的研究。

香农在论文 *A Note on the Maximun Flow Through a Network* 中提出:"通信网络端对端的最大信息流,是由网络有向图的最小割决定的",但目前传统路由器的存储转发模式不可能达到香农最大流-最小割定理的上界。在现有的计算机通信网络中,信息传输大都是由源节点经由中间节点,以存储转发的方式传送到目的节点。除了数据复制意外,一般来说,网络的中间节点并不需要做任何数据处理,因为普遍认为,中间节点所进行的数据处理对数据传输过程本身并不会带来任何增益。

2000 年,R. Ahlswdee 等人在 IEEE 上发表了 *Network Information Flow*,这篇文章为提高网络的传输容量指明了一个新的发展方向。作者从信息论的角度出发,严格证明了网络编码通过允许中间节点对从多条路径接收到的信息进行解码转发,目的节点通过相应的解码获得原始信息,可以达到通信网络的最大容量,从而最大限度地利用现有的网络资源。网络编码的提出从本质上打破了通信网络中传统的信息处理方式,它已是通信网络研究领域中的一个新的研究热点。实际上,香农定理解决了点对点信道的容量极限问题,而网络编码则解决了如何达到单源到多点以及多源到多点的网络容量的极限问题。

图 1-10 为一无线领域三点拓扑的例子:节点 A,B 相互传递信息 a,b,应用网络编码技术后,节点 A 本身的信息和接收的信息用矩阵可以表示为 $\begin{bmatrix} 1 & 0 \\ 1 & 1 \end{bmatrix}$,即:本身信息为 a,接收信息为 a xor b,从而可以译码得到信息 b。容易看出网络编码技术提高了网络吞吐量。

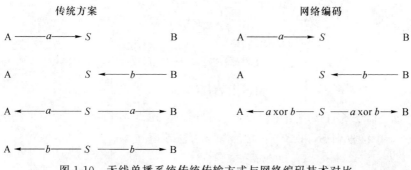

图 1-10   无线单播系统传统传输方式与网络编码技术对比

所谓网络编码（Network Coding），就是允许网络中的节点将接收到的信息进行编码后再转发出去从而提高传输性能的技术，主要在组播场景中应用。当一个或几个节点同时向若干个其他节点发送数据时，往往要借助其他节点的传递，网络编码允许中继节点对接收到的信息进行编码，并将接收到的多个数据包按照某种特定算法重新组合再发送出去。

2. 双向中继物理层网络编码

物理层网络编码（PNC）是一种处理电磁波信号接收和调制的物理层的网络编码，通过中继节点处一种恰当的调制解调技术，电磁波信号的叠加能被映射到数据比特流叠加的高斯域中，使得干扰变成了网络编码中算法操作的一部分。

考虑图 1-11 中的三节点线性网络。节点 N_1 和 N_3 是要交换彼此信息的节点，但是它们都不在对方的覆盖范围内。N_2 是两者之间的中继节点。

图 1-11   一个三节点的线性网络

这种三节点的无线网络是协同传输的一个基本单元，已被前人广泛研究。在协同传输中，中继节点 N_2 能够根据不同的信噪比状态选择不同的传输策略，如"放大-转发"或者"解码-转发"。这里主要考虑"解码-转发"策略以及基于帧的通信，把一个固定大小的帧的传输所需要的时间定义为一个时隙，每一个节点配备一个全向天线，信道是半双工的，因此一个特定节点的传输和接收必须发生在不同的时隙中。

在引入 PNC 传输方案之前，先描述传统传输方案和三节点网络中帧相互交换的"转发"网络编码方案。在传统网络中，通过避免 N_1，N_3 在同一时隙向 N_2 发送信息而降低干扰。图 1-12 给出了一种可能的传输方案。S_i 代表由 N_i 开始的帧。N_1 首先把 S_1 发给 N_2，然后 N_2 把 S_1 转发给 N_3。之后 N_3 反向发送 S_3。在相反的两个方向上交换两帧总共需要 4 个时隙。

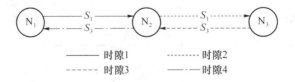

图 1-12   传统调度机制

图 1-13 描述了直接网络编码方案。首先，N_1 把 S_1 发给 N_2，然后 N_3 把帧 S_3 发送给 N_2。N_2 接收到 S_1 和 S_3 后，按照如下方法编码：

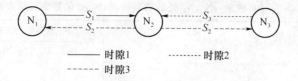

图 1-13 直接网络编码机制

$$S_2 = S_1 \oplus S_3 \tag{1-1}$$

这里的$\oplus$表示应用到整个S_1和S_3的按位异或运算。然后N_2把S_2向N_1和N_3广播。当N_1接收到S_2时，它运用本地信息S_1按照如下的方式从S_2中提取S_3：

$$S_1 \oplus S_2 = S_1 \oplus (S_1 \oplus S_3) = S_3 \tag{1-2}$$

N_3也可采取类似的方法求解S_1。这个过程总共需要3个时隙，由此传统传输方案的吞吐量被提高了33%。

下面介绍物理层网络编码方案：假定所有节点都使用QPSK调制。假定码元电平和载波相位同步，并使用功率控制，使得从N_1和N_3达到N_2的帧都有相同的相位和幅度。N_2在一个码元周期中接收到的混合带通信号是

$$\begin{aligned} r_2(t) &= s_1(t) + s_2(t) \\ &= (a_1 \cos \omega t + b_1 \sin \omega t) + (a_3 \cos \omega t + b_3 \sin \omega t) \\ &= (a_1 + a_3) \cos \omega t + (b_1 + b_3) \sin \omega t \end{aligned} \tag{1-3}$$

这里的$s_i(t)(i=1$或3)是N_i传输的带通信号，$r_2(t)$是N_2在同一码元周期中接收到的带通信号；a_i和b_i是N_i的QPSK调制信息比特；ω是载波频率。然后，N_2会接收到两个基带信号，同相分量I和正交分量Q，如下：

$$\left.\begin{aligned} I &= a_1 + a_3 \\ Q &= b_1 + b_3 \end{aligned}\right\} \tag{1-4}$$

N_2不能从混合信号I和Q中提取出N_1和N_3传输的独立信息，即a_1, b_1和a_3，b_3。然而，N_2只是一个中继节点，并不需要独立信息。为了使真正的接收节点可以从中提取a_1, b_1, a_3, b_3，N_2要传输必要的信息到N_1和N_3，以保证信息的端对端输出。具体来说，需要一种特定的调制解调映射方案，即PNC映射，来达到与N_1和N_3发出的比特流在GF(2)上求和类似的物理层效果。

表1-2描述了PNC映射。QPSK数据流可以看做两个BIT/SK数据流，一个同相分量流和正交分量流。在表5-1中，$s_j^{(I)} \in \{-1,1\}$是一个代表N_j的同相数据的变量，$a_j \in \{-1,1\}$是一个代表BIT/SK调制的$s_j^{(I)}$比特的变量，且$a_j = 2s_j^{(I)} - 1$。一个类似的表（这里并未给出）也能由正交分量构造，让$s_j^{(Q)} \in \{0,1\}$成为N_j的正交数据，$b_j \in \{-1,1\}$是BIT/SK调制$s_j^{(I)}$的比特，且$b_j = 2s_j^{(Q)} - 1$。

表 1-2　PNC 映射：N_1，N_2 处的调制映射；N_3 处的调制和解调映射

N_1，N_3 处的调制映射				N_2 处的解调映射		
				输入	输出	
					N_2 处的调制映射	
输入		输出			输入	输出
$s_1^{(I)}$	$s_3^{(I)}$	a_1	a_3	a_1+a_3	$s_2^{(I)}$	a_2
1	1	1	1	2	0	-1
0	1	-1	1	0	1	1
1	0	1	-1	0	1	1
0	0	-1	-1	-2	0	-1

如表 1-2 所示，N_2 获得的信息比特是：

$$s_2^{(I)} = s_1^{(I)} \bigoplus s_3^{(I)}；\quad s_2^{(Q)} = s_1^{(Q)} \bigoplus s_3^{(Q)} \tag{1-5}$$

然后传输

$$s_2(t) = a_2 \cos(\omega t) + b_2 \sin(\omega t) \tag{1-6}$$

当接收到 $s_2(t)$ 时，N_1 和 N_3 通过普通 QPSK 解调衍生出 $s_2^{(I)}$ 和 $s_2^{(Q)}$。在一个时隙中连续衍生出的 $s_2^{(I)}$ 和 $s_2^{(Q)}$ 比特将会被用来形成帧 S_2。换句话说，在直接网络编码中 $S_2 = S_1 \bigoplus S_3$ 的运算能通过 PNC 映射来实现。

正如图 1-14 中描述的，PNC 只需要两个时隙来交换一帧（而直接网络编码需要 3 个时隙，传统方案需要 4 个时隙）。

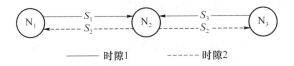

图 1-14　物理层网络编码

PNC 能够大幅度地提高网络编码吞吐量，但这种思想，要求物理层、MAC 层、网络层采用新技术协同传输。例如，需要进一步考虑 PNC 对于功率消耗、数据延迟、公平性的影响。此外，目前物理层技术，比如 turbo 码、MIMO、OFDM 等，可能需要重新研究以确定是否能与 PNC 协同以提高无线网络性能。同时，PNC 也需要新的物理层技术，包括同步、调制/解调等。

3. 多址接入中继模式下的网络编码

根据中继模式不同，有不同的应用。前面介绍的物理层网络编码可以看成是双向中继模式下的网络编码应用，下面将介绍多址接入中继模式下的网络编码应用，考虑两用户场景，如图 1-15 所示，用户通过相应的中继节点选择算法选出对应的协同节点协助传输各自数据 X_A 和 X_B 到基站。协同节点可以是系统布置好的

专用中继(如分布式天线),或其他协同用户。作为传统中继,节点需要具有解码转发能力,如图 1-15(a);而应用网络编码技术要求中继节点还应具有网络编码能力,如图 1-15(b)所示,R 接收到两用户数据并将其线性组合发送给基站,则基站接收任意两条链路的信息均可解得原始信息,例如,如果基站无法正确接收用户 A 的信息,则可以通过 B 用户信息和中继信息,通过 $X_B \oplus (X_A \oplus X_B)$ 解得 X_A。同理,对于传统的协同用户通信而言,通过网络编码技术,可以提供额外的分集增益,对比如图 1-15(c)和(d)所示。

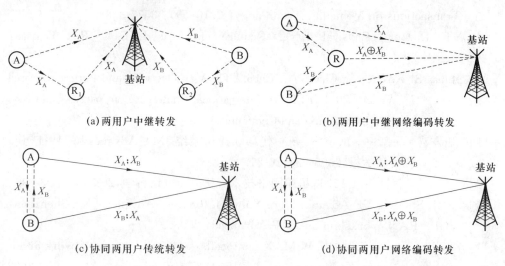

(a)两用户中继转发 (b)两用户中继网络编码转发

(c)协同两用户传统转发 (d)协同两用户网络编码转发

图 1-15 协同中继和协同多用户传输场景

参 考 文 献

[1] 彭木根,王文博. TD-SCDMA 移动通信系统[M]. 北京:机械工业出版社,2005.

[2] 沈嘉,索士强,全海洋,等. 3GPP 长期演进(LTE)技术原理与系统设计[M]. 北京:人民邮电出版社,2008.

[3] Peng M,Wang W. Technologies and standards for TD-SCDMA evolutions to IMT-advanced [J]. Communications Magazine,2009 (26):50-58.

[4] 3GPP IMT-Advanced Workshop. Views for the LTE-A Requirements[R]. Shenzhen: 3GPP IMT-Advanced Workshop,2008.

[5] Peng M,Wang W,Chen H. TD-SCDMA Evolution [J]. IEEE Vehicular Technology Magazine,2010 (5): 28-41.

［6］ Peng C，Yang Z，Zhao W，et al. Cooperative Network Coding in Relay-Based IMT-Advanced Systems［J］. IEEE Communications Magazine，2012（50）：76-84.

［7］ Peng M，Liu Y，Wei D，et al. Hierarchical cooperative relay based heterogeneous networks［J］. IEEE Wireless Communications，2011(18)：48-56.

［8］ Peng M，Liu H，Wang W，et al. Cooperative Network Coding with MIMO Transmission in Wireless Decode-and-Forward Relay Networks［J］. IEEE Transactions on Vehicular Technology，2010(59)：3577-3588.

［9］ NTT Docomo. Physical Layer Requirements for LTE-A［R］. Kansas：3GPP，2008.

［10］ Jimaa S，Kok Keong Chai，Yue Chen. LTE-A an Overview and Future Research Areas［C］. Wuhan：2011 IEEE 7th International Conference on Wireless and Mobile Computing Networking and Communications（WiMob），2011.

［11］ 唐友喜，易新平，邵士海. 新一代移动通信系统-IMT-Advanced 的特征［J］. 电子科技大学学报，2008（2）：20-21.

［12］ 吴锦莲，蒋杭州. LTE 自组织网络技术分析［J］. 电信科学，2011(11)：23-29.

［13］ ERICSSON. LTE-Advanced-The Solution for IMT-Advanced［R］. Shenzhen：3GPP RAN Workshop on IMT-Advanced，2008.

［14］ Yeh S，Talwar S，Lee S. WiMAX femtocells：a perspective on network architecture，capacity，and coverage［J］. IEEE Communications Magazine，2008(46)：58-65.

［15］ 3GPP. TR 36.913 Requirements for further advancements for Evolved Universal Terrestrial Radio Access（E-UTRA）（LTE-Advanced）R8［S］. EUROPE：ETSI，2008.

［16］ Kim R Y，Jin Sam Kwak，Etemad K. WiMAX femtocell：requirements，challenges，and solutions［J］. IEEE Communications Magazine，2009（47）：84-91.

第 2 章　无线网络自组织技术

　　蜂窝移动无线网络中许多网络单元和相关参数都是人工配置的,这些网元和参数的规划、提交、配置、集成和管理对于高效稳定的网络运行来说是非常重要的。然而,与此相关的运营开销是巨大的。这些参数的调整必须通过专业技术人员来完成,现有的人工处理过程费时,并且容易出现操作错误。除此之外,针对经常快速变化的网络拓扑和运行状况,这些参数的人工调整过程将不可避免地导致相对更长的时延,这使得无线网络不能提供最优的性能。

　　为了解决增长的数据容量不足,开始部署 LTE 系统。LTE 及其 LTE-A 系统的技术特征和增长的海量移动互联网业务需求,对网络自组织(SON)能力的价值和需求要求进一步提高。在网络部署阶段以及后续的运营阶段,使用 SON 可以降低运维成本。网络的自优化能力可以带来更好的用户体验并且减少用户流失,从而提供更好的网络整体性能。虽然 SON 可以改善网络性能,但仍不能取代无线系统为满足持续增长的用户移动数据业务量而对更多的频谱资源的需要。

　　3GPP 在 R8 和 R9 中开始对 LTE 网络的自组织和自优化功能的标准化研究。这些标准定义了网络的智能要求、自主功能和网络可管等特点,以实现网络的自配置和自优化,使得无线网络可以适应变化的无线信道环境,从而减小人力成本和开销,提高网络的性能和灵活性。在 3GPP R10 中除了对 R8 和 R9 定义的 SON 功能和技术进行了进一步完善和增强外,还增加了一些新的 SON 用户例,包括多种无线接入技术的实现,增强的小区间干扰协调,覆盖和容量联合自优化,通过最小化路测实现 SON 和能量节省等。

　　前面一章系统介绍了 4G 和未来宽带移动通信系统及其先进技术,作为 4G 和未来 5G 系统关键技术之一,本章将系统介绍 SON 的起源、发展、原理、组成以及相关标准组织机构等,为后面章节要介绍的 SON 网络架构和协议流程提供基础。

2.1　移动互联网发展和 SON 起源

　　随着移动互联网(Mobile Internet)业务的爆炸式发展,运营商对蜂窝网络的运维压力越来越大,SON 技术变得越来越重要。通过使用 SON,可以减少人力操作,提高蜂窝网络的系统性能,提高投资回报(ROI)和保证客户的服务质量等。

2.1.1　移动互联网分组业务需求

移动互联网是指互联网的技术、平台、商业模式和应用与移动通信技术结合并实践的活动的总称,它就是将移动通信和互联网二者结合起来,成为一体。自从 3G 大规模应用以来,移动通信和互联网成为当今世界发展最快、市场潜力最大、前景最诱人的两大业务,它们的增长速度是任何预测家未曾预料到的。

迄今为止(到 2012 年年底),全球移动用户已超过 15 亿,互联网用户也已逾 7 亿。中国移动通信用户总数超过 3.6 亿,互联网用户总数则超过 1 亿。这一历史上从来没有过的高速增长现象反映了随着时代与技术的进步,人类对移动性和信息的需求急剧上升。越来越多的人希望在移动的过程中高速地接入互联网,获取急需的信息,完成想做的事情。所以,移动与互联网相结合的趋势是历史的必然。目前,移动互联网已经渗透到人们生活、工作的各个领域,短信、铃图下载、移动音乐、手机游戏、视频应用、手机支付、位置服务等丰富多彩的移动互联网应用迅猛发展,正在深刻改变信息时代的社会生活,移动互联网经过几年的曲折前行,终于迎来了新的发展高潮。

移动互联网业务的特点不仅体现在移动性上,可以"随时、随地、随心"地享受互联网业务带来的便捷,还体现在更丰富的业务种类、个性化的服务和更高服务质量的保证,当然,移动互联网在网络和终端方面也受到了一定的限制。其特点概括起来主要包括以下几个方面:

(1)终端移动性。移动互联网业务使得用户可以在移动状态下接入和使用互联网服务,移动的终端便于用户随身携带和随时使用。

(2)终端和网络的局限性。移动互联网业务在便携的同时,也受到了来自网络能力和终端能力的限制:在网络能力方面,受到无线网络传输环境、技术能力等因素限制;在终端能力方面,受到终端大小、处理能力、电池容量等的限制。

(3)业务与终端、网络的强关联性。由于移动互联网业务受到了网络及终端能力的限制,因此,其业务内容和形式也需要适合特定的网络技术规格和终端类型。

(4)业务使用的私密性。在使用移动互联网业务时,所使用的内容和服务更私密,如手机支付业务等。

移动互联网网络流量加速增长,这在根本上改变了蜂窝移动通信网络缺乏用户需求的状况;经过一段时间的发展,移动互联网业务快速增长及大业务量需求导致无线网络资源的大量消耗和服务质量的下降。而在此情况下,运营商往往会部署新一代宽带移动通信网络,或者异构无线网络如 WiFi 以分流移动网络流量。再有,移动互联网的业务应用服务发展也大大促进了移动互联网的发展。总之,移动互联网的发展与移动终端、移动网络、业务应用服务的发展是相辅相成的。

1. 移动互联网发展现状

世界各国都在建设自己的移动互联网,各个国家由于国情、文化的不同,在移动互联网业务的发展上也各有千秋,呈现出不同的特点。一些移动运营商采取了较好的商业模式,成功地整合了价值链环节,取得了一定的用户市场规模。特别是在日本和韩国,移动互联网已经凭借着出色的业务吸引力和资费吸引力,成为人们生活中不可或缺的一部分。

移动互联网发展非常迅猛,以娱乐类业务为例,目前,基于手机的娱乐内容已经创造了一个数百亿元的市场,成为运营商发展的重要战略。日本可以称得上是移动互联网业务发展最好的国家之一,其移动数据业务收入约占全球 40% 的份额,接近 1/3 的日本人使用移动互联网业务,其中 80% 在 3G 终端上使用业务。除了数据接入费和广告费之外,来自移动内容和移动商务的收入超过 10 亿美元(以上数据为 2007 年 6 月月底数据),移动互联网用户总数达到 8 728 万,占移动用户 87% 的比例(2007 年年底数据)。日本移动运营商提供的主要移动互联网业务包括移动搜索、移动音乐、移动社交网和 UGC、移动支付和 NFC 应用、移动电视、基于位置的服务和移动广告等。日本移动运营商采取的包月资费方式,以及用户终端性能的提高、双向高速移动网络的发展,促进了日本移动互联网业务的发展。从最初的信息服务、图铃内容下载,到目前具有移动 Web 2.0 特性的新业务,日本的移动互联网业务发展走在了世界的前列。

韩国是全球移动互联网最为发达的地区之一。自从 2002 年韩国移动运营商把 CDMA 网络全面升级到 cdma2000 1x EV-DO 以来,移动互联网的发展更是突飞猛进,SKT 和 KTF 分别推出了包括一系列高端移动多媒体应用和下载服务在内的移动互联网业务。双向高速网络进一步带动了具备移动 Web 2.0 特征的移动互联网业务的发展。用户市场对移动互联网业务的需求从铃声下载、新闻服务等逐渐向移动多媒体、移动社区、移动 UGC 等新型移动互联网业务转移。韩国用户数最多的移动互联网业务包括移动多媒体服务、移动音乐门户网站服务、手机游戏、移动购物、手机银行以及包括移动搜索、移动社区等在内的无线和固定互联网互通服务。

我国移动互联网的技术应用与日韩不同,大多采用的是 WAP 协议。我国使用手机上网的用户多数采用 WAP 接入的方式。与日韩两国的移动互联网业务的使用状况相比,我国移动互联网用户最感兴趣的还是手机图铃业务、音乐和游戏业务。随着我国移动网络带宽的增加,用户对业务的需求也会发生一定的变化,从信息量少的内容获取类业务向视频类业务、体现移动网和互联网融合的业务转变。截至 2012 年年底,全国移动电话用户达到 11.12 亿户,其中 3G 用户达到 2.33 亿户。全国网民数达到 5.64 亿人,手机网民数达到 4.20 亿人,互联网普及率达到 42.1%。

2. 移动互联网业务发展和挑战

随着3G/B3G等新技术的不断发展,移动系统的峰值速率也快速提升,随即引发了移动用户的移动互联网业务数据流量迅速增加。如图2-1所示,根据思科公司2011年年初发布的预测,到2015年全球移动数据流量将是2010年的26倍,年均复合增长率将达到92%,而2016年比2011年预计增长18倍,具有大带宽需求的视频业务、网页浏览等将成为主流,用户从最初的语音和短信等传统业务转向娱乐、社交、网络互动等数据业务,且非固定性上网习惯发展演变成多样性、互动性、即时性、综合性较强的新型应用行为模式。

与此同时,蜂窝移动通信网络空中接口的峰值传输速率从3G到LTE-A只以每年55%的复合增长率提高。这意味由于技术标准升级而带来的空中接口速率的增长速度难以满足数据流量增长的需求。因此,为进一步满足容量的需求,站点建设将越来越密集,也随即带动了各类成本支出的增加。为解决这些问题,需要提出新的网络架构以及空口技术以进一步增强移动通信网络的性能。另一方面,运营商的收益并没有随着网络容量的提升而增加。已有运营数据表明,运营商的语音话务量稳步增加的同时,数据流量增长迅速,但运营收益并没有随之快速增加,甚至全球范围内很多运营商的每用户平均收入(ARPU)值还在逐年下降。为了应对缓慢的收益增长,运营商需要不断地降低每比特的数据成本,并同时提供高容量的网络以保持用户的良好体验。

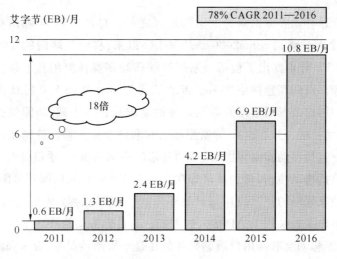

图 2-1　全球数据业务增长预测(来自思科)

此外,随着移动用户智能终端以及数据卡的普遍使用,世界各地的移动运营商必须不断地对网络扩容,以满足用户的移动宽带需求。然而,随着电信市场竞争日趋激烈,市场逐渐走向饱和,导致语音业务ARPU逐年下降,加上技术发展网络更新改造速度加快,将不断增加资本性支出(Capital Expenditure,CAPEX)和 OPEX 投入,进一步削弱运营商的盈利能力。这些因素使得运营商需要比以往更加关注 CAPEX 和 OPEX 以保证持续的竞争能力。

一般而言,移动运营商网络的 CAPEX 中 80％用于无线接入网的建设,而无线接入网建设费用主要用于无线蜂窝站点的建设。2007—2012 年,全球各类 3G 网络的 CAPEX 支出计划逐年增加。由于 3G/B3G 的部署频点高于已有的 GSM 网络,这意味着为了保持与 2G 网络同样的覆盖范围,需要建造更多的蜂窝站点。

面向上述诸多挑战,为了满足以上业务需求,运营商需要新的无线接入网演进方案来提升移动互联网时代自身的竞争力,蜂窝移动通信系统从 LTE 向 LTE-A 演进,将布置更密的基站,同时也将大规模部署异构小功率节点,这使得传统蜂窝移动通信系统的小区拓扑结构显著变化。

2.1.2 蜂窝移动通信组网技术变化

如前所述,为了满足移动互联网高速发展的传输速率需求,LTE 和 WiMAX 系统需要进一步演进到 IMT-Advanced 系统。尽管 LTE 的传输速率比 3G 有了很大幅度的提升,但仍然无法满足未来的数据流量需求。根据日本 MIC 的测算,未来 10 年移动通信系统的频谱资源和频谱利用率分别增加 2 倍和 6 倍,与未来 10 年 200 倍的无线数据需求尚有 17 倍的差距,远远无法满足市场需求,因此 LTE-A 系统需要采用分层异构等技术来提高蜂窝覆盖密度来分流数据流量。LTE 和 IMT-Advanced 系统无论在技术、网络结构,还是在业务支撑和服务环境上,都和传统蜂窝网络有很大不同,具体表现在:

(1)采用增强的 MIMO、无线中继、CoMP、载波聚合等先进技术为各种多媒体分组业务提供高达 1 Gbit/s 的传输速率,并且小区边缘用户的性能能够有效保证。

(2)采用扁平化网络架构以减少传输时延,改变传统集中控制模式,基站间采用协商方式进行相应的无线资源分配和切换等,以减少小区间干扰和提高切换性能。

(3)采用家庭基站、无线中继等技术增强室内覆盖,满足室内便捷、高速和绿色通信要求。

(4)采用网络融合协作和干扰协调技术,使 2G、3G 以及 3G 增强和 IMT-Advanced 等多种无线接入模式共存,实现各系统的平滑切换且保证异构系统间的互联互通。

(5)增强基站功能,提高 IMT-Advanced 应急通信能力,实现便捷灵活的高效组网。IMT-Advanced 系统的这些新特征和技术需求使得传统无线网络规划、网络优化和网络管理方法和流程不再高效,需要研究具有学习能力的智能化网络规划优化及管理方法,以增强网络的健壮性和鲁棒性,同时提高网络的传输性能。

1. SON 技术和市场驱动力

如前所述,随着移动互联网时代的来临,目前的无线接入网络正面临着越来越多的挑战,众多问题亟待移动运营商来解决:业务量迅猛增长带来的无线网络成本的不断上升,而收入却增长缓慢;分层异构无线网络能显著提高网络的性能,但是网络设计、优化和管理成本急剧增加,需要优化的无线资源和参数复杂且数量巨大。为解决这些挑战并追求未来可持续的增长,根据现网条件和技术进步的趋势,业界提出了面向智能化的网络自组织(SON)技术。SON 技术主要用于:

(1) 满足日益增长的容量需求而提出的智能化组网技术。近期无线通信产业各种事件表明,4G 网络的复杂度在增加,运营成本也越来越高。新出现的一些移动设备(智能手机、PC 数据卡、USB 调制器、无线消费设备、M2M 技术等)正在让公众用户和企业用户的无线数据业务爆炸式增长。用户业务增长要求无线服务提供商必须在他们的网络上同时支持更多的高带宽数据应用和服务。用户应用和服务的范围很广泛,包括 Internet 浏览、Web 2.0、音频、视频、视频点播、游戏、基于位置信息的服务、社交网络、点对点、广告等。

(2) 解决新一代复杂宽带移动通信系统网络规划优化异常复杂等问题。通过 SON 可以减轻人力成本,同时简化网络设计、网络运维和网络管理等。在网络侧,无线服务提供商的网络正在变得越来越复杂,也越来越异构化。可以预测家庭基站和微型基站(为了获得更好的覆盖与/或从宏基站分流容量)的数量会迅速增长,加上更加普遍的多网络技术(2G、3G、4G 加上 WiFi)。这些趋势会增加运营和网络复杂性,比如宏基站/家庭基站之间的和多种无线接入模式间的切换,以及宏基站/家庭基站和宏基站/微微基站之间的干扰管理等。综上所述,这些发展趋势给服务提供商的网络和他们的运维员工提出了更高的要求。为了保证用户体验的质量,需要更加优秀的服务质量和实现策略,同时为满足无线数据业务的增长还必须提升网络吞吐量。

2. 无线网络自组织的动力源泉

面向未来宽带移动互联网需求和网络特征,移动服务提供商将面对两个基本的运营问题:一是有些过程是不断重复的;二是其他过程由于过快或者过于复杂而不能进行人工操作。SON 网络自组织技术的基本原理可以分为两大类:

(1) 把以前的人工处理过程自动化主要是为了减小网络运维阶段的人工介入,这样可以节省运营和部署的成本。自动重复处理过程可以明显地节省时间和减少开销。自配置技术属于这一类。

(2) 有些过程需要快速处理,并且需要精细的粒度(每用户、每业务、每流,都是时间的函数),或者人工处理起来过于复杂,它们就需要自组织处理的过程。从多种信息源(例如,从用户设备,独立的网络实体,以先进的监视工具为基础的端到端系统)收集来的测量值可以提供精确的实时或者近似实时的数据,自组织算法可以在这些数据的基础上实现,从而提供了网络性能,传输质量,或者改善了网络运营方式。

因此,在跨层,端到端,每用户/每业务/每流优化有很多机会来获得性能提升和增加管理的灵活性。这些分类不是非常清晰(比如之前的人工过程由于上述趋势变的非常复杂),所以在管理优化的过程中实现自组织是非常必要。

SON对于无线网络而言并不是一个新的概念,实际上现有的移动网络中已经大量利用了自组织技术和功能。例如,在无线资源管理领域(调度、功率控制和速率控制等)有很多例子可以说明这些自组织技术具有很好的性能增益。因此,SON技术代表了无线网络的演进方向,自组织过程将更深入更广泛地应用到实际无线网络中。

2.2 网络自组织技术组成

将SON技术引入IMT-Advanced系统的主要目的是为了适应新技术需求,实现包括规划、配置、优化、计算、调整、测试、预防错误、调整失败和自我恢复等多项功能,以提高网络性能,简化无线网络设计和降低网络运维成本。通过采用先进的新型无线测量技术和自安装策略进行网络自主管理,最终实现网络自配置(self-configuration)、自优化(self-optimization)和自治愈(self-healing)三大功能,它的主要流程如图2-2所示。网络可以简单分为两个阶段:网络预运行阶段和网络运行阶段。在网络预运行阶段,主要执行网络自配置操作,包括基站的基本配置和初始无线相关配置;而网络运行阶段,主要执行网络自优化和网络自治愈。网络基本配置工作包括IP地址配置,网关设计,网络鉴权,以及软件和配置数据下载等。初始无线相关配置工作主要是邻小区列表更新和覆盖参数配置等。

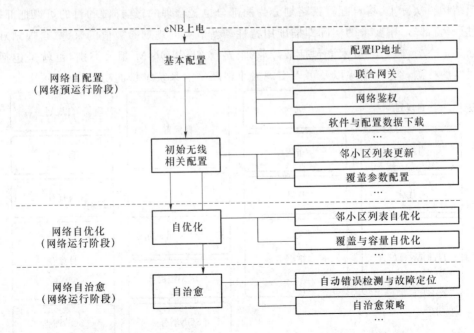

图2-2 SON功能架构

网络自配置是新部署的网络节点通过自动安装过程进行基本运行参数以及无线信号相关参数进行配置，主要包括节点基本配置，如 IP 地址、网关与鉴权等，以及节点无线信号相关的参数配置，如邻区列表和覆盖参数等。网络自配置的目标是尽量减少网络规划和网络管理的人工参与，降低网络建设和维护成本，基站能够自动发现和建立邻区关系，自动配置小区识别号（ID），并使配置结果满足网络要求。网络自配置是优化前的阶段，是自优化和自治愈的基础。

网络自优化是网络在运行过程中，通过监测网络重要性能指标随时间的变化，自适应地调整基站和其他网络设备无线参数配置或相关的资源管理策略，以达到扩大覆盖范围、增加系统和边缘容量、抑制干扰、减少能耗、提高切换和随机接入成功率、满足用户 QoS 需求等目的。与无线资源管理算法不同，SON 的自优化考虑的不仅是单小区性能，而是一个（局部）网络多小区的整体性能，目标是使整体网络性能得到改善。

网络自治愈是指由于基站或服务节点的故障，使得单小区内部或多小区间的覆盖或容量出现严重问题时，通过对故障进行检测、定位、补偿、恢复，实现网络快速恢复。它能够自动、快速、准确地检测影响网络性能的故障，在不进行人工干预的情况下，自动检测和定位故障，并进行自动恢复，以确保用户连续、高质量的通信状态。

需要注意的是，如图 2-3 所示，不同的组织提出了不同的 SON 组成方案。但不同的分类方式之间缺乏官方统一的命名和定义方式，本书还是遵循 3GPP 定义的组织结构。实际上，将自配置策略划分为两部分也是合理的，这样做的目的可以把部署过程（自部署）中要求的实际即插即用特性和新节点的规划参数值的来源（自规划）区分开来。另外，自治愈术语包括故障管理，故障纠正，O&M 相关类别，也就是包括：问题的检测，纠正/消除以及可以实现最小中断平滑系统维护的功能实体。

图 2-3　SON 组成分类

2.2.1 网络自配置

自配置通常可以认为是自组织网络的第一个步骤,因为这是网络设备启动之后首次面临根据外部环境来动态配置参数的问题。根据 3GPP 定义,自配置过程即为新部署的网络节点通过自动安装过程来配置系统正常运行所必备的基本参数的过程。自配置过程本质上是一个预运行过程,因为此时网络节点还没有进入正常的通信传输阶段。预运行过程可以理解为网络节点从开机启动到建立骨干链接并开启射频的过程。

自配置流程就是描述一个网络节点从开机启动到完全进入正常运行状态所需要进行的信息交互和数据处理过程。以宏基站为例,3GPP 提出了典型的自配置过程如图 2-4 所示。首先宏基站会发出请求获取基本设置信息,包括 IP 地址、OAM 地址,并进行基站认证建立网管关联,然后从 OAM 系统下载软件并进行安装。安装完成后,从 OAM 系统下载初始射频参数并进行配置,这些射频参数包括天线下倾角、发射功率等。接下来,宏基站连接至 OAM 系统并建立起 S1 和 X2 链路,然后通知 OAM 系统该基站已经完成自配置过程,进入正常运行状态。

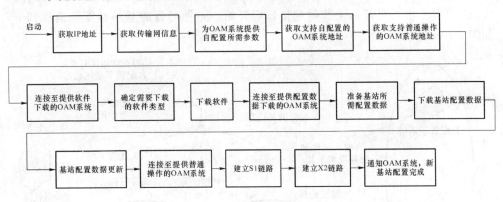

图 2-4 宏基站自配置流程图

从宏基站的建立流程可以看出,基站的软件下载、配置数据下载和链路建立都需要和 OAM 系统进行频繁交互,这在一方面保证了自配置过程的可靠性,但是在另一方面无疑增加了自配置流程的复杂度和时间成本。特别是在 IMT-Advanced 系统中,基站由于采用了多天线、协作传输技术等一系列先进的无线传输技术,需要配置的参数从数量和复杂度上都有了很大提高,如果频繁地进行 OAM 系统信息交互无疑会大大增加信令传输开销,延长自配置所需时间。此外,中继站和家庭式基站的广泛应用,使得自配置的场景从宏基站自配置扩展到中继站自配置、家庭式基站自配置等场景。针对这类新兴场景,参数配置对于时间、复杂度和可操控性的要求更高,所以对于现有的自配置流程提出了更苛刻的要求。

当建立一个新的网络时，运营商除了基础设施和频谱的花销外，在网络部署、规划和整合等方面往往导致更高的花销。近几年，CAD(Computer Aided Design，计算机辅助设计)工具的出现使得这些任务简化，比如 AFP(Auto Frequency Plan，自动频率规划)和 ACP(Auto Cell Plan，自动小区规划)工具等。当然，很多配置过程以及与网元相关的集成还是需要人工参与才能完成。

SON 中的自配置是指新建基站实现"即插即用"的功能，包括无线资源参数自配置、物理小区标识自配置(PCI)以及邻区关系自配置(ANR)等。自配置的目的是尽量减少人为干预的必要，从而减少建设成本、实现高效的网络部署、同时避免人工操作带来的错误。

1. 无线资源参数自配置

为了保证新建基站加入系统后可以正常运作，需要对无线资源参数进行初始自配置，包括频谱占用、功率控制、小区选择/重选、资源调度等。如何设计合理的自配置算法来获得相应的无线资源参数，使得新建基站和已存在的系统可以正常运行，是这一部分所要关注的主要问题。

SON 为新增网络节点提供先进的自安装策略，自安装过程处于网络预运行阶段，在 eNB 上电并且开启无线射频接口后开始。一种可行的基站自安装流程如下，如图 2-5 所示。

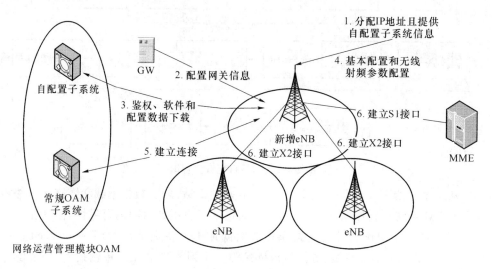

图 2-5　新增基站自安装流程

（1）在网络预运行的初期，网络为新增 eNB 分配一个 IP 地址并为该 eNB 提供自配置子系统信息。

（2）为该 eNB 配置网关，该节点可通过网关与其他网络节点交换数据业务。

（3）新增 eNB 向自配置子系统提供设备类型和硬件信息以获取通过鉴权，同时从自配置子系统处下载必要的软件和配置数据信息。

（4）根据获取到的配置信息，eNB进行系统基本信息与无线射频参数自配置。

（5）eNB与网络运营管理模块（OAM）进行连接以实现其他管理功能。

（6）建立必要的S1和X2接口，完成基站的自配置过程，进入正常网络运行阶段。

家庭基站（HeNB）的自安装过程与宏基站的类似。HeNB可以针对自身的频率带宽需求，利用自配置过程中从网络获取的可用频率资源信息，将频率资源划分为多个载波，并通过信号质量测量，选择干扰最小的载波（一个或多个）构成自己的的载波聚合。HeNB对传输功率的自配置基于混合式网络架构，由相邻支援HeNB辅助测量新增HeNB信号强度并汇报网络，最终由网络判决该HeNB的信号传输功率自配置信息。有关HeNB的自配置参见本书第11章。

2. 物理小区标识自配置（PCI）

新增网络节点通过物理小区复用的方式实现网络设备添加或小区分裂后的管理问题。一种物理小区ID获取和邻区关系列表的更新过程如图2-6所示。

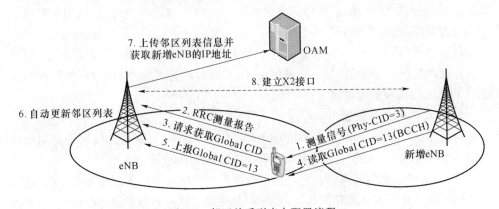

图2-6　邻区关系列表自配置流程

（1）服务基站下的UE根据系统的测量策略对周围基站信号强度进行测量和上报，如图中UE获取新增物理小区Phy-CID=3。

（2）UE将测量信息通过RRC Measurement Report上报服务基站。

（3）服务基站接收该UE报告，并请求UE向新增小区获取Global CID。

（4）UE通过读取新增小区BCCH信道上的信息，获得该小区Global CID=13。

（5）UE向服务基站上报新增基站的Global CID，此时完成了小区物理ID和全局ID的获取。

（6）服务基站自动更新邻区列表信息。

（7）服务基站将更新的邻区列表信息发送给OAM，并获取新增基站的IP地址。

（8）如果有需要的话，服务基站与新增基站间将建立X2接口进行必要的通信。

在日益复杂的 LTE/LTE-A 网络中，邻区列表信息成为系统掌握网络和用户信息的主要途径之一，尤为重要。一种邻小区列表自优化方法采用用户行为优先机制，有效减少每个 UE 所需要的测量操作，但不足之处是容易产生小区 ID 冲突，针对这个问题，可以使用移动测量来更新邻小区列表并且检测本地小区冲突状况，且向运行支持系统（OSS）报告并解决冲突，这样的解决方案可以处理最差的小区状况，即所有的小区 ID 在初始化时都被设定为同一个值且邻小区列表为空的情况。

PCI 的个数是有限的，但整个网络中基站的个数要远远大于有限的 PCI 个数，因此，一定会存在 PCI 被重复利用的情况。为了避免由于 PCI 分配不当而引起移动性混淆问题，在规划 PCI 时需要保证两个原则，即不冲突和不混淆："不冲突"意味着互为邻区的小区不能使用同一个 PCI，这是为了避免在同一覆盖范围内收到两个 PCI 相同的小区信号；"不混淆"意味着一个小区不能拥有两个具有相同 PCI 的邻区。

PCI 自动分配可以通过网管以集中式的手段统一计算获得，优点是分配速度快。只要网元接电启动后，可以直接从网管处获取到可用 PCI。计算 PCI 所需要的测量数据包括：站点位置信息、地域特征参数以及小区物理参数等，目的是利用它们模拟出无线覆盖图，从而获得邻区关系。

PCI 冲突/混淆检测可以以分布式手段进行检测，通过 ANR 获取邻区后，判断是否存在冲突或者混淆的现象，一旦发现，网元即向网管系统进行上报，由网管系统进行 PCI 的优化和重配置等工作。

3. 自动邻区关系配置

自动邻区关系（Automatic Neighbor Relation，ANR）配置是无线网络规划优化中的一个重要内容，它的目的是保证处于小区边缘的用户可以及时地切换到适合驻留的小区，以确保通信质量以及整个网络的性能。传统的邻区配置是基于工程参数；邻区优化则是基于大量的路测结果，这不但会耗费大量的人力物力，同时由于路测数据的偏差以及路测范围的限制，很有可能会漏配或者错配，因此，ANR 的出现就可以解决传统邻区配置/优化的效率低、成本高等问题，很有研究意义。

LTE/LTE-A 系统基于两个功能来实现 ANR：一是 LTE/LTE-A 终端不保存邻区列表，且在切换准备过程中，可以很快上报未知小区的测量信息；二是基站可以从终端上报的测量信息中获取邻区的 CGI（Cell Global Identifier，小区全球标识）。

发现邻区主要是通过终端的测量报告。终端在 RRC 连接模式下持续上报所检测到的小区 PCI，如果终端上报的小区 PCI 没有出现在服务基站的邻区列表中，服务基站的 ANR 功能会请求终端通过这个 PCI 来获取该小区的 CGI，此刻这个小区就被当成一个目标小区。终端通过接收目标小区的 SIB1（系统信息广播块 1），即可得到该小区的 CGI，同时把它上报给服务基站。当服务基站收到目标小区的 CGI 后，通过部分 SAE 和 MME 的帮助，即可获悉目标基站的 IP 地址，从而使服务基站与目标基站间可以进行信息交互。服务基站向目标基站发起 X2 接口连接请求，包含创建邻区关系所需要的数据信息（如频率、PLMN-ID、CGI、PCI）。目标基站将服务基站添加到邻区列表，同时发送自己对应的数据信息（如频率、PLMN-ID、CGI、PCI）给服务基站，这样服务基站就可以把它添加到邻区列表中。

考虑到切换性能、地理位置关系或者二者的结合，ANR可以自动将不使用的邻区去掉。ANR添加或者移除某邻区时，会受到运营商的管制，比如黑列表中的小区不可设为邻区，白列表中的小区不能解除邻区关系等。

2.2.2　网络自优化

网络自优化是指网络在运行过程中，通过监测网络重要性能指标随时间的变化，自适应地调整基站和其他网络设备无线参数配置或相关的资源管理策略，以尽可能达到扩大覆盖范围、增加系统和边缘容量、抑制干扰、减少能耗、提高切换和随机接入成功率、满足用户 QoS 需求等目的。网络自优化的主要思想是通过监测网络重要性能指标的变化，来自适应调整基站和其他网络设备无线参数配置或相关的资源管理策略，以尽可能达到扩大覆盖范围、增加系统和边缘容量、抑制干扰、减少能耗、提高切换和随机接入成功率、满足用户 QoS 需求等目的。

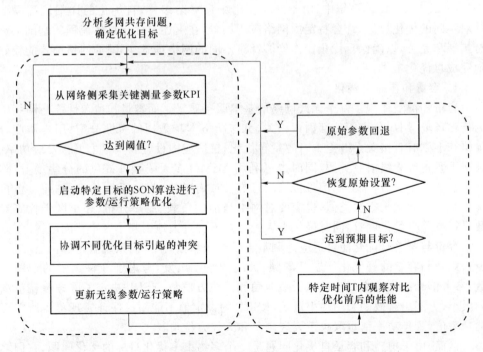

图 2-7　自优化总体流程

根据 3GPP 协议 32.521 的描述，对于特定的优化目标（如容量、覆盖自优化等），网络自优化的总体流程如图 2-7 所示，主要步骤如下：

步骤 1：自优化功能持续不断地监视输入数据从网络侧采集的关键测量参数，其中该参数可由基站自行测量，UE 测量并反馈给基站，或其他基站通过基站间接口（如 X2、S1 等）发送。

步骤 2：按照设定的优化判决阈值判断是否需要进行优化，如不需要则跳至步骤 1，否则顺序执行至步骤 3。

步骤 3：启动 SON 优化算法计算新的参数，或确定优化后的运行策略。

步骤 4：协调不同 SON 优化目标之间的冲突。

步骤 5：采用优化后的网络的无线参数，执行优化后的运行策略。

步骤 6：在特定时间 T 内对自优化的结果进行观察，并通过对比优化前后的结果评估调整的性能。

步骤 7：判断优化的结果是否达到预期效果，如果结果令人满意则当前优化过程结束并转至步骤 9，否则执行步骤 8。

步骤 8：判断是否需要将系统配置回退到调整之前的状态，不需要则跳转步骤 10，否则执行步骤 9。

步骤 9：恢复网络调整前的设置，并转至步骤 10。

步骤 10：定时重新启动步骤 1 进行下一次优化流程。

在 LTE/LTE-A 系统中，由于网络应用场景复杂多样，自优化的详细流程需要针对不同的优化目标，结合特定的网络应用场景，在上述自优化总体流程的基础上进行扩展和完善，以确保自优化操作能够针对不同的网络场景、不同的网络部署能较好地完成自优化工作。

1. 容量和覆盖自优化

容量和覆盖体现了一个无线网络的基本服务质量。而容量和覆盖性能与网络中的传输环境、用户分布等外部因素相关，更与网络本身采用的资源分配、用户调度等策略和准则有直接关系。上下行容量自优化，自适应地设置和调整上下行发射功率、天线下倾角等无线射频参数，同时也可利用 MIMO 多天线额外提供的分集增益、阵列增益和复用增益，来提高信号传输的可靠性或有效性，提高系统的容量；而覆盖自优化和容量自优化方法类似，也需要对网络当前的负载、用户分布、邻小区干扰等参数进行覆盖自优化调整，同时确保小区的覆盖不会过大地引起小区干扰问题。

容量与覆盖自优化能自适应地调整无线射频参数，来提高系统容量和网络覆盖。覆盖规划和容量的最优化问题从导频、天线的角度出发，考虑了 3 种关键的配置参数：参考信号接收功率（RSRP）、天线倾角和天线方位角，RSRP 决定了服务覆盖范围的大小，为了更有效的利用功率资源，RSRP 的设定值不能超过保证实现覆盖所需要的功率值，最佳功率值也取决于天线倾角和天线方位角。

然而，由于覆盖和容量自优化问题是一个多约束多优化目标的优化问题，它们之间普遍存在相互制约、此消彼长的关系，如何在小区覆盖和容量两个参量间取得折中是自优化的挑战，因此需要采用联合优化策略，如图 2-8 所示。系统通过数据测量和 UE 上报渠道定时获得容量和覆盖信息，通过无线配置控制将信息输入优化算法，输入包括 RLF 报告，邻小区信号强度测量值等，对结果判优后生成输出参数，最后实施调节方案，包括天线阵列、功率和子载波分配等参数。这种联合优化策略可偏重一方面需求，即可以以覆盖自优化为目标，容量自优化为限制条件，达到不同场景和不同需求的网络最优化效果。

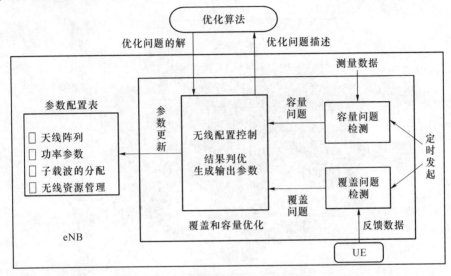

图 2-8 容量与覆盖联合优化策略

就覆盖自优化而言，根据移动台接收到的参考信号接收功率（RSRP）的强度和质量的不同，可以将下行覆盖问题分为两类：一是覆盖不足，即小区无法为移动台提供有效的覆盖，通常定义移动台接收到某小区信号强度大于门限的区域为有效覆盖区域，当有效覆盖区域过小时，小区间覆盖交叠不足，覆盖边缘区域信号强度达不到门限，易产生无主导小区、覆盖间隙、弱覆盖等问题，极端情况下甚至会导致覆盖盲区的出现；二是覆盖过度，即网内小区为移动台提供了过多的有效覆盖或者非邻小区均为移动台提供了有效覆盖，小区覆盖区域过大，交叠过多产生干扰严重，覆盖边缘区域易出现无主导小区、主导小区信噪比低等问题。

移动台上报的测量报告中一般包含主小区的 RSRP 信号强度测量值和最强的其他小区 RSRP 信号强度测量值。一旦触发覆盖自优化条件时，网络将基于测量记录结合邻小区关系列表进行优化方案的生成，优化方案的具体参数目标设定包括：主小区的 PCPICH RSCP 分布在 $[-95\text{ dBm},+\infty)$ 内的概率大于 98%；主小区的 PCPICH E_c/I_o 值分布在 $[-12\text{ dB},+\infty)$ 内的概率大于 95%。无主导频概率参考目标为与主小区的 PCPICH E_c/I_o 相差 5 dB 以内的导频个数大于 3 的概率小于 3%。

若实施方案调整后各小区各项覆盖指标均达到参考目标值，则直接返回检测触发条件的阶段，形成循环的自主优化闭环。若有覆盖指标未达到参考目标值，则产生警告通知网络可能出现依靠自优化方法无法完全解决的问题，内容包括：未达到指标的小区 ID 和评估指标值，基站天线下倾角过大，由于基站发生故障产生了覆盖盲区等。

根据这种覆盖自优化策略，仿真了覆盖自优化前多小区覆盖不足的情况，如图 2-9 所示，网络多处有效覆盖区域过小，各小区边缘信号强度过低的情况。根据移动台上报的测量信息，形成覆盖自优化方案，重点调节小区 RSRP 信号强度，优化后的结果显示均达到了目标设定，各小区覆盖进入正常范围，如图 2-10 所示。

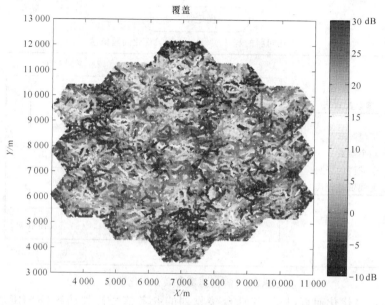

图 2-9　优化前小区覆盖不足

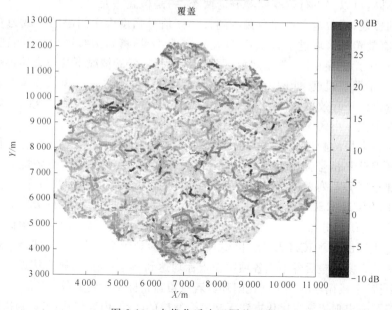

图 2-10　自优化后小区覆盖正常

2. 小区间干扰协调

干扰协调是通过对于可分配资源(时间、频率、功率、空间)等的限制来达到减小甚至避免干扰的目的。LTE/LTE-A 系统对频谱效率的高要求,使其必须设法解决同信道干扰问题,大幅度改善小区边缘用户的性能。常见的解决方法是进行部分频率复用。部分频率复用将系统频率资源分成正交的几个部分(通常分为 3 部分),然后对于相邻的小区的边缘用户只能使用相互正交的频率资源,而中心用户可以使用边缘用户没有使用的其他资源。另外,可使用信令交互的方法,如 eNB 可通过与 UE 交互过载指示(OI)和高干扰指示(HII)信息,结合本小区负载情况和用户位置等信息,为小区边缘用户分配时频资源块和配置发送功率以达到干扰协调的目的。

3. 负载均衡

负载均衡是指两个网络或者两个系统中负载较重的一方将部分负载转移到另一方中去,达到负载均匀分布的状态。负载均衡自优化主要分为 3 个步骤:

步骤 1:对小区负载进行测量和估计,通常做法是 UE 通过基站,获取周围基站的负载情况,为移动负载均衡提供准确的先验信息。

步骤 2:确定负载均衡准则,确定算法执行的时机。

步骤 3:执行负载均衡算法,是移动性负载均衡自优化中最为关键的一步,通常基站根据周围基站的负载情况,确定负载均衡的执行对象,合理判断均衡的手段与方式,以避免乒乓效应、切换拒绝等引起的切换问题,达到预期的负载均衡目的。

移动负载均衡是提高 LTE/LTE-A 系统性能的有力措施之一,它通过网络内或者网络间的调节,对位于小区边缘的用户进行切换。

负载均衡自优化大体上主要分为 3 个步骤:

步骤 1:测量和估计。

步骤 2:确定触发准则和执行时机。

步骤 3:执行负载均衡算法。

LTE/LTE-A 系统从网络的角度出发进行规划,如图 2-11 所示,在一定范围内的小区按顺序依次进行负载测量,并将负载测量结果通过 X2 接口通知周围邻小区,并写入邻小区列表信息中。这样循环的测量过程,使系统迅速掌握了全局负载信息,且有效地避免了由于失去 RNC 模块统一管理而带来的网络信息交互混乱的问题。

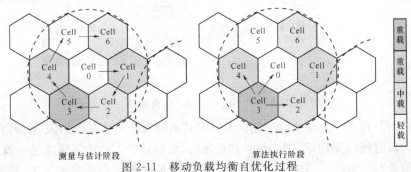

图 2-11 移动负载均衡自优化过程

负载均衡的判决由基站间协商来进行，根据全局负载信息，从邻小区列表队列中选取负载最重的小区进行判决，若过载小区（小区根据负载度划分为轻载、中载、过载等多个状态）周围存在一定分担负载能力的轻载小区时，则触发负载均衡算法并且在下一时隙执行。

负载均衡算法的执行基于混合式网络架构，网络通过比较过载量和邻小区所能承担的负载量对过载小区指示负载转移方向；过载小区进行拥塞解决，通过优化的切换算法将用户依次分量地切换到邻小区，完成一次负载均衡过程。循环地执行这一过程可以使不能一次达到均衡的过载小区通过多次、缓慢地转移负载成为可能，从而避免了"一次性"或"冒进性"的切换行为对网络造成巨大的冲击。

4. 移动健壮性自优化

切换自优化是指用户在不同的蜂窝小区之间切换和重选时的性能优化，以实现无损无缝连接，降低中断时间和数据损失。通常是小区基站根据上报的无线链路失败（RLF）等信息优化切换时延、触发门限和小区重选等参数，以避免过早/过晚切换、不必要切换、切换到错误目标小区等不利事件的发生。

同时，为了提高系统健壮性自优化的效率，小区基站可以进行邻区关系自优化。基站发动用户参与周围小区信号测量并上报相关内容，根据用户上报的信息并借助与 OAM 的交互自动完成邻区关系列表的发现、增加、删除和修改等工作，从而为切换、重选、干扰抑制和负载均衡等基站间信令的交互建立联系，使网络自优化功能正常运行。

移动健壮性自优化为用户在不同的蜂窝小区之间切换和重选时的性能进行优化，3GPP 协议关于切换主要关注 4 个参数，Hyst、TTT、CIO 和 CRS，这些参数在 UE 切换过程主要体现在以下方面，如图 2-12 所示。

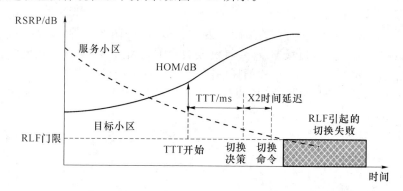

图 2-12　小区边缘用户切换策略

移动用户在小区边缘接收到邻区 RSRP 值超过源小区值某个门限（Hyst 值），并且持续一段时间（TTT）后，则会触发切换事件，成功切换 UE 还需要经过一段 X2 接口的传输延时（Delay）。为实现无损无缝连接，降低中断时间和数据损失，健壮性自优化通常是小区基站根据上报的 RLF 等信息优化以上 3 个参数。

5. PRACH 自优化

物理随机接入信道(PRACH)自优化(RO)是为了解决用户终端的竞争接入失败和接入时间过长的问题,同时尽量避免由于接入信号的发射功率过高而引发的上行链路干扰。配置、优化随机接入前导序列的发射功率,以便权衡接入失败和干扰的性能,同时进行 PRACH 资源的动态分配是解决问题的关键。PRACH 自优化主要考虑以下几个方面:

(1) 随机接入前导序列发射功率的优化。如果发射功率太高,可能会产生干扰;如果发射功率太低,用户终端则会逐步提升发射功率以便成功接入,这导致接入延时过长。且初始发射功率的优化只用于慢速移动的终端,对快速移动的终端意义不大。

(2) 随机接入前导序列资源的优化。用户终端数目众多,一定会有接入前导序列资源重复利用的情况。当多个使用同样前导资源的终端同时接入时,会引发竞争冲突,因此有必要进行前导序列资源的优化。

(3) 接入信道资源分配的优化。当随机接入前导序列资源被合理调度且初始的发射功率也合适时,如果 PRACH 资源不够,也会导致终端接入的失败。因此,接入信道资源的优化也需要考虑在内。

2.2.3 网络自治愈

网络自治愈技术能够自动、快速、准确地检测影响无线网络性能的故障,在不进行人工干预的情况下,对故障进行自动恢复,确保高质量的通信服务。

无线通信系统中无线节点的软件、硬件发生故障,会导致系统内用户服务质量下降甚至服务中断。基站通过周期性的对测量信息的分析和诊断以及通过故障事件触发机制,发现和检测小区中断的故障类型、故障位置等相关信息,通过独立或者联合的自治愈算法,触发小区内部的中断补偿,并通过相邻小区自动地调整无线参数,或使用波束成形等辅助手段对系统漏洞进行补偿,使系统的覆盖/容量等性能对用户产生的影响尽量降到最低,同时大大降低维护成本与人工投入。最后,若系统无法对故障进行自动修复,将采用自配置基站等手段恢复中断小区。

SON 中提出的自治愈(Self-healing, SH)技术主要是通过自动告警关联,及时地发现、隔离、恢复故障,来提升运维效率。自治愈技术主要包括两部分:监视过程和自治愈处理。监视是指检测触发自治愈的条件是否满足,如果满足,则触发自治愈处理,基于数据挖掘及分析的基础上,采取相应的故障恢复策略进行补偿。

自治愈技术主要由故障检测和故障处理两个组成部分:故障检测主要是对无线节点(包括基站、终端、核心网中设备等)周期上报的相关报告不断进行分析,若通过分析、诊断发现存在故障,则进入故障处理部分。故障处理由故障检测触发,通过对测量报告、测试结果等进行分析,触发相应的中断修复功能,通过多次迭代修复,直到系统故障得到修复或者到达迭代门限为止，最后上报修复结果，登记相关信息。自治愈技术的流程如图 2-13 所示。

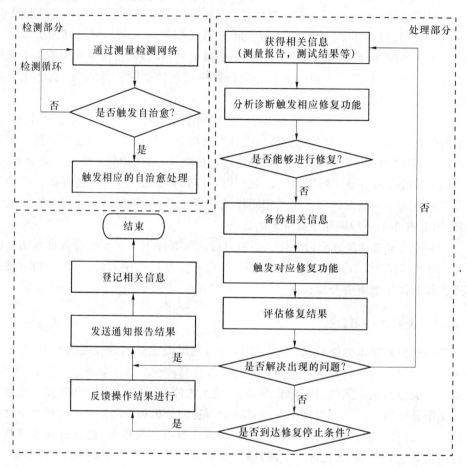

图 2-13　自治愈技术流程

自治愈所面临的场景主要有以下两种：小区中断（cell outage）的补偿恢复，以及软硬件的问题排除和恢复。对于小区中断的补偿需要借助邻区的覆盖范围调整来完成，比如通过改变邻区的下行发射功率与天线下倾角等，除此以外，小区中断还分为部分中断与完全中断两种，补偿手段也需要根据实际情况进行调整。至于软硬件的问题排除和恢复，目前 3GPP TS 32.541 分别针对软件和硬件两部分列出了几种恢复方法，通过告警来分析、定位故障的根源，进而采用重启软件或者置换故障硬件的方式解决。另外经验之谈，50% 的故障均可以采用重启基站来解决。

2.3 3GPP 定义的 SON

前面介绍了 SON 的组成,目前的 3GPP 对自配置、自优化和自治愈等技术原理、功能需求和协议流程等都有详细介绍。3GPP 是一个工作在国际电信联盟(ITU)范围内的联盟和标准实体,根据演进的全球移动通信系统(GSM)的标准来制定第三代(3G)和第四代(4G)规范。本计划于 1998 年 12 月通过签署 3GPP 协议发起。

最初,3GPP 的工作范围是为全球 3G 蜂窝系统输出技术规范和技术报告。后来,3GPP 的工作范围扩展到包括维护和发展 GSM 技术规范和技术报告。现在3GPP 通过开发 LTE、LTE-A 的技术规范和技术报告,从而支持 3G 系统和技术的演进。

3GPP 的结构包含一个项目协调组(Project Coordination Group,PCG)和一些技术规范组(Technical Specification Groups,TSGs)。项目协调组管理 3GPP 的整体工作进展,总共有 4 个 3GPP 技术规范组,每个技术规范组分成几个工作组(Working Group,WG):

(1) TSG GERAN。工作职责是定义 GSM/GPRS/EDGE 无线接入技术(RATs)的演进和互操作。注意,GERAN 代表 GSM EDGE 无线接入网络(GSM EDGE Radio Access Network),GPRS 代表通用分组无线服务(General Packet Radio Service),EDGE 代表 GSM 的增强数据率演进(Enhanced Data rates for GSM Evolution)。这个技术规范组分为 3 个工作组:WG1(无线方向),WG2(协议方向)和WG3(终端测试)。

(2) TSG RAN。工作职责是定义无线接入网相关技术和协议流程等。分为 5个工作组(无线层 1),WG2(无线层 2 和层 3),WG3(UTRAN O&M 需求),WG4(无线性能)和 WG5(移动终端一致性测试)。注意 UTRAN 表示通用陆地无线接入网络(Universal Terrestrial Radio Access Network),E-UTRAN 表示演进的 UTRAN。

(3) TSG SA。工作职责是定义整体结构和服务能力。本技术规范组分为 5 个工作组:WG1(服务),WG2(架构),WG3(安全),WG4(编解码)和 WG5(电信管理)。注意,在此处 SA 表示服务和系统方面(Service and system Aspects)。

(4) TSG CT。工作职责是定义核心网和终端的技术规范。注意,在此处 CT 表示核心网和终端(Core network and Terminals)。

负责 SON 规范演进的工作组主要集中在 TSG RAN WG3 和 TSG SA WG5,有时需要与其他工作组协作,如 RAN WG2,GERAN WG2 和 SAWG2。

2.3.1 3GPP 中的 SON 现状(更新到 Release 9)

从 3GPP Release 8 开始,3GPP 规范中开始增加一些特征来逐步支持 NGMN 已经定义的 SON 应用场景。总体上来说，3GPP 给出了 SON 的概念和需求，包括不同架构（中心式的，分布式的，混合式的）和各种应用需求。下面以 3GPP Release 9 为分界线，分别介绍 3GPP Release 9（主要是面向 LTE 系统）和 3GPP Release 10（面向 LTE-A 系统）下的 SON 规范。

1. 3GPP 自配置规范（3GPP Release 9）

3GPP Release 9 定义了新 eNB 自配置相关的技术规范，通过定义必要的步骤，目标是通过最少人工操作，实现新 eNB 的商业运营。自配置过程的前提条件是 eNB 已经安装好、从硬件上来看已经接通电源，核心网已经连接到运营商的 IP 网络。整个自配置流程可以通过人工发起，也可以在建立设备时初始自测后自动发起。

自配置过程包括将配置好的参数应用于 eNB，但协议并不包括如何获得这些配置参数，这是设备厂商的自配置算法决定的。本过程的主要步骤是：

（1）给新 eNB 分配 IP 地址，提供关于传输网络的基本信息。

（2）告知 O&M 系统新接入基站的主要参数信息和特征，将新 eNB 连接到负责自配置的 O&M 子系统中，自动软件下载，初始传输和无线参数的自动配置，建立 S1 连接，建立规划好的 X2 连接，对存储系统声明新的 eNB。

（3）执行自测功能，为运营商产生无线网络状态报告，向北向接口上的实体声明新的 eNB 以及软件建立和激活。

截止到 3GPP Release 9，虽然 3GPP 已经定义了支持自配置过程的整个框架，但是自配置的很多内容协议并没有给出，需要不同生产厂商自己来解决。

2. 3GPP 自优化（3GPP Release 9）

在 3GPP Release 9 中，定义了自优化功能，并给出了一系列的协议流程定义。然而这并不意味着所有厂商会以相同的方式应用 SON 功能，因为在大部分场景中，自优化技术规范仅仅是提供一些使 SON 自优化功能能够在一定自由度范围执行的协议机制和协议流程，并不涉及具体的算法和技术方案。这些自优化协议主要保证可以进行 UE 测量并能够在 UE 和 eNB 之间及不同 eNB 之间交换与自优化相关的必要信息。SON 标准化的功能如下：

（1）ANR，兼容了 NGMN 在邻区列表优化方面的应用场景和协议设计，它包括了带内和带外 LTE 邻区以及 LTE 小区内的 2G 邻区和 3G 邻区属性。管理功能也定义为控制基本设置，如白名单和黑名单。

（2）移动负载均衡（Mobility Load Balancing，MLB），兼容了 NGMN 定义的负载均衡相关的应用场景描述。

（3）移动鲁棒性优化（Mobility Robustness Optimization，MRO），兼容了 NGMN 定义的切换参数优化相关的应用场景描述。

（4）RACH 优化，兼容了 NGMN 定义的公共信道优化方面的应用场景描述。

（5）支持干扰控制，通过 X2 接口的信息元素交换过程的标准化来实现，如上行链路的高干扰指示(High Interference Indicator,HII)和过载指示(Overload Indicator,OII),下行链路的相对窄带发射功率(Relative Narrowband Transmit Power,RNTP),目标是推动目标小区能够考虑周围小区的干扰状况,进而进行高效的分组调度决策等。

除了以上提到的各种自组织技术协议规范,3GPP 还定义了容量覆盖优化(Capacity and Coverage Optimization,CCO)的技术需求。3GPP 把提供最佳的覆盖和容量作为 LTE/LTE-A 系统 SON 的关键目标之一,并为此定义了一些需要解决的状态(例如,包括带有 2G/3G 覆盖的 E-UTRAN 覆盖空洞,没有任何其他无线覆盖的 E-UTRAN 覆盖空洞,和带孤岛小区覆盖的 E-UTRAN 覆盖空洞等)。

除此之外,为 MLB 和 MRO 专门设置了相应的管理操作,允许 O&M 系统来激活/关闭 MLB 和 MRO 功能,设置带有不同优先级目标的相关性能测量。

3. 3GPP 自治愈和其他功能(3GPP Release 9)

另外,3GPP Release 9 还给出了自治愈的技术规范,提供了自治愈的通用工作协议流程,并为不同类型的系统问题确定了不同的恢复措施。除此之外,还定义了 3 种具体的自治愈应用场景:网元软件的自恢复,硬件板卡故障的自治愈以及小区中断的自治愈。

3GPP Release 9 的另一重要工作是定义最小化路测(Minimization of Drive Test,MDT)技术规范,通过使用 MDT,用户可以利用商用的普通手持终端来记录和报告测量到的用户链路状态信息,并与每次测量时用户所在位置信息相结合(如果可用),从而为基站的自组织提供必要的网络测量信息,这些测量信息是网络监控和的其他 SON 功能(如 MRO、CCO 等)的测量基础。

2.3.2　3GPP Release 10 的 SON 规范

对于 3GPP Release 10,除了对前面所提的 3GPP Release 9 相关 SON 进行增强外,考虑 LTE-A 技术特征,新增加了一些协议规范和技术需求。

1. TSG SA WGS 的目标

TSG SA WG5 中与 SON 最相关的内容包括:

(1)干扰控制(Interference Control,IC),CCO 和 RACH 自优化的方面的管理技术规范。

(2)不同 SON 功能之间的协调工作。

(3)对自治愈技术的完整规范定义,(i)为自治愈功能的需求进行规范;(ii)为自治愈功能定义输入和输出;(iii)为这些功能的 O&M 支持进行相关技术规范定义。

(4)基于节能(Energy Saving,ES)的完整协议规范设计,通过定义相关 O&M 需求,支持节能管理功能,并与其他 SON 功能进行协调,定义用于评估节能行为的测量相关信息。与节能相关的协议规范可以参考 3GPP TS 32.551。

（5）关于支持综合设备管理信息的北向接口规范定义，重点是怎样管理 UE 的测量数据收集以及怎样将这些信息用于 MDT 和 SON。

2. TSG RAN WG1 的目标

对 TSG RAN WG1 来说，与 SON 最相关的技术规范是节能技术的定义，重点是验证 UMTS NodeB 使节能可行的解决方案，并预评估节能性能。

3. TSG RAN WG2 的目标

TSG RAN WG2 中与 SON 最相关的规范是以覆盖优化为主要应用场景的 MDT 技术规范的制定。为了有效支持 MDT，达到路测要求，需要定义新的 UE 测量和记录，以及与配置和报告相关的新 MDT 功能。MDT 技术规范可以参考 3GPP TS 37.320 中定义的为最小化路测而进行的无线测量收集的相关内容描述。

4. TSG RAN WG3 的目标

TSG RAN WG3 中与 SON 相关的主要技术规范和内容包括：

（1）增强 MLB 和 MRO，支持多无线系统环境。

（2）对容量和覆盖自优化进一步完善。

（3）为 UTRAN 指定 ANR，支持 UTRAN 内和异系统间的切换，使 UTRAN NodeBs 能够自主管理与 2G/3G/LTE 的邻区关系。

（4）进行 E-UTRAN 的网络节能技术规范定义，这是对节能标准化工作的进一步延续，研究目标是为 E-UTRAN 的节能确定和评估潜在的解决方案。具体来说，本技术规范将考虑 eNB 内、eNB 间和异系统间的节能应用需求和技术特征。需要注意的是，第一个应用场景（eNB 内节能）将会在 RAN WG2 中进行标准化工作，其余的将由 RAN WG3 负责。

2.4　NGMN 定义的 SON

虽然前面已经介绍了 3GPP SON 的相关技术规范，但 SON 相关标准需求和初步的协议规范却是首先由下一代移动网络（NGMN）联盟发起的。NGMN 由多个运营商发起，旨在为正在发展的蜂窝移动通信新技术提出商业需求。实际上，NGMN 的建议为 LTE 正在研究的技术提供了标准指引，指引哪些关键技术和用例对网络运营是最重要的。这些用例由运营商挑选出来，并由专业工程师在每日的网络运营中实现。

2.4.1　NGMN 的 SON 相关工作

在 NGMN 定义和启动的不同的项目和方案中，与 SON 相关的课题最早于 2006 年启动。它的主要目标是在 3GPP 及其他相似的标准组织或者标准团体设计标准中,确保将运营商的需求考虑进来。NGMN 在定义 SON 用例的同时,相关的 O&M 接口的定义也同步进行,以便多供应商系统的不同产品之间也能实现 SON 功能。

　　NGMN 有关 SON 最早的白皮书包括了自优化的高层需求,之后又定义了一系列具体的 SON 用例,涉及网络运维的各个方面,包括规划、配置、优化和维护。下面列举了 NGMN 提出的前 10 个 SON 用例(这些用例大多已经在 3GPP 标准中定义了):

- 即插即用式安装;
- 自动邻区关系配置;
- 运营支撑系统(OSS)集成;
- 切换优化;
- 最小化路测;
- 小区中断补偿;
- 负载均衡;
- 能量节省;
- 家庭和宏基站协同;
- 服务质量(QoS)优化。

2.4.2　NGMN 的 SON 特征

　　NGMN 的用例比 3GPP 定义的 SON 用例在更高的层面,并且比 3GPP 引入得更早,给标准发展提供一个初始的指引并且有时候能够完善现存的标准功能。一个具体的例子是家庭基站和宏基站之间的协同,NGMN 提供了各种技术建议,用来避免家庭基站和宏基站共存时分层异构网络中的各种无线干扰,在 3GPP Release 10 中将其中的部分内容标准化了。

　　需要说明的是,到目前为止还没有被 3GPP 定义的一个 NGMN 用例就是关于 QoS 优化。QoS 功能对于无线运营商是非常重要的,尤其是对于部署那些数据业务所占总业务比率稳步提升的,并且将达到传输容量上限的高速移动通信网络来说是非常重要的。典型的 QoS 参数优化管理由于涉及不同的网络实体(调度器、接入控制、移动性等),所以非常复杂,并且需要专业人士进行优化操作。NGMN 预测到未来的无线网络将有能力根据外部因素,例如特定区域的高负载或者基于特殊的业务模式,自动调整系统的容量。虽然到目前为止,有关 QoS 参数自优化还没有定义专门的协议机制,然而 NGMN 还是定义了一系列与 QoS 相关的信息单元,这些单元可方便用来定义 QoS 自优化机制。以下列举了与 QoS 优化相关的用来标准化的性能监控计数器:

- 每一个 QoS 业务类型识别器(QCI)的成功会话次数;
- 每一个 QCI 的掉话会话次数;

- 小区用户满意率；
- 每一个 QCI 的最小/平均/最大吞吐量；
- 每一个 QCI 最小/平均/最大往返延迟；
- 每一个 QCI 的丢包数；
- RRC 连接的用户平均数；
- 每一个 QCI 中用于数据传输的 RRC 连接平均 UE 数；
- 每一个小区内每一个 QCI 没有达到预定要求的 GBR 并且没有达到服务数据单元错误率的 UE 比率；
- 每一个 IP 分组数据包传输延时高于预定门限的 UE 比率；
- 每一个非实时 QCI 在 RLC 层测量的平均吞吐量低于预定门限值的 UE 比率；
- 每一个 QCI 中 SDU 错误率超过了预定门限值的 UE 比率；
- 连接到配置了测量值差距（Measurement Gap）的 UE 的 RRC 数。

除了定义 SON 用例功能外，NGMN 的 SON 小组还非常积极地定义 SON 运营支撑系统（OSS），包括支持更多的开放 OAM 接口，和支持 non-3GPP 的协议融合，包括不同移动运营商数据库和工具的互联互通等。

OAM 的目标是保证能给提供一个真正的多设备提供商共存的系统环境，从不同厂商来的通信实体可以在自动模式下组成一个网络进行运维。为了实现这个目标，3GPP 要求对北向接口进行更多的开放和标准化来减少网络管理系统和网元管理系统之间的融合问题，并要求实时的报告需求，允许第三方设备提供商可以对网络采取及时的操作。在普通的需求之外，NGMN 还提议定义特定的 OAM 行为用例，就像定义切换优化和小区中断补偿一样。这个项目涉及的其他方面还包括对性能管理信息（计数器和性能指示器或者 KPI）的标准化以及它们的交流格式的定义等。

OSS 工具的融合在 NGMN 中是一个非常重要的组成部分。在每一个网络部署中，运营商有大量的 non-3GPP 相关的组成需要与现有的网络单元集成，如射频规划数据库、工作流程数据库和优化工具（小区规划工具、第三方 SON 工具等）。为了集成这些组成，NGMN 提供了一系列普遍的指导方针，具体包括：

(1) 支持开循环模式（运营商控制）和闭循环模式（完全自动化）下的 SON 功能。

(2) 对那些控制外部的实体的通信单元，具有去激活 SON 功能的能力。

(3) 支持集中式、分布式和混合式架构。

(4) 与 NMS 实时同步。

(5) 通过 NMS 提供相关统计值和历史观察值。

(6) SON 政策的定制。

除了以上定义的普通的指导方针之外，NGMN 给每一个在 3GPP 和 NGMN 中定义的用例提供特定的要求。例如，对于自动邻小区关系用例，NGMN 对全部的

OSS 集成要求如下：

（1）支持 CM 北向接口 3GPP BulkCM IRP（Bulk Configuration Management Integration Reference Point，Bulk 配置管理集成参考点）。基站邻区关系的变化应该"在线"与 EMS 同步。

（2）支持实时关系配置以确保在发现邻小区几秒之后可以进行切换。

（3）OSS 应该有能力指明哪一个通信实体（如基站或者其他实体）对某些 SON 用例进行控制，比如自动邻小区关系（ANR）。

（4）OSS 应该对 ANR 的主要步骤提供监测支持：邻小区探测，X2 接口建立，邻小区配置调整和 ANR 优化。

经过不同阶段的标准化工作，NGMN 与 SON 相关的工作组发布了一系列描述 SON 用例的标准文档，这为 SON 解决方案的行业发展提供了协议基础。这些成果对 3GPP 标准化工作也起到了重要的推动作用，例如，在最小路测（MDT）、节能（ES）、切换优化、自动邻区关联（ANR）管理和负载均衡等方面，3GPP 相关标准工作都基于 NGMN 开展。另外，NGMN 和 3GPP 的 SON 标准化成果对远程管理（TM）等类似论坛和其他标准化组织也有很好的促进作用。

2.5 欧盟 SON 相关研究

基于运营商的 SON 需求，相关移动通信基础设施厂商在过去几年和未来都会大力发展 SON 技术，迄今为止，大部分网络设备厂商都给出了相关的 SON 白皮书和产品解决方案，有利地促进了 SON 技术成熟和性能增强。除了网络设备厂商，多个研发机构和项目也正对 SON 展开深入研究，积极完善 SON 技术，开展了全方位的研发工作。

2.5.1 SOCRATES

SOCRATES（Self-Optimisation and self-ConfiguRATion in wirelEss networkS，无线网络的自优化和自配置）项目开始于 2008 年 1 月，结束于 2010 年 12 月，由欧盟第七框架计划创立，成员包括设备商（爱立信和诺基亚西门子通信），移动运营商（沃达丰），规划、配置和优化网络的衍生公司（Atesio 公司）和研究机构（IBBT、TNO Information and Communication Technology 和 TU 不伦瑞克）等。SOCRATES 项目立足研究 LTE 系统下的网络自组织技术，通过将传统网络中的网络规划、网络配置和网络优化三个相对独立的步骤融合为一个独立、统一的自动化过程，达到优化网络的性能、减少人工操作复杂度的目的。项目选择了 3GPP LTE 无线接口作为研究的核心无线技术，任务是为 SON 发展新概念、方法和机制，定义新方法需要的新测量元素。项目的目标也要通过大量仿真来验证成熟的概念和方法，并且评估所提出的机制的应用和运营影响。

SOCRATES 项目首先给出了 SON 的应用场景描述，然后给出了为评估自组织解决方案而选择的准则和方法。项目中发展自组织功能的架构和指导方针也进行了描述。项目研究成果有力的影响了 3GPP 和 NGMN 的 SON 标准化工作，并且增强欧洲在标准化发展中的领导力。

SOCRATES 项目目前已完成，在 2010 年 2 月雅典举行的一个研讨会中提出了一种用调谐滞后现象和时间触发参数来优化切换失败率、掉话率和乒乓效应的 MRO 机制。在这个研讨会中，还提出了一种用于负载均衡类似研究（Load Balance Optimization，LBO），所提出的方案通过调节切换偏移量将小区中的负载分配到邻区中。为了继续对无线自组织技术研究，欧盟从 2012 年 9 月启动了 FP7 SEMAFOUR（Self-Management for Unified Heterogeneous Radio Access Networks）项目的研究，主要研究异构无线接入网下的自管理技术。

2.5.2　Celtic Gandalf

Celtic Gandalf（多系统网络中 RRM 参数的监视和自我调节）项目是 Celtic 的一部分，而 Celtic 是欧洲一个著名的立足于研究和开发的科研项目，旨在加强欧洲在电信业的竞争力。Celtic 于 2003 年 11 月推出，并于 2011 年完成。它汇集了来很多感兴趣的合作伙伴，包括工业、电信运营商、小型/中小型企业、大学和研究机构，并设立和开展国际联合，协作 R&D 项目。Celtic 项目的费用由国家供资机构和私人投资共同承担。Celtic Gandalf 是一个作为 EUREKA 分支而公开成立的研究和开发计划，目的是培养欧洲在通信界的领导力，而 EUREKA 是一个政府间的网络，发起于 1985 年，由 39 名成员组成，包括欧洲共同体。项目初建于 2005 年 4 月，结束于 2007 年 4 月，它主要关注多系统环境下（包括 GSM，GPRS，UMTS 和无线局域网络（WLAN））自动无线资源管理（RRM）工作。具体而言，Celtic Gandalf 项目任务主要包括：(i) 自动故障诊断，(ii) 自动网络参数调节，(iii) 高级综合 RRM。

在 2008 年，项目获得了 Celtic Excellence Award 荣誉，而这个奖项用于表彰 6 个作出卓越成就的项目。项目联盟的官方参与者是两个大学（爱尔兰利默瑞克大学和西班牙马拉加大学）和 4 个公司（Moltsen Intelligent Software，France Telecom R&D，Ericsson 和 Telef6nica I+D）。

2.5.3　Celtic OPERA-Net

OPERA-Net（移动无线网络中的能效优化）项目也是 Celtic 的一部分，初建于 2008 年 6 月，于 2011 年结束。项目的目标是成立一个以全局方式考虑移动无线网络的特别工作组，采用涉及所有相关网元及其不同程度互依赖性的端到端的方法。主要目标之一是在系统、基础设施和终端上获得高能量效率，使欧洲工业能在绿色移动网络方面扮演领导角色。项目的参与者主要包括：Alcatel-Lucent（爱尔兰）、

Cardiff University(英国)、France Telecom R&D(法国)、Freescale(法国)、IMEC(比利时)、Nokia Siemens Networks(芬兰)、Thomson Grass Valley(法国)、VTT(芬兰)、MITRA I(比利时)和 I2R(新加坡)。项目的一些结果可以参考文献"OPERA-Net Project (2010) Presentation at the Celtic Event 2010 in Valencia, OPERA-Net Project Stand 21, April 2010"。根据该项目研究成果与 SON 相关的示例,例如通过选择性地将某些单独的扇区设置为休眠模式,可以节能达 33%。

2.5.4 E^3(端到端效率)项目

2006 年 12 月欧盟(EC)议会正式批准启动欧共体(EC)研究与技术发展第七框架计划(FP7),FP7 计划中的 E^3(端到端效率)项目将动态频谱分配(DSA)策略纳入了该项目的研究范围。E^3 是欧盟第七框架计划的一个综合项目,初建于 2008 年 1 月,结束于 2009 年 12 月。这是一个雄心勃勃的项目,有很多参与者(公共机构和私营企业),目标是鉴别和定义新的设计,用于将当前的异构无线系统发展为可扩展的高效的超 3G(beyond 3G,B3G)认知无线电系统。

E^3 项目旨在将认知无线电(CR)技术整合到 B3G 体系结构中,使目前的异构无线通信系统基础设施演进到一个整合的、可伸缩的和管理高效的 B3G 认知系统框架。项目的主要目标是设计、发展原型机和展示方案,用于保证现有的系统和未来的无线系统之间的互操作性、灵活性和可扩展性,管理整体系统的复杂性,以及保证不同接入技术、商区、管理区和地理区域的覆盖。其思路是将管理功能分布到不同网元和级别上,根据认知无线电网络的概念来优化无线资源的使用。

为了克服未来通信环境的复杂性,E^3 项目制定的主要目标之一是设计一种 CR 系统,它具备探测并重新配置网络的能力以及对动态环境的自适应能力。该项目研究了基于自动分布式决策的无线电资源管理(RRM)和动态频谱分配(DSA)策略,其分布式决策功能需要相应的网络环境信息以及优化约束条件(在合作情况下)。为此,定义了一种携带各种信息的认知导频信道(CPC),从而能使网络终端和用户设备获得上述信息,当 CPC 不可得时,系统就必须依赖检测手段。在这些信息的基础上,通过无线电资源管理(RRM)和动态频谱分配(DSA)可以进行基于分布式的链路优化,达到改善链路可靠性和收敛特性的目的。

在 E^3 项目中,专门给出了与其相关的 SON 应用场景和仿真结果文档"E^3 Project (2009) Deliverable, Simulation based recommendations for DSA and self-management,https://ict-e3. eu/project/deliverables/fulLdeliverables/E3_WP3_D3.3_090631 l. pdf (accessed 3 June 2011)"。在这个文档中,首先给出了基于规则的机制和遗传机制的对比,用于小区中断补偿和切换参数优化。然后评估了一个用于负载均衡的基于规则的机制。最后介绍了节能和小区间干扰协调(Inter-Cell Interference Coordination,ICIC)的仿真框架。

参 考 文 献

[1] 3GPP. TS 32.500 Telecommunication Management Self-Organizing Networks (SON) Concepts and requirements R9 [S]. EUROPE: ETSI,2009.

[2] 3GPP. TS 32.501 Telecommunication Management Self-configuration of Network Elements Concepts and Requirements R9 [S]. EUROPE: ETSI,2009.

[3] 3GPP. TS 32.502 Telecommunication management Self-configuration of network elements Integration Reference Point (IRP) Information Service (IS) R9 [S]. EUROPE: ETSI,2010.

[4] 3GPP. TS 32.503 Telecommunication management Self-configuration of network elements Integration Reference Point (IRP) Common Object Request Broker Architecture (CORBA) Solution Set (SS) R9 [S]. EUROPE: ETSI,2010.

[5] 3GPP. TS 36.300 Evolved Universal Terrestrial Radio Access (E-UTRA) and Evolved Universal Terrestrial Radio Access Network (E-UTRAN) Overall description Stage 2 R9[S]. EUROPE: ETSI,2010.

[6] 3GPP. TS 32.762 Telecommunication management Evolved Universal Terrestrial Radio Access Network (E-UTRAN) Network Resource Model (NRM) Integration Reference Point (IRP) Information Service (IS) R9 [S]. EUROPE: ETSI,2010.

[7] 3GPP. TS 36.902 Evolved Universal Terrestrial Radio Access Network (E-UTRAN) Self-configuring and self-optimizing network (SON) use cases and solutions R9 [S]. EUROPE: ETSI,2010.

[8] 3GPP. TS 36.413 Evolved Universal Terrestrial Radio Access Network (E-UTRAN) S1 Application Protocol (S1AP) R9 [S]. EUROPE: ETSI,2010.

[9] 3GPP. TS 36.331 Evolved Universal Terrestrial Radio Access (E-UTRA) Radio Resource Control (RRC) Protocol specification R9 [S]. EUROPE: ETSI,2010.

[10] 3GPP. TS 32.522 Telecommunication management Self-Organizing Networks (SON) Policy Network Resource Model (NRM) Integration Reference Point (IRP) Information Service (IS) R9 [S]. EUROPE: ETSI,2010.

[11] 3GPP. TS 32.523 Telecommunication management Self-Organizing Networks (SON) Policy Network Resource Model (NRM) Integration Reference Point (IRP) Common Object Request Broker Architecture (CORBA)

Solution Set (SS) R9 [S]. EUROPE: ETSI,2010.

[12] 3GPP. TR 32. 823 Telecommunication management; Self-Organizing Networks (SON); Study on self-healing R9 [S]. EUROPE: ETSI,2009.

[13] 3GPP. Overview of 3GPP Release 10[S]. EUROPE: ETSI,2010.

[14] 3GPP. TR 32. 827 Telecommunication management Integration of device management information with Itf-N R10 [S]. EUROPE: ETSI,2010.

[15] 3GPP TSG-RAN. SID on Study on Solutions for Energy Saving within UTRA Node B[R]. Sanya: 3GPP,2009.

[16] 3GPP TSG-RAN. SID on Study on Network Energy Saving for E- UTRAN [R]. Seoul: 3GPP,2010.

[17] NGMN. White Paper (2010) NGMN Technical Achievements 2007-2010 Version 2. 0 [S]. NGWN,2010.

[18] NGMN. White Paper (2006) Next Generation Mobile Networks beyond HSPA & EVDO Version 3. 0 [S]. NGWN,2006.

[19] European Union FP7. SOCRATES Project (2008) [R]. Europe: EU FP7,2011.

[20] European Union FP7. SOCRATES Project (2008) Use Cases for Self-Organizing Networks[R]. Europe: EU FP7,2011.

[21] OPERA. OPERA-Net Project (2008) [R]. OPERA,2011.

[22] OPERA. OPERA-Net Project (2010) Presentation at the Celtic Event 2010 in Valencia OPERA-Net Project Stand 21 [R]. Valencia: OPERA,2010.

[23] E³ Project. List of deliverables [EB]. [2011-03]. https://ict-e3. eu/project/ deliverables/deliverables. html.

[24] E³ Project. Simulation based recommendations for DSA and self-management [R]. (2009-07-31) [2011-03]. EU: EU FP7 E3,2009.

第3章　无线网络自组织架构和流程

LTE 系统引入的自组织网络主要目的是通过无线网络的自配置、自优化和自治愈功能来提高网络的自组织能力,取代高成本的网络运营人员的人工介入,从而有效降低网络的部署和运营成本。SON 概念和技术的出现,对传统的集中式运营管理模式是一个极大的挑战,以管理系统为核心的集中式管理体系结构已经不适应自组织网络对管理的灵活性要求。如何实现这种新型的自组织网络功能,保证网络正常、可靠运转,并提供灵活的网络资源调配机制,为了适应自组织网络的管理需求,需要提出具有自主管理功能的自组织网络 SON 网络架构。

为了实现 LTE/LTE-A 系统的网络自组织功能,保证网络正常、可靠运转,并提供灵活的网络资源调配机制,为运营商提供具备良好 QoS 保障的移动业务,需要设计新的 SON 网络架构,针对不同的应用场景,设计合适的协议流程。

本章介绍了 LTE SON 的几种网络管理架构——分布式、集中式和混合式,对几种架构的优劣势进行了分析比较,给出了各自适用的场合,并对各类 SON 网络架构提出了自主管理功能的部署建议。同时,还对支持 SON 自配置、自优化和自治愈的管理接口功能和相应的信息模型和通用协议流程进行了介绍。本章为后续将要陆续介绍的各 SON 关键技术和性能提供标准协议和整体架构支撑。

3.1　无线网络自主管理体系架构

LTE 及其增强演进系统(即 LTE-A)扁平化的网络结构思想将无线网络控制器(RNC)从接入网中移除,RNC 中的大部分功能下放到 eNB 中实现,运营商为了覆盖更多的地理区域,将部署更多的 eNB;为了 eNB 的选择更加灵活,eNB 的对外接口也会标准化,而不依赖于任何核心网设备或管理设备。

为了管理如此大规模的结点,并降低运营成本(OPEX),SON 应运而生。通过使用 SON 功能,自主执行某些网络规划、配置和优化工作,可以帮助网络运营商减少人力资源的投入,从而降低 OPEX。

3GPP 中传统的网络管理采用的是集中式分层管理体系架构,传统管理体系架构中包括被管网元、网元管理系统和网络管理系统(这里不考虑业务管理系统)。一般来说,网元通过私有接口与网元管理系统进行交互,网元管理系统通过标准的北向接口(Itf-N)与网络管理系统进行交互。这一管理体系很好地适应了传统网络的管理与维护体系,在移动通信网络管理与维护中发挥了积极的作用。

以管理系统为中心的集中式管理体系结构已经不适应自组织网络对管理的灵活性要求,无法完成相应的复杂参数调整和精确快速响应。而自主管理思想对节点数量众多、分布广泛、且动态异构的复杂网络具有良好的管理适应性,可以解决集中管理与分布智能的矛盾,快速自适应网络内部和外部环境的变化,这与无线接入网自组织网络的需求是一致的。为了适应自组织网络的管理需求,需要提出基于自主管理的自组织网络管理体系架构。这一架构应当具有如下特性:

(1) 不再是单一的集中式管理,应当适应自组织网络的需求,设计灵活的管理架构。

(2) 网络管理体系应具备自主管理能力,体现自主控制过程。

(3) 应当根据不同的场景和需求设计不同的管理体系架构。

3.1.1　增强的自主管理控制环

自主管理的基本思想是通过"技术管理技术"的手段来隐藏系统复杂性,系统在管理策略的指导下自己管理自己,实现系统的自感知、自配置、自优化和自治愈。IBM公司 Kephart 给出了自主计算的通用参考模型:MAPE-K 自动控制环,如图 3-1 所示。

自主管理参考模型由自主管理元(Autonomic Manager,AM) 和被管网元(Managed Element,ME)组成。ME 可以是各种被管的网络资源,AM 通过自主管理接口监视和控制 ME,并根据高层管理策略,通过一个"MAPE(监视-分析-计划-执行)"控制环来实现自主管理任务。各功能简介如下:

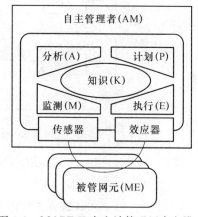

图 3-1　MAPE-K 自主计算通用参考模型

(1) 监视(Monitoring)功能。通过传感器来收集 ME 的当前状态信息,并将各类状态信息交给分析功能。

(2) 分析(Analysis)功能。对监测数据进行相应分析,将分析结果输出到计划功能。

(3) 计划(Planning)功能。通过分析结果制定实施计划和方案,将方案输出到执行功能。

(4) 执行(Enforcement)功能。具体实施各类计划和方案,最后通过效应器来执行管理动作,如分配或调整资源和任务等。

（5）知识（Knownledge）。在整个控制环的各个步骤中，都可能会使用到知识库中的相关信息进行比较、分析和方案制定。

本章节将以 MAPE-K 自主控制环为基础，介绍其在自组织网络管理中的应用和增强，以此来实现具有自主管理功能的自组织网络。

为了保障具有自主管理功能的自组织网络的正常、可靠运行，并能随时评估并调整自主管理策略和自主管理方法，应当使自组织网络的自主管理功能具有闭环管理能力。而图 3-1 所示的自主计算通用参考模型缺乏对执行效果的评估环节，由此无法根据执行效果自主调整自主管理策略，无法实现闭环管理。为适应无线接入网自组织网络管理需求，本章介绍了一种 MAPE-K 自主控制环增强方案，即增加了"评估"环节，通过评估环节对自主管理效果进行评估，根据评估结果来调整自主管理策略和自主管理功能，增强后的自主管理控制环如图 3-2 所示。

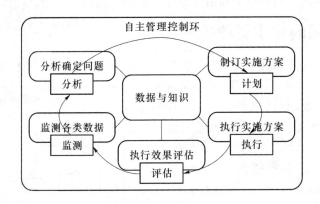

图 3-2 增强的自主管理控制环

如图 3-2 所示，自主管理控制环由监测、分析、计划、执行和评估功能组成，各组成功能都需要数据与知识库的支持：

（1）监测。监测无线接入网中的各类相关参数，形成测量数据（可根据需要进入数据与知识库），并根据需要触发分析功能。

（2）分析。根据不同的自主管理功能执行不同的分析工作，其输入数据为监测功能提供的各类参数以及数据与知识库中的历史数据，通过对数据的分析来判断系统中是否存在问题，以及存在什么问题，并根据需要触发计划功能来制定可以解决问题的方案。

（3）计划。根据不同的问题和需求制定不同的自主实施方案，其输入数据为分析功能提供的问题分析结果，制定方案过程中可以利用数据与知识库中的历史数据来寻求最佳解决方案。方案制定完成后，将触发执行功能来具体实施方案。

（4）执行。根据计划功能提供的最佳（或局部最佳）解决方案，给出具体执行步骤,并按步骤执行或下发给网元来执行。执行过程中或执行结束后,均可能触发评估功能。

（5）评估。检测解决方案的执行效果,判断存在的问题是否已经解决,若问题已解决将进入监测功能继续进行监测;否则或者回退,或者停止执行,完成此次自主管理过程,并进入监测功能继续进行监测。

自主管理控制环是自主管理体系架构中的基础和基本元素,作为 SON 自主管理功能的基本元素,自主管理控制环可在网元内实现,也可在管理系统内实现,本章中将通过自主管理控制环实现 SON 功能的实体称为 SON 实体,一个 SON 实体一般实现一个 SON 功能;在很多情况下,要实现网络的 SON 功能需要多个 SON 实体共同作用完成,为协调各 SON 实体之间的工作,需要 SON 协调功能协调各 SON 功能来完成联合优化目标。

3.1.2　自主管理功能实体

SON 实体是通过自主管理控制环实现 SON 功能的实体,每个 SON 实体一般实现一个 SON 功能,每个 SON 功能由自主控制环来实现。SON 实体功能示意图如图 3-3所示。

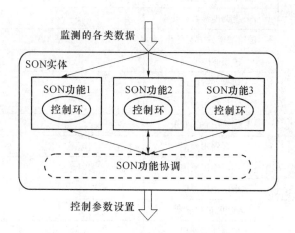

图 3-3　SON 实体功能示意图

SON 实体除采集自身监测数据外,还会根据需要采集外部各类监测数据,包括对测量报告的监测和接收,然后通过自主控制环完成分析决策制定方案等过程,最终按方案步骤执行参数设置或下发控制参数给其他网元来执行。

对于自主管理功能的部署方式不应当以一概全,应综合考虑各种因素来进行 SON 功能的部署,如应用场景、当前的网络节点及管理中心节点的部署情况、自主功能的执行性能、自主算法的输入和输出频率、自主功能输入源的数量和位置、实现自主功能相关节点间的依赖关系、与自主功能有关的节点数量、突发事件概率、多厂商影响、影响范围、运营成本/资本支出影响等。本章节给出了不同场景下各类 SON 功能的优化部署建议，如表 3-1 所示。

表 3-1　不同场景下 SON 功能的部署建议

SON 功能		自主管理中心	自主网元
自配置功能	站点位置智能选择	√	
	新增 eNB 自配置	√	
	新增小基站自配置	√	√
	自动邻区关系配置	（可以控制）	√
	家庭 eNB 的自配置	√	
	Relay 节点自配置		
自优化功能	干扰协调	√	√
	物理信道的自优化		√
	随机接入信道优化		√
	准入控制参数优化		√
	拥塞控制参数优化		√
	分组调度参数优化		√
	链路层重发方案优化		√
	覆盖间隙侦测		√
	切换参数优化	√	√
	负载均衡	√	√
	家庭 eNB 的自优化		√
自治愈功能	小区停用预测	√	√
	小区停用侦测	√	√
	小区停用补偿	√	√
其他系统功能	策略更新和下发	√	
	信息冲突处理	√	
	上下文信息采集		√
	上下文信息处理		√

1. 自配置功能部署

对于自配置功能的部署有如下考虑：

（1）站点位置智能选择。实现站点位置的智能选择需要综合考虑若干个基站共同覆盖的区域，甚至是全网的传输性能或覆盖空隙而最终做出决定，因此需要多个站点数据的综合分析;同时需要建立数据库存储大量的中长期测量数据和相关的背景信息数据,因此该功能适于部署在中心管理节点中。

(2)插入网元时自动生成系统设定参数。该功能的实现需要建立数据库存储其他在用网元的各种参数,以及网络对应各种不同网元的设定参数的算法等,因此该功能适于部署在中心管理节点中。

(3)家庭 eNB 自配置。该功能应确保在家庭基站初始加电进入网络后,能够通过自主配置向用户提供移动业务,在这个过程中需要中心管理节点向家庭基站配置传输相关资源并提供无线网络相关信息,因此该功能适于部署在中心管理节点。

2. 自优化功能的部署

自优化功能是 SON 功能的重要组成部分,包括干扰协调、物理信道自优化等11个方面。下面将逐个讨论各自优化功能适于采用的部署方式建议。

(1)干扰协调。该功能可部署在网元或中心管理节点中。若部署在网元中,则采用 X2 接口来进行 eNB 间的信息交换。若部署在中心节点中,则可统筹管理不同小区间的配合,避免节点间频繁的信息交换,防止信息冲突,实现多点协作抑制干扰。

(2)物理信道自优化。该功能的重要输入信息包括:其他 eNB 的物理信道配置信息、eNB 位置、eNB 的天线高度和类型、小区内 UE 反馈来的下行 RSRP 和各种信道的下行误块率(BLER)性能、UL 信道测量等。考虑到自优化算法需要以其他 eNB 信息为输入,系统需要掌握网络中所有 eNB 的物理信道配置信息,因此该功能适于部署在中心节点中。

(3)随机接入信道优化。该功能的主要输入参数包括:单元区域内没有发生阻塞时试图接入的数量、下一个接入到来的延时、随机接入信道的数量等。这些参数依赖独立的 eNB 的情况,在 eNB 中实施优化算法更为合理,适于部署在单个网元中。

(4)准入控制参数自优化。该功能的关键输入包括:服务或用户类型的阻塞率、实际资源利用率等。准入控制是典型的基于小区的操作,适于部署在单个网元中。

(5)拥塞控制参数自优化。该功能的关键输入包括:导致拥塞的服务质量退化的相关测量以及拥塞控制算法判决网络拥塞的相关测量等。由于上述关键输入参数和网络中的其他节点无关,是典型的基于小区的操作,适于部署在单个网元中。

(6)分组调度参数自优化。该功能的关键输入包括:实际服务种类、每一种呼叫所需的和实际体验到的 QoS 保证、资源利用率和分组标记等,分组调度也是典型的基于小区的操作,适于部署在单个网元中。

(7)链路层重传方案参数自优化。该功能的关键输入包括:关于重传数量的统计数据、体验到的包延迟以及残留 BLER 等。链路层重传方案操作同样是典型的基于小区的操作，适于部署在单个网元中。

（8）覆盖间隙侦测优化。该功能的主要输入参数包括：用户接收到的每一个相邻基站的导频信号强度（平均值和统计分布）、观察到的随机接入信道上的失败次数、掉话前的时间提前量、小区内的掉话数、在一定的区域内的掉话数等。由于覆盖间隙侦测输入参数来自 UE 的测量值，因此适于部署在单个网元中由 eNB 执行，必要时可通过 X2 接口与邻近 eNB 进行交互。

（9）切换参数优化。该功能可部署在网元或中心管理节点中。但考虑到切换参数的自优化和负载均衡的关系密切，是根据小区当前的负载和相邻小区的当前负载动态调节切换参数，因此可以与负载均衡采用相同的部署方式。

3. 自治愈功能的部署

对于自治愈功能的部署有如下考虑：

（1）单小区中断自治愈。单小区由于软硬件性能出现劣化或故障时，将引起单个小区的中断，为了确保单小区能够迅速回到正常工作状态，不至于扩展到邻小区，可以通过如中继站技术进行灵活高效的治愈，此时适于将该功能部署在网元中。

（2）多小区联合自治愈。当一个或多个小区发生了软硬件故障导致不可用，且不能通过本小区自治愈功能恢复时，可以通过扩展邻小区的覆盖范围来完成停用小区的覆盖。在这个过程中，包括小区停用预测、侦测和补偿等功能，都需要基于多个 eNB 测量、O&M 和 UE 测量等多方面，此时该功能适于部署在一个中心节点中，能够汇集和分析各种输入源。

4. 系统功能

除上述自主功能外，还存在一类必备的功能，我们将其称为系统功能，系统功能是实现自配置、自优化和自治愈的基础和支持，主要功能包括自主管理策略的更新和发布；处理信息冲突保持系统信息的一致性；进行上下文信息采集并对上下文信息进行相关处理等。

（1）策略的更新与下发。自主管理策略如果出现不一致会引起系统处理冲突，为避免这一问题，系统功能提供统一的策略更新和下发，该功能适于部署在中心管理节点。

（2）信息冲突处理。要保证系统信息的一致性，采用分布式的方式由各 eNB 提供将很难完成这一功能，该功能适于部署在中心管理节点。

（3）上下文信息采集。实际上该功能可以说是系统的自感知功能。系统上下文信息的采集力求对系统自身和周围环境进行全面、详细、实时的监测，若部署在中心节点中将无法全面完成系统的信息采集，因此适于部署在各个网元中。

（4）上下文信息处理。采用集中式信息处理将对系统效率产生较大的影响，一方面传输未经处理的上下文信息将造成系统传输负担的增加；另一方面系统中大量的自主功能是部署在各个网元中实现的,若在中心节点中进行上下文的处理并不现实,因此该功能适于部署在各个网元中。

3.2 自主管理 SON 网络架构

自主管理过程是实现 SON 功能的基本流程。根据自主管理过程中"分析"和"计划"功能的不同分布,将 SON 功能的实现分为集中式和分布式两类。

(1) 集中式 SON 功能。自主管理过程中的"分析"和"计划"功能在管理中心节点内实现,根据管理中心节点的不同,可分为:网元管理系统集中式 SON 功能;网络管理系统集中式 SON 功能。

(2) 分布式 SON 功能。自主管理过程中的"分析"和"计划"功能在网元内实现。

SON 实体可以分布在无线接入网的不同网元中,根据 SON 实体在不同网元中的分布,可以将自组织网络的管理架构分为集中式、分布式和混合式 3 类。

(1) 集中式自组织网络管理架构。SON 实体部署在集中式的管理中心节点,自主管理控制环在管理中心节点内实现。中心节点与网元之间有自主管理接口,一方面通过该接口采集网元的相关数据,另一方面根据管理控制环中执行功能给出的具体执行步骤将参数设置命令通过该接口下发给网元来执行。根据管理中心节点的不同,集中式管理架构还可以再分为:

- 网元管理系统为中心的集中式管理架构;
- 网络管理系统为中心的集中式管理架构;
- 二者均有。

(2) 分布式自组织网络管理架构。SON 实体部署在不同的网元内,自主管理控制环在网元内实现。在这种架构下,仍然存在管理中心节点,且管理中心节点与网元之间仍有自主管理接口,通过该接口,管理中心节点可以下发自主管理策略等信息。

(3) 混合式自组织网络管理架构。有的 SON 实体部署在管理中心节点,有的 SON 实体部署在不同的网元内,完成 SON 功能的不同的自主管理控制环分别在管理中心节点和网元内实现。

3GPP TS 32.500 中提出了 4 类 SON,分别为:

(1) NM-集中式 SON。SON 算法在 NM 中运行。

(2) EM-集中式 SON。SON 算法在 EM 中运行。

(3) 分布式 SON。SON 算法在 NE 中运行。

(4) 混合式 SON。SON 算法在两个或两个以上的实体(如 NE、EM、NM)中运行。

上述 3GPP 对 SON 的分类是以单独的 SON 功能为粒度进行分类的,根据完成某个 SON 功能的算法(即可对应为本章节中的自主控制环)的部署位置,分为集中式 SON、分布式 SON 和混合式 SON。

3.2.1 集中式自主管理体系架构

集中式自组织网络管理体系架构中所有的自主管理功能在一个管理中心节点内实现,即实现所有 SON 功能的自主管理控制环仅在管理中心节点内执行,其他网元(如 eNB)除了进行各种所需的测量和信令信息交换,并根据管理中心节点的指令执行相关动作外,不自主执行其他行动,以 LTE/LTE-A 为例,集中式管理架构示意图如图 3-4 所示。

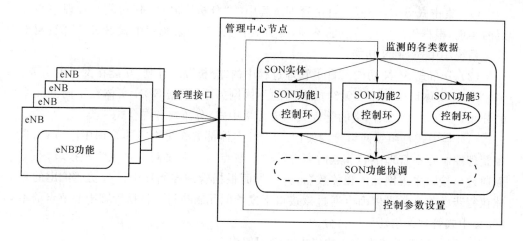

图 3-4　集中式管理体系架构示意图

在如下情况下,适宜采用集中式管理架构:
- 网元数量较少;
- 在自组织网络发展初期,SON 功能较少;
- 所实现的 SON 功能更多地需要管理和监测不同网元间协作的情况。

上述情况下,采用集中式管理架构,网元相对简单,自主管理更有效,且建设成本也相对较低。这种结构仍是典型的传统集中式网络管理结构,只是在管理中心节点内实现了自主管理控制环,减少了管理人员的介入。集中式 SON 构架有如下优点:

（1）有能力且灵活地支持涉及不同小区的参数互相关和性能指标的优化策略。因此,一个集中式构架支持全局优化,改变一个特定目标小区参数的判决将依据其他小区的全局度量和参数,这些小区无须位于目标小区附近。

（2）有能力且灵活地支持涉及采用不同无线接入技术小区参数互相关和性能指示的优化策略。集中式构架支持多制式联合优化,这意味着,即使考虑到改变参数对不同接入技术的影响,也能同时对两种或多种接入技术同时进行优化这在资源共享的情况下是非常必要的。此外,即使在资源不共享的情况下(例如,对于业务平衡应用场景），多接入技术联合优化也是有必要的。

（3）灵活地支持修正优化策略及算法。由于判决执行实体可以访问数据量庞大的信息库，因此修正优化策略或算法（这需要用到额外的参数和性能指示）就相对简单且不再需要额外信息交换，因为这些信息可以立即从信息库中调用。

（4）部署简单，因为 SON 功能位于少数一些单元中，由于同样的原因，它还将很容易对现存的 SON 功能进行更新。

（5）在多设备商网络中校准优化策略的能力。集中式 SON 构架的另一个重要优点是对来自不同设备商的不同网络的处理能力。通过集中式 SON 解决方案，可以更容易地确定整个网络的优化策略是否完全校准统一。

（6）允许网络基础设施的 SON 去耦合功能，因此支持有竞争力的第三方 SON 解决方案嵌入网络，以提高创新性并缩短正式商用的时间。

但是在 LTE/LTE-A 扁平化网络结构场景下，传统集中式网络管理架构存在如下问题：

（1）管理中心节点（EM 或 NM，本章在不区分这两类系统时，以 OAM 来统一指代）需要频繁地与网元交互信息，以 LTE/LTE-A 宏蜂窝无线接入网为例，网元主要为 eNB，而 eNB 数量大、分布广、与管理中心节点距离远，存在 eNB 接入到管理中心节点困难的问题。

（2）管理中心节点与网元之间通过管理接口进行交互，需要经过信息的存储、转换、处理等环节，对于实时性较强的信息来说，通过管理接口交互的效率较低。

（3）集中控制不可避免的问题是系统存在一个失败中心点，当管理中心节点控制失败时，会致使整个系统不可用。这是集中式系统的一种普遍特性，在这种情况下，它意味着 SON 系统的故障将影响它所控制的所有网元或节点。两种类型的故障比较典型：(i)运转中断导致系统不可用；(ii)不正常运转，例如 SON 功能对网络进行了改变从而导致较为严重的网络恶化。然而，如果集中式 SON 正以一种慢节奏来控制和优化网络性能，那么这对网络可靠性就并不显得那么重要，而 SON 功能失效也不会导致网络运转中断和故障。集中式 SON 运转中断的唯一的结果就是系统自我调节的能力将会暂停，将会以一种非最优的方式运行。如前文所述的关于节能（Energy Saving, ES）的应用场景是一个特例，在这个场景中，SON 功能可能会使一些基站中断运转并且关闭，然而当这种间断性关闭基站的理由可能会导致严重的性能恶化，集中式 SON 的故障也会导致严重的网络恶化。

（4）管理中心节点会限制整个自组织网络系统的性能和扩展性，在经常变化的复杂网络中，它是处理和通信功能的瓶颈。

（5）集中式 SON 功能既不能对网络事件进行反应，也不适应实时的业务变化，由于集中式 SON 功能的响应性受到时延的限制，这个时延跟配置管理和性能管理数据的是否可用有关，同时也跟写入的（修正的）配置管理参数相关（例如，发送改变参数请求后到参数实际改变之间的时间）。有一点非常重要，就是如何区分自组织功能和无线资源管理（Radio Resource Management，RRM）功能，其中 RRM 功能保持持续的实时控制，它涉及针对控制系统行为的特定策略和算法，诸如切换、接入许可控制等。RRM 和 SON 之间的区别有时候并不明显，但是不能混淆它们。集中式自组织适用于慢过程，这种过程能监视网络性能、修改网络配置以优化性能，例如无线电波传播环境或者业务模式的变化。在这种情况下，集中式 SON 功能可以通过动态地优化算法中的参数和门限来优化 RRM 算法的性能，例如接入许可控制。

通常，"全局化故障"这个缺点可以通过下述方式来改善：

（1）使用大量的高可靠性基础设施，这将最小化集中式 SON 系统的故障时间。

（2）当在 SON 节能功能中检测到运转中断时存在一种机制开启所有基站。这可以由一个单独的、可靠的实体来实现，这个实体能监视 SON 节能功能的状态，在检测到运转中断时，这个实体还能进行控制。

（3）具有回退到上一个已知较好配置的机制。回退功能应该由一个单独的实体来提供，在检测到常规 SON 系统出现故障时，这个实体能进行控制，并且当网络性能恶化超过预定的门限，且与网络的变化相关时，可以识别出故障。

3.2.2　分布式自主管理体系架构

分布式自组织网络管理体系架构中所有的自主管理功能都在网元本地实现，即实现所有 SON 功能的自主管理控制环仅在网元内执行，必要时网元间直接进行信息的交互（如 eNB 通过 X2 接口与其他 eNB 通信）。在这种架构下，仍然存在管理中心节点，且管理中心节点与网元之间仍有自主管理接口，通过该接口，管理中心节点可以下发自主管理策略等高层控制信息，但不控制自主管理控制环的执行。分布式管理架构示意图如图 3-5 所示。

分布式管理方法是管理 Ad Hoc 网络的一种流行方法，对于基于独立小区即可实现的 SON 功能，如拥塞控制参数优化等，分布式管理方法最为适用，在如下情况下，适宜采用分布式管理架构：

- 网元数量众多且分布广泛；
- 所实现的 SON 功能更多地关注网元自身或相邻小区的情况。

上述情况下，采用分布式管理架构，可以避免不必要的反应时间，提高管理效率，同时分布式管理方法有效避免了管理中心节点失败对系统带来的致命损失。

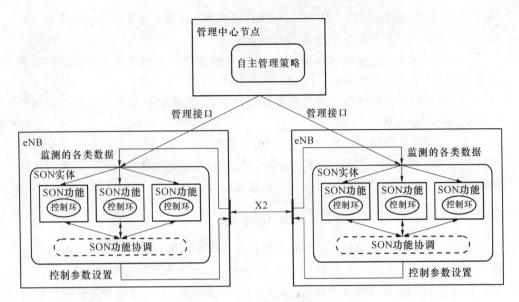

图 3-5 分布式管理体系架构示意图

但是,当实现需要众多网元相互协调和信息交换的 SON 功能时,分布式管理方法的实现会较为复杂,网元的可靠性和实现成本较高,这一缺陷将导致系统自主管理范围存在局限;同时可能会引发网元间交换的信息相互冲突等情况,必须建立冲突处理机制;此外由于网元(如 eNB)间需要自主传递和共享信息,不可避免会产生大量的信令开销,给网络带来很大负担,因此需要将信令开销控制在允许范围之内。

在分布式 SON 构架中,判决执行实体位于 NE 中,它可以访问来自控制 SON 功能的 NE 的实时信息,也可以通过 X2 和 S1 接口访问来自于相邻网元的信息。分布式 SON 构架有如下的优点:

(1) 允许实时执行。SON 功能能够对网络事件进行反应,也能适应实时业务模式下的突发变化。

(2) 不需要很大的带宽以及很大的数据交换,因为数据是在本地收集的,只跟邻区进行交换。

(3) 不会有全局化的故障。因此,在系统层面,分布式 SON 具有故障恢复特性。如果某个 SON 功能坏了或者出现了故障,它只会影响一个节点(以及可能的少数邻区节点),而不会影响到大量网元。

分布式 SON 构架有下述缺点:

(1) 分布式构架的优化通常发生在本地并且只涉及很少的网元。然而,如果通过标准化或者设备商设定的功能,使得大量小区之间的额外信息交换与协调变得十分方便,可以把对全局优化策略扩展到分布式构架中。

(2) 不支持涉及来自不同无线接入技术小区的性能指示和参数相关的优化策

略,因为那需要它们之间的信息交换。然而,如果通过标准化或者设备商设定相关功能可以使不同制式小区间的信息交换与协调变得方便。

（3）难以更改优化策略和算法,因为这需要对额外信息交换或者在 NE 层对各设备商的优化机制进行标准化。

（4）除了已经完全标准化的优化算法场景外,在其他场景中不同设备商网络仍然缺乏统一的优化策略。

（5）对于那些驻留在不同节点上的 SON 功能,难以进行协调,因为信息交换只限制在与邻节点之间。然而,如果采用非直接协调,可以克服这个缺点。开发间接协调功能将成为通信网络自组织技术的一个重要设计目标。

3.2.3　混合式自主管理体系架构

混合式自组织网络管理体系架构是分布式和集中式体系架构的综合。根据实际需求,有的 SON 功能部署在管理中心节点,有的 SON 功能部署在不同的网元内,因此在管理中心节点和网元内均部署了 SON 实体,实现 SON 功能的自主管理控制环分别在管理中心节点和网元中实现,如图 3-6 所示。

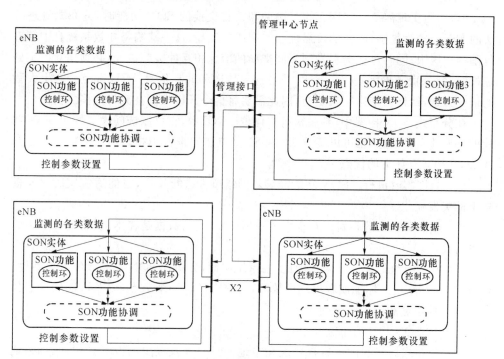

图 3-6　混合式管理体系架构示意图

在混合式管理体系结构中,存在一个或多个中心节点,中心节点中具备某些自主管理功能,并根据需要向被管网元(如 eNB)发出动作指示;同时被管网元中也具备某些自主管理功能,同时具备与其他被管网元间的直接交互接口,可以根据自己和相邻网元的测量数据执行相应的自主管理活动。

在如下情况下,适宜采用混合式管理架构:

- 网元数量众多且分布广泛;
- 所实现的 SON 功能较多;
- 所实现的 SON 功能有的简单只需要基于独立小区即可实现,有的复杂需要不同网元间协作才可完成。

上述情况下,采用混合式网络体系架构可以适应不同 SON 功能的不同特点,一方面将某些自主管理功能从管理中心节点中转移到网元中,使得 SON 功能更加高效,但同时这些网元的复杂度高于集中式体系结构的网元复杂度。

顾名思义,混合构架集成了集中式和分布式。因此,它具有这两种构架的优点。例如,它允许利用集中式判决执行实体来改进优化策略,同时又支持需要进行实时优化的场景。混合式自主管理体系架构的特点介于集中式和分布式体系架构之间,相对于集中式系统,混合式体系架构提高了系统性能和可扩展性,但没有完全克服具有中心失败点的缺陷(严重性程度降低);相对于分布式系统,网元的实现复杂性较低。然而,混合构架具有在集中式和分布式 SON 功能之间协调复杂度的问题(或者缺乏协调),这可以通过让两个功能集合(例如,集中式和分布式)分担任务来解决。

3.2.4 自主管理体系架构比较

从对网元的要求、管理效率以及适用范围等方面对几种自组织网络管理体系架构进行分析和比较,如表 3-2 所示。

表 3-2 自组织网络管理体系架构分析比较

自主管理体系架构	集中式	分布式	混合式
网元复杂度	低	高	一般
网元可靠性	高	低	一般
系统可延展性	受限	几乎不受限(前提是建立高效冲突处理机制)	部分受限
本地管理效率	低	高	较高(合理部署)
协作管理效率	高	低	较高(合理部署)
失败中心点	存在	不存在	存在(严重程度降低)
适用范围	网元间协作任务量较大、规模较小的网络	网络规模大、网元智能化程度高、网元间相互协调和信息交换任务较少	部分 SON 功能可由网元自身完成,部分复杂或影响全网的 SON 功能必须协调全网或大量网元才能完成

如表 3-2 所述，混合式是集中式和分布式的综合，如果在网元和管理中心节点间有一个合适的责任划分，则可以通过混合式管理方式中的集中与分布机制的各自特点择优而用。一个单独的网络管理方法不可能对所有类型的应用都是最佳的，对于一个特定的场景，确定最有效的方法必须经过详细的分析和仿真试验。

考虑到有的 SON 功能适合部署在管理中心节点，有的 SON 功能适合部署在网元内，而有的 SON 功能在不同条件下适合部署的位置也有所不同。因此采用集中式、分布式还是混合式管理体系架构，需要分析在特定场景下需要实现哪些 SON 功能。本章节将分别讨论各类 SON 功能在不同场景下的最佳部署建议，而不再讨论采用哪种管理体系架构。

3.3 SON 协议接口定义

网元管理系统与网络管理系统之间的接口为标准北向接口（Itf-N），该接口协议可采用 CORBA 技术或者基于 XML 的 Web Services 技术。

3.3.1 SON 管理接口通用功能

管理系统（下文称之为 IRPManager）可通过 SON 管理接口完成如下功能：自配置通用管理功能、自优化通用管理功能和自治愈通用管理功能，如图 3-7 所示。

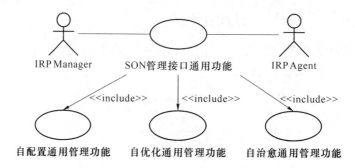

图 3-7 SON 管理接口通用功能高层用例图

自配置通用管理功能包括：查询自配置能力、设置自配置概况、删除自配置概况、修改自配置概况、查询自配置概况、查询自配置过程、终止自配置过程、恢复自配置过程、设置停止点等，如图 3-8 所示。

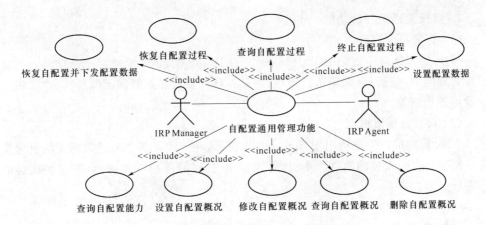

图 3-8　自配置通用管理功能用例图

自优化通用管理功能包括增加 SON 优化目标、删除 SON 优化目标、修改 SON 优化目标、开启 SON 优化功能、关闭 SON 优化功能，如图 3-9 所示。

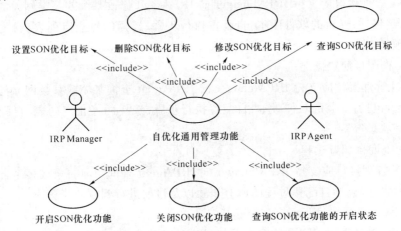

图 3-9　自优化通用管理功能用例图

自治愈通用管理功能包括：开启自治愈补偿功能、关闭自治愈补偿功能等，如图 3-10 所示。

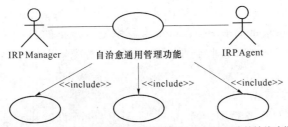

图 3-10　自治愈通用管理功能用例图

1. 自配置通用管理功能

（1）查询自配置能力

SON 管理接口应支持 IRPManager 向 IRPAgent 查询一个或多个指定网元的自配置管理能力,包括:自配置执行步骤、当某一步骤执行异常时网元的行为、在哪里可以设置停止点等。

（2）设置自配置概况

SON 管理接口应支持 IRPManager 向 IRPAgent 设置某个或某类网元的自配置管理概况,包括:安装的软件版本、自配置步骤、选择的停止点列表、自配置完成后的管理状态等。

（3）删除自配置概况

SON 管理接口应支持 IRPManager 向 IRPAgent 删除某个或某类网元的自配置管理概况。

（4）修改自配置概况

SON 管理接口应支持 IRPManager 向 IRPAgent 修改某个或某类网元的自配置管理概况,包括:安装的软件版本、自配置执行步骤、选择的停止点列表、自配置完成后的管理状态等。

（5）查询自配置概况

SON 管理接口应支持 IRPManager 向 IRPAgent 查询某个或某类网元的自配置管理概况,包括:安装的软件版本、自配置执行步骤、选择的停止点列表、自配置完成后的管理状态等。

（6）查询自配置过程

SON 管理接口应支持 IRPManager 向 IRPAgent 查询当前一个或多个自配置过程所处的状态,包括自配置过程的所有步骤以及目前进行到哪个步骤。

（7）恢复自配置过程

当自配置过程进行到自配置概况所设定的停止点时,过程会中止,SON 管理接口应支持 IRPManager 要求 IRPAgent 重新恢复该停止的自配置过程。

（8）恢复自配置过程并下发配置数据

当自配置过程进行到自配置概况所设定的停止点时,过程会中止,SON 管理接口应支持 IRPManager 要求 IRPAgent 重新恢复该停止的自配置过程,并同时下发相关配置数据,IRPAgent 接收到配置数据后,应对配置参数进行验证,如果验证失败将上报错误。

（9）设置配置数据

SON 管理接口应支持 IRPManager 向 IRPAgent 设置某个或某些小区或网元自配置相关的无线资源数据,或者设置自配置相关的天线级别数据。

（10）终止自配置过程

SON 管理接口应支持 IRPManager 要求 IRPAgent 停止某个指定的正在运行中的自配置过程。在自配置过程被终止后，不能通过恢复操作使之重新运行。

2. 自优化通用管理功能

（1）开启 SON 优化功能

SON 管理接口应支持 IRPManager 要求 IRPAgent 开启某个或某些指定网络或网元的 SON 优化功能，可能开启的 SON 优化功能包括：PCI 优化、自动邻区关系（ANR）优化、切换参数自优化（HOO）、负载均衡自优化（LBO）、RACH 自优化（RO）、容量和覆盖自优化（CCO）等。

（2）关闭 SON 优化功能

SON 管理接口应支持 IRPManager 要求 IRPAgent 关闭某个或某些指定网络或网元的 SON 优化功能，可能关闭的 SON 优化功能包括：PCI 优化、自动邻区关系（ANR）优化、切换参数自优化（HOO）、负载均衡自优化（LBO）、RACH 自优化（RO）、容量和覆盖自优化（CCO）等。

（3）查询 SON 优化功能的开启状态

SON 管理接口应支持 IRPManager 向 IRPAgent 查询某个或某些指定网络或网元的 SON 优化功能的开启或关闭状态。

（4）设置 SON 优化目标

SON 管理接口应支持 IRPManager 向 IRPAgent 设置某个或某些指定网元的 SON 优化目标。

（5）删除 SON 优化目标

SON 管理接口应支持 IRPManager 向 IRPAgent 删除某个或某些指定网元的 SON 优化目标。

（6）修改 SON 优化目标

SON 管理接口应支持 IRPManager 向 IRPAgent 修改某个或某些指定网元的 SON 优化目标。

（7）查询 SON 优化目标

SON 管理接口应支持 IRPManager 向 IRPAgent 查询某个或某些指定网元的 SON 优化目标。

3. 自治愈通用管理功能

（1）开启小区失效补偿功能

SON 管理接口应支持 IRPManager 要求 IRPAgent 开启某个或某些指定网元或小区的失效补偿功能（即允许小区对其他失效小区进行补偿）。

（2）关闭小区失效补偿功能

SON 管理接口应支持 IRPManager 要求 IRPAgent 关闭某个或某些指定网元或小区的失效补偿功能（即不允许小区对其他失效小区进行补偿）。

（3）查询小区失效补偿状态

SON 管理接口应支持 IRPManager 向 IRPAgent 查询某个或某些指定网元或小区的失效补偿状态，包括正在激活补偿、补偿已激活、正在去激活补偿、补偿已去激活等。

3.3.2　针对集中式 SON 的管理接口功能

除上述通用管理功能外，针对集中式 SON，管理接口还应支持如下功能：集中式自配置管理功能、集中式自优化管理功能和集中式自治愈管理功能。其中，集中式自配置管理功能目前暂时无新功能；集中式自优化管理功能包括设置自优化数据；集中式自治愈管理功能包括设置自治愈补偿数据，如图 3-11 所示。

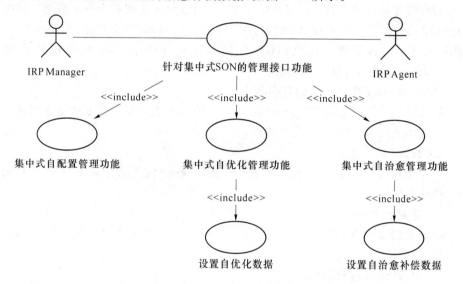

图 3-11　针对集中式 SON 的管理接口功能用例图

1. 集中式自优化管理功能

设置自优化数据：SON 管理接口应支持 IRPManager 向 IRPAgent 设置某个或某些小区或网元自优化相关的数据，可能包括用于切换参数自优化（HOO）、负载均衡自优化（LBO）、RACH 自优化（RO）、容量和覆盖自优化（CCO）等的数据，如触发各类事件的门限值、迟滞值、各类定时器时长等。

2. 集中式自治愈管理功能

设置自治愈补偿数据：SON 管理接口应支持 IRPManager 向 IRPAgent 设置某个或某些小区或网元自治愈相关的数据，可能包括为了对失效小区补偿所需调整的各类参数等。

3.4 自配置流程

当自优化方案不能够满足网络性能要求时,需要新增网络接入节点以扩充容量。此时自配置流程会被触发。

3.4.1 宏网络场景下自配置流程设计

宏网络场景下,加入新基站(eNB)的自配置流程设计如图 3-12 所示。

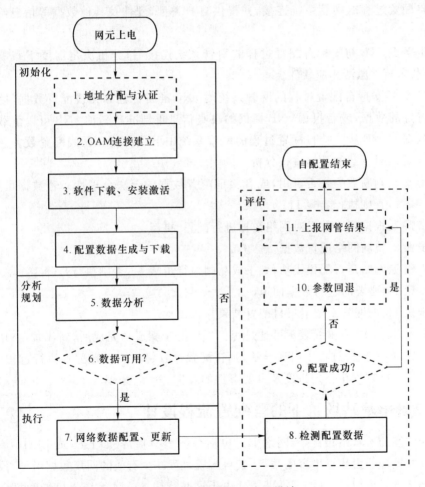

图 3-12 宏网络自配置流程设计

该过程执行的前提是：在物理上 eNB 已安装完成，并连接到 IP 网络。eNB 和提供自配置支持的 OAM 子系统之间存在 IP 连接。自配置过程可以由工作人员启动，或者由 eNB 自测过程完成后自动触发。自配置流程包括如下步骤：

步骤 1：地址分配与认证。网元上电之后，获取 IP 地址及其他相关信息，必要时对网元进行认证。

步骤 2：eNB 获得支持自配置过程的网管系统的地址，支持自配置过程的网管系统（如用于软件下载的子系统和用于配置数据下载的子系统等）。该地址为一个 IP 地址加一个端口号，或一个 DNS 域名加一个端口号，或者为一个 URI。eNB 与支持自配置过程的网管系统连接，并提供自身类型，硬件及其他数据等信息给网管系统。

步骤 3：eNB 与支持自配置过程的网管系统连接后，分析决定需要下载哪些软件，下载安装并激活相应软件。

步骤 4：支持自配置过程的网管系统为 eNB 准备传输和无线配置数据（使用预先配置好的数据，或者根据 eNB 提供的自身信息重新准备），使 eNB 可以下载获取配置数据。eNB 从支持自配置过程的网管系统中下载传输和无线配置数。

步骤 5：对下载的数据进行分析。

步骤 6：判断数据是否可用，或者验证配置数据的合法合理性。若数据可用，则执行步骤 7，否则执行步骤 11。

步骤 7：根据配置数据对网络数据进行配置、更新。

步骤 8：检测网络配置数据。

步骤 9：判断是否配置成功，如果成功则执行步骤 11，否则执行步骤 10。

步骤 10：必要时进行数据回退。

步骤 11：向网管系统上报自配置结果。

其中，图 3-12 中虚线表示可选过程。当以上步骤成功完成后，新添加 eNB 过程成功完成，如果执行过程中出现异常，则自配置过程终止。在自配置执行过程中，要通知操作员该过程执行的进度及重要事件的发生。

3.4.2　小基站场景下的自配置流程设计

和传统的宏基站相比，宏网络中还包括一类小型基站（如 Pico 或 Micro 基站），这类基站被部署为热点增容的站点，其自配置过程缺少有效的网规数据引导，数量众多且部署方式更加灵活（如即插即用），由于这些特性，OAM 系统不可能为每个新部署的小基站规划好数据，一般来说，OAM 系统会事先规划一些区域（区域的大小及划分规则不限定），保存该区域内基站的公共配置参数（如小区最大发射功率、导频信号功率等），以及其他可分配的自配置参数范围（如跟踪区域标识 TAI、物理小区标识 PCI、频点带宽列表等）。然后当新增小基站后，根据小基站上报的邻区信息判断其所属区域，计算生成该基站对应的自规划配置参数，之后，OAM 向该基站发送配置参数，包括在自配置参数范围内选定生成的自配置参数以及基站所属区域的公共参数等。小基站自配置的通用流程如图 3-13 所示。

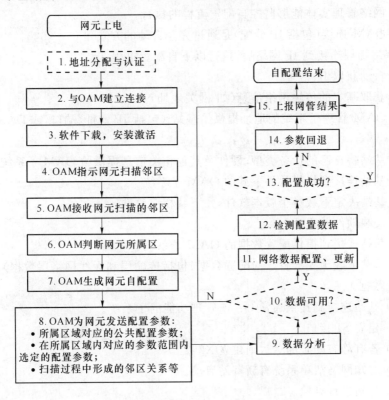

图 3-13　宏网络中小基站自配置流程设计

小基站自配置通用流程包括如下步骤。

步骤 1～步骤 3，步骤 9～步骤 15 同宏网络自配置流程。

步骤 4：OAM 系统指示待开站小基站扫描周围的邻区信息。

步骤 5：OAM 系统接收待开站基站扫描到的邻区信息。

步骤 6：OAM 系统根据邻区信息判断待开站基站所属的区域。

步骤 7：OAM 系统根据所属区域中预先配置的可分配参数范围，生成待开站基站对应的自配置参数。

步骤 8：OAM 系统向待开站基站发送开站所需的配置参数，包括该区域的公共配置数据，步骤 7 生成的自规划配置参数以及扫描过程中形成的邻区关系等。

3.4.3 基站自安装（即插即用）

对于网络中新基站的自安装，需要满足如下需求：

（1）网络管理层能够管理自配置流程。

（2）网络管理实体能够监控自配置流程的执行。

（3）OAM 连接（包括 IP 分配）是通过完全自动的方式建立。

当基站物理连接到 IP 网络后，执行以下自配置过程：

（1）自动获取 IP 地址。

（2）获取基本的传输网络信息（如 网关地址）。

（3）OAM 管理子系统的地址提供给基站（包括 IP 地址、端口，或 DNS 域名，或 URI）。

（4）基站将自己的设备类型、硬件及其他相关信息提供给 OAM 子系统。

（5）基站连接到提供软件下载的 OAM 子系统。

（6）基站决定下载哪个版本软件，并下载相应软件。

（7）安装软件并激活。

（8）基站连接到提供配置数据的 OAM 子系统。

（9）基站下载预先准备好的配置数据（包括传输层和无线网络层数据），并应用新的配置数据。

（10）基站连接到提供通常 OAM 管理功能的子系统。

（11）建立 S1 接口。

（12）若有静态配置的 X2，则建立 X2 接口。

（13）通知网络清单系统有新基站启动。

（14）基站进行自检。

（15）通知运营商自配置过程的进展以及期间发生的重要事件。

（16）上述自配置过程完成后，基站进入工作状态，可以进行正常的数据收发。

3.5 自优化流程

自优化过程即在网络性能下降时触发。针对不能的性能指标下降，会执行不同的自优化过程。而宏网络和家庭网络的自优化流程一致。自优化的通用流程设计如图 3-14 所示。

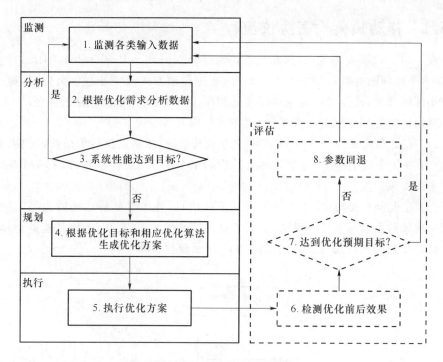

图 3-14 自优化通用流程图

自优化的通用流程包括如下步骤：

步骤 1：持续监测各类输入数据，如性能参数、告警、通知等。

步骤 2：对监测到的数据根据优化需求进行分析。

步骤 3：根据分析结果，判断系统性能是否达到设定的目标。每一个自优化功能都有一个或多个性能指标的门限值，由运营商来设定，用来判断系统性能是否达到目标。如果系统性能满足既设目标，则返回 1，继续监测输入数据，否则执行步骤 4。

步骤 4：根据不同自优化功能的优化目标和相应的优化算法生成优化方案，如对于自主节能用例的方案为关闭某个或某些小区以节能；对于容量自优化功能的方案为提高某个或某些小区发射功率以扩大容量等。

步骤 5：方案生成后，在相关网元上触发优化方案的执行，可以自动触发或人为控制。根据需要，在优化方案执行前保存系统状态。

步骤 6：优化方案执行完成后，检查优化前后的执行结果。

步骤 7：如果系统状态满足预期目标，则完成一次自优化过程，返回步骤 1，继续监测输入数据。否则进入步骤 8。

步骤 8：如果系统状态不满足预期目标，可能需要进行状态回退，将系统恢复到优化策略执行前的状态，重新开始自优化过程。

3.5.1 移动负荷均衡协议流程

在 LTE/LTE-A 系统中,移动负荷均衡(Mobility Load Balancing,MLB)特性是指,当多小区间的业务负荷分布不均衡时,通过移动方式改变业务负荷分布,减小重负荷小区的负载,使无线资源保持较高的利用效率,同时保证已建立的业务的 QoS。

负荷均衡可以采取分布式架构、集中式架构或者混合式架构。

(1)在分布式架构中,各个基站间交互负荷信息,由基站执行负荷均衡的决策。

(2)在集中式架构中,各个基站上报给 OAM 各自的负荷信息,由 OAM 执行负荷均衡的决策。

(3)在混合式架构中,各个基站交互负荷信息,并作出负荷均衡的决策,各个基站作出决策后由 OAM 进行确认,如果确认的话基站才可以执行后续均衡的操作。

移动负荷均衡算法可以采用如图 3-15 所示流程步骤。

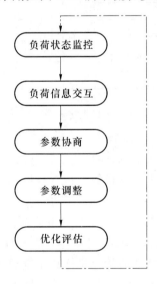

图 3-15   ANR 标准协议流程负荷均衡流程

(1)负荷状态监控

由基站来完成,其负责周期性地统计小区负荷的相关信息,如负载信息以及 PM 信息等。根据获取的本小区的本周期以及上一周期的负荷信息来决定本周期是否具有负荷均衡的需求。如果有负荷均衡的需求,则触发均衡过程。

(2)负荷信息交互

当有负荷均衡要求时,源基站要跟周围相邻基站交互负荷信息。

(3)参数协商

在获取了相邻基站小区的负荷信息后,选择适合接收负荷的目标小区,并计算目标小区的参数调整量,然后发起跟相邻小区的参数协商过程。

(4)参数调整

在完成与目标小区的参数协商后,基站需要把协商的结果上报给 OAM 等待确认。如果小区没有负荷均衡需求,但是邻区有可能选择该小区作为目标小区进行参数协商调整,那么该过程中包含了与邻基站交互负荷信息和与目标小区完成参数的协商过程的过程。在 OAM 确认后,基站分别调整各自的切换参数。

(5)优化评估

在参数调整后,需要对均衡的效果进行评估,要监测对应小区的负荷状态,以及移动性有关的系统性能。如果性能得到提升或者保持不变,则采取的均衡措施有效;如果 PM 统计性能或者小区的负荷状况比调整前还要恶化,则基站需要向 OAM 请求执行移动性参数的回退过程。

1. 小区负荷信息交互

(1)触发和终止负荷信息报告

如图 3-16 所示信令过程分别是源基站初始化请求/终止目标基站的负荷测量报告,以及目标基站进行负荷报告。

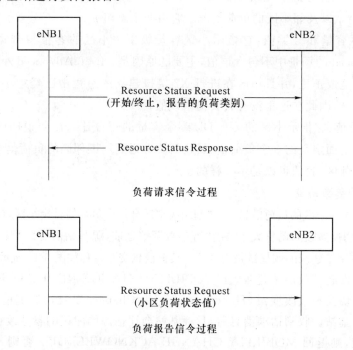

图 3-16 负荷信息交互过程

目标基站接收到 RESOURCE STATUS REQUEST 消息,如果其中携带的 Registration Request 设置为"start",则根据请求的参数完成相关负荷测量的初始化；如果 Registration Request 设置为"stop"，则终止相关负荷测量及报告过程。在 RESOURCE STATUS REQUEST 消息中携带了测量类别，指示目标侧需要报告的测量量。此外还携带了报告周期，用于指示目标基站后续负荷测量报告的间隔，协议中定义的周期分别是（1 s、2 s、5 s、10 s 或者更长时间）。

目标基站如果成功初始化指定的负荷测量，则返回 RESOURCE STATUS RESPONSE，否则返回 RESOURCE STATUS FAILURE 并携带错误原因。

（2）负荷信息报告

目标基站向源侧周期性地报告自己的负荷情况，负荷信息有以下 4 种：

• 无线资源使用状况（UL/DL GBR PRB 使用量，UL/DL non-GBR PRB 使用量，UL/DL 总 PRB 使用量）；

• 硬件（HW）负载指示（UL/DL HW 负载：低、中、高、过载）；

• 传输网络层（TNL）负载指示（UL/DL TNL 负载：低、中、高、过载）；

• 复合可用容量组。

其中复合可用容量组（Composite Available Capacity Group）指示了全局的可用资源等级，是综合考虑了无线资源使用量（Radio Resource Usage）、HW 负载指示、TNL 负载指示以及邻小区的负荷情况。它由两个量组成：

• 小区容量和分类值：它指示小区容量级别。小区的容量与带宽有关系，在 IMT-Advanced 的场景中不包含该值，主要的原因是，IMT-Advanced 小区的容量与该小区的带宽成正比，并且小区在进行 X2 接口建立的过程中已经把小区使用的带宽通知给邻区，因此在这里没有必要提供该值。

• 容量值：它指示小区的 UL/DL 剩余容量的百分比。需要说明的是：容量值需要考虑到前面定义的 3 个负荷信息，还需要考虑到周围邻区的负荷信息，并且可能对于不同的邻区，其值可以是不一样的。

2. 移动参数协商

在获得相邻小区的负荷信息后，源基站决定适合接受负荷的目标小区，计算源小区和目标小区的切换参数的调整大小，在执行参数调整之前，源基站需要跟目标基站进行协商，以确定源基站建议的调整量是否合适。负荷信息交互过程如图 3-17 所示。

源基站发起参数协调过程，在 MOBILITY CHANGE REQUEST 消息中，源基站把自己的切换参数改变量（Handover Trigger Change）以及目标侧的参数改变量通知给目标基站。收到请求消息后，目标基站会评估源侧建议的参数改变量，如果接受该推荐值，则返回 MOBILITY CHANGE ACKNOWLEDGE。否则，若建议值不能被接受，或者目标基站无法完成这个过程，返回 MOBILITY CHANGE FAIL-URE。在失败消息中，可以携带失败原因，以及目标小区可以接受的参数调整范围，包含上限和下限。

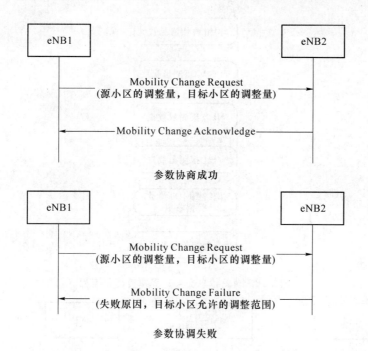

图 3-17 负荷信息交互过程

在以上信令过程中协商的参数名称是切换触发器(Handover Trigger),它不代表某个特定的切换参数,它的取值对应了基站触发到某个邻区的切换准备过程的实际阈值,是多个切换强度参数的综合。这个参数的改变,对应了切换动作触发的提前/延迟。

在参数协商成功后,源基站就可以调整切换参数,将小区中的部分用户转移到其他轻负荷小区,达到负荷均衡的目的。

3.5.2 覆盖优化流程

覆盖优化是利用最小化路测(MDT)数据实现的。当网络初始部署时,或者某一区域新建了基站,或者用户投诉某处位置信号不好,运营商可以采用最小化路测数据收集的方法,实现网络中覆盖问题检测及优化。覆盖优化的流程如图 3-18 所示。

1. 网络侧 MDT 配置

从 OAM 的角度,MDT 配置分为两种,一种是基于区域(例如一组小区,或一组跟踪区甚至整个网络)的,一种是基于信令(即针对特定用户,如 IMEI 或 IMSI)的。

(1) 基于区域的 MDT 配置流程(如图 3-19 所示)

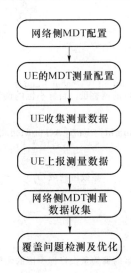

图 3-18　负荷信息交互过程覆盖优化流程

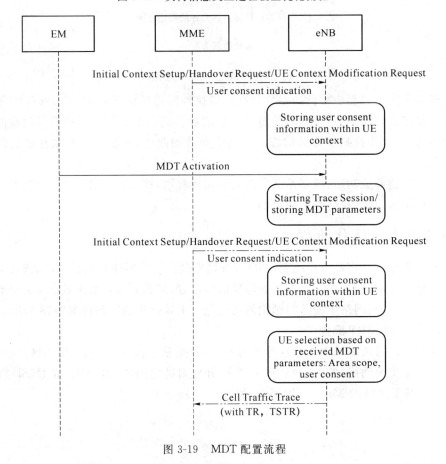

图 3-19　MDT 配置流程

① 无论何时 eNB 从 Initial Context Setup Request/Handover Request/UE Context ModificationRequest 消息收到用户同意(User Consent)指示,都要保存到本地。

② EM 发送 Trace Session 激活请求给 eNB,携带了 MDT 配置参数,其中包含了要执行 MDT 任务的小区列表,设备能力要求,以及其他 UE 测量参数。

③ eNB 收到请求后,启动 Trace session,保存相关参数。

④ 根据 MDT 配置参数以及用户意愿指示 user consent,eNB 选择适合的 UE 执行 MDT 测量收集。

⑤ 基站可以通过 Cell Traffic Trace 消息通知 MME 有关 MDT Trace session 的标识。

(2) 基于信令(特定用户)的 MDT 配置流程(如图 3-20 所示)

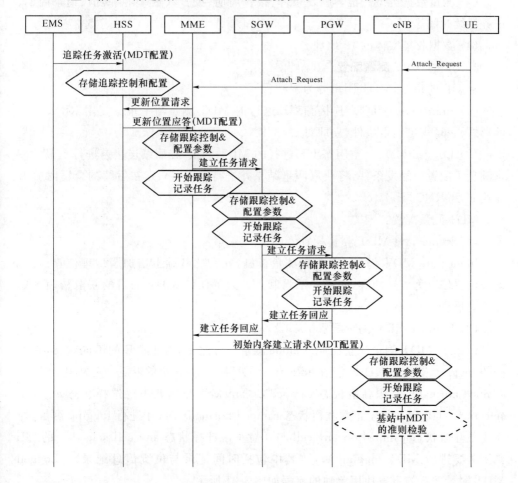

图 3-20   基于信令的 MDT 激活配置(UE 附着之前)

这个过程是管理 HSS 的 OAM 触发的。当 HSS 向 MME 激活 MDT 时，在消息中要包含所有 MDT 配置参数，如 IMSI/IMEISV、MDT 区域、Trace 索引、测量数据列表、报告出触发条件、周期、记录持续时间、设备能力准则等。

当 MME 向 eNB 激活 MDT 时，在初始内容建立（Initial Context Setup）消息中要包含 RAN 所需的 MDT 配置参数，除了 IMSI/IMEISV 以外的其他参数。

MDT 相关的配置参数有：

（1）任务类型（Job type）。任务类型定义了 MDT 的模式（如 immediate MDT/logged MDT）以及 MDT 任务是否跟 Trace 结合在一起。

（2）区域范围。区域范围指定了 MDT 任务执行的区域，可以是小区（最多 32个），也可以是 LA/RA/TA（最低 8 个）。

（3）测量数据类型。报告触发条件、报告周期、报告数量、事件阈值、记录周期、任务持续时间等。

（4）数据收集实体的 IP 地址。

2. UE 的 MDT 测量配置

从 UE 的角度，MDT 测量分为两种：

（1）Immediate MDT。连接态 UE 进行的 MDT 测量与上报。复用 RRM 测量的形式，一旦满足上报条件，立即对 eNB/RNC 进行上报。

（2）Logged MDT。空闲态 UE 进行的 MDT 测量，在后续连接态进行上报。一旦满足了配置的触发条件，将获取测量结果并进行储存（log），在后续的合适时机上报给 eNB/RNC。

MDT 测量配置：

（1）Immediate MDT 测量配置

Immediate MDT 仍基于现有的测量机制，并在此基础上增加了地理位置信息。地理位置信息为可选内容，网络并不强制 UE 为了任何 MDT 的目的获取精确的地理位置信息。

（2）Logged MDT 测量配置

Logged MDT 测量建立在 idle mode 测量基础之上，对于 UE 的不同状态，有不同的 logging 准则。UE 可能在 idle mode 处于 3 种不同的状态：正常驻留状态 camped normally、受限驻留状态 camped on any cell 与任意小区选择状态 any cell selection。UE 仅在处于正常驻留状态 camped normally 时，才进行 logging 测量，处于受限驻留状态 camped on any cell 与任意小区选择状态 any cell selection 的 UE 则不需要进行 MDT logging 测量（其中包括时间记录与位置信息记录）。Logged MDT 测量配置的下发使用单独的流程如图 3-21 所示。

图 3-21 Logged MDT 空口配置信令

该流程由网络侧在连接态发起,使用 LoggedMeasurementsConfiguration 消息,专门将 logged MDT 的配置信息发送给 UE。该配置过程是单向的,不需要回复消息进行确认。在同一时刻,一个 UE 仅保存并应用一套 MDT log 配置,不能同时保存多套。一旦该 MDT 配置被 UE 接收并应用,只有两种方式可以对该配置进行释放:

(1) 其他节点向 UE 发送了新的 MDT 配置消息,对 UE 的 MDT 测量进行重配置,则 UE 保存的旧的配置将被释放。

(2) MDT 测量时长定时器 duration timer 超时或者由于某些原因被停止后,MDT 测量配置即可能处于无效状态,这种情况下可以对配置进行删除。

该流程信令的单一性确定其可以使用并列的简单配置结构,顺序指示了测量对象,上报配置与测量量,没有必要像连接态测量那样使用分层的多 IE 级复杂配置结构。MDT 测量配置参数包括:

(1) 触发 logging 的测量事件,周期性触发也属于触发事件的一种。支持周期性下行导频测量的触发事件,需要配置的参数为记录间隔 logging interval。该参数指定 UE 存储 MDT log 测量结果的时间间隔。由于 idle mode UE 一般会使用 DRX,如果该参数与 DRX 没有关系,则多数 logging 会发生在 DRX off 的时间段,大大增加了 UE 的开启 DRX 的次数,将使 UE 消耗极大的电量。所以,logging interval 设置成为 1.28 秒的整数倍。但如果 logging interval 小于 UE 使用的 DRX 周期,则没有指定的 UE 行为。

(2) 测量时间长度 logging duration。该参数定义了从 MDT 配置下发给 UE 以后,维持有效状态的时间长度。在该时间长度内,UE 进入 idle mode 后才可以进行相应的 MDT log 测量记录。当 UE 更换 PLMN 或 RAT 时,该 timer 不停止。当该timer 超时后,UE 停止进行 logging,并删除相应的 MDT 测量配置。该参数对应标准协议中的 timer T330。

(3) 由网络侧下发的作为时间参考的绝对时间戳。

(4) (可选的)网络配置的 logging 区域。UE 仅在该区域内才进行 logging 测量。其范围可能是:包含最多 32 个 CGI 的小区列表。如果该列表被配置,UE 仅当驻留在其中一个小区的时候才进行 log 测量;包含最多 8 个 TA/RA/LA 区的列表。如果该列表被配置,UE 仅当驻留的小区属于该 TA/RA/LA 之内时才进行 log

测量。

如果网路没有配置 logging 区域列表，则 UE 在全部 MDT PLMN 之内都允许进行测量。

3. UE 收集的 MDT 测量数据

UE 需要收集的测量数据包含：

（1）M1：RSRP and RSRQ measurement by UE

（2）M2：Power Headroom（PH）measurement by UE

除了以上数据外，当 UE 发生 RLF 或切换失败，UE 还要记录跟失败相关的测量数据 RLF report。在收集以上数据时，UE 还可以记录对应的位置信息。

对于 Logged MDT，其测量结果包含：

（1）服务小区的 cell global ID 与测量量。

（2）其他小区测量量（包含同频/异频/异技术小区的 idle 态可用测量结果）。

（3）时间戳信息。

（4）地理位置信息。

UE 收集 MDT 测量数据有两种方式：

（1）Periodic，即周期性。

（2）Serving cell becomes worse than threshold；A2 事件，即当服务小区信号低于设定的阈值时记录测量数据。

4. UE 上报 MDT 测量数据

Immediate MDT 测量数据上报跟现有的 RRM 测量报告机制相同，即采用即时上报的方式，在获得测量数据后即报告。

在 IMT-Advanced 系统中，UE 不会为了报告 MDT 测量数据而进入连接态。UE 保存 MDT 测量结果，并且在建立连接时给网络一个指示，网络接收到该指示后，可以决定是否通知 UE 上报具体的测量结果。

Logged MDT 的测量上报是基于 on demand 机制的，即：网络通过 RRC 信令通知 UE 上报已经收集的 MDT 测量结果，使用 UE Information Request 的流程。上报在符合条件的小区都可以发起，不一定要在 UE 接收该 MDT 配置的小区。

Logged MDT 测量数据获取流程如图 3-22 所示。

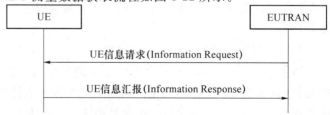

图 3-22　UE Information 交互过程传输 MDT log 结果

由于 log 结果内容较大,为了不影响正常的高优先级信令传输,UEInformation-Response 消息在传输 MDT log 结果时,使用低优先级的 SRB2 进行承载。

IMT-Advanced 系统支持 logged MDT 结果通过多条 RRC 信令获取。网络发送多条请求消息,UE 回复多次 MDT log 结果,最终组成所有的完整 log 结果。为了标识 logged MDT 的分段,需要使用 data availability indicator 指示。多条 RRC 信令上报 MDT log 结果时,遵循先进先出的原则,即:UE 将把最先存储的 log 结果最早上报。虽然没有对于每一条上报的大小要求,但是每一条上报都要求是"自解码"的,即使其他的上报部分都丢失,网络收到的 MDT 上报消息也可以单独解析。

基站收到 MDT 测量数据后,依据 MDT 配置中指定的地址,把测量数据发送到相应的收集实体。

5. 覆盖问题检测及优化

运营商从数据收集实体获得针对某些区域或特定用户的最小化路测数据,根据 UE 测量的服务小区信号质量以及相邻小区的信号质量,判断网络中是否存在覆盖问题,如果存在问题,依据最小化路测数据中的位置信息,定位问题所在的地理位置及周围相关的小区。进一步,运营商采取优化措施,如调整相应基站的放射功率、天线方向角、下倾角,甚至增加新的基站等。

3.6 自治愈协议流程

自治愈在 eNB,HNB/HeNB 中断时被触发。通过调节相邻宏网络的基站来实现中断区域的容量和覆盖补偿。通过的自治愈流程设计如下。自治愈的通用流程设计如图 3-23 所示。

自治愈的通用流程包括如下步骤:

步骤 1:持续监测自治愈触发条件,即监测各类相关输入数据,如性能参数、告警、通知、测试数据等。

步骤 2:判断是否满足自治愈触发条件,若不满足则继续监测;当某一自治愈过程触发条件达到后,触发适当的自治愈过程。

步骤 3:自治愈功能收集各类信息(性能参数、配置数据、测试结果等),与步骤 1 相比,这些数据可能更详细,更具有针对性。

步骤 4:根据触发状态和收集的信息,自治愈功能进行深入分析和诊断并给出结果。

步骤 5:根据不同的故障种类,判断当前条件下是否可以直接恢复,如果可以,则执行步骤 6,否则执行步骤 7。

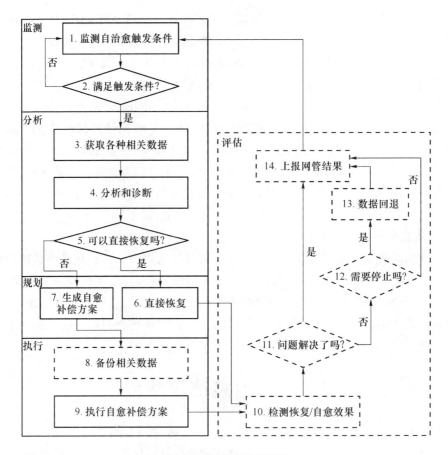

图 3-23　自治愈通用流程

步骤 6：直接恢复故障，具体措施根据不同的故障种类而不同，包括转换到备用系统或板卡、软件重启、数据重配置等措施。直接恢复完成后，检测恢复效果，进入步骤 10。

步骤 7：由于不能直接恢复故障，因此在故障恢复期间，会有相关网络范围内的用户受影响，为保障用户服务质量，需要制定并生成自愈补偿方案，即通过其他无故障的网元来补偿故障网元的功能。

步骤 8：根据需要，在执行自治愈补偿操作之前，备份相关配置数据。是否需要备份以及备份哪些数据是基于每个用例决定的。

步骤 9：执行自治愈补偿方案。

步骤 10：执行完成后，检测自治愈效果，分析治愈操作执行的结果。

步骤 11：如果问题没有解决，且设定的停止状态没有到达，则执行步骤 12，否则执行步骤 14。

步骤 12：判断是否需要停止本次自治愈过程，如果是则执行步骤 13，否则执行步步骤14。

步骤13：如果需要停止，则根据需要进行数据回退，是否需要回退，要基于每个用例决定。

步骤14：向网管系统上报本次自治愈过程的执行结果，网管系统根据需求记录自治愈功能的执行情况及重要事件的发生。是否需要记录以及记录哪些信息是基于每个用例决定的。然后回到步骤1，继续监测相关的自治愈触发条件。

自治愈的目的是通过一系列的恢复动作，自动解决或减轻网络系统中的故障。基站自治愈对提高网络运维效率具备极高价值，通过对系统硬件、软件、小区的故障进行自动检测、诊断、自治愈实施，可以减少运维成本。

SON 自治愈包括：

- 硬件故障自治愈；
- 软件故障自治愈；
- 小区故障自治愈。

3.6.1　硬件故障自治愈流程

硬件故障自治愈整体处理流程如下：

步骤1：故障检测单元实时检测各硬件单元和链路的状态，一旦发现异常上报给故障诊断单元。

步骤2：故障诊断单元综合上报的异常信息进行硬件故障判决，一旦判断硬件故障则上报给故障自治愈监测单元，通知硬件故障自治愈单元。

步骤3：故障自治愈根据以下策略进行自治愈过程：

- 如果存在备用资源，则自动切换到备用资源。
- 如果没有备用资源，则去掉依赖于故障资源的那些功能或服务。
- 根据故障自治愈策路处理故障硬件。如果自治愈策略为自由模式，则自动复位故障资源；如果为受控模式，则屏蔽故障资源。

步骤4：故障自治愈监测单元监控故障单元的自恢复结果，如果自由模式自恢复成功，则记录自恢复事件，否则可以调整自治愈策略为受控模式，等待人工干预。

3.6.2　软件故障自治愈流程

软件故障自治愈主要场景如下：

（1）OAM 管理节点批量配置数据，如果在配置过程中某些配置数据的关系错误，则能自动发现错误并回退原有的配置数据。

（2）针对某些 KPI 进行数据优化，如果优化后发现 KPI 没有达到预期的数值，则能自动回滚到原有的配置数据。

软件故障自治愈系统架构包括如下功能实体：

（1）软件故障诊断单元。负责发现软件存在的异常，并给出自治愈策略。

（2）软件故障自治愈实施单元。负责根据自治愈策略实施自治愈动作。

（3）软件故障自治愈监测单元。监测自治愈实施过程和结果。

对于场景 1：故障诊断单元和自治愈实施单元在 eNB，自治愈监测单元在 OMC。对于场景 2：诊断单元和监测单元在 OMC，自治愈实施单元在 eNB。场景 1 的自治愈流程如下：

（1）OMC 通知 eNB 进行批量数据配置，eNB 自动备份当前的配置数据。

（2）eNB 收到 OMC 的配置数据后进行关联性校验，如果发现错误通知给 OMC。

（3）eNB 废弃 OMC 已经配置的数据，回滚到 OMC 配置前保存的备份数据。

场景 2 的自治愈流程：

（1）OMC 通知 eNB 使用优化的配置数据，并设定预期达到的性能统计指标数值。

（2）eNB 自动保存当前的配置数据，并下载优化的配置数据。

（3）eNB 使用新的配置数据后通知 OMC 配置数据生效，并开始进行性能指标统计。

（4）一段时间后如果性能指标不能达到预期的门限，则判断配置异常，上报配置优化失败事件。

（5）eNB 自动回归到优化前的数据。

3.6.3　小区故障自治愈流程

小区故障告警将包括告警原因和故障实例索引等信息，以此可以获取到导致产生小区故障的故障源。根据这些信息来进行小区自治愈恢复。

小区故障的自治愈流程主要有 3 个部分：

• 退服小区的恢复流程；

• 退服小区的补偿流程；

• 恢复退服小区补偿前的配置流程。

1. 退服小区自治愈恢复流程

退服小区自治愈恢复的目标就是系统自动恢复退服小区（包括休眠和故障的小区）。

退服小区自治愈恢复模块的流程如图 3-24 所示。

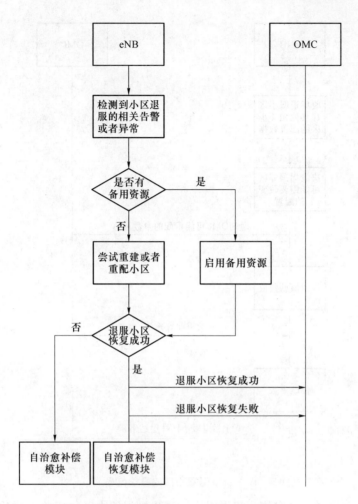

图 3-24 退服小区自治愈恢复流程

步骤 1:自治愈功能实体收集故障板的相应信息,并作相应的处理:

① 如果有备用资源,则启用备用资源。

② 如果没有备用资源,或者启用备用资源失败,则尝试重建或者重配小区。

③ 如果重建失败,则尝试复位硬件资源。

步骤 2:将退服小区的恢复结果通知 OMC。

2. 退服小区自治愈补偿流程

系统自动补偿退服小区(包括休眠和故障的小区)的覆盖,尽可能地给用户提供正常的服务。

退服小区的补偿流程如图 3-25 所示。

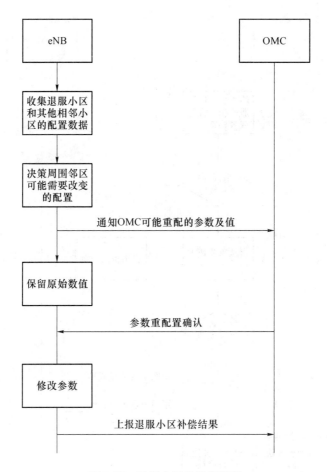

图 3-25　退服小区的补偿流程

步骤 1：自治愈功能实体收集退服小区和其他相邻小区的相关配置数据，以便于当退服小区正常工作后恢复相应的配置。

步骤 2：重配邻区的相应参数，以弥补退服小区形成的覆盖漏洞。

- 决策周围邻区可能需要改变的配置以及与改变的值。
- 将可能重配置的值通知给 IRPManager，并等待确认。
- 收到 IRPManager 的确认消息后，执行重配置操作。

步骤 3：将退服小区的补偿结果上报给 IRPManager。

同时，对于需要重配置的参数需要保存其原始值，以备故障小区恢复后，这些参数恢复其原始值。

3. 退服小区补偿的恢复流程

补偿恢复的目标是对执行过退服小区补偿的操作的小区，当小区恢复正常状态时，恢复邻区的配置参数。退服小区补偿的恢复流程如图 3-26 所示。

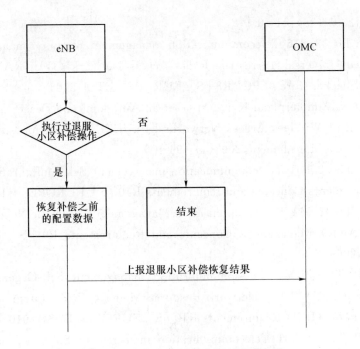

图 3-26 退服小区补偿的恢复流程流程

步骤 1：首先判断对该恢复正常的故障小区，是否曾经执行过"补偿操作"，如果是，则继续下一步，否则停止动作。

步骤 2：收集以前保存的相关配置信息和目前的配置信息。

步骤 3：重配相应的邻小区和退服小区的相应数据，去掉由于小区退服而进行的补偿；在邻区拓扑不变的情况下，应该是恢复补偿以前的配置数据。

步骤 4：向 IRPManager 上报"退服小区补充恢复"结果。

参 考 文 献

[1] 3GPP. TS 32.500 Telecommunication management Self-Organizing Networks (SON) Concepts and requirements R10[S]. 3GPP, 2010.

[2] SOCRATES. INFSO-ICT-216284 SOCRATES D2.1 Use Cases for Self-Organizing Networks[S]. EU：SOCRATES, 2008.

[3] SOCRATES. INFSO-ICT-216284 SOCRATES D2.2 Requirements for Self-organizing Networks [S]. EU：SOCRATES, 2008.

[4] SOCRATES. INFSO-ICT-216284 SOCRATES D2.3 Assessment Criteria for Self-organizing networks[S]. EU：SOCRATES, 2008.

[5] Kephart J O, Chess D M. The vision of autonomic computing [J]. IEEE Com-

puter,2003 (36):41-50.

[6] 3GPP. TR 32. 816 Telecommunication management Study on management of Evolved Universal Terrestrial Radio Access Network (E-UTRAN) and E-volved Packet Core (EPC) R8 [S]. EUROPE: ETSI,2008.

[7] Schuetz S,Zimmermann K,Nunzi G,et al. Autonomicand Decentralized Management of Wireless Access Networks [J]. IEEE Transaction son Network and Service Management,2007(4): 96-106.

[8] 3GPP. TS 32. 501 Telecommunication management Self-configuration of network elements Concepts and requirements R10 [S]. EUROPE: ETSI,2010.

[9] 3GPP. TS 32. 511 Telecommunication Management Automatic Neighbor Relation (ANR) Management Concepts and Requirements R9 [S]. EUROPE: ETSI,2009.

[10] 3GPP. TS 32. 521 Telecommunication management Self-Organizing Networks (SON) Policy Network Resource Model (NRM) Integration Reference Point (IRP) Requirements R10 [S]. EUROPE: ETSI,2010.

[11] 3GPP. TS 32. 531 Telecommunication management Software management (SwM) Concepts and Integration Reference Point (IRP) Requirements R10 [S]. EUROPE: ETSI,2010.

[12] 3GPP. TS 32. 541 Telecommunication management Self-Organizing Networks (SON) Self-healing concepts and requirements R10 [S]. EUROPE: ETSI,2010.

第4章　物理小区标识和邻区关系自配置

物理小区标识（Physical Cell Identity，PCI）和邻区关系列表（Neighbor Cell List，NCL）是移动网络中基站端的关键配置参数，分别用来在物理层区分不同的小区和基站支持终端的切换测量。传统的 PCI 和 NCL 配置及优化都是网络优化人员依靠规划工具或车载测量人工配置的，这种方法不仅无法及时地优化 PCI、NCL 配置，获得最佳的网络性能，还耗费大量的财力、物力。

传统的物理小区标识和邻区关系列表是在网络规划配置的初期，由网络规划工程师依靠实际的网络测量和规划工具手动配置完成。而引入 SON 技术以后，运营商要求网络中的节点（基站）可以通过利用移动终端的测量报告或者网络高层提供的数据自动地为网络中的小区配置合适的物理小区标识和邻区关系，减少人工对网络的干预，使得网络能够及时地、自动地应对突发情况。

3GPP 组织对物理小区标识自配置技术和邻区关系自配置技术在网络管理组和无线接入网组进行了定义，规定了包括 PCI 在内的增强型 NodeB(eNB)自配置基本流程、配置要求，自动邻区关系的基本配置要求。

本章阐述了 PCI 和 ANR 的基本原理和技术特征，给出了 PCI 和 ANR 自组织协议和流程，重点介绍了不同场景下 PCI 算法和 ANR 算法，就复杂度和性能作了对比，描述了不同算法的性能。

4.1　蜂窝移动通信系统的 PCI 属性

在 3G CDMA 系统中，扰码在下行和上行链路信道化过程使用，用来区分和解码来自不同信号源的信号（小区或用户设备）。若不知道信源使用的确切的扰码序列，信号接收端不能成功解码出原始的用户数据信息。在 3G 下行链路，扰码用来唯一区分来自不同小区（扇区）的信号，而在上行链路中则用来区分不同用户设备发送的信号。在 LTE 和 LTE-A 系统中，使用 PCI 来识别用户所在的小区和扇区。

4.1.1　3G 系统的主扰码

主扰码（PSC）用来唯一标识 WCDMA 系统中的小区，如同 GSM 系统中使用 BSIC-BCCH 来唯一标识一个 GSM 小区一样。UMTS-FDD 系统总计有 8 192 个扰码,这些扰码划分成 512 个扰码组,每组成员有 16 个,每组包含一个主绕码和 15 个辅扰码,如图 4-1 所示。512 个 PSC 的序号为 0～511,被进一步划分为 64 组,每组 8 个。512 个 PSC 使用不同的 Gold 码序列故而它们不受一些在 CDMA 系统使用的规划准则限制。由于 UMTS 是直接序列扩频 CDMA 系统,所有扇区使用相同的载频,所以主扰码规划就必须将小区间的距离,传播/干扰的耦合和它们的邻区关系等因素考虑在内。

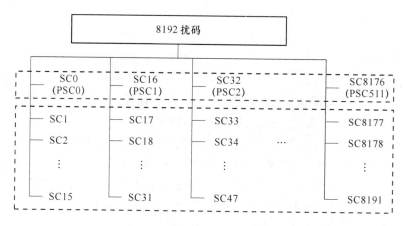

图 4-1　UMTS 系统的扰码设置

小区 PSC 不仅唯一标识 UMTS 小区,还决定了辅同步信道(S-SCH)的辅同步码(SSC)的分配,辅同步信道可以帮助移动终端与服务小区进行帧同步。UMTS-FDD 规范定义了 64 个不同的码组分配给辅同步信道,辅同步信道组与 PSC 组存在一一对应的关系。因此基站使用辅同步信道作为指向合适 PSC 组的指针,帮助移动终端确定小区使用的扰码。这样一来小区及其邻区的 PSC 分配会影响小区搜索、同步的时间和终端的电池寿命。不恰当的 PSC 分配会对网络的呼叫质量、切换(HO)和移动性造成负面影响。因此,在 UMTS 系统中,需要进行 PSC 规划,以提高接入性能等。

1. UMTS 主扰码规划限制条件

从相邻小区角度看,PSC 规划需确保目标小区没有复用其直接邻区和复合邻区的 PSC,并且复合邻区列表中的 PSC 是唯一的。相邻小区使用相同的 PSC 会导致网络混淆,系统会切换至错误小区,从而使系统性能下降,因此,也需要避免。UMTS 系统支持软切换(SHO),此时,UE 可以同时与不止一个小区进行通信。软切换中 UE 的邻区列表是激活集中所有服务小区邻区列表的集合。这样一来不仅要避免直接邻区间 PSC 的直接复用,而且还应注意回避规定邻区(复合邻区列表)间的 PSC 复用。

(1)服务小区复用直接邻区的 PSC。服务小区不应该使用与其任意一个主邻区相同的 PSC。这是 PSC 邻区复用中要求最严格的限制条件。如果服务小区复用了直接邻区的 PSC,服务小区和邻区间进行软切换会发生失败,邻区会对服务小区产生码干扰,特别是在小区边缘,此时服务小区信号较弱的区域。

(2) 直接邻区进行 PSC 复用。服务小区的两个或更多主邻区不应使用一样的 PSC。这是第二重要的复用限制。服务小区没有办法唯一识别出与报告的 PSC 相关联的小区,因为可能是众多相同 PSC 邻区中的任意一个,故而邻区混淆会出现在使用相同 PSC 的邻区间。导致向错误的邻区进行软切换。

(3) 服务小区的 PSC 与邻区的直接邻区进行复用。UE 可能与复合邻区列表中的任意成员进行软切换,包括服务小区的主邻区以及激活集中其他小区的邻区,后者可能并不是服务小区的直接邻区,而是邻区的直接邻区。如果一个复合邻区使用和服务小区一样的 PSC,并且有较强接收信号电平,就可能会引起严重的码间干扰,并且有可能会导致该复合邻区软切换不能成功进行。

(4) 直接邻区和非直接邻区 PSC 复用。直接邻区即主邻区和非直接邻区不应该共享相同的 PSC。在复合邻区列表中使用相同 PSC 的小区间会发生邻区混淆。

(5) 非直接邻区 PSC 复用。非直接邻区间不应共用相同的 PSC。

从 PSC 干扰角度来看,在 UMTS 系统中,PSC 干扰体现为码间干扰或码混淆。需要注意的是,从物理位置来看,对服务小区覆盖范围有过覆盖现象的邻小区不应复用服务小区的 PSC,也不能复用服务小区主邻区、复合邻区的 PSC。此外,复用服务小区邻区 PSC 的过覆盖小区会引起码混淆,并基于对过覆盖小区的测量会触发向该邻区的软切换。复用邻区 PSC 的过覆盖小区若与邻区有强信号重叠区域,会引起对该邻区的码间干扰,影响信号质量,并且由于该邻区信号不能被正确解码导致软切换失败,从而增加切换失败率。

从复用距离来看,确保复用相同 PSC 的小区间隔离距离足够大(即路径损耗要足够大)可以提高系统性能。最大化使用相同 PSC 的小区间复用距离可以使终端报告的 PSC 更容易地与网络中相应小区唯一联系起来,且可信度较高,这有助于射频优化和邻区自动优化等。

2. UMTS 主扰码规划方法

PSC 干扰不仅导致码间干扰,还会引起码混淆。当两个小区使用相同 PSC 且有强信号重叠区域时会发生码干扰。码干扰令 UE 很难对那些使用了相同 PSC 的小区的信号进行解码,使通话质量下降,还可能引起掉话。值得注意的是分配相邻 PSC 给有强覆盖重叠的小区并不会引起码干扰或信号干扰,这是由于 PSC 代表了独立的编码,相邻 PSC 并不是由一个给定码的不同移位来产生的,其互相关性较好。

相邻小区若与其他小区有相同的 PSC,在切换时它不能唯一地识别出来。码混淆发生在服务小区有两个或多个邻区使用相同 PSC,或是服务小区的某邻区的其他邻区 PSC 与服务小区使用相同 PSC 的情形。使用相同 PSC 的小区会对连接至服务小区的移动终端产生码混淆。码混淆会触发基于 PSC 测量的激活集增加邻区的 1A 事件（又称为无线链路增加请求事件，它报告了将被添加到活动集的相邻小区，这个邻区原来并不在激活集，但其导频质量超过了预定义的加入激活集的门限值）。一旦基于错误测量的邻区被添加进来，事件 1B（又称为无线链路移除请求，指小区的导频测量值满足预定标准时，请求从激活集移除小区的事件）和 1C（事件 1C，是无线链路增换操作，即在激活集已经满了的情况下一个不在激活集的邻小区的导频的测量值满足预定标准，从而请求交换激活集和邻集中成员的事件）就会被触发，替换或者移除某个邻区。此外，服务小区不应复用直接邻区或者复合邻区（复合邻区列表是由激活集里所有小区的邻区列表综合而成）的 PSC。另外为了简化优化操作，确保 PSC 只在相距很远的扇区间复用是非常重要的。这就使基于 PSC 报告的小区精确标识变成可能，还可以帮助识别遗漏的邻区，发现过覆盖的小区。

PSC 规划和优化还可以基于运营商实践经验来操作。例如，可以从一个预留的集合里给过覆盖小区和高的站点分配 PSC，这样一来它们的干扰就可以很容易探测出来，不会出现基于移动终端报告的 PSC 判断而产生歧义的事情发生。建筑物内的站点和家庭基站可以为它们分配专门的码集合。对扩容和新站点也可以预留一定的 PSC 码集合。确保相邻小区不使用相同的 PSC 从而延长电池寿命也是一种常见的做法，虽然这么做会对系统捕获时间产生一定的负面影响。

在网络中使用基于 PSC 的色码组划分的小区被分成地理上的簇（每簇至多 512 个小区）之后，每簇再细分为 8 个区域，每个区域分配 8 个色码组中的其中一个。这就确保了在每个区域内分配给小区和它们邻区的 PSC 不属于同一 PSC 组。这一方法减少了与邻区 PSC 同组的小区的数量。但是，由于地形地貌和基站高度不同等，地域上不存在 PSC 混淆或者干扰，但实际网络中还是在会有服务小区和很远区域的小区使用相同的 PSC，从而造成干扰或者混淆，所以这需要进行细致的 PSC 规划和优化。

4.1.2　LTE 系统的主扰码属性

LTE 物理小区标识（PCI）的规划类似于 UMTS 扰码的规划过程，两种技术在思想上如出一辙。在 LTE 系统中，PCI 在几种物理层过程中用于识别系统中不同的小区，成为不可或缺的小区配置参数之一。PCI 分配的主要目的是确保 UE 能够区分接收到的信号的来源；另外，PCI 序列对下行链路参考信号序列的生成起决定作用，而下行参考信号是 UE 用来解调接收信号的。PCI 还作用于一系列与小区特定配置相关的过程，例如调制前的扰码：相邻小区所使用的 PCI 应该区分开，这样才能确保干扰随机化和信道编码的满处理增益。另外，用于生成上行参考信号序列的调频方式选择和分配的资源单元对信道的映射都受到 PCI 配置的影响。

1. LTE 物理小区标识概述

PCI 同时也决定了小区的主同步和辅同步信号序列的生成。主同步和辅同步信号帮助 UE 在小区搜索过程中获取时间同步和频率同步。通过这些信号,UE 可以探测到 PCI 从而获得生成小区导频信号序列的信息。LTE 中的 PCI 是非常短的标识符,移动设备不需解码整个广播信道就可以读出来。由于只有 504 个可用的值,这些 PCI 需要在网络中复用,如此就需要非常小心地规划 PCI 分配来避免冲突和不必要的干扰。

LTE/LTE-A 系统的小区同步确定了采用小区标识分组的方案,首先根据辅同步(SSS)确定这个小区的 ID 属于哪一个组,再通过主同步(PSS)确定其在组内的编号,最终获得物理小区标识 PCI。从支持多小区组网的能力来讲,PCI 的数量是越多越好,但是过多的 PCI 则要求有足够多的高性能辅同步序列以支持快速、精确的小区搜索,这会大大增加系统的开销。因此在 LTE-A 系统中,一共设计了 504 个 PCI,分成 168 个组,每组 PCI 采用不同的辅同步序列表示,每组包括 3 个 PCI,用 3 种不同的主同步序列表示。由于 PCI 数量的有限,现实网络中小区的个数远大于 PCI 的总数,因此,在网络部署过程中不可避免地需要进行 PCI 的复用,这可能导致网络中出现 PCI 冲突或者混淆的问题,为了避免出现这类问题,要求 PCI 的复用距离不能过小。

类似于 WCDMA/HSPA 中的 PSC 扰码,LTE 参考信号序列可视为是 PCI 的指示符,一种典型的配置方案,是将 PCI 按照 PSS 和 SSS 的分类情况分组配置,PSS 3 个根指数对应的 3 个序列指示小区 ID(0~2),SSS 的 168 个序列分别对应小区标识组(0~167),每个小区标识组包含 3 个小区 ID,故有 $168 \times 3 = 504$ 个物理小区 ID。对于每一个小区 ID 满足公式:

$$PCI_i = 3S_j + P_k$$

式中,$i = 0 \sim 503$,$j = 0 \sim 167$,$k = 0,1,2$。SSS 序列生成满足以下公式:

$$m_0 = m' \bmod 31$$
$$m_1 = [m_0 + INT(m'/31) + 1] \bmod 31$$
$$m' = S_j + q(q+1)/2$$
$$q = INT((S_j + q'(q'+1)/2)/30)$$
$$q' = INT(S_j/30)$$

SSS 序列是基于 M 序列产生的,通过对 M 序列循环移位再叠加生成,必然也会产生与序列 m_1 和 m_0 相关的干扰,这些干扰会带来更大的时延和增加对小区 ID 错误的分辨能力。因此,根据大量的仿真验证得出,以下类型的 PCI 应该避免配置给同基站小区或者相邻小区:

- 相同的 k,例如 PCI=0,3,6,9…;
- 相同的 m_0;

● 相同的 m_1，例如 PCI＝1，2，90，91，92，177，178，179，261，262，263，342，343，344，420，421，422，495。

另外，参考信号包含 6 种小区频率偏移，如图 4-2 所示。

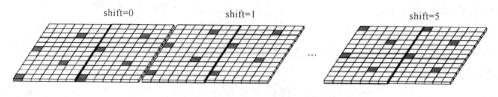

shift=0　　　　　shift=1　　　　…　　　shift=5

图 4-2　参考信号小区频率偏移

参考信号的频偏满足：

$$v_{\mathrm{shift}}＝\mathrm{PCI}_i \bmod 6$$

因此，考虑到参考信号有可能产生的混淆，PCI 的配置过程中还需要满足：相邻小区间应该使用不同的 v_{shift} 值，以避免对参考信号的混淆。即邻区避免使用 $\mathrm{PCI}_i \bmod 6$ 的 PCI。

2. 同步序列与小区搜索

根据 PCI 的构成，首先需要了解同步信号的工作原理。同步过程以及 PSS 和 SSS 在同步过程中的作用如表 4-1 所示。

表 4-1　PSS 和 SSS 同步过程的作用

PSS 主同步信号	载波频率探测
	时隙定时检测
	物理层 ID(0～2)
SSS 辅同步信号	无线帧定时检测
	小区 ID(得到 PCI)
	循环前缀长度检测 TDD/FDD 检测
读取系统信息和 RS 检测	

LTE /LTE-A 系统定义了两种不同情况下的小区搜索过程：

（1）初始小区同步。依靠初始同步，移动终端检测小区并解码所需要登记的信息。例如，当移动终端接通或者失去同服务小区的连接时，需要进行初始同步。

（2）新小区识别。当移动终端已经连接到某个 LTE-A 小区且正在检测新的邻区时，需要进行新小区识别。在这种情况下，移动终端上报新小区相关的测量结果到服务小区，准备切换。这种小区识别是周期性进行的，直到服务小区重新满足服务质量，或者终端移动到其他小区为止。

针对上述两种情况，系统采用两种专门的物理信号完成同步过程，并在每个小区中广播，这两种物理信号分别是主同步信号（PSS）和辅同步信号（SSS）。这两种信号的检测不仅使移动终端获得时间和频率同步,还携带系统的物理小区标识信息和循环前缀的长度信息,告知移动终端本小区所使用的双工方式是 TDD 还是 FDD。

移动终端在初始同步除了检测同步信号,还需要解调物理广播信道(PBCH),从而得到系统的关键参数信息。移动终端在新小区识别过程中不必解码 PBCH,它仅仅基于检测来自新小区的参考信号进行信道质量的评估,并上报至服务小区。

小区同步和搜索过程如图 4-3 所示,该图表示了移动终端每个阶段所能确定的信息。PSS 和 SSS 结构是为实现捕获信息而专门设计的。

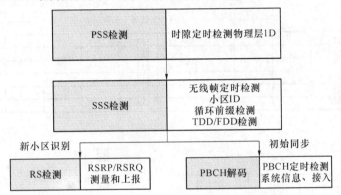

图 4-3　小区搜索各步骤得到的信息

图 4-4 是 SSS 和 PSS 的时域结构(FDD 系统),可以看出同步信号是周期发送的,在每个长度为 10 ms 无线帧完成两次传输。FDD 系统总是在每一个无线帧的第 1 和第 11 个时隙的最后一个 OFDM 符号上发送 PSS,帮助移动终端在不考虑循环前缀长度的情况下获得时隙边界定时。SSS 直接位于 PSS 之前,在无线信道的相干时间远大于一个 OFDM 符号长度的条件下,就可利用 SSS 和 PSS 的相关性进行相干检测。而 TDD 系统的 PSS 配置在每个无线帧的第 3 和第 13 个时隙上发送,SSS 比 PSS 提前 3 个 OFDM 符号,在无线信道的相干时间远长于 4 个 OFDM 符号的前提下,就可以对 PSS 和 SSS 进行相干检测。

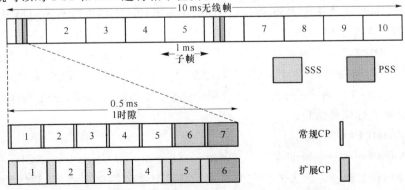

图 4-4　FDD 系统在时域上的 PSS 和 SSS 帧和时隙结构

从频域上看，PSS 和 SSS 在系统频带中心位置的 6 个资源块（RB）内传输，如图 4-5 所示，在任何系统带宽的配置下都是仅占用 6 个 RB，这便于移动终端在没有任何系统带宽信息的情况下完成与网络的同步。PSS 和 SSS 都是长度为 62 的序列，并映射到系统中心频带的 62 个子载波，这些子载波周围的直流分量没有使用，这意味着所有同步序列最末端的 5 个资源粒子（RE）未被使用。这种设计结构使得移动终端可以依靠 64 点的 FFT 检测 PSS 和 SSS，同使用中心频带全部的 72 个子载波相比，要求的采样率更低。

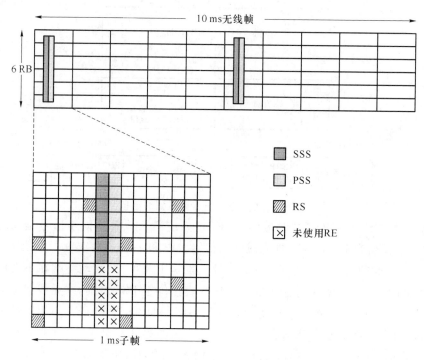

图 4-5　FDD 小区在时频域上的 PSS 和 SSS 帧结构

各个小区发送特定的 PSS 和 SSS 序列，从而为移动终端指明不同的物理层小区标识。LTE-A 系统中一共设计了 504 个物理小区标识，这些小区标识被平均分成 168 组，每组的 3 个标识通常都是分配给同一个基站控制下的小区。3 个 PSS 序列用来标记组内的编号，168 个 SSS 序列用来区分不同的组别。PSS 使用的序列是"Zadoff-Chu"序列。这类序列被广泛应用于 LTE-A 系统中，除了 PSS，还包括随机接入前导和上行参考信号。

3. Zadoff-Chu 序列

Zadoff-Chu（ZC）序列也称为广义啁啾样（Generalized Chirp-like，GCL）序列，是以文献[20]和文献[21]命名的。它们都是非二进制单位振幅序列，且都满足恒幅零自相关（Constant Amplitude Zero AutoCorrelation，CAZAC）特性。CAZAC 序列可

以表示成 $e^{j\alpha_k}$ 的复数值信号,因此长度为奇数 N_{ZC} 的 ZC 序列可以表示为

$$a_q = \exp\left[-j2\pi q\,\frac{n(n+1)/2+ln}{N_{ZC}}\right]$$

式中,$q=\{1,2,\cdots,N_{ZC}-1\}$ 为 ZC 序列的根指数,$n=0,1,\cdots,N_{ZC}-1$,$l\in N$,l 可以是任意整数,为了简单起见,在 LTE-A 系统中设置为 0。

ZC 序列具有以下特性。

特性 1:ZC 序列振幅恒定,经过 N_{ZC} 点 DFT 后依旧保持振幅恒定。该特性可以有效限制峰均功率比(PAPR)以及对其他用户产生时间和边界的平坦性干扰。只需要计算和存储相位而不需要幅度,这种特性简化了硬件实现。

特性 2:ZC 序列都具有"理想"的循环自相关特性,这一特性的主要优点是同一ZC 序列可以用于产生多路正交序列。

特性 3:若 $|q_1-q_2|(q_1,q_2$ 是序列指数)等于素数,且其与 N_{ZC} 有关,则任意两个ZC 序列的循环相关绝对值都等于 $1/\sqrt{N_{ZC}}$。

ZC 序列的另一个特性是 ZC 序列 $x_u(n)$ 的 DFT 变化是一个加权循环移位 ZC序列 $X_w(k)$,$w=-1/u \bmod N_{ZC}$。这是一个更有用的特性,即不需要在频域上进行DFT 变换就能够直接获得 ZC 序列。

4. 主同步序列和辅同步序列

PSS 序列是由长度等于 63 的频域 ZC 序列构成,为了避免直流载波,打孔去掉了中间的元素。PSS 序列同各子载波之间的映射关系如图 4-6 所示。

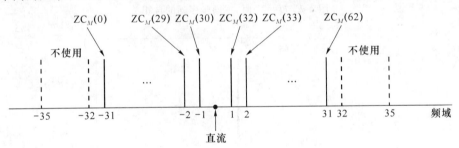

图 4-6 PSS 序列在频域的映射

为 LTE/LTE-A 系统设计的 3 个 PSS 序列和 3 个不同的物理小区标识组内号一一对应。3 个 PSS 序列分别采用的是根指数(root)$M=29$、34、25 的 ZC 序列,对于长度为 63,根指数为 M 的 ZC 序列可以用以下等式表示:

$$ZC_M^{63}(n)=\exp\left[-j\,\frac{\pi Mn(n+1)}{63}\right],n=0,1,\cdots,62$$

对 ZC 序列的根指数进行设置是为了获得良好的周期自相关和互相关特性。尤其这些序列的频偏敏感性低,频偏敏感性定义为最大不可预期自相关峰值同最大可预期自相关峰值的比值,这使得在同步阶段 PSS 的检测具有更好的健壮性。

　　为了对抗干扰，TD-LTE 的扰码采用 31 阶的 Gold 码，与 WCDMA 的上行一致。扰码序列在每个子帧进行初始化。所谓扰码对抗干扰，实际上是说进行扰码操作可以使信号随机化，各个小区的信号都成了随机干扰，从而干扰被打散，以减轻干扰信号造成的影响。

　　根据上述描述的扰码序列的生成方式生成主同步序列和辅同步序列，并对它们作相关性研究。主同步序列的自相关分析结果如图 4-7～图 4-9 所示，结果表明，在 3 种不同的根指数下，自相关性良好。

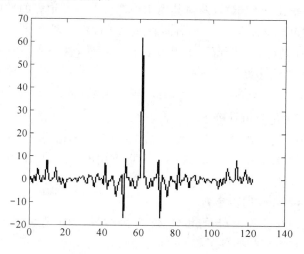

图 4-7　$U=25$ 时，主同步序列的自相关

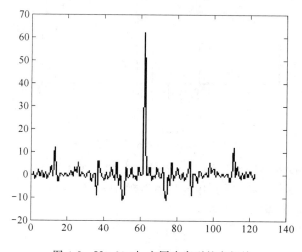

图 4-8　$U=29$ 时，主同步序列的自相关

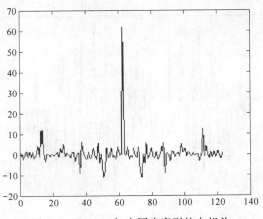

图 4-9 $U=34$ 时,主同步序列的自相关

3 种不同的根指数的互相关特性如图 4-10~图 4-12 所示,分析结果表明不同的 PSS 序列在不同的时偏情况下互相关值较低,能有效区分不同的序列。

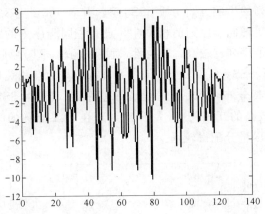

图 4-10 $U=25$ 和 $U=29$ 时,主同步序列互相关性

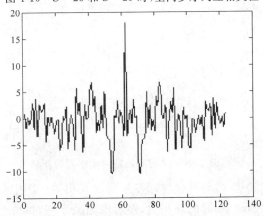

图 4-11 $U=25$ 和 $U=34$ 时,主同步序列的互相关性

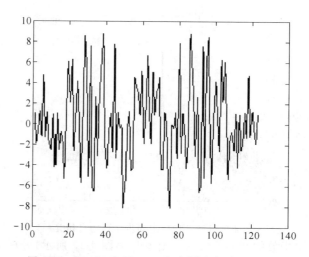

图 4-12 $U=29$ 和 $U=34$ 时，主同步序列的互相关

通过辅同步序列的生成方式生成 SSS 序列，并对 168 组序列进行了两两之间的仿真分析。分析表明辅同步序列的相关性并没有主同步序列的完美，序列与和自身相邻一定距离的其他序列有较高的相关性，对用户的辅同步序列的检测带来影响。

以图 4-13 为例，SSS=0 和多个其他序列具有较高的互相关度，这些序列按照接近于等差序列的距离分布，但又不完全是等差序列。图中，SSS=0 与 30,59,87,114,140,165 具有较高的互相关度（大于 30%），在 PCI 配置的时候，需要将这些相关度高的 SSS 序列尽量分配得较远。

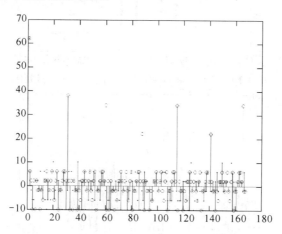

图 4-13 SSS=0 与其他辅同步序列的互相关

图 4-14 为 SSS=100 时与其他辅同步序列的互相关。图中蓝色线为在 Slot 0 时的互相关，红色为在 Slot 10 时的互相关，在考虑相关序列时，两个半帧内的序列都需要考虑。SSS=100 时的相关度和 SSS=0 时的类似，也分别在两个 Slot 中存在着相

关度高的其他序列,如 13,43,72,127,153 和 16,45,73,126,151。在 PCI 配置时,同样需要考虑这些相关度高的 SSS 序列尽量分配得较远。

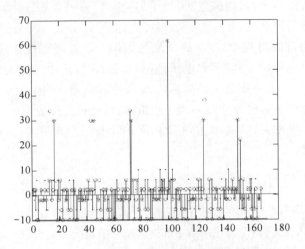

图 4-14 SSS＝100 与其他辅同步序列的互相关

图 4-13～图 4-14 举例说明了两个 SSS 序列的互相关性,由于共有 168 组 SSS 序列,本章不再一一列举,仅将相关度高的序列分在同一组中,在 PCI 配置的过程中,应尽量避免位于同一组内的 PCI 分配给相邻小区。

4.2 PCI 和 ANR 自配置协议流程

PCI 自配置的主要目标是为各小区自动分配 PCI 使得移动终端能够准确地识别出相邻小区。要达到这个目标,必须满足两个条件:分配结果必须满足不冲突和不混淆。前者意为两个相邻小区不能使用相同的 PCI。后者表示某个小区的任意两个邻区不能使用相同 PCI,如图 4-15 所示。

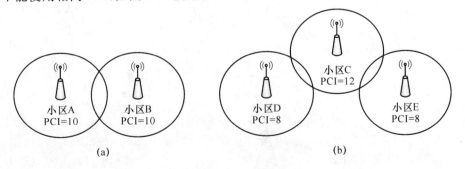

(a)   (b)

图 4-15 PCI 冲突和混淆

尽管存在着 504 个不同的 ID,实际可供选择使用的标识可能会被限制在一个更小的集合中，以实现各种规划的要求。例如，为宏小区、微小区和家庭基站划分 PCI 子集合，以简化某层中新小区加入时的配置操作，同时不影响其他层对 PCI 的使用；或是为实现网络边界（例如两国之间）的规划约束划分子集合，因为在边界处协调不同网络运营商是很困难的。

传统的网络部署过程中，PCI 的分配是工作人员在网络规划时期手动设置的。规划人员依靠网络规划工具，例如电子地图（X-MAP），集中式地为部署的每个基站分配一个 PCI 组，然后根据既定的扇区天线水平方向角，把组内的 3 个 PCI 分配到天线控制的每个小区。这种分配方式比较机械化，而且分配的原则比较简单，仅要求分配的结果不产生冲突、混淆，无法实现相同 PCI 复用距离最大化，以及相同 PCI 之间的干扰最小化。

4.2.1　PCI 应用场景

凡是有新网络节点要开始在网络中工作，便需要手动或者自动地为其配置合适的物理小区标识 PCI，而运营商需要在网络中部署新基站的情况主要可以分成两大类：

一类是在整个新的网络部署时期，为了实现对某个大的区域的连续覆盖，运营商需要在该区域中部署大量的基站。

另一种情况是在网络运行维护期间，由于城市的发展，新的建筑物的出现，导致原来的网络拓扑发生一定变化，从而导致弱覆盖或者无覆盖区域的出现，为了解决此类覆盖问题，运营商需要在局部区域重新部署单个或多个基站。

1. 新增单个基站场景

如图 4-16 所示，在某个区域内蜂窝网络已经存在，由于城市发展、建筑物出现导致弱覆盖区域（如图中阴影区域）出现，或者新的热点区域出现，运营商需要在此区域新安装一个新的基站，以解决网络中存在的覆盖问题，为了后面的区分方便，这种场景记为场景 A。

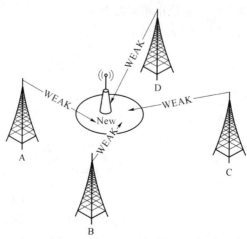

图 4-16　插入单个基站到网络

在给新增加的基站配置无线参数时,为该基站控制的小区配置合理的小区标识PCI是极为重要的,不仅要求保证新加入基站的PCI与周围相邻基站的PCI不相同,从而避免PCI冲突,而且还需要保证其余相邻基站的邻基站的PCI也不相同,否则就会导致网络中出现PCI混淆,即,某个小区的两个相邻小区使用的PCI相同。图4-15为PCI冲突和PCI混淆的示意图,在图4-15(a)中,小区A和小区B是两个相邻的小区,但是却为它们分配了相同的PCI,导致网络中出现PCI冲突,因此位于交叠覆盖区域的移动终端就无法区分这两个冲突的小区。而图4-15(b)中,小区D和小区E使用相同的PCI,虽然二者不是相邻小区,但是它们却有相同的邻区C,网络中出现PCI混淆,从而导致的后果是,小区C内的移动终端在上报测量结果要求切换到小区D时,小区C的基站分不清切换的目标小区是小区D还是小区E,因为它们的PCI是相同的。需要强调的是,不管是哪一种PCI配置场景,PCI冲突和PCI混淆都是必须避免的。

2. 大规模组网场景

正如前面章节所述,网络自组织技术中的PCI自配置除了用于在某个的弱覆盖或覆盖盲区中新增单个基站之外,还可以应用于移动网络建设初期,运营商大规模地进行网络部署。大规模组网场景又可以根据是否新规划的网络周围已经存在相同制式的运行网络,分成两种不同的子场景。一种场景如图4-17所示,在某个较大地域(例如某个城市,阴影区域表示的)需要进行全方位的无线网络覆盖,而在待覆盖区域的周围已经有处于运行状态的接入网络,在图中用白色三角形表示运行状态的基站,用黑色三角形表示需要新部署的基站。在本章节中,这种场景记为场景B,在这种场景下,为中间区域内(曲线包围标示)的基站配置PCI时,不仅需要协调新部署网络内部各基站PCI的分配,还需要考虑周围处于运行状态的基站都已经使用了哪些PCI。另一种自配置场景记为场景C,如图4-18所示,与图4-17场景比较类似,也是部署大规模的无线网络,不同的是,这种场景的PCI配置仅仅需要考虑新基站之间的PCI相互影响。这种场景一般出现在运营商网络建设的早期,在某个地区建设这样的一个网络,该地区以外还没有建设网络;或者是新建的网络内的基站与周围的运行基站使用的PCI是完全独立的集合,或者部署的LTE-A基站使用的频率资源也是正交的。

无论是上述哪一种自配置场景都和新增单个基站的场景存在诸多不同之处。一方面,在某个非连续区域增加单个基站时,新增小区和已经存在小区的边界区域是有移动终端存在的,这些移动终端可被调用为新增基站自配置参数获取的测量工具,而在大规模组网的场景下,这些局部区域内是没有移动终端存在的,因此可获得的测量参数相比较新增单个基站而言会少很多;另一方面,在新增单个基站的场景下,新增小区的邻区处于正常运行状态,这些邻区都配置有比较合理的邻区关系列表,这在多基站场景下是没有的。因此,考虑多基站场景与新增单个基站场景的较大区别,需要根据具体的自配置场景设计不同的PCI自配置算法。

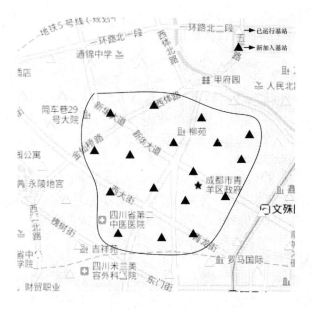

图 4-17　局部区域新建网络周围存在运行网络

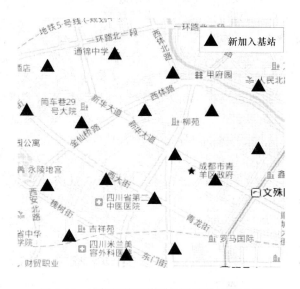

图 4-18　局部区域新建网络周围无运行网络

4.2.2　PCI 协议流程

　　根据 SON 功能的现实位置不同，对于 PCI 自配置来说，标准协议提供两种方式，即由高层集中管理的集中式和由网元之间协调的分布式。

　　（1）集中式的方案，由 OAM 提供一个特定的 PCI 值，eNB 选择这个作为自己小区的 PCI。集中式的方案,相当于完全由 OAM 为每个小区分配 PCI,这个方法跟现有的 3G 系统是相似的,不需要基站做任何自配置工作。

(2) 分布式的方案,OAM 提供一个候选的 PCI 列表,eNB 要把一些不适合的 ID 排除。这些 ID 包括:UE 报告的 ID;邻区 eNB 通过 X2 接口报告的 ID;或者是依赖实现的方法获得的 ID,例如,基站通过接收机在空口检测到的 ID,把这些 ID 排除后,eNB 要从中剩余的列表中随机选择一个 ID 作为自己的 PCI。

分布式的方案,则是由基站自己选择本地小区使用的 PCI,只不过不是从 504 个 ID 中选择,而是从 OAM 提供的每个小区特定的候选集合中选择。虽然还需要 OAM 的参与,但是相比于集中式的方案,OAM 所要做的工作更加简单容易,需要人工参与的可能性更小。

图 4-19 是 PCI 自配置的流程图,涉及基站跟 OAM 之间的交互。这个流程对于集中式和分布式方案是相同的,差别只在于候选 PCI 列表中只有一个 ID 还是多个 ID。

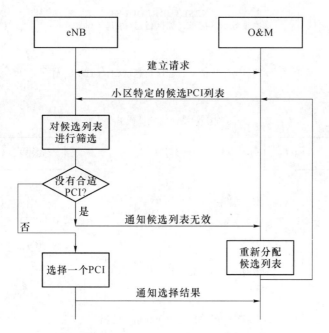

图 4-19 PCI 自配置交互过程

根据标准协议,eNB 需要对从 OAM 得到的候选 PCI 列表进行筛选,从筛选后的列表中选择一个 ID。目前可供利用的信息只有 UE 报告的 PCI,以及 X2 接口传递来的 PCI。

一个 eNB 可以支持多个服务小区,只要有一个小区完成自配置,打开发射机,进行正常数据收发,则 eNB 就进入运行状态,可以建立跟其他 eNB 的 X2 连接,并可以接收 UE 的测量报告。在这之前，eNB 处于预运行状态，没有一个小区能够工作，eNB 无法建立 X2 连接，也不可能接收 UE 的报告。因此，eNB 的状态会直接影响各个服务小区 PCI 配置。

（1）当 eNB 处于预运行状态时，对于第一个配置 PCI 的小区，由于既没有 UE 的报告，也没有 X2 连接，所以没有这两类信息可供筛选。

（2）当 eNB 进入运行状态，由于已经有服务小区正常工作了，对于后续的小区 PCI 配置，可能有一些 UE 报告及 X2 接口消息可以利用。

通过图 4-20 两个信令过程，相邻基站可以交换彼此的服务小区以及邻区的 PCI 信息，用于 PCI 的筛选，以及 PCI 冲突/混淆的检测。

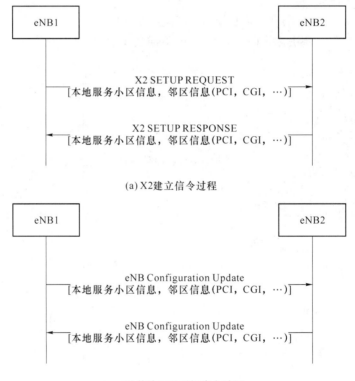

图 4-20　PCI 信息交换过程

4.2.3　ANR 协议流程

自动邻区关系 ANR 的协议流程如图 4-21 所示。

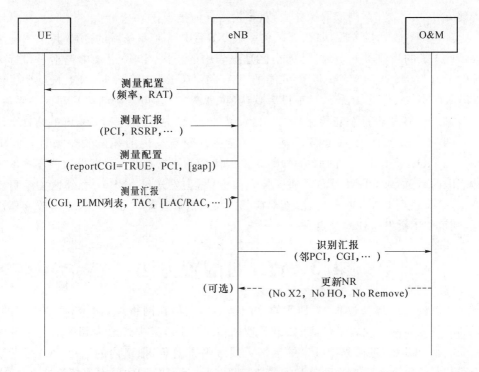

图 4-21　ANR 标准协议流程

（1）当 UE 建立好 RRC 连接和无线承载后，eNB 对 UE 测量配置，指导 UE 进行所需的测量。配置消息中包含了要测量的频点和 RAT，测量对象、报告准则，对于 EUTRA 系统的同频测量，这个步骤可以省略。如果 eNB 希望 UE 搜索检测并报告未知的 UTRA 小区，那么 inter-RAT UTRA 测量对象的触发类型必须设为"periodical"，且测量目的设为"reportStrongestCellsForSON"。这些频点和 RAT 信息由 O&M 配置给 eNB。

（2）当 UE 测量到满足指定的触发条件，发送测量报告到 eNB，报告中包含了满足条件的信号最强的小区/小区列表，以及每个小区的 RSRP、RSRQ 等测量度量。

（3）对于报告的小区，eNB 检查它的 CGI（小区全局标识）信息是否已了解。若是，则执行切换判决过程；若否，则 eNB 要构建一个新的测量配置命令，把对应的测量对象的触发方式设为"periodical"，把 reportCGI 信元设为"TRUE"，在测量对象中包含要报告小区的 PCI。对于异频/inter-RAT 邻区，基站还要为 UE 提供足够的空闲间隔。

（4）UE 收到新的配置命令后，对指定的小区进行测量，读取所需的目标小区的系统信息，包括 CGI、PLMN 列表、TAC 等，对于异频/inter-RAT 邻区，还需要读取 LAC/RAC 等。如果在系统规定的时间内成功读取了所需信息，那么就发送结果报告到 eNB,如果超时,则读取操作失败,不发送任何报告。

（5）eNB 收到报告后,要在邻区关系表 NRT 中增加一条新的 NR,其中本地小区是此 UE 的当前服务小区,目标小区是报告中的小区。NR 记录中包括了目标邻区的 PCI、CGI、PLMN list 以及可能的 TAC/LAC/RAC 等信息,NR 的几个属性（No X2、No HO、No Remove）都设为默认值（即都未选中）。在创建了邻区关系后,eNB 向 O&M 报告这个新检测到的邻区关系,在消息中包含该邻区的 PCI、CGI。

（6）OAM 实体收到 eNB 的通知,可能会改变新发现的邻区关系属性,即 No X2、No HO、No Remove 的取值（O&M 依据什么条件或原则设置属性取值不在本文档范围内）。如果 OAM 更新了邻区关系属性值,会发送给 eNB 一个邻区关系更新消息,eNB 收到 OAM 响应后,更新对应邻区关系的属性值。如果 OAM 未改变属性值,则可能不会发送任何消息。

4.3 PCI 自配置方法

传统的网络部署过程中,PCI 的分配是工作人员在网络规划时期手动设置的。规划人员依靠网络规划工具,例如电子地图（X-MAP）,集中式地为部署的每个基站分配一个 PCI 组,然后根据既定的扇区天线水平方向角,把组内的 3 个 PCI 分配到天线控制的每个小区。这种分配方式比较机械化,而且分配的原则比较简单,仅要求分配的结果不产生冲突、混淆,无法实现相同 PCI 复用距离最大化,以及相同 PCI 之间的干扰最小化。

PCI 规划过程应考虑复用的距离,有效的规划应该最大化使用相同 PCI 扇区的无线距离,从而使得冲突和混淆更容易避免,实现移动终端准确地区分测量到的小区。考虑到这个因素,不同小区的物理信息（至少包括位置和基本的方位）是不可或缺的。

还有一些其他的非常好的做法,例如,为同一 eNB 下的小区分配同小区标识组内的 PCI,这样一来它们的参考信号基于相同的伪随机序列但用不同的正交序列,使得相互之间的干扰最小。运营商可利用规划工具和其他自动解决方案来开发 PCI 规划方案,不同的算法可用来求得最优 PCI 分配方案,而对算法的选择上实际上体现了对结果最优化、实现成本以及复杂度间的典型权衡过程。

PCI 分配属于 NP 难问题的范畴,故而求解最优 PCI 分配方案可以使用优化搜索技术,如贪婪搜索等。配置空间包含对所有待优化小区的可能 PCI 分配方案,可用一个目标函数或代价函数映射每个可能的 PCI 分配方案为一个非负数或成本值。如果该目标函数是准确的并且包含所有必需的代价要素,并赋给它们恰当的权重,则代价最小的那个分配方案会是最优的。代价函数必需将扇区间的距离考虑在内,包括从每个扇区和邻区接收的信号。

因为没有相应的 PCI 自配置方法被标准化,各设备厂商的 PCI 自配置方案不尽相同,他们各自提出了具有创新性且差异化的解决方案。下面以几个示例来介绍 PCI 自配置方法。

4.3.1 基于图理论的 PCI 自配置方法

这是一种基于图论的最优化 PCI 自配置方法,网络自组织服务器收集新基站的地理位置及其天线高度、方向角和下倾角信息,同时基于新基站所在地理位置的经验路径传播模型,计算各个基站间的路径损耗值和天线增益,确定所有基站间的传播损耗值。再通过图论方法,从全局角度优化物理小区标识的复用距离,为新基站分配优化的物理小区标识,再利用邻区关系列表进行可用 PCI 的验证和筛选,减少使用相同 PCI 的基站间的干扰,实现 PCI 的正确与合理配置。本方法用于为未配置 PCI 的新基站自动分配适宜的物理小区标识,能快捷、自动完成新基站 PCI 的配置,且能逼近理论最佳性能。

1. PCI 自配置流程

具体的配置方法步骤如下。

步骤 1:在网络中完成新基站的基建和设备安装后,网络自组织服务器触发基站 PCI 自配置参数的操作——先收集可用的 PCI 信息和未配置 PCI 的新基站信息,包括网络中可用的 PCI 集合和每个 PCI 的使用信息,未配置 PCI 的新基站集合及其所在地理位置的经纬度与其天线的架高、方向和下倾角信息。

步骤 2:网络自组织服务器根据新基站的经纬度信息,计算得到每个新基站和其他基站之间的距离,再根据该距离及其基站的具体地理环境,使用该地理环境下的经验路径损耗传播模型,分别计算该新基站和其他基站之间的路径损耗值和天线增益值,再根据路径损耗值和天线增益值之差确定传播损耗值;并设置传播损耗门限值,将低于该门限值的传播损耗值按照从小到大的升序排列;对所有新基站执行上述操作后,就获得所有新基站的传播损耗值排序表;然后,按照传播损耗排序表从高到低顺序确定新基站分配 PCI 的顺序,即建立按照优先级由高到低顺序的新基站排序表;此步骤在于通过寻找图中的最小支撑树,找到相互之间干扰最大的基站,并优先为它们配置正交的 PCI,以规避复用 PCI 带来的干扰。最小支撑树是半贪婪算法,它通过每一步求得当前状态的最优解,最终达到全局最优解,如图 4-22 所示。

步骤 3:网络自组织服务器开始按照新基站排序表为新基站配置 PCI。

如果可用 PCI 集合中还有从未配置的 PCI,选取这些 PCI 按照新基站排序表的优先级顺序逐一分配未配置的 PCI;当所有 PCI 都已经使用过,但仍有新基站未获得 PCI 时,通过复用 PCI 为新基站分配 PCI。

复用方法是:网络自组织服务器计算新基站排序表中优先级最高的新基站 B_i 和各个已经分配 PCI 的基站的传播损耗值,确定该新基站 B_i 分配可用 PCI 列表中的第 j 个 PCI、

即 P_j 所对应的传播损耗总值 L_{ij}；该 L_{ij} 是所有已经分配相同 PCI 的基站与该新基站 B_i 的传播损耗值的累加和；再对该确定的 L_{ij} 进行由大到小的降序排列，确定针对新基站 B_i 的 PCI 优先级排序表；对每个配置了相同 PCI 的 L_{ij} 的计算如图 4-23 所示。

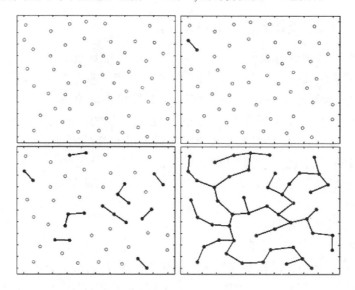

图 4-22　最小生成树生长过程

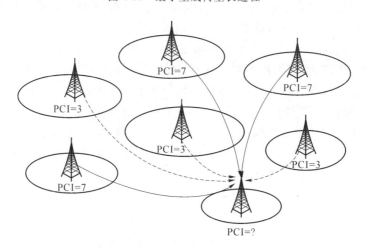

图 4-23　干扰示意图

　　然后，对 PCI 优先级排序表中删除会产生冲突和混淆的 PCI：先把新基站 B_i 地域上两跳范围内已经分配 PCI 基站的 PCI 从 PCI 优先级排序表中删除，然后把更新后的 PCI 优先级排序表中优先级最高的 PCI 分配给新基站 B_i；如果此时更新后的 PCI 优先级排序表中没有可用的 PCI，则只把新基站 B_i 地域上一跳范围内已经分配 PCI 基站的 PCI 从 PCI 优先级排序表中删除，再把更新后的 PCI 优先级排序表中优先级最高的 PCI 分配给新基站 B$_i$;如果此时更新后的 PCI 优先级排序表仍然没有可用的 PCI,则不删除会产生冲突和混淆的 PCI,直接把未更新的 PCI 优先级排序表中优先级最高的 PCI 分配给新基站 B$_i$;优先级列表如图 4-24 所示。

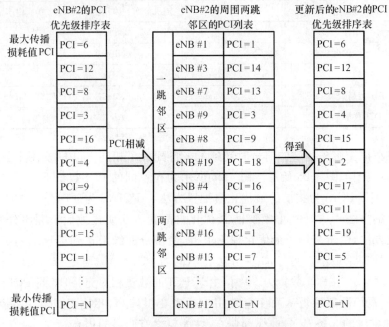

图 4-24 PCI 优先级排序列表示意图

步骤 4:完成了新基站 B$_i$ 的 PCI 分配后,从新基站排序表中删除该新基站 B$_i$,即完成新基站排序表的更新操作后,返回执行步骤 3;直到新基站排序中的所有新基站都完成了 PCI 配置操作。

该方法用于 LTE 网络的部署阶段,对物理小区标识进行自动分配,以解决配置物理小区标识时的冲突问题;并使网络中的基站在自配置 PCI 时,在满足"不冲突"与"不混淆"的基础上,同时又能优化或降低因 PCI 复用而产生系统干扰,使系统性能接近理论上的最优值。

2. 仿真结果与性能分析

PCI 自配置仿真的目的是为了评价所提出的最优化配置方法下用户的信噪比性能(CIR)。仿真的场景是一个密集分布的区域中配置了大量的宏基站,宏基站的数量远远大于可用的 PCI 数量。同时在宏基站的覆盖范围内评价分布 1 000 个用户。配置了相同 PCI 的基站之间存在着复用干扰,配置了不同 PCI 的基站认为资源是正交的,不存在任何干扰。根据最优化 PCI 自配置方法,每个基站的地理位置,基站天线信息(天线方向角、天线下倾角等),基站发射功率等信息都是可知的。仿真参数如表 4-2 所示。

表 4-2　仿真参数

参数	取值
小区拓扑结构	随机分布，50 eNB
用户分布	随机分布，100 用户/eNB
小区半径	288 m
基站最大允许发射功率	46 dBm
载频	2 GHz
宏小区传播模型	Model 1：Broken-Line，Model 2：COST231 Hata
PCI 数量	6 或者 30

　　用户在接受服务基站的信号时受到了来自配置了相同 PCI 的复用干扰，信干比的 CDF 曲线图如图 4-25 所示。图 4-25 所示为在不同的 PCI 数量下的用户 CDF 曲线。其中，GT-PCIS 为提出的最优化自配置方法，APCIAS 为顺序分配方法，R-PCIS 为随机分配方法。从图中可以看出，最优化自配置方法明显地优于顺序分配方法和随机分配方法，由于采用了最优化理论求得，使得分配结果达到了理论的最优值，网络复用干扰理论最小。另外，3 种方法在不同的 PCI 数量（PCI＝6，PCI＝30）时，曲线有明显区分。当 PCI 数量为 30 时，由于 PCI 的数量相对充裕，相同 PCI 分布的距离较宽松，复用距离较短从而使得复用干扰也变得较小，相比于 PCI 数量为 6 的情况下，3 种方法的 3 条 CDF 曲线都偏右，性能较之有明显的提高。

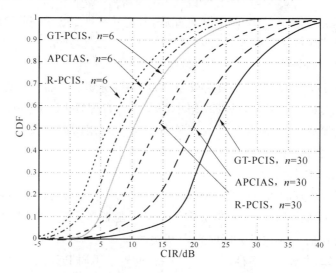

图 4-25　不同的 PCI 数量下的用户 CDF

　　图 4-26 所示为在不同的经验路损模型下的用户 CDF 曲线分布。图中 Model 1 是采用了双折线模型，Model 2 采用了 COST231 路损模型，前者较之后者的路径损

耗因子差异较大,从而影响了配置过程中的 PCI 分配结果,在计算基站与基站间的干扰时需要通过正确选择合适的路损模型来准确描述实际的网络环境,同时计算结果也对 PCI 的最优化分配起决定作用。

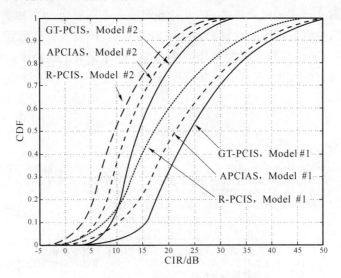

图 4-26 不同的经验损耗参考模型下的用户 CDF

4.3.2 一种集中式自适应应用场景的 PCI 自配置方法

虽然上述方法理论性能较好,但复杂度较高,在实际系统中较难直接应用。考虑到在为基站配置 PCI 时,存在 3 种不同的应用场景,下面介绍一种自适应地分配 PCI 的方法。该方法是一种网络自配置服务器集中式地分配 PCI 的方法,即,由高层系统集中式地为请求配置 PCI 的基站分配 PCI。所谓的自适应实际指的是,系统根据发送 PCI 配置请求的基站的具体情况,自动地判断本次 PCI 分配是属于哪一种场景,然后根据不同的场景选择对应的自配置方案。图 4-27 展示了所提出的 PCI 自配置方案的操作步骤,从操作的时间上看,这里所提出的 PCI 自配置方法可以把整个自配置过程分成了两个执行阶段:初始配置阶段和合理性验证阶段。

初始配置阶段:实际对应对中图 4-27 中的前 3 个步骤,首先,新部署基站向网络管理服务器上报各自的地理位置和发射功率信息;网络管理服务器基于已经获取的所有新基站以及周围运行基站的地理位置、发射功率和传播损耗信息,判断新基站 PCI 的自适应配置应用场景;再基于确定的 PCI 自适应配置应用场景,网络管理服务器自动选择基站优先还是 PCI 优先的 PCI 初始分配算法,并根据所选择的算法集中式地为新基站分配初始的 PCI 资源组。

合理性验证阶段:对应中图 4-27 的后 3 个步骤,因为任何 PCI 自配置方法都无法完全保证 PCI 的分配是没有问题,因此,所有新基站获得初始的 PCI 后,开机进入运行状态,并根据覆盖范围内的移动终端在本阶段的通信行为,验证该初始的 PCI 配置是否合理;也就是支持实现自动邻区关系功能,建立 X2 接口和利用 X2 接口交换的邻区列表信息判断是否存在 PCI 配置不合理的小区(冲突或混淆)。如果存在冲突或混淆,则立即关闭问题基站,并向网络管理服务器发送 PCI 冲突报告、PCI 冲突域(向网络服务器上报自己肯定不能使用的 PCI 集合)信息和重配置 PCI 请求,网络管理服务器为问题基站重新配置计算并下发 PCI。完成上述两个阶段的操作,就完成本书所提出的 PCI 自配置的全部过程,此时,所有新基站都能够获得最优的 PCI 分配结果。

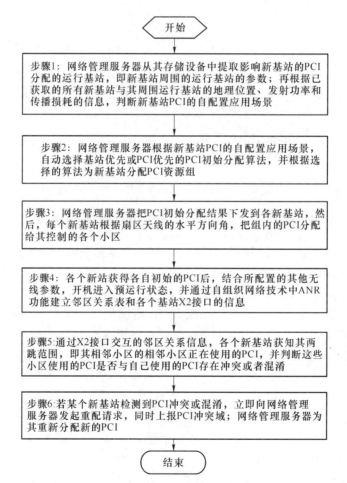

图 4-27　自适应 PCI 配置流程图

这种自适应的分配方法简化了手动配置 PCI,以实现网络自动分配 PCI 为目的,提出了利用网管收集特定基站(所有新基站和周围运行基站)的地理位置和发射功率信息,进行集中式的 PCI 初始配置,再利用网络实验运行阶段的自动邻区关系

(ANR)功能进行 PCI 的合理性验证,从而实现 PCI 的正确、合理配置。此方法可以有效减少 PCI 配置过程中可能出现的冲突、混淆,最大化使用相同 PCI 基站之间的隔离距离,减少使用相同 PCI 小区之间的相互干扰,从而提高移动终端的小区搜索性能,降低由网络自治愈引起的 PCI 冲突、混淆的风险,实现自组织网络中自动地为新基站分配物理小区标识的功能。

1. 判断 PCI 自配置场景

这里所提出的自适应 PCI 分配方法中,涉及自动地确定 PCI 分配场景。判断方法是,如果网络管理服务器仅收到 1 个基站上报的 PCI 配置请求,判断为配置场景 A,新增单个基站到网络;如果网络管理服务器多个基站上报的 PCI 配置请求,基站通过地理位置查看这些请求基站周围是否存在运行基站,进一步地,判断运行基站所使用的 PCI 资源和频率资源是否与新基站有交集,如果有就判断为配置场景 B;如果网络管理服务器多个基站上报的 PCI 配置请求,但是这些即将部署的新基站周围没有同种制式的运行基站,或者由运行基站但是使用的频率资源或者 PCI 资源没有相同的,就判断为配置场景 C。通过这种网络管理服务器集中式地判决 PCI 自配置场景,可以有效地为后面 PCI 的最优分配奠定基础,因为不同的 PCI 算法在不同的场景中产生的效果是不同的。

2. 基站优先法

所谓基站优先法是在 PCI 分配的过程中,先确定每一步迭代选择哪一个基站优先分配,再计算出给选择的基站分配哪个 PCI 资源的方法。在为若干新基站(标记基站数为 R)分配 PCI 时,网络自配置服务器需要进行 R 次迭代计算,在每一次迭代计算的过程中,选择一个基站并为之分配一组 PCI(即,一个 SSS 序列)。在每次迭代过程中选择哪一个基站分配 PCI 是需要考虑的问题,一个不能忽略的事实是,率先完成 PCI 分配的基站,它们会对后面分配 PCI 的基站产生制约,换而言之,如果某个基站分配了 PCI_A,那么距离该基站一定距离的其他基站就不能复用 PCI_A,否则就会出现 PCI 混淆甚至冲突。基于这样一个基站相互制约的事实,在使用基站优先法选择首先为哪一个基站分配 PCI 时,需要联合考虑所有尚未分配 PCI 的基站,计算已经获得 PCI 的基站对它们的 PCI 制约程度,从而获得每个尚未分配 PCI 基站的 PCI 选择自由度。例如,有的基站当前可选的 PCI 数量为 4,有的基站当前可选的 PCI 数量为 1,因此需要为 PCI 选择自由度最小的基站优先分配 PCI,否则可能导致这些基站受到更多基站制约以后,可选的 PCI 数为 0,影响系统整个 PCI 分配过程。

（1）选择优先基站

如图 4-28 所示,为基站优先法中计算 PCI 干扰的示意图,基站优先法需要获得每一个待配置新基站所对应的每一个 PCI 组下的干扰值,形成"干扰矩阵",因此获得的"干扰矩阵"的大小等于 RXP,其中,R 是待配置新基站的数目,$P = |S_{total}|$ 指网络管理服务器可支配的 PCI 资源数。如图 4-29 所示,对于新基站 X,需要分别计算对应 PCI 1♯、PCI 2♯、PCI 3♯ 的干扰值,分别是点划线(来自基站 h、基站 d)、虚线

（来自基站 b、基站 g）、实线（来自基站 c、基站 a）所标识的干扰值之和；同理，再利用这种方法依次计算得到基站 Y，基站 Z 对应的各 PCI 的干扰值。

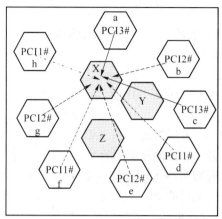

图 4-28　PCI 干扰计算示意图

最终系统可以获得的"干扰矩阵"如表 4-3 所示，"矩阵"中每个元素对应的是某个新基站对应的某个 PCI 的干扰值。进一步地，把"矩阵"中的每个元素同预先设定的可用 PCI 门限值比较，确定每个新基站的 PCI 选择权（判决是否本基站可复用该PCI），即，每个基站当前状态下可以使用的 PCI 数目，可用数目越小，选择权就越小，首先为选择权最小的新基站优先分配 PCI，如表 4-3 所示，如果设定的可用门限是－100 dBm，则灰色表格表示对应各基站可复用的 PCI，新基站 3♯ 可以复用的 PCI有 PCI_B，PCI_C，PCI_D 以及 PCI_H，一共 4 组 PCI。

表 4-3　各基站对应的 PCI 干扰值　　　　　　　　　　　　dBm

PCI ＼ 基站	新基站 1♯	新基站 2♯	新基站 3♯	新基站 4♯
PCI_A	－96	－50	－71	－79
PCI_B	－76	－99	－140	－98
PCI_C	－102	－68	－134	－131
PCI_D	－66	－97	－127	－125
PCI_E	－123	－119	－96	－93
PCI_F	－114	－137	－91	－85
PCI_G	－66	－78	－75	－76
PCI_H	－75	－81	－136	－88

（2）基站优先法流程

图 4-29 所示为本书所提自适应 PCI 分配方法的基站优先法流程图，初始步骤的"数据准备"的实质是基站上报 PCI 配置请求和自身参数信息、网络管理服务器确定

可用的 PCI 集合等操作。在步骤 S2 中,选定无线电传播模型(应选当地的无线电波经验传播模型),应用于后面估算基站间的 PCI 相互干扰。如上所述,本方法以最大化 PCI 复用距离为目的,选择无线电传播模型。例如,电磁波在自由空间的传播模型可以用下面的表达式表示:

$$PL(D) = 10^{-\frac{37.6 \times \lg D + 15.3}{10}}$$

式中,设定的载波频率为 2 GHz,故该公式实际上是一个路径损耗与距离的关系,因此最后获得的使用相同 PCI 基站之间的相互干扰也直接反应了 PCI 的复用距离。

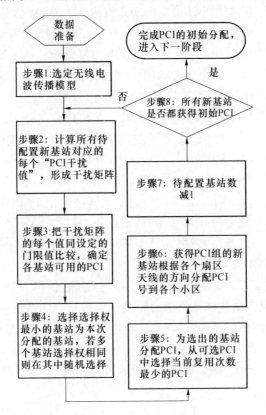

图 4-29　基站优先法流程图

而步骤 2、步骤 3,计算干扰矩阵、确定各基站 PCI 选择空间,具体的方法已经在上一小节选择优先基站中给出。

步骤 4 根据各新基站的 PCI 选择空间大小,优先为选择空间小的基站分配 PCI,如果存在多个基站选择空间相同,则随机选择其中某个基站。

步骤 5 为选择的基站分配 PCI,检测该基站可复用的 PCI 资源,从中选择潜在干扰最小的 PCI。

步骤 6 为获得整个 PCI 组以后,根据基站的扇区天线方向角,把组内的 3 个 PCI

一次分配到各个扇区。

步骤 7，当一次迭代过程为一个新基站完成 PCI 的分配，尚未分配的基站数量减 1。

步骤 8，进一步判断是否发起 PCI 请求的基站分配了 PCI，如果是，则分配完成，否则，为剩余新基站分配 PCI，执行相同的分配流程。

需要明确的是，在进行 PCI 干扰计算时，完成 PCI 分配的新基站要当成干扰源的。

3. PCI 优先法

除了从基站的角度出发去分配 PCI，还可以从另一个角度，即 PCI 出发去分配 PCI。可以知道，在存在多个 PCI 可以用来分配给多个基站时，最终目标是复用 PCI 的基站之间的距离尽可能大。为了实现这一目标，需要满足一个基本条件，就是在网络中各 PCI 的复用次数均衡，且在平面区域内均匀分布。基于这样一个事实，本章还介绍了另一种 PCI 的自配置方法，即 PCI 优先法。所谓 PCI 优先法，即在系统分配 PCI 的每一次迭代过程中，系统首先选择出本次分配需要分配出去的 PCI，然后再确定是把这个选中的 PCI 分配到哪一个基站。具体的方法是，后台管理服务器统计 PCI 资源集合 S_{total} 中各 PCI 当前复用（Φ_{old} 中的基站和已分配 PCI 的新基站）的次数，并从中选择当前复用次数最少的 PCI 资源组（当多个 PCI 资源组复用次数相等时，随机选择一个），记为 PCI_selected 其中 Φ_{old} 表示运行基站构成的集合，然后利用无线电波传播模型进行干扰估算，计算待配置基站分别受到哪些使用 PCI＝PCI_selected 的基站（包括运行基站和已分配 PCI 的新基站）的干扰值，从中选择干扰值最小的待配置基站，作为本次迭代分配的基站，并把 PCI_selected 分配给这个基站。

（1）选择优先 PCI

如表 4-4 所示，是网络管理服务器所记录的当前整个 PCI 资源组的分配情况，这里统计的基站不仅包括新建网络周围已经处于运行状态的基站，还包括在 PCI 分配过程中，已经完成分配的新基站，即在每一次迭代过程中，刚分配出去的 PCI 的在网络中的复用次数实际都会增加一次。按照先前所定的选择准则，选择当前复用次数最少的 PCI 优先进行分配，那么如表 3-2 所示的复用情况，本次选择的 PCI 是复用次数为 2 的 PCI3♯。

表 4-4 PCI 复用次数记录

PCI 组号	复用次数
PCI1♯	3
PCI2♯	4
PCI3♯	2
PCI4♯	5
PCI5♯	3
PCI6♯	9
...	...

在确定 PCI 组以后,需要确定这个资源是应该分配到哪一个基站,具体方法如图 4-30 所示,已知选择的 PCI 是 PCI3♯,那么需要获得所有尚未分配 PCI 的基站各自接收到 PCI3♯ 的潜在干扰。例如,X 基站如果使用 PCI3♯,它受到同样已经获得 PCI3♯ 的基站 a,b 的干扰,干扰值是两基站之和(在图中实线标识),同样的方法,分别再计算基站 Y 和基站 Z 的 PCI3♯ 潜在干扰。最后,对 X、Y、Z 3 个基站的潜在干扰值进行排序,选择干扰值最小的基站获得 PCI3♯。

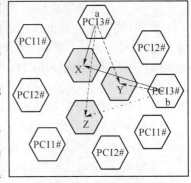

图 4-30　确定基站的潜在干扰示意图

(2) PCI 优先法流程

如图 4-31 所示,描述 PCI 优先法的总体操作流程,PCI 优先法所确定的分配顺序是,先确定某个 PCI 再把选定的这个 PCI 组分配给某个基站。流程图中的数据准备工作和基站优先法所提及的是完全相同的,包括基站上报 PCI 配置请求和自身参数信息、网络管理服务器确定可用的 PCI 集合等。

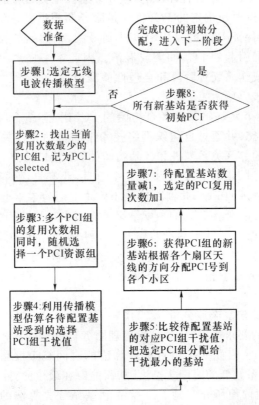

图 4-31　PCI 优先法流程图

步骤2，无线电传播模型，与基站优先法相同。

步骤3和步骤4找出当前复用次数最少的PCI组以及计算新基站使用该PCI的潜在干扰值，已经在上一小节给出了详细的描述。这是PCI优先法的重要思想，保证最后的分配结果在整个相关区域内的PCI复用次数均匀。因此，在每一次迭代过程中，首先确定PCI资源，进一步把选定的资源分配给某个最佳的新基站。所谓的相关区域就是，新基站即将覆盖的区域和影响新基站的PCI分配的运行基站所覆盖的区域。

步骤5，面对存在多个PCI组在当前的复用次数相同的情形，网络管理服务器需要从这几个满足条件的PCI组中随机地选择一个PCI组，作为本次分配的PCI资源。

步骤6，新基站分配得到一个PCI组内包含3个PCI，基站还需要根据自己控制的扇区天线水平方向角，把3个PCI分配到各个小区。

步骤7，表明本分配方法的本次迭代完成，某个新基站获得PCI，刚分配的PCI组复用次数加一。

步骤8，网管服务器判断是否完成本次PCI分配，如果分配完成则进入下一阶段，否则继续执行迭代计算。

4. PCI 合理性验证

在完成PCI的初始配置以后，网络管理服务器会把为各个新基站分配的PCI下发给各个基站，那么这时所确定的PCI仅仅是服务器根据基站位置和传播模型集中式分配的，虽然可以保证PCI的复用距离达到最大，仍然需要排除那些因为实际环境和传播模型的差异引起的PCI冲突或混淆。因此本书提出的PCI自配置算法把整个自配置过程分成初始配置阶段和合理性验证阶段，而合理性验证阶段正如自配置流程中的后3个步骤所示。

在步骤4中，各个新基站获得各自初始的PCI组号，结合所配置的其他无线参数，开机进入运行状态；并通过自组织网络技术中的自动邻区关系功能ANRF获知其配置的各个小区的邻区关系列表和各基站间的X2接口信息。而步骤5进行的操作是，各个新基站通过X2接口交互邻区关系信息，获知自己两跳范围、即其相邻小区的相邻小区正在使用的PCI，并判断这些小区中是否存在与自己使用的PCI相同的小区，若没有，则表明所有PCI的分配结果是合理的，结束全部操作；否则，表明存在PCI冲突或混淆的小区，执行后续步骤6。步骤6，为存在PCI不合理配置的小区重新配置PCI：该新基站立即向网络管理服务器发起重配置PCI请求，同时上报PCI冲突域，即给网络服务器上报自己不能使用的PCI集合；网络管理服务器为其重新分配新的PCI。

5. PCI 自配置算法复杂度分析

就PCI自配置的要求来讲，要求网络管理服务器能够在最短的时间为所有新基站分配好合适的PCI。因此所提出自配置算法的时间复杂度是一个必须考虑的因素，好的算法应该具备较低的时间复杂度，从而能够在最短的时间为大量的基站分配好PCI。因此本节对前面所介绍的PCI优先和基站优先算法的时间复杂度进行分析，给出了各个参数是如何影响两种算法的运行时间以及两者的时间复杂度。在分析复杂度之前,首先对相应参数进行明确定义。待配置新基站的数量为 N,PCI 数目为 P,这里设定任意两个基站间的干扰值计算时间复杂度为 t_x。

（1）PCI 优先法时间复杂度

设定 PCI 优先法的时间复杂度为 T_P,则它可以用下面表达式表示:

$$T_P = \sum_{i=0}^{N-1}\left[P + \frac{(N-i)\cdot i \cdot t_x}{P} + (N-i)\right]$$

式中,i 表示第 i 次迭代分配的过程,P 表示从 P 组 PCI 中选择复用次数最小的 PCI 的计算量,$(N-i)\cdot i \cdot t_x/P$ 表示计算优先选择的 PCI 的干扰值的计算量,$N-i$ 表示从数量为 $N-i$ 的待配置基站中选择干扰最小的基站的计算量。对上面的表达式展开可得到如下的表达式:

$$T_P = PN + \frac{N(N-1)N}{2P}t_x - \frac{t_x}{P}\frac{N(N+1)(2N+1)}{6} + N^2 - \frac{N(N-1)}{2}$$

进一步对上面的表达式化简,得到 PCI 优先法的时间复杂度为

$$T_P = \frac{t_x}{6P}N^3 + \left(\frac{1}{2} - \frac{t_x}{P}\right)N^2 + \left(P - \frac{t_x}{6P} + \frac{1}{2}\right)N$$

因此可得,PCI 优先法的计算时间代价为 $O(N^3)$。

（2）基站优先法的时间复杂度

设定基站优先法的时间复杂度为 T_E,则它可以用下面表达式表示:

$$T_E = \sum_{i=0}^{N-1}\left((N-i)P\frac{i}{P}t_x + P(N-i) + (N-i) + P\right)$$

式中,同 PCI 优先法一致,i 表示第 i 次迭代过程,$(N-i)it_x$ 表示每次迭代过程计算干扰矩阵的计算量,$P(N-i)$ 表示对干扰矩阵每个元素进行比较的计算量,从而发现各基站可用的 PCI 数目;$(N-i)$ 表示从数量为 $N-i$ 的待配置基站中选出 PCI 选择权最小的基站的计算量;P 表示为确定的基站选择 PCI 的计算量。对上面的表达式展开可得到:

$$T_E = Nt_x\frac{N(N-1)}{2} - t_x\frac{N(N+1)(2N+1)}{6} + PN^2 - P\frac{N(N-1)}{2} + N^2 + PN - \frac{N(N-1)}{2}$$

进一步对表达式化简,得到 PCI 优先法的时间复杂度为

$$T_E = \frac{t_x}{6}N^3 + \left(\frac{P+1}{2} - t_x\right)N^2 + \left(\frac{3P+1}{2} - \frac{t_x}{6}\right)N$$

可以看出,基站优先法的计算时间代价也为 $O(N^3)$,这说明两种算法的时间复杂度是相同的,但是实际上,在接下来的仿真中可以看出,两种算法运行的时间并不相等。

6. PCI 自配置算法仿真及结果分析

为了验证本章节所介绍的 PCI 自配置算法的性能,这里使用静态的蜂窝仿真平台,把自配置算法植入到平台中,通过算法为各个基站自动分配 PCI,并将本书所提出的 PCI 自配置算法和其他自配置算法(分"簇"法、穷举法)进行对比。

下面结果是基于 MATLAB 搭建静态系统级仿真平台获得的,在一定大小的区

域内均匀地部署一些基站节点，并随机地生成既定数量的移动终端节点，移动终端设备按照距离接入到最近的基站。根据场景设计的需要，这里主要完成两个场景的仿真：一种场景是本章前面所述的场景 B，即，新部署基站的 PCI 分配不受周围基站的影响，仅需要考虑新基站之间的相互限制；另一种场景是场景 C，即，新基站的 PCI 分配不仅需要考虑新基站之间的相互制约，还需要考虑到周围已经存在的基站的限制。

　　如图 4-32 所示为模拟场景 B，在一个设定的圆形的区域内，随机地部署了数量为 N 的新基站，然后模拟网络管理服务器集中式地为这些新基站分配 PCI；另一种模拟场景如图 4-33 所示，图中的星形表示运行状态的基站，已经配备有 PCI，而中心区域的图像表示新增加的基站，这些基站时没有分配 PCI 的，需要根据自配置算法为其分配 PCI。PCI 自配置算法仿真平台中设计的参数设置如表 4-5 所示。

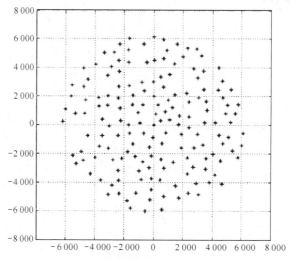

图 4-32　模拟场景 B 示意图

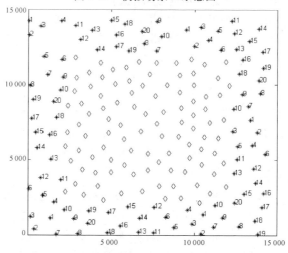

图 4-33　模拟场景 C 示意图

表 4-5 仿真参数详细

基站发射功率	46 dBm
小区覆盖半径 R	500
基站间最小距离	$1.8R$（R 为小区半径）
移动终端数目	50 个/小区
系统带宽	10 MHz
路径损耗模型	$PL(D)=10^{-\frac{37.6\times\lg D+15.3}{10}}$
穿透损耗	10 dB

利用 LTE-A 系统级仿真平台，并在平台中植入了 PCI 自配置算法，在不同的仿真参数配置下模拟网络，分别统计了不同参数配置下，整个网络的性能，包括：PCI 冲突概率、PCI 混淆概率以及 PCI 特定的载波干扰比，这 3 个参数是与 PCI 自配置最为密切的性能指标。

（1）PCI 冲突概率

冲突概率＝PCI 冲突的小区数/总的小区数

（2）PCI 混淆概率

混淆概率＝PCI 混淆的小区数/总的小区数

（3）PCI 特定的载波干扰比 C/I

$$C/I=\frac{RSRP_{Src}}{\sum_{i=1}^{N}I_i\cdot X}$$

式中，$RSRP_{Src}$ 表示移动终端接收到服务基站的参考信号接收功率，N 表示网络中基站的数量，I_i 表示基站 i 到达移动终端的干扰，X 是一个二进制的标识，如果基站 i 使用的 PCI 与服务基站相同就取值为 1，否则取值为 0。即，PCI 特定 CIR 等于移动终端接收服务基站的 RSRP 同其他使用相同 PCI 的基站干扰和的比值。

图 4-34 和图 4-35 分别给出了 PCI 优先和基站优先算法的计算时间，分别包括理论上的时间消耗和实验获得的时间消耗。

通过分别仿真两类算法计算花费的时间和理论时间分析，可以看出算法实际消耗的时间增长趋势和理论分析的增长趋势是高度一致的，这也从侧面证明的对时间复杂度的分析是合理的。对比两幅图片可以发现，从时间复杂度来看，基站优先算法优于 PCI 优先算法。

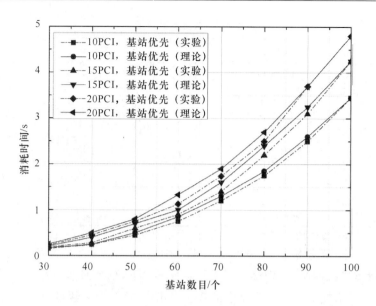

图 4-34 PCI 优先的计算时间理论与实际对比

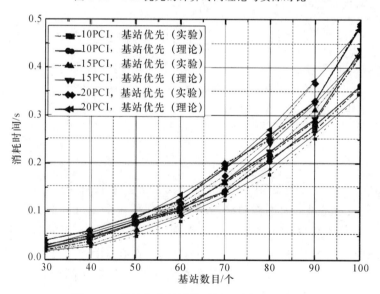

图 4-35 基站优先的计算时间理论与实际对比

如图 4-36 所示，给出了前面所介绍的两种方法在不同 PCI 数量下的，在网络中产生 PCI 冲突、混淆概率。可以看出在 PCI 数量等于 5 时，网络中出现混淆的概率还是接近于 1 的，表明网络中对 PCI 的数量要求是比较多的，在 PCI＝5 时，出现 PCI 冲突的概率低于 5%。随着网络中可用 PCI 数目的增加，冲突和混淆的概率也是呈线性递减的。两种算法对比而言，产生冲突和混淆的概率无论从走势还是绝对取值都是很相似的，因此从这个性能参数来看，二者几乎相同。

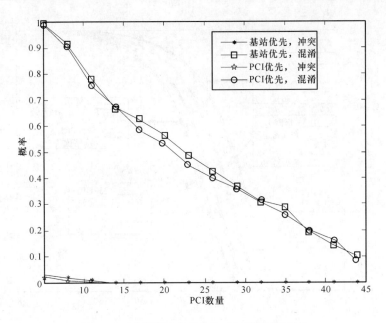

图 4-36　两种算法产生冲突、混淆的概率对比

正如前面所定义的一种特殊的 C/I,利用这个参数直接反应 PCI 的分配结果对网络中移动终端小区搜索的性能,PCI 复用距离之间可以直接映射为 SSS 序列的复用距离。

图 4-37 和图 4-38 给出的仿真结果比较了两种算法的用户 C/I 的 CDF 曲线,分别是在场景 B 和场景 C,可以看出两种算法分配的结果仅存在细微差异,同时随着 PCI 数目的增加,CIR 的值也随之相应增大。

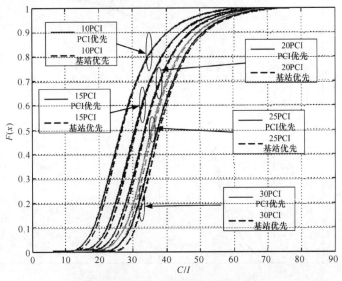

图 4-37　场景 B 下的自配置算法性能

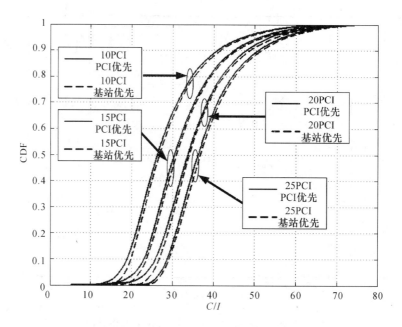

图 4-38　场景 C 下的自配置算法性能

图 4-39 和图 4-40 还给出了上面所述两种算法和分"簇"算法的 C/I 对比，可以看出，与分"簇"的 PCI 分配方法相比较，改进的方法从 CIR 的性能来讲是有明显的性能提升的，特别是在场景 C 中。原因是，采用分"簇"的 PCI 分配逐个为"簇"内的基站分配 PCI，没有考虑周围基站的 PCI 影响，因此它的性能较差。

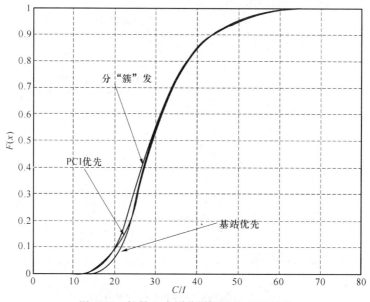

图 4-39　场景 B 中同分"簇"法的 C/I 对比

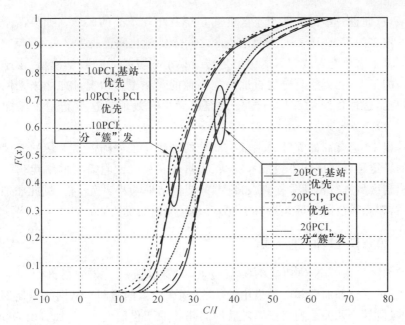

图 4-40 场景 C 中同分"簇"法的 C/I 对比

通过仿真可以看出,无论是 PCI 优先还是基站优先,它们的计算量都是在可承受的范围内,而且使用这两种算法分配的结果也是略好于简单的分"簇"的 PCI 分配算法。理论和仿真结果表明,PCI 优先的时间消耗要小于基站优先算法的。

4.4 LTE 系统 ANR 属性

终端从一个小区移动到另一个小区时,保持语音通话或分组传输是移动通信网络的最根本特征之一。通常这种称为切换(HO)或移交的特征对用户而言是透明的,用户在通话过程中不会意识到服务小区的改变。不论哪种技术,切换过程都是由移动站测量的服务小区和候选小区接收信号强度驱动或者由基站端的小区业务量驱动。例如,在 GSM 的 BSC 中和 UMTS 的 RNC 中处理这些测量值,确保移动终端总是由最好质量的小区服务,同时保证整个网络的效率。对每个无线小区,需要测量的候选切换小区列表被称为邻区(或邻接)列表。因为 GSM 和 UMTS 的切换仅限于相邻小区,该列表应该足够大,又由于掉话经常由邻区漏配导致的,列表应包含所有潜在的重叠服务小区。同时,邻区列表不应太长,避免传输切换相关测量中不必要的信令开销。这意味着重叠概率低的小区不应成为邻区列表的一部分,但也不能忽视可靠的候选小区,避免找不到切换路径而产生掉话。

在传统的蜂窝网络中,邻区关系的配置是在运营商进行网络规划时,根据当地的经验传播模型结合地形地貌设置的,这种设置的核心是依靠传播模型计算各小区的覆盖区域，从而进一步判断两个小区之间是否有相互重叠的区域。如果两个小区之间有重叠覆盖的区域，则表明这两个小区之间需要相互配置成邻区关系，反之表明这两个小区是不需要配置成邻区的。但是传播模型毕竟是一种数学模型，由于模型和实际环境的偏差，它无法百分之百地反应当地的无线覆盖情况。加之未来网络的分层异构特性，这种传统的邻区自配置方案已无法有效地为这类新型小区配置邻区关系。

一直以来，运营商的邻区关系优化都是网络优化工程师依据大量的车载测试数据完成的。这种邻区优化方式技术复杂、人员耗费极大。它需要网络优化人员对整个无线覆盖区域进行覆盖采样，获得终端的测量结果以及切换性能，据此添加遗漏的邻区关系，删除冗余的邻区关系，从而实现邻区关系的优化。

4.4.1 ANR 自配置场景

自动邻区关系（ANR）功能的实施场景，主要包括以下 3 个场景中的自动化操作，首先是对本应添加到邻区列表中的小区、遗漏小区的检测。从网络早期部署到后期的运维过程，邻区关系列表需要随着网络拓扑的变化而变化。因此，引入 ANR 功能能够保证网络自组织功能实体动态地删除冗余邻区，添加遗漏邻区，实时地更新列表中的各个小区的优先级排序。

1. 遗漏邻区场景

网络优化阶段初期的掉话主要是邻区遗漏导致的，邻区优化的主要工作是排查是否有邻区遗漏的情况出现。如图 4-41 所示，由于出现了邻区遗漏，小区 C 不是小区 A 的邻区列表中的小区，而在移动终端上报的测量报告中，小区 C 确实是移动终端当前最优的目标切换小区。

邻区遗漏主要会对网络产生两方面的影响：一是在进行切换时，移动终端所上报的满足切换条件的最优目标小区的 CGI 未知，从而移动终端不能切换到最佳小区，而选择次优小区进行切换，严重时引起掉话，导致切换失败率增加；二是 PCI 优化，如 A、B 两个小区是邻区，却未配置成邻区，则有可能把这两个小区的 PCI 配置成一样，就会导致 PCI 冲突的出现。

2. 冗余邻区场景

在 GSM 以及 WCDMA 等传统无线接入网中，规定邻区列表中最多可添加 32 个邻区，主要原因是传统网络中移动终端不能测量所有可能的小区，需要在 RBS 下方测量邻区列表中的小区。所以在 GSM 和 WCDMA 网络中，过多的邻区关系会增加移动终端的测量负荷，也限制了必要邻区的添加，这时便需要删除部分冗余的邻区关系。对冗余邻区的删除操作必须谨慎，一旦必要的邻区被误删，则会导致掉话等严重后果。在 LTE/LTE-A 系统中并未规定邻区关系列表的大小，尽管如此，也不能无限制添加邻区关系。现实系统中，NRT 表个数是有限的，冗余邻区关系同样会限制其他邻区关系的添加,同时邻区关系多配置会增加移动终端查找邻区的搜索时间。

3. 邻区优先级设置

在确定某个小区的邻区列表以后,另一个需要进行的操作是对邻区列表中所包含的小区进行优先级的配置。传统的邻区优先级设定是网络优化人员根据小区间的位置、天线挂高这些固定参数设置的。在网络中引入自动邻区关系功能以后,网络中的邻区优先级配置也可以由自动邻区关系功能模块根据网络中的性能统计结果动态地来管理各个邻区的优先级,具体的操作是统计网络一段时间内的性能,根据本小区到各个邻区的切换概率大小来确定邻区的优先级排序。

如图 4-42 所示,中间小区为源小区,它在一定时间内统计到由本小区切换出去以及由其他小区切换到本小区的切换次数,数字表明各个小区发生切换关系的统计数据百分比,因此在对邻区优先级排序时,直接按发生切换关系概率的大小进行,发生切换关系概率越大,则邻区的优先级设置越高。

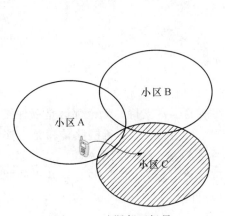

图 4-41 遗漏邻区场景

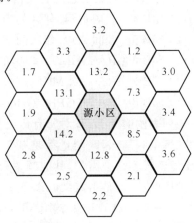

图 4-42 切换次数统计百分比

4.4.2 ANR 特征和内容

LTE 不仅给现有技术带来显著的增强,它也通过完全标准化同 GSM、UMTS 以及 cdma2000 系统间的切换来保证同现有网络的共存。对与早期无线通信系统间切换的标准化工作大大减少了运营商投入,允许其从早期的无线通信系统平滑过渡。除了在早期系统 2G、3G 技术基础上实现标准化的异系统 iRAT 切换,LTE 为 LTE 内和 LTE 与 2G/3G 之间邻区列表的维护和监控带来了显著增强,这些变化是为了避免维护 GSM 和 UMTS 网络中邻区列表的复杂性和难度。

为了实现以上功能,LTE 甚至可以在没有预先定义的邻区列表情况下运行。这种先进模式是通过自动邻区关系(ANR)功能实现的,邻区列表通过 UE 的测量报告结果动态建立。LTE 候选邻区在 UE 端基于 RSRP 和 RSRQ 测量以 200 ms 周期被评估。测量包括服务小区强度和质量，也包括所有检测到的 PCI 及相应信号强度。因此，没有预先定义的邻区列表，当 UE 检测合适候选邻区的 PCI 作为 ANR 的一部分后，候选小区的小区全局标识（CGI）必须被解码。一旦 CGI 被解码并被知晓后，传输网络层（TNL）就建立了，X2 接口也建立了，以便切换到新检测到的邻区。ANR 同 LTE 系统 SON 另一个方面紧密相关：PCI 的自优化。PCI 可以在自动邻区更新后再更新，这样 PCI 可以和检测到的邻区相适应，避免冲突。

对于仍然支持预先定义邻区列表的 LTE 系统，ANR 功能是可选项。除了这些典型（静态）邻区列表，LTE 维持着两种可选小区列表：

（1）白名单。包含考虑重选/切换的小区。

（2）黑名单。包含不考虑重选/切换的小区。

有关 LTE 邻区的信息以系统信息块（SIB）的一部分的形式由 LTE 中的 BCCH 传输。包含邻区列表信息的有关信息块是 SIB4～SIB8：

（1）SIB 4。频内 LTE 邻区的信息。

（2）SIB 5。频间 LTE 邻区的信息。

（3）SIB 6。iRAT UMTS 邻区的信息。

（4）SIB 7。iRAT GSM 邻区的信息。

（5）SIB 8。iRAT 3GPP2（cdma2000）邻区的信息。

该列表阐明了 LTE 对所有传统技术的切换的丰富支持。无论邻区是哪种接入技术在哪个频率，邻区测量都是基于相同准则。由于 LTE 上行链路传输是不连续的，压缩模式不是必需的，其他频率和无线技术可以在空闲时隙中测量。这些邻区测量不是周期的，但是由定义的以下 7 种触发事件之一触发〔5 个 LTE 系统内的监视触发（事件 A1～A5）和两个 iRAT 监视触发（事件 B1～B2）〕：

（1）A1。服务小区大于绝对阈值。

（2）A2。服务小区小于绝对阈值。

（3）A3。邻区比服务小区大于一个偏置值。

（4）A4。邻区大于绝对阈值。

（5）A5。服务小区小于绝对阈值 1，邻区大于绝对阈值 2。

（6）B1。iRAT 邻区大于绝对阈值。

（7）B2。服务小区小于绝对阈值 1，iRAT 邻区大于绝对阈值 2。

所有事件的阈值与对应的计时器都是切换算法的输入。如果任何一个事件的触发条件满足并超过一定的时间（超过计时器），周期性的邻区报告就被激活。邻区被周期地检测，直到服务小区质量提高到超过触发阈值或切换被执行。如果服务小区质量改善，周期性的小区监测就被终止。

在 LTE 和 LTE-A 系统中，在 UE 测量时，要把相关的小区划分为以下类型：

（1）服务小区。指当前为 UE 提供无线服务的小区。

（2）列表小区。指那些存在于测量对象的邻区列表中的小区。

（3）检测到的小区。这些小区不在测量对象的邻区列表中，但是被 UE 在测量对象指定的频点上检测到。

在通常情况下，对于本系统的小区，UE 会测量和报告服务小区、列表小区及检测到的小区。对于异系统 UTRA 和 cdma2000 小区，UE 仅测量和报告列表小区。对于异系统 GERAN 小区，UE 测量和报告检测到的小区。

由于 UE 只报告"列表中"的 UTRA 小区，这对 ANR 功能会造成影响。一方面，ANR 功能是在 eNB 不了解小区的情况下（未知的小区肯定不在测量对象的邻区列表中），借助于 UE 的测量获取小区的全局信息；另一方面，UE 只报告列表中的 UTRA 小区而不报告"检测到"的 UTRA 小区，使 eNB 无法获得未知 UTRA 小区的信息，这形成了一个死锁。为了解决这个问题，在标准协议中专门定义了用于 Inter-RAT ANR 检测的周期性报告方式，即"reportStrongestCellsForSON"。当测量对象的触发类型为"periodical"，且报告目的为"reportStrongestCellsForSON"时，UE 会把它"检测到"的最强 UTRA 小区上报。

因此为了支持异系统 UTRA 邻区的检测，ANR 算法需要在测量配置消息中设置测量目的为"reportStrongestCellsForSON"，使 UE 能够报告"检测到"的、但不在测量对象的邻区列表中的 UTRA 小区，以上机制对于 cdma2000 小区的测量同样适用。

（1）邻区关系属性

每条邻区关系都有 3 个属性，其含义如下：

① No HO。两个相邻小区间不能进行切换。

② No X2。两个小区之间不能发起任何 X2 信令过程。

③ No Remove。此条邻区关系不能被基站删除。

这 3 个属性值由 OAM 设置，默认值都是"No"，基站依据这些属性值，决定跟相邻小区间的行为。

（2）邻区关系删除

对于无效的邻区需要删除，只能删除 NRT 中未设置"No Remove"的 NR。删除依据的条件是，基站不再了解这些目标小区的信息，而不是依据到目标小区是否允许切换。

有两种场景可以触发邻区关系的删除，如下：

① 基站从接收到的 eNB Configuration Update 消息中得知某个邻小区已经被相邻 eNB 删除了，那么该小区要从本地 NRT 中删除。

② 在一段时间内没有任何涉及目标小区的切换活动（既包括从本基站到目标小区的移出切换，也包括从目标小区到本基站的移入切换）时，基站可以删除这条邻区关系。

第一种情况，如果该小区已经不存在了，则必须从邻区列表中删除。对于第二种场景，基站每隔一段时间，就检查内部保存的切换统计数据，如果发现对某个邻区没有一次切换（包括切入和切出）发生，那么认为这个小区不是有效的邻区，将其从NRT表中删除，并通知OAM。这段统计时间是一个基站私有参数。

4.5　ANR 自配置和自优化方法

处理小区测量和作出切换决策的算法是设备制造商的专利，它们基于信号强度阈值和不同的滞后值与定时值。在 GSM 和 UMTS 中，邻区列表通常不超过 32 个邻区，不同设备制造商之间有细微差别（例如，近期相同技术扩展到了 64 个邻区）。通常，如果没有定义 iRAT 邻区，大部分制造商都会支持 64-协同系统的邻区扩展。如果至少定义了一个不同无线制式的邻区，就可以使用 32-协同系统的邻区。换而言之，如果 GSM 小区有一个或多个 UMTS 邻区，则它不能定义多于 32 个 GSM 的邻区。

将邻区列表扩展至最大值32（或64）个可能是一种健壮而安全的最小化丢失邻区危险的方法，但这种方法会影响切换的准确性，因为分配给测量和确认每个小区的时间变短了。为了在获取完整的同时避免过长的邻区列表，必须仔细地为每个小区配置邻区列表。以前，在初始化小区或集群启动之前，邻区列表就已经基于相似度准则或众所周知的不准确传播损耗预测模型建立了。启动之后，邻区列表大多数基于路测进行繁冗的手工调试。这个过程既耗时又很大程度上依赖于工程师的经验与能力。

3GPP 定义了自动邻区列表生成与优化的方法，这些方法依靠测量来检测不必要的和漏配的邻区。基于合适定义标准和阈值的方法减少了不同工程师的经验的影响，并能完美地同 SON 范例相适应。

在 ANR 自配置和自优化算法中，基于测量的邻区列表调整是比较有效的。但是，在未开发区域或者现有网络中添加基站时，测量结果是不可获得的。下面介绍常规的 ANR 自配置和自优化算法。

4.5.1　邻区关系自配置方法

根据是基站还是终端主动进行邻区关系自配置，可以两种自配置方法，下面分别简单介绍。

1. 基站自检测配置邻区的方案

一种比较常见的邻区自配置方法是，在基站处增加下行接收功能，从而使得基站可以解调周围一定范围内的基站的信号，从而获得周围小区的特定信息，如物理小区标识、使用带宽、以及中心频点等。但是这种方法存在诸多缺点，比如增加了基站端的器件成本,基站的扫描天线高度和用户实际可能存在的位置差别极大,还可能由于基站的视距传播特性导致相隔较远的本不是相邻的基站也被基站扫描到,而错误地判断存在邻区关系。

如图 4-43 所示,小区 A 和小区 B 的归属基站都具备下行接收功能,其类似于移动终端,一旦开启该功能,它们就能够解调得到周围小区的信息(如 PCI 以及全球唯一标识 CGI),进一步把扫描的邻区添加到自己的邻区关系列表中。但是由于覆盖半径的问题,尽管小区 B 与小区 C 存在交叠覆盖的区域,小区 B 的归属基站远在小区 C 的覆盖范围之外,小区 B 无法扫描到小区 C 的信息,从而导致小区 B 不会把小区 C 添加到自己的邻区列表中。而由于小区 A 的归属基站位于小区 C 的覆盖区域,所以小区 A 可以通过下行扫描发现小区 C 的存在,并添加其到邻区列表中。

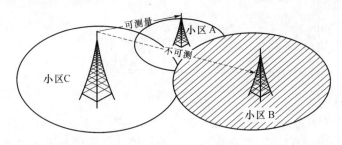

图 4-43 基站扫描周围邻区

为了解决邻区自配置精确度的问题,减少由于邻区配置过于粗糙导致的网络问题,本书提出了一种利用移动终端测量报告结果来配置邻区关系列表的方案,该方案可以优先解决使用基站扫描可能出现的遗漏问题。

2. 基于移动终端测量报告的自配置方案

根据上一小节中描述的 ANR 流程,基站可以在一定的条件下命令移动终端进行 ANR 功能所需要的测量,在先前的邻区自配置算法中,ANR 功能实体根据任何一个移动终端进行的 ANR 测量上报结果,基站把发现的未知邻区添加到邻区关系列表中去。但是这种方法无法避免的一个问题是,仅凭借单个移动终端单次的测量报告结果进行添加可能出现邻区误判的结果。因此本节介绍一种依靠多个移动终端多次测量的方法来避免出现这类问题,这是一种分布式的邻区自配置方法,即该功能是在各个基站独立执行,无论上报移动终端是谁,执行基站仅统计某个相邻小区被移动终端测量并上报的总次数,可以知道每一次上报的数据可以表示移动终端所在位置以及附近的信号质量,那么当获得关于某个邻区与本小区重叠范围内的多个上报数据样本时,就大致获得了两个小区重叠覆盖的情况。

如图 4-44 所示,所有重叠覆盖区域的移动终端都可以测量到周围的邻基站的信号,这些移动终端会把测量的结果上报给服务自己的基站,而且移动终端是可能处在移动状态的,因此,在某个时刻移动终端上报了测量结果,在一定时间以后,该移动终端还可能上报另一个不同的测量结果。对基站来讲,基站并不关心是哪些移动终端上报的测量结果,基站关注的是哪些小区被上报给了自己,并统计各个小区被上报的次数,根据预先设定的门限值,基站仅仅把上报次数超过门限值的小区添加到邻区关系列表中去。

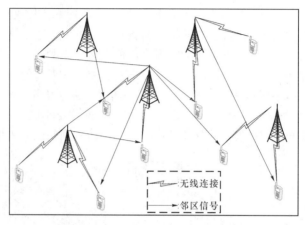

图 4-44　连接状态的移动终端测量

　　如图 4-45 所示是一个网络区域的截图,图中共有 6 个小区的归属基站 A～F,图中阴影区域表示了小区重叠覆盖的区域。图中的正方形图案表示来自移动终端的 ANR 测量报告,里面包含的信息有目标相邻小区 ID 和目标相邻小区 RSRP,图案的位置表示移动终端测量相邻小区时所在的位置。以位于中间位置的基站 B 为例,它周围存在其余 5 个基站,因此它会在邻区自配置阶段收到来自其服务移动终端的有关这些邻区的测量报告,包括基站 A、C、D、E、F。在执行整个邻区自配置过程中,基站需要下发特定的测量配置信息到移动终端,移动终端根据这些配置信息完成基站需要的测量任务。以下两个参数是与 ANR 功能实施紧密相关的。

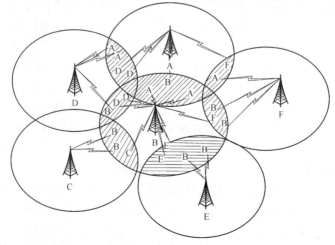

图 4-45　测量报告样本

（1）ΔR。当移动终端检测的列表之外的小区的信号比当前服务小区信号好于该值时，移动终端才会上报测量的结果到基站，即满足不等式：

$$RSRP_{Meas} > RSRP_{serv} + \Delta R$$

式中，$RSRP_{Meas}$表示移动终端测量的列表外的小区参考信号接收功率，$RSRP_{serv}$表示移动终端当前驻留小区的参考信号接收功率。

（2）N_i。基站统计到的未知基站 i 被移动终端上报的总次数，仅当未知基站的被移动终端上报的累计次数超过系统预设门限值时，基站才把该未知基站添加至邻区关系列表，即满足下面不等式：

$$N_i \geqslant N_{thresh}$$

4.5.2 基于用户测量信息的 ANR 自配置算法

自动邻区关系功能的实施场景，主要包括以下 3 个场景中的自动化操作，首先是对本应添加到邻区列表中的小区（遗漏小区）的检测。从网络早期部署到后期的运维过程，邻区关系列表需要随着网络拓扑的变化而变化。因此，引入 ANR 功能能够保证网络自组织功能实体动态地删除冗余邻区，添加遗漏邻区，实时地更新列表中的各个小区的优先级排序。本章节给出一种基于用户测量信息的 ANR 自配置算法，不同于传统的人工配置和基于基站对基站的测量方法，它能更有效地从用户上报的测量信息得到实际的网络环境，从而达到准确配置邻区列表的目的。

1. 算法流程

下面介绍采用依靠多个移动终端多次测量的方法来避免出现由于上报数量不足而误判的现象。这是一种分布式的邻区自配置方法，即该功能是在各个基站独立执行，无论上报移动终端是谁，执行基站仅统计某个相邻小区被移动终端测量并上报的总次数，由此可知，每一次上报的数据可以表示移动终端所在位置以及附近的信号质量，那么当获得关于某个邻区与本小区重叠范围内的多个上报数据样本时，就大致获得了两个小区重叠覆盖的情况。

提出这种依靠统计移动终端上报的次数建立邻区关系的方法，可以有效防止基站对某些邻区关系的反复添加、删除操作，从而降低因邻区反复更改导致的系统信令开销。即：以基站为单位，各个基站具备 ANR 功能实体，分布式地负责本基站所控制小区的邻区关系配置以及优化。

2. 仿真验证与性能分析

为了验证上一小节所提出的 ANR 算法的有效性，采用了基于 OPNET 的动态仿真平台进行仿真，模拟整个无线网络的运行情况，并在各个基站模块中添加了 ANR 功能模块。

仿真平台中的网络部署有 19 个基站共 57 个小区，如图 4-46 所示，在网络部署初期，各个小区的邻区关系列表均设置为空，即相互之间都不添加邻区关系。随着网络的运行,网络的基站收到移动终端的测量报告,按照设计的邻区自配置算法,各个小区添加符合设定条件的小区到各自的邻区列表中。

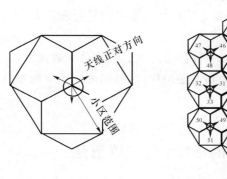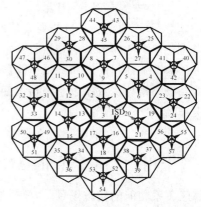

图 4-46　仿真网络拓扑

网络中的基站部署位置为标准的六边形结构,为了体现算法的性能,仿真中专门调整了各个基站的发射功率,以使得网络的覆盖拓扑不再是标准的六边形结构,各个小区扇区天线发射功率如下(单位:dBm):BS_POWER_DB={38.0,45.0,40.0,42.0,40.0,34.0,33.0,35.0,38.0,45.0,38.0,39.0,40.0,42.0,40.0,34.0,45.0,35.0,38.0,39.0,38.0,39.0,40.0,42.0,40.0,36.0,46.0,35.0,39.0,39.0,46.0,39.0,40.0,42.0,40.0,39.0,43.0,35.0,40.0,43.0,39.0,40.0,42.0,40.0,44.0,46.0,35.0,45.0,39.0,38.0,39.0,40.0,42.0,40.0,34.0,46.0},其他的一些仿真参数,包括小区半径、站间距离、用户数量等,如表 4-6 所示。

表 4-6　系统仿真参数设置

小区数目	57 个
Wrap around	是
小区半径	288 m
用户数	10/小区
用户特征	随机匀速移动,速度:30 km/h
信道特性	路径损耗模型:COT231-HATA $L_p=37.6 \log 10\, d+138.1$ 式中,d 是移动终端和天线间的距离,单位是 km;L_p 的单位是 dB
测量偏移 ΔR	-2 dB
添加门限 N_i	10、20、30、40
切换基本参数	偏移量 HoM:0 dB;TTT 时间:300 ms;测量带宽:5 MHz;测量对象:RSRP
RLF 时间门限	1 s

在不同的仿真参数配置下进行,分别统计了整个网络运行过程中,网络中邻区列表的长度,切换成功率以及无线链路失败率,这3个与邻区关系配置关系最为密切的性能指标。

(1) 切换成功率

$$切换成功率 = 切换成功次数/发起切换的总次数$$

切换成功率是评价自动邻区关系功能算法性能的关键指标,切换成功率越高,网络性能越好。

(2) 无线链路失败

$$掉话率 = 掉话次数/呼叫建立成功次数$$

掉话率是评价算法和参数配置正确与否的最重要的网络性能指标。

(3) 平均邻区列表长度

$$平均邻区列表长度 = 网络总的邻区关系数/总的小区数目$$

邻区列表长度也是评价邻区列表配置优劣的重要指标,与之成对应关系的是邻区关系冗余度,在获得相同的网络性能下,邻区列表越短越好,这能减少移动终端对目标小区的搜索、测量负担。

在邻区关系自配置的仿真实现中,这里模拟了基站运行的前3个小时的情况,需要说明的是,仿真开始时,各个基站的邻区列表都设置为空,随着网络的运行,利用自配置算法为各个基站所控制的小区添加邻区关系列表。

图 4-47 所示为仿真过程中,整个网络中邻区列表的平均长度随时间的变化过程。仿真了不同的邻区添加门限设置下的邻区自配置,可以看出,邻区添加的速度是随着门限值的增加而降低的,添加门限等于 10 时,邻区列表经过 0.75 小时达到收敛,而门限值等于 40 时,需要经过超过 3 个小时才能收敛。

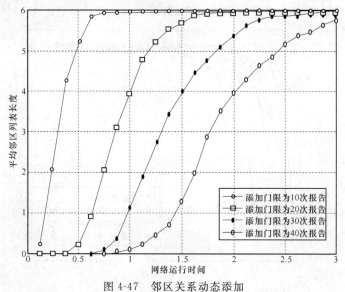

图 4-47 邻区关系动态添加

图 4-48 为仿真过程中,整个网络中无线链路失败率随时间的变化过程。可以发现的是,在网络运行初期,由于整个网络中所有小区的邻区列表都设置为空,网络中的 RLF 发生概率很高(超过 0.5),随着网络的运行,逐渐有小区成功地添加了邻区关系,RLF 发生概率开始下降,而门限值越小,下降的速度越快,这和邻区关系的添加速度更快相吻合。最后当网络中所有小区的邻区列表配置完成,RLF 发生概率达到平稳。

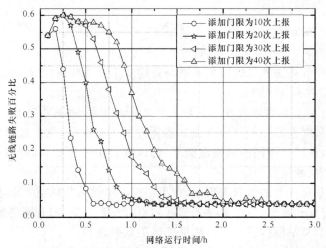

图 4-48　无线链路失败随时间的变化

图 4-49 为仿真过程中,整个网络中切换成功率随时间的变化的示意图。同理在开始阶段,网络中由于邻区关系的缺失,切换成功率很低,随着邻区关系自配置过程的进行,切换成功率逐渐升高,当邻区自配置完成以后,切换成功率稳定在 95% 左右。

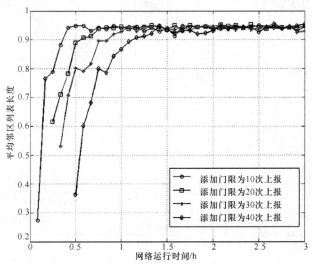

图 4-49　切换成功率随运行时间变化

如图 4-50 所示,对比了在使用 ANR 功能和不使用 ANR 功能的情况下,邻区关系列表随时间的变化趋势。这种情况下,网络中初始的邻区关系配置不再是所有小区列表为空了,而是各个基站把同自己相邻的 6 个小区添加到自己的邻区关系列表中。可以看出,在不使用 ANR 功能时,邻区列表保持不变,而使用 ANR 功能以后,会有新的邻区关系被配置给相应的基站,邻区列表的长度也是随时间增加而达到收敛。

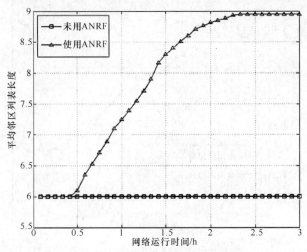

图 4-50 邻区列表长度随时间变化

如图 4-51 所示,给出了采用邻区关系自配置算法给系统带来的切换成功率增益。可以看出,因为使用了 ANR 功能,使得邻区配置比固定配置方案更加灵活,从而完成了第二圈有效邻区的添加,系统的切换成功率增加了近 4 个百分点。

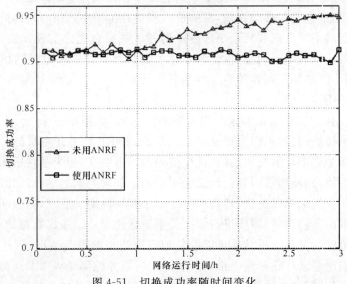

图 4-51 切换成功率随时间变化

图 4-52 为无线链路失败随时间的变化趋势，可以看出使用 ANR 功能后，无线链路失败发生的比例是降低了约 1.3 个百分点。综上可以看出，在移动网络中引入邻区列表自配置以后，系统的性能，包括切换成功率、无线链路失败率都得到了有效的提高。

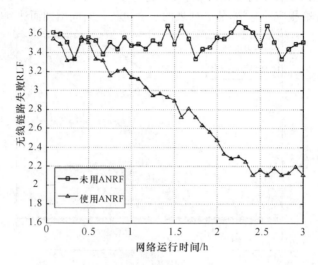

图 4-52　无线链路失败随时间变化

4.5.3　一种 ANR 自优化算法

目前已有不少方法用于实现邻区关系自优化功能，比如通过切换性能统计选择相邻小区等，但是，这些方法要么侧重于对遗漏小区的发现，要么就受限于基站测量的精确度（基站毕竟不是移动终端，它的位置固定且位于小区中心），因此本节介绍一种实现包括遗漏小区发现和冗余小区删除的邻区关系自优化实现方法，旨在动态地管理网络中各小区的邻区列表，保证各小区的邻区列表自适应地随网络拓扑变化而变化，使得各小区的邻区列表始终保持在最优状态。

1. 遗漏邻区添加流程

ANRF 实体中实现遗漏邻区发现及添加的机制，如图 4-53 所示，作为自动邻区关系功能的子模块，它的工作前提是基站配置的 ANRF 处于开启状态。整个检验邻区自优化功能是周期性触发的，且自优化的周期设置为 T，各个基站根据先前一段时间的移动性性能，判断当前的邻区设置是否合理。如果判断的结果是邻区配置合理，则不需要进一步优化邻区配置，转而等待下一个判决周期。反之，则表明可能是邻区设置影响了本小区的性能，需要进行邻区关系自优化操作。考虑数据的可靠性，移动终端在某个位置的测量上报结果可以最佳地反应当地的覆盖情况，因此这里自优化的信息来源采用移动终端测量上报，即：基站给所服务的移动终端发送测量配置信息和测量命令，移动终端在收到该指令以后进行针对列表以外的小区测量，并把测量的结果上报至发起基站。基站每收到一条测量反馈信息,都会进行邻区添加判决,根据预设的添加门限准则,给出判决结果,具体的判决准则将在下一节详细给出。如果符合添加条件则立即添加上报小区到列表,并上报邻区更改信息到 OAM 端,反之,进入等待自优化阶段。

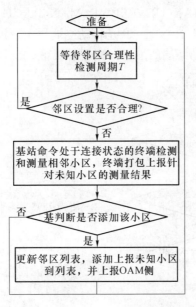

图 4-53 遗漏邻区添加流程图

邻区自优化功能实体不能把移动终端测量上报的所有小区都添加到邻区列表中去,必须有一定的条件限制,只有那些符合预设条件的小区可以添加到列表,否则会引起冗余邻区的出现,而冗余邻区也会被邻区自动删除模块删除,从而进入邻区添加、删除的死循环中,增加系统不必要的开销。

邻区添加的判决准则如图 4-54 所示,对任意上报的小区需要作两方面的比较:一方面是,这个未知小区是否是这个移动终端除服务小区以外信号最强的小区;另一方面是,如果不是最强的非服务小区,需要判断这个小区是否满足小区选择准则。基站端判决是否添加上报小区到邻区列表的具体实现方法,移动终端上报未知小区的 PCI 以及 CGI 信息,获得该信息后,判断未知小区是否为最强非服务小区,如果上报小区是信号最强的非服务小区,则判断该未知小区是否存在于邻区删除集合中,如果存在于删除集合中则判断基站删除该邻区关系的计时是否达到门限值,如果没有达到门限值则直接结束,反之,则判断邻区列表是否有剩余空间,如果有剩余空间则直接添加未知小区到邻区列表,并为之设定初始 TTL 值,如果没有剩余空间则删除邻区列表中 TTL 值最小的邻区关系,然后再添加未知小区到列表并设定初始 TTL 值。如果上报的小区不是信号最强的非服务小区,则判断该上报小区是否满足小区选择准则，如果满足以下公式的条件则表明该小区是一个合适的小区：

$$S_{rxlev} = Q_{rxlevmeas} - Q_{rxlev\,min} - P_{compensation}，S_{rxlev} > 0$$

式中，$Q_{rxlevmeas}$ 为上报小区的接收功率，$Q_{rxlev\,min}$ 为上报小区最小接收功率，该参数从系统广播消息中读出，$P_{compensation}$ 为补偿值，可以计算得到。

$$P_{compensation} = MAX(UE\_TXPWR\_MAX\_RACH - P\_MAX, 0)$$

式中，UE_TXPWR_MAX_RACH—P 是移动终端在做随机接入时 RACH 上的最大发送功率，P_MAX 是移动终端的最大标称发射功率。

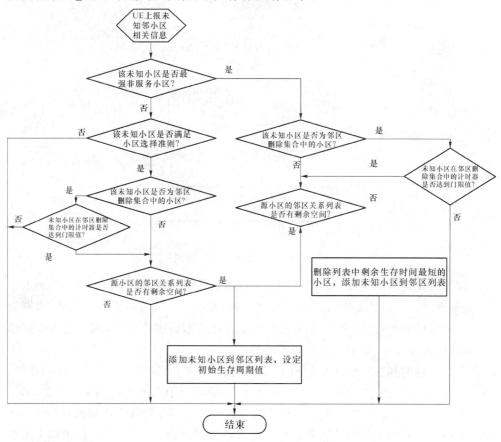

图 4-54　添加新发现小区的判决准则

　　如果上报小区不满足小区选择准则，则直接退出算法，反之，则执行后续流程，判断该上报小区是否存在于邻区删除集合中，如果是，则判断基站删除该邻区关系的计时是否达到门限值，如果没有达到计时门限值则退出算法，如果达到门限值或者上报小区不是邻区删除集合中的小区，则判断邻区列表是否有剩余空间，如果有则添加未知小区到邻区列表，并为之设定初始 TTL 值，否则，放弃该上报小区直接退出算法。

2. 遗漏邻区添加流程

既然是对邻区列表的动态管理,有添加操作就有删除操作,为了实现基站对冗余邻区的发现和删除,本书借鉴因特网中 IP 数据的特点,引入生存时间 TTL 属性,即:存在于列表中的邻区关系都必须有一个大于零的生存时间,一旦超时,则删除该邻区关系。

一种典型的方法把生存时间设置为绝对时间(如 24 小时),但是以绝对时间作为TTL 存在明显的缺点是,网络中移动终端的数量和移动终端的移动特点会严重影响邻区关系的生存时间,从而导致错误地删除本该保留的邻区关系。

因此借鉴因特网对 IP(Internet Protocol)包的 TTL 值定义(单位:跳;数据包在网络中的 TTL 值为多少跳,每一次路由转发则该数据包的 TTL 取值减 1),本节介绍一种采用测量报告次数的机制,即:本基站收到的所有驻留移动终端的切换测量上报次数,任意移动终端上报某个邻区的切换测量结果时,被上报小区的 TTL 值增加一个单位,列表中其余小区的 TTL 值减少一个单位。

如图 4-55 给出了基站判断并删除冗余邻区的操作流程,其执行的过程与遗漏邻区检测过程是并行的,二者相互之间没有影响,首先是操作的准备阶段,即 ANRF 开始工作前的操作,一旦ANRF 开启,基站将根据移动终端的切换测量报告来动态地维护邻区列表中各条邻区关系的 TTL 值,以实现邻区列表中冗余邻区的发现及删除。进一步,事件触发是否需要更新邻区列表中的 TTL 值,触发事件为基站收到移动终端的切换测量报告。然后,ANRF 模块更新邻区列表中的各小区 TTL 值,具体更新方法将结合图 4-55 进行详细地描述。最后,基站为在每一次邻区列表的 TTL 值更新以后,需要检查是否有邻区关系的TTL 值等于零,如果有则进行删除冗余邻区,即:

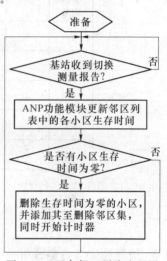

图 4-55 冗余邻区删除流程图

基站删除 TTL 值为零的小区,并添加其至删除邻区集,同时开始计时器。

以图 4-56 为例,描述了小区 S 的邻区列表中各目标小区的生存时间变化情况,在初始阶段,邻区列表中所有邻区关系的生存时间都设置为系统最大值 N_MAX,在某个时刻,有移动终端(该移动终端服务小区为 S)上报了以小区 c 为切换目标的测量报告,此时,邻区列表中小区 c 的 TTL 值保持不变,其余小区的 TTL 值均变成 N_MAX-1。同理,在下一时刻有移动终端上报了以小区 d 为切换目标的测量报告,此时,邻区列表中小区 d 的 TTL 值保持 N_MAX-1 不变,其余小区 TTL 值均减 1。如果发生图 4-56(c)所示情况,即邻区 f 的 TTL 变成了零,则立即将邻区 f 从列表中删除,同时开始计时器。

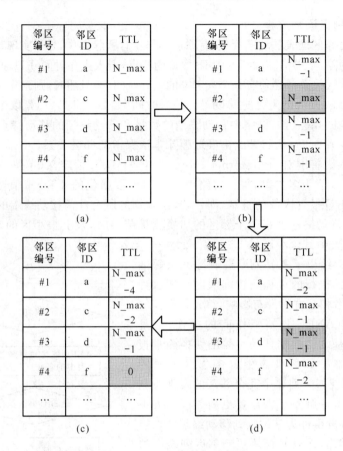

图 4-56　TTL 值变化示意图

3. 仿真验证与性能分析

　　为了验证本书所提出的邻区关系自优化算法的性能，书中采用了基于 OPNET 的动态仿真平台进行仿真，在邻区自配置平台的基础上进行修改，模拟整个无线网络的运行情况，并在各个基站的模块中添加了邻区自优化功能模块，用于实现邻区关系自优化功能。

　　利用 LTE/LTE-A 系统级仿真平台，并在平台中植入了前面所介绍的邻区自配置算法，在不同的仿真参数配置下进行，分别统计了整个网络运行过程中，网络中邻区列表的长度，切换成功率以及无线链路失败率，这 3 个与邻区关系配置关系最为密切的性能指标。3 个关键性能指标的定义仍然和邻区自配置中的定义相同。仿真模拟网络开始运行前 24 小时的情况，分别对邻区遗漏和邻区多配进行了仿真。

　　在邻区遗漏的模拟场景中，网络分别在运行的第 4 小时、第 8 小时以及第 12 小时加入 3 个新的基站。而这 3 个新的基站的进入必然引起网络拓扑的变化，引起邻区遗漏问题的出现。图 4-57 和图 4-58 展示了邻区遗漏场景下，网络无线链路失败率和切换成功率随时间的变化。可以看出在引入邻区自优化功能以后,网络中的新增节点加入,无线链路失败率会增加,但是网络的 ANR 功能可以有效地在运行基站的邻区列表中加入新基站,从而保证下一时刻统计的网络性能回复正常。而没有使用 ANR 功能对应的无线链路失败率随着每一次新基站的加入增加一个的值。和无线链路失败率类似,网络的切换成功率在引入邻区自优化功能以后,能够保证在新基站加入之后及时优化邻区关系,从而避免切换成功率的降低。可以看出引入 ANR 功能为系统带来约 10 个百分点的切换成功率增益。

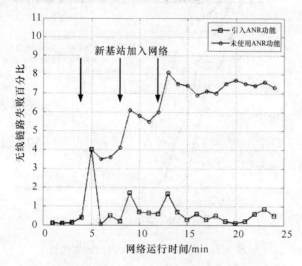

图 4-57　无线链路失败随时间变化趋势

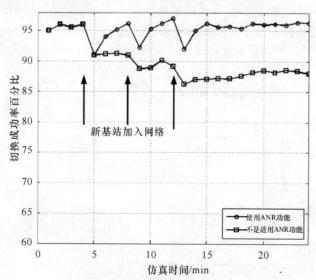

图 4-58　切换成功率随时间变化趋势

　　在模拟邻区冗余的场景中，正如前面所描述的，每个小区除了把周围的 6 个小区添加到自己的邻区列表，还把周围的 1 个或者 2 个邻区添加到列表中。引入邻区自优化功能，在网络运行的过程中删除多余的小区。图 4-59 为多余邻区删除仿真中，平均邻区列表长度随时间的变化，可以看出自动多余邻区删除功能可以有效地把多余的邻区从各小区的邻区列表中删除。而不同的最大 TTL 值设置下，系统删除多余邻区的速度是不相同的，TTL 最大值越大删除的速度越慢。

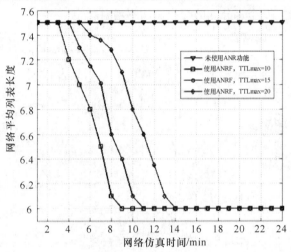

图 4-59　邻区列表长度随时间的变化

　　图 4-60 和图 4-61 分别给出了在多余邻区删除场景下，切换成功率和无线链路失败率随时间的变化曲线。因为这是多余小区场景，所以引入 ANR 功能没有在切换成功率和无线链路失败率上给系统带来增益，而实际系统中，多余的邻区设置会增加移动终端的测量开销，这是在仿真中没有考虑的。

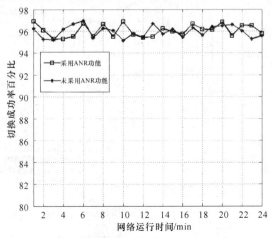

图 4-60　切换成功率随时间的变化

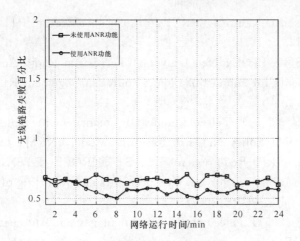

图 4-61　无线链路失败随时间的变化

参 考 文 献

[1]　Qualcomm. Automatic Physical Cell Identity Selection in LTE：Requirements and Solutions[R]. Kansas：3GPP,2008.

[2]　David Soldani,Ivan Ore. Self-optimizing Neighbor Cell List for UTRA FDD Networks Using Detected Set Reporting[C]. Dublin：VTC2007 Spring,2007.

[3]　Ericsson. Introduction of automatic neighbor relation function[R]. Sophia Antipolis：3GPP,2007.

[4]　Prehofer C，Bettstetter C. Self-Organization in Communication Networks：Principles and Design Paradigms [J]. IEEE Communications Magazine,2005 (43)：78-85.

[5]　Stefan Parkvall,Erik Dahlman,Anders Furuskär,et al. LTE Advanced-Evolving LTE towards IMT-Advanced [C]. Calgary：VTC fall,2008.

[6]　Yuan Shen. Neighboring Cell Search for LTE Systems [J]. IEEE Transactions on Wireless Communications,2012 (11)：908-919.

[7]　Chu J D C. Poly-phase Codes with Good Periodic Correlation Properties：US,7746916 B2 [P]. 2006-11-28.

[8]　Frank R,Zadoff S,Heimiller R. Phase Shift Pulse Codes with Good Periodic Correlation Properties [J]. IEEE Trans on Information Theory,1962(8)：381-382.

[9]　Yao Wei,Mugen Peng. A Mobility Load Balancing Optimization Method for Hybrid Architecture in Self-organizing Network[C]. Beijing：ICCTA,2011.

[10]　3GPP. TS 36. 331 Evolved Universal Terrestrial Radio Access (E-UTRA)

Radio Resource Control (RRC) Protocol specification R11 [S]. EUROPE: ETSI,2012.

[11] 3GPP. TS 36. 133 Evolved Universal Terrestrial Radio Access (E-UTRA) Requirements for support of radio resource management R11[S]. EUROPE: ETSI,2012.

[12] 3GPP. TS 32. 521 Telecommunication management Self-Organizing Networks (SON) Policy Network Resource Model (NRM) Integration Reference Point (IRP) Requirements R11[S]. EUROPE: ETSI,2012.

[13] Ericsson. Mechanism for UE measurements and reporting of global cell identity[R]. Cheju: 3GPP,2007.

[14] 3GPP. TS 32. 511 Telecommunication management Automatic Neighbor Relation (ANR) management Concepts and requirements R11[S]. EUROPE: ETSI,2012.

第5章　覆盖和容量自优化

在无线网络中,一个最主要的任务就是根据覆盖和容量来规划和优化网络。在过去,这些都是基于网络的测量值和规划工具中的理论传播模型来实现的,并且需要从网络中广泛地收集静态数据和测量数据,例如可以使用路测技术。在现有的网络中,虽然网络规划优化在自动小区规划工具的协助下是半自动化的,但是它还是很大程度上基于测量参数估计的。规划工具所得出的结果并不是十分准确,而且使用规划和优化工具是一个复杂的过程,要求较多的准备工作,如编译所有必需的输入数据,新建或进行小区规划优化,然后在网络中执行优化后的措施。

LTE/LTE-A 系统的覆盖范围和小区边缘用户的服务速率密切相关,如果小区边缘用户速率要求较高,此时需要采用软频率或者部分频率复用方法;反之,则可以同频复用。如何协调小区容量和覆盖的关系,是网络自优化首先需要研究的内容。

覆盖和容量优化作为 SON 中的一个自优化用例,在小区被运营商部署完毕后,通过调整主要的射频参数(天线配置和功率),来实现传统的网络规划优化操作。这种方法允许系统根据网络环境的任何变化周期性地调整小区的业务(负载和位置),例如新出现的建筑群,或者正在建设的小区。容量和覆盖自优化技术将根据小区负载、通信环境的动态变化,不同用户的服务质量需求等因素,自适应改变无线射频参数、多天线方案、资源分配机制等,实现上下行业务信道的小区覆盖范围和容量的自动优化,提高时频资源利用率,减少覆盖盲区、降低丢包率等现象,从而实现用户服务满意程度大幅提高的目标。

覆盖和容量自优化功能工作在一个较长的时间尺度上,比如在几天或者几个星期时间等级上,这样可以对长期的物理环境的改变、负载不平衡、上下行不配合等变化进行捕获并且做出相应动作。覆盖和容量自优化性能的精确观测和准确评估需要收集充足的数据,相关标准已经写入 3GPP Release 10,并且在 3GPP Release 11 及以后的标准中会继续体现。

前面章节介绍了自配置功能和方法,这章开始介绍自优化内容。本章将系统地介绍 LTE/LTE-A 系统的覆盖容量自优化原理、协议组成、方法和具体算法等。

5.1 LTE 系统的容量覆盖性能

任何移动通信系统的革新，其最终目的都是为用户提供更优质的服务，其中包括不断提升的语音质量和日益增长的用户带宽。作为新一代移动通信系统，LTE 支持 1.4 MHz、3 MHz、5 MHz、10 MHz、15 MHz、20 MHz 等带宽的灵活配置，运营商可以根据实际拥有的频谱资源进行频率规划，为了能够承载更多的语音业务并提高上下行分组的数据速率、减少时延，在频谱资源允许的情况下，建议采用 10 MHz、20 MHz 的大带宽进行实际组网部署。

除了频率设计方面的革新，LTE 系统还采用了 OFDMA 和 MIMO 等新技术。OFDMA 技术具有抗多径干扰、便于支持不同带宽、频谱利用率高、支持高效自适应调度等优点；MIMO 技术利用多天线系统的空间信道特性，能同时传输多个数据流，实现空间复用，有效提高了数据传输速率和频谱效率。LTE 同时结合混合自动请求重传（HARQ）、自适应调制编码（AMC）、动态调度等成熟技术，给移动用户提供更高速的上下行分组数据传输服务。为了能获得更高的频率利用率，LTE 在支持大带宽同频组网的基础上，更充分利用小区间干扰协调（ICIC）等技术以降低边缘用户的干扰，从而提升网络的整体容量。下面以 TD-LTE 为例，介绍 TD-LTE 的网络性能及其特征。

5.1.1 容量特性

在容量特性方面，TD-LTE 是一种"完全自适应"系统，这一点与 GSM 和 TD-SCDMA 的容量规划有显著差别，即便是同样采用了 HARQ 和 AMC 机制的 HSD-PA 以及 HSUPA，由于承袭于资源准静态配置的 TD-SCDMA 系统，获得 HARQ 和 AMC 性能增益的代价是需要采用复杂的控制信道和相应的信道自适应技术。而 TD-LTE 系统采用的自适应调制编码技术，能够使网络根据无线信道质量的实时检测反馈，动态调整用户数据的编码方式以及占用的资源，从而优化系统性能。因此，TD-LTE 并不是一个给定信噪比门限就能准确估算整体容量的系统，TD-LTE 的用户吞吐量取决于用户所处环境的无线信道质量，小区吞吐量取决于小区整体的信道环境。

1. 用户吞吐量及小区吞吐量

TD-LTE 网络主要针对数据业务的部署，初期在要求网络设备能够支撑 VoIP 业务，但并不考虑 VoIP 性能。因此，这里所提到的 LTE 用户吞吐量及小区吞吐量，均为假设在系统资源全部分配给分组数据应用时，系统能够提供的系统性能。

分析采用新技术后的网络性能，峰值传输速率是关键指标之一。峰值传输速率一般意义上指的是移动通信系统根据已有技术规范，空中接口最大可支撑的传输速率极限,这部分数据是指经过物理层的编码和交织处理后,由空中接口实际承载并传送的数据速率。理论峰值速率体现了 LTE 系统空口承载数据的能力。TD-LTE 在 20 MHz 的带宽内,下行峰值速率可达 100 Mbit/s,上行可达 50 Mbit/s。

从实际运营的角度看,更关注采用典型配置的系统上下行同时可以达到的,除去系统控制面开销的数据净荷峰值。从初期 TD-LTE 的网络设备能力看,对于 20 MHz 的带宽,采用下行 2 发 2 收、上行 1 发 2 收的天线配置,在上下行时隙配比为 2∶2 时,下行理论峰值速率为 80 Mbit/s 左右,上行理论峰值速率为 20 Mbit/s 左右。需要注意的是,峰值速率只是系统的理论能力,在实际网络中,该传输速率只会在仅有一个信道质量足够优质的用户在线时,数据传输瞬间能够达到的理论传输速率。对峰值传输速率的分析,应该更多从系统能力角度出发,考虑在多用户场景下系统地平均传输速率。

对于涉及网络规划优化方面的容量规划,峰值传输速率只能作为参照,更多地需要分析系统实际能达到的平均吞吐量性能。由于 TD-LTE 为所有连接用户提供 AMC 的数据传输,因此小区整体吞吐量受整体无线环境的影响较大。而从另一个角度来看,TD-LTE 的这个特性,恰恰为网络提供了更多的优化空间,因为仅对目标信噪比有要求的 GSM 或者 TD-SCDMA 系统,即便系统环境再好,也只能达到理论设计的容量限,在网络整体达到规划要求的质量后,小区或用户吞吐量不会因为网络环境的进一步提升而有性能改善。

对目前所具备的大量仿真结果和试验网测试结果综合分析,综合多个厂家试验网和仿真结果来看,TD-LTE 系统的平均性能如下:

(1) 2 天线配置情况下,小区平均吞吐量上行和下行分别为 7.8 Mbit/s 和 16.4 Mbit/s,边缘用户吞吐量上行和下行分别为 0.2 Mbit/s 和 0.4 Mbit/s。

(2) 8 天线配置情况下,容量性能有所提升,小区平均吞吐量上行和下行分别为 11.7 Mbit/s 和 21.4 Mbit/s,边缘用户吞吐量上行和下行分别为 0.5 Mbit/s 和 0.7 Mbit/s。

从实验网测试结果来看,对于每个扇区有 10 个激活用户的系统,TD-LTE 所能达到的下行小区吞吐量平均为 18 Mbit/s、上行为 6 Mbit/s,也就是说,平均用户吞吐量达到了下行 1.8 Mbit/s,上行 0.6 Mbit/s,比目前的 2G 和 3G 系统所标称能支持的平均吞吐量有了很大的提升。

为了体现 TD-LTE 系统在分组数据传输方面的优势,推荐采用 10 MHz 以及 20 MHz 的大带宽来进行实际的产品开发和组网部署。这就意味着,由于受频率资源和设备能力所限,TD-LTE 至少在初期,很有可能必须进行同频组网,导致了 TD-LTE实际组网部署时面临公共信道和业务信道的同频干扰问题,尤其是在小区边缘,由于系统内同频干扰的普遍存在,需要采取包括功控和小区间干扰协调在内的各种技术,以保证边缘用户的吞吐量性能。由于目前的设备尚未成型,各厂家设备在算法原理和性能上也存在差异,初期对于边缘用户的吞吐量预期会具有较大的不确定性,从对设备能力的要求来看,需要保证边缘小区吞吐量下行不低于 1 Mbit/s,上行不低于 0.5 Mbit/s。

2. 最大同时在线并发用户数

"最大同时在线并发用户数"的概念和上一节所述"用户吞吐量"以及"小区吞吐量"均为分组数据业务用户密切相关的性能指标。

由于数据业务对时延相对不敏感,并且基于 IP 的数据业务在突发特性上并不是持续性地分布,只要 eNB 能够保持用户状态,不需要每帧调度用户就可以保证用户的"永远在线",动态调度算法会保证用户需要数据传输时及时地为用户分配实际的空口资源。

因此,最大同时在线并发用户数与系统每 TTI 可调度的用户数没有直接关系,与 TD-LTE 系统协议字段的设计以及设备能力更为相关,只要协议设计支持,并且达到了系统设备的能力,就可以保证尽可能多的用户同时在线。从设备能力的范畴,TD-LTE 在 20 MHz 带宽内,单小区能够提供不低于 1 200 个用户同时在线的能力。

3. VoIP 容量

如前所述,由于 TD-LTE 致力于为用户提供高速的无线宽带数据业务,在 TD-LTE 系统网络部署的初期,对于 VoIP 业务,仅作设备能力的要求,但并不部署。在网络部署的中后期,在保证数据业务能力不断得到提高的基础上,以 VoIP 形式提供语音业务,并对其性能提出明确的优化要求。

VoIP 的系统性能主要由 VoIP 的容量来衡量。VoIP 的容量为:在指定 VoIP 用户分布和业务触发方式的前提下,网络内满足其特定误帧率(FER)要求的 VoIP 用户的数目。因此 VoIP 容量既包含了对 QoS 的要求,也包含了网络的能力。影响 VoIP 容量的因素包括频点带宽、天线配置、发射功率、站址 ISD、VoIP 资源分配方法、控制信道资源、HARQ 方式和最大传输次数等。由于 VoIP 对实时性的要求很高,在动态调度机制下,需要网络每 TTI 调度用户,而调度信息在 PDCCH 上传输,每个 TTI 能够调度的用户数受限于 PDCCH 的资源。当 PDCCH 占满 3 个 OFDM 符号的时候,一个 TTI 能够调度的用户数大约为 70 个;如果想要获得更多的调度用户,就必须采用半持续性调度等优化方法。假设 VoIP 用户采用半静态调度,不考虑控制信道限制,综合分析上下行信道,在 20 MHz 频率带宽下,VoIP 用户最大容量为约 600 个。当采用半持续调度技术,此时控制信道不受限时,LTE 网络能够承载更多的同时在线 VoIP 用户。

在 TD-LTE 网络部署的中后期,具备 VoIP 优化能力的 TD-LTE 设备能完全支持性能优良的半持续性调度算法,这时可以认为调度资源不会制约 VoIP 的容量,那么再加上硬件能力远远大于空口能力,此时 VoIP 容量就和空口所能承载的数据净荷相关联,就能直接体现出 TD-LTE 的容量优势。从目前的分析来看,上下行时隙比为 2∶2 的情况下,一个 20 MHz 带宽的 TD-LTE 系统每扇区的峰值容量可以支持 900 个 VoIP 用户同时通话,但是峰值只是系统瞬时的最大能力,不可能假定每个用户都有足够好的网络质量,从平均容量的角度分析,比较实际的能力是可以同时支持 400 个 VoIP 用户同时通话。

4. 天线技术对容量的影响

TD-LTE 系统的容量由各个方面的因素决定,首先是固定的配置和算法的性能,包括单扇区频点的带宽、发射机功率、网络结构、天线技术、小区覆盖半径、频率资源调度方案、小区间干扰协调算法等;其次,由于在资源的分配和调制编码方式的选择上,TD-LTE 是完全动态的系统,实际网络整体的信道环境和链路质量,对 TD-LTE 的容量也有着至关重要的影响。

从 TD-LTE 系统的特点看,对天线技术的应用开辟了全新的领域,同时由于不可避免地要涉及同频组网问题,同频干扰的消除技术也显得尤为重要。下面对天线技术和干扰消除算法这两个主要影响 TD-LTE 容量特性,同时也是有别于其他系统的因素展开论述。

天线技术对系统容量有直接影响,与 GSM 和 TD-SCDMA 不同,TD-LTE 在天线技术上,有了更多的选择。多天线设计的设计理念,使得网络可以根据实际网络需要以及天线资源,实现单流分集、多流复用、复用与分集自适应,波束赋形等,这些技术的使用场景不同,但是都能在一定程度上实现用户容量的提升。对于使用 MIMO 的多流传输,适用于小区中信道质量优良的用户,能够明显地提高其容量;信道质量不够理想的用户,可以自适应地使用单流多天线分集或波束赋形技术,给用户的信噪比带来增益,通过信道质量的提升,选择更高阶的调制编码方式,实现容量的提升。下面对 MIMO 和 Beamforming 技术进行简单介绍,由于天线技术本身牵涉到实际应用与规范层面的问题较多,下面仅对技术本身进行简介。

(1) MIMO 天线技术

MIMO 系统在发射端和接收端均采用多天线(或阵列天线)和多通道,传输信息流经过空时编码形成 N 个信息子流,这 N 个信息子流由 N 个天线发射出去,经空间信道后由 M 个天线接收。多天线接收机利用先进的空时编码处理能够分开并解码这些数据子流,从而实现最佳的处理。这 N 个子流同时发送到信道,各发射信号占用同一频带,因而未增加带宽。若各发射、接收天线间的信道响应独立,则 MIMO 系统可以创造多个并行空间信道。通过这些并行空间信道独立地传输信息,数据传输速率必然可以得到提高。MIMO 将多径无线信道的发射、接收视为一个整体进行优化,从而可实现很高的通信容量和频谱利用率。

单流分集和多流复用,一般意义上认为是 MIMO 技术的两种方案。单流分集要求发送端使用多根天线进行发送,要求多根发送天线之间具有低的相关性,同时不对接收端的天线数目和相关性进行要求。多流复用则要求在发送端的不同天线上发送多个编码的数据流,并要求接收天线数目大于或者等于发送天线的数目,空间复用

（SDM）类型还分闭环空间复用和开环空间复用。

在实际的蜂窝系统中，由于终端距离基站的远近不同，离归属基站近的中心用户接收到的有用信号强度大，受到的邻区干扰小，SINR 相对比较高，MIMO 的使用有助于这部分用户有效提高频率效率和容量。不过对于边缘用户而言，由于信噪比本身比较低，MIMO 的使用反而容易降低边缘用户的容量，反而是单流技术更适合边缘用户。

因此，在实际应用中，可以重点考虑采用天线单双流自适应技术，使得信号质量较好的用户采用双流复用来提高用户的吞吐量，而对于信道质量较差的部分地段的用户，采用单流分集来改善用户的信道质量（也可结合 Beamforming 技术）。由此，自适应技术集合了单双流技术的优势，即：由于双流复用技术的采用，中心区域用户的吞吐量得到了提高；单流分集技术的采用，提高了边缘部分用户的吞吐量。由此使得整体的频谱效率都得到了改善，效果优于单纯地采用单流分集和多流复用技术。

（2）Beamforming 技术

Beamforming 技术就是波束赋形技术，TD-LTE 的波束赋形基于 EBB 算法实现，EBB 算法是一种自适应的波束赋形算法，运用 SVD 分解对信道进行估计，不仅有 DoA 的赋形，还能匹配信道，减小衰落。其方向图随着信号及干扰而变化，没有固定的形状，原则是使期望用户接收功率最大的同时，还要满足对其他用户干扰最小。波束赋形利用小间距天线间的相关性。为了有效地工作，同时考虑到复杂性，智能天线通常为 8 天线配置，也可以为 4 天线配置，天线间距约为半波长。天线的 Beamforming 技术能够有效地降低小区间的干扰，同时提高用户的接收信号功率，给用户的信噪比带来附加增益，从而为系统容量的提升带来好处。由于存在赋形增益，Beamforming 技术同时还能够改善边缘用户的容量，提高系统的覆盖能力。

需要重点指出的是，TD-LTE 系统的 TDD 机制在实现波束赋形方面有天然的优势，与 FDD 系统不同，TDD 系统可以利用上行信道中提取的参数估计下行信道。这种方法实际上就是智能天线依靠从上行链路中提取的参数来对下行波束赋形，对于 FDD 方式，由于上下行频率间隔相差较大，衰落特性完全独立因而不能使用。但对于 TDD 方式，上下行时隙工作于相同频段，只要上下行的帧长较短，完全可以实现信道特性在这段转换时间内保持恒定。

对于上行性能，TD-LTE 系统由于 UE 功率限制以及邻小区同频干扰的因素，而且也由于目前也不支持上行多流复用，上行容量以及上行链路的频谱效率一直都低于下行信道。对于这一瓶颈，考虑到除了 MIMO 和 Beamforming 技术，增加基站接收天线数目，上行可以获得更好的系统容量性能。无论是平均吞吐量和频谱效率，还有边缘用户的容量，都能得到明显的提升。再加上基站接收单元成本相对较低，增加基站接收天线不失为一项有效的提升上行容量的手段。

5. 干扰控制技术对容量的影响

蜂窝移动通信系统的干扰是影响无线网络接入、容量等系统指标的重要因素之一。它不仅影响了网络的正常运行,还影响了用户的使用质量,是导致网络异常或性能降低的主要原因之一。因此,干扰问题是网络规划必须重点关注的问题,同时也是网络优化工作的重点。TD-LTE 系统由于 OFDMA 的特性,本小区内的用户信息承载在相互正交的不同子载波和时域符号资源上,因此可以认为小区内不同用户间的干扰很小,系统内的干扰主要来自于同频的其他小区。同时由上文的分析可知,TD-LTE 可用载波较少(若初期仅获得 20 MHz 频带),很可能会面临同频组网的干扰问题,这进一步加剧了同频小区之间的干扰。

对于小区中心用户,离基站的距离较近,而同频其他小区的干扰信号距离又较远,则小区中心用户的信噪比相对较大;对于小区边缘用户,由于相邻小区占用同样载波资源的用户对其干扰较大,加之本身距基站较远,其信噪比相对就较小,导致小区边缘的用户吞吐量较低。因此需要采用可靠的干扰抑制技术,才能有效地保证系统整体尤其是边缘用户的吞吐量性能。

目前 TD-LTE 的干扰消除或避免技术业界提得比较多,综合来看有如下几种:

(1) 干扰随机化

① 跳频。上行采用跳频,下行采用集中和分布式子载波分配方式,抵抗频率选择性衰落,使得干扰随机化。

② 加扰、HARQ 等。通过对控制信道、导频信号、参考信号采用不同的随机序列,以实现干扰的随机化。另外,采用 HARQ 技术能够获得时间分集增益,提高抗干扰能力。

(2) 干扰避免

① 小区间干扰消除(ICIC)。小区间干扰协调技术分为静态 ICIC、准静态 ICIC 和动态 ICIC 3 类。ICIC 在一定程度上都会使得系统的频率复用因子逼近 1,系统在任何一个瞬时都并非是完全的同频复用。

② 波束赋形技术。提高期望用户的信号强度,同时降低信号对其他用户的干扰。

③ 动态调度技术。根据用户信道条件,动态调度其使用信道质量较好的系统资源,采用合理的调制编码方式,优化系统性能优,动态调度算法从实质上看,同样可以避免一定的网络干扰。

(3) 干扰抑制

① 上行功控。上行功控分为小区间功控和小区内功控两类,小区间功控是指通过告知其他小区本小区噪声抬升(IoT)信息,控制本小区 IoT 的方法,但目前对于小区间功控未作设备要求;小区内功控的作用是补偿本小区上行路损和阴影衰落,节省终端的发射功率,尽量降低对其他小区的干扰,使得 IoT 保持在一定的水平之下。

② 多天线分集接收算法。包括最大比合并(MRC),干扰抵消合并(IRC)等。

（4）其他

其他降低干扰的技术包括增加同频小区站间距，降低移动台或基站的发射功率等。需要说明的是，干扰随机化、干扰抑制或其他手段，只是利用算法或组网手段，减小了同频干扰对系统容量的影响，没有从实质意义上消除同频干扰。

从网络运营规划的角度看，必须采用干扰避免（ICIC、波束赋形、动态调度等）的手段来最大限度地隔离或者避免同频干扰（业务信道），才可能对网络的性能有较大的改善，并且为网络优化提供可靠的手段，最终达到提升系统整体容量，改善小区边缘用户性能的目的。

从系统设计来看，TD-LTE由于频点带宽较大，单小区可用资源较多，在系统负荷较轻情况下，本身基于频域子载波和时域符号的二维动态调度算法就可以规避系统中的同频干扰问题。

然而现网运营的算法和机制，应该具备"结果可预知"（确保网络规划能够达到预期）、"可以重配置"（确保网络优化能够高效工作）以及"不完全依赖于算法"（避免不确定性）的特性。所以不能假设系统只处于轻负荷的状态，并且不能单纯依赖某种算法实现网络同频干扰的规避，必须结合小区本身的调度算法和干扰避免算法，选用可规划的、具备优化能力的、复杂度适中的小区间干扰协调机制，同时尽量降低本小区调度算法的复杂度，使其更为单纯地仅需要实现本小区资源协调的功能，达到优化同频组网性能的目的。

6. 其他技术对容量的影响

除了上述方法以外，调度算法、控制发射机的功率、优化扇区结构等方法，均能在一定程度上提升网络容量。使用较好的频域资源调度技术，根据用户的信道质量调整资源的分配，可以改善系统用户的SINR，从而提升系统容量。在不同的组网场景中，发射机功率对系统容量影响的效果并不相同。在数据用户密集使用的热点覆盖、市区等场景，小区覆盖面积不大，小区之间存在较大的同频干扰。相对而言，接收机噪声非常小，此时发射功率提升，会带来用户有效信号电平和干扰电平同等提升的作用，以致互相抵消，用户的SINR不会有很好的改善，因此不会对系统容量带来较大的好处。然而对于郊区、乡村的覆盖场景，数据用户密度小，较低的系统负荷使得接收机低噪电平大于邻区用户的干扰电平，此时提高发射机功率对系统容量会带来有效的改善。采用扇区化的网络结构与缩小小区覆盖半径一样，都是在同样的区域内增加逻辑基站的密度，该区域的系统总容量会有所提升。

5.1.2　覆盖特性

TD-LTE覆盖特性包括：

（1）目标业务为一定速率的数据业务，确定合理目标速率是覆盖规划的基础。在TD-LTE中，不存在电路域业务，只有PS域业务。不同PS数据速率的覆盖能力不同,在覆盖规划时,要首先确定边缘用户的数据速率目标,如 500 kbit/s、1 Mbit/s、2 Mbit/s 等,不同的目标数据速率的解调门限不同,导致覆盖半径也不同,因此确定合理的目标速率是覆盖规划的基础。

(2) LTE 资源调度更复杂,覆盖特性和资源分配紧密相关。TD-LTE 网络可以灵活地选择用户使用的 RB 资源和调制编码方式进行组合,以应对不同的覆盖环境和规划需求。在实际网络中,用户速率和 MCS 及占用的 RB 数量相关,而 MCS 取决于 SINR 值,RB 占用数量会影响 SINR 值,所以 MCS、占用 RB 数量、SINR 值和用户速率四者之间会相互影响,导致 LTE 网络调度算法比较复杂。在进行覆盖规划时,很难模拟实际网络这种复杂的调度算法,因此如何合理确定 RB 资源、调制编码方式,使其选择更符合实际网络状况是覆盖规划的一个难点。

(3) 传输模式及天线类型选择影响覆盖规划。多天线技术是 LTE 最重要的关键技术之一,引入多天线技术后 LTE 网络存在多种传输模式(目前有 8 种传输方式)和多种天线类型(基站侧存在 2 天线和 8 天线等多种类型),选择哪种传输模式和天线类型对覆盖性能影响较大。

(4) 小区间干扰影响 TD-LTE 覆盖性能。TD-LTE 系统引入了 OFDMA 技术,由于不同用户间子载波频率正交,使得同一小区内不同用户间的干扰几乎可以忽略,但 TD-LTE 系统小区间的同频干扰依然存在,随着网络负荷增加,小区间干扰水平也会增加,使得用户 SINR 值下降,传输速率也会相应降低,呈现一定的呼吸效应。另外,不同的干扰消除技术会产生不同的小区间业务信道干扰抑制效果,这也会影响 TD-LTE 边缘覆盖效果。因此如何评估小区间干扰抬升水平,也是 TD-LTE 网络覆盖规划的一个难点。

1. TD-LTE 链路预算关键参数取值

链路预算仍是评估 TD-LTE 无线通信系统覆盖能力的主要方法,通过链路预算,可以估算出各种环境下的最大允许路径损耗,从而估算出目标区域需要的 TD-LTE 覆盖站数。在进行链路预算分析时,需确定一系列关键参数,主要包括基本配置参数、收发信机参数、附加损耗及传播模型。

基本配置参数主要包括 TDD 上下行时隙配置、特殊时隙配置、系统总带宽、RB 总数、分配 RB 数、发射天线数、接收天线数、天线使用方式等。具体说明如下:

(1) 上下行时隙及特殊时隙配置。目前通常选择上下行采用 2:2 时隙配置,特殊子帧采用 10:2:2 配置。

(2) 系统总带宽。LTE 网络可灵活选择 1.4 MHz、3 MHz、5 MHz、10 MHz、20 MHz 等带宽,目前通常选取 20 MHz 带宽。

(3) RB 总数及分配 RB 数。20 MHz 带宽 RB 总数为 100 个,考虑同时调度 10 个用户,边缘用户分配 RB 数为 10 个。

(4) 天线数量及天线使用方式。根据目前技术发展情况,天线主要采用 8 阵元双极化天线,边缘用户主要使用波束赋性方式。

收发信机参数主要包括发射功率、天线增益、接头及馈线损耗、多天线分集增益、波束赋性增益、热噪声密度、接收机噪声系数、干扰余量、人体损耗、目标 SNR 等,具体说明如下:

(1) 发射功率。下行方向,根据目前厂家设备的产品规划,在系统带宽为 20 MHz情况下取 46 dBm(主要有两类产品 2 通道 20 W 和 8 通道 5 W),上行方向,终端功率可取 23 dBm。

(2) 天线增益。根据目前情况,8 天线 D 频段产品通常其增益为 15～17 dBi。

(3) 接头及馈线损耗。对于 BBU＋RRU 产品,通常损耗为在 0.5～1 dB。

(4) 多天线分集增益、波束赋性增益。选择不同的发射模式,如发射分集或波束赋形,其增益有一些差异:

① 接收侧。基站为 8 天线取 7 dB,终端为 2 天线取 3 dB。

② 发送侧。(i)终端为单天线发送,因此无发送分集增益;(ii)基站业务信道:8 天线,为波束赋性方式,增益取 7 dB ;(iii)基站控制信道:8 天线和 2 天线相同,为发送分集方式,增益取 3 dB。

(5) 热噪声密度。取-117 dB m/Hz。

(6) 接收机噪声系数。基站侧通常取 2～3 dB,终端侧通常为 7～9 dB。

(7) 干扰余量。TD-LTE 系统小区间的同频干扰依然存在,网络负荷上升,小区间的干扰也会相应增加,从而影响 TD-LTE 边缘覆盖效果,在链路预算中通常采用干扰余量来反应这一特点,干扰余量可分为上行干扰余量和下行干扰余量,通常要借助干扰公式和系统仿真平台得到。

(8) 人体损耗。对于数据业务移动台,可以不考虑人体损耗影响,即 0 dB。

(9) 目标 SINR。在 36.213-880 规范中,定义了不同 MCS、RB 承载下的数据块数量,根据边缘速率,可以推导出数据块数量,然后找到承载的 RB 数量,就可以方便地查找出对应的 MCS,并根据具体 MCS 和 SINR 对应表格得到 SINR,MCS 和 SINR 对应关系需通过链路仿真得到。

附加损耗主要包括设计规划中应考虑的其他损耗,主要有建筑物穿透损耗和阴影衰落余量:

(1) 穿透损耗。通常市区建筑物穿透损耗典型值可取 15～20 dB。

(2) 阴影衰落余量。在城区环境下,通常取为 8.3 dB。

2. TD-LTE 链路预算结果

综合考虑各种业务需求及 LTE 本身能力,目前初步定义的业务需求为空载时小区边缘用户下行和上行传输速率分别可达到 1 Mbit/s 和 250 kbit/s。基于这一业务需求,TD-LTE 链路预算分析结果如下。

（1）控制信道和业务信道覆盖能力对比

控制信道和业务信道链路预算结果对比如表 5-1 所示。基于目前的覆盖目标（空载条件下，10 用户同时接入时，边缘单用户下行吞吐量大于 1 Mbit/s），系统最大允许的路径损耗（不含穿透损耗）为 145.6 dB，与之相对应的上行业务信道速率约为 250 kbit/s，而其他控制信道覆盖能力均大于上述值，因此可直接按照下行业务信道达到 1 Mbit/s 的要求进行站址规划。

表 5-1　控制信道和业务信道链路预算结果对比表

项目	下行业务信道	上行业务信道	下行控制信道					上行控制信道			
	1 Mbit/s 10 RB， 邻区空载	250 Mbit/s， 10 RB， 邻区空载	PBCH	PDCCH (8CCE)	PDCCH (2CCE)	PCFICH	PHICH	PUCCH format 1a	PUCCH format 2	PRACH format 1	PRACH format 4
最大允许的路径损耗/dB	145.6	145.1	156.6	151.8	145.8	152.5	148.9	158.3	157.6	153.2	145.5

（2）满足边缘速率要求的链路预算结果

采用 COST231-Hata 模型（2.6 GHz 频段），计算得到 TD-LTE 和 TD-SCDMA 密集市区、市区的小区覆盖半径如表 5-2 所示。

通过对比可知，TD-SCDMA 网络 CS64 业务覆盖能力略强于 LTE 下行 1 Mbit/s 要求的覆盖能力，因此 TD-LTE 如果要达到邻区空载、10 用户同时接入时、边缘单用户下行吞吐量大于 1 Mbit/s 的覆盖目标，需要在 TD-SCDMA 现网站距的基础上增加少量站点。

表 5-2　TD-LTE 和 TD-SCDMA 小区覆盖半径对比表

类别	密集市区	市区
TD-LTE 覆盖半径（1 Mbit/s，10 RB，空载）/km	0.33	0.43
TD-SCDMA CS64 覆盖半径/km	0.35	0.45

（3）站址规划建议

综上，在现网 TD-SCDMA 网络传输速率 64 kbit/s 的电路交换型（CS64）业务覆盖良好的区域，TD-LTE 网络基本可以采用直接叠加的方式进行规划，建成后的 LTE 网络可以满足邻区空载 10 用户同时接入时边缘单用户下行吞吐量大于 1 Mbit/s 的覆盖目标，但考虑到今后商用网络的要求可能会有所提高，因此建议在具备条件的区域，可在 TD-SCDMA 网络的基础上适当增加站点，以缩小 LTE 的站距，实现更高的边缘速率，TD-LTE 具体站间距建议为密集市区达到 0.45～0.55 km，一般市区达到 0.55～0.7 km。

5.2 覆盖和容量自优化机制

如前所述，鉴于 LTE 所使用的频率较高，其覆盖特性并不很好，亟需优化。而 LTE 系统的容量又和覆盖范围密切相关，具有显著的呼吸效应，所以需要联合优化，但覆盖优化是基础，通过联合干扰优化，能够显著提高 LTE 网络的容量性能。

根据移动台接收到的信号强度和质量的不同，可以将下行覆盖问题分为多类，如越区覆盖、导频污染等，不同的资料、文献对覆盖问题的描述和定义可能有所不同，但从本质上来说各类下行覆盖问题通常由以下两种情况引发：

（1）覆盖不足。即小区无法为移动台提供有效的覆盖。

（2）覆盖过度。即网内小区为移动台提供了过多的有效覆盖或者非邻小区均为移动台提供了有效覆盖，小区覆盖区域过大，小区间交叠过多，覆盖边缘区域易出现导频污染、无主导小区、主导小区信噪比低等问题；极端情况下则会导致越区覆盖，导致用户找不到邻区无法进行切换。

5.2.1 覆盖和容量自优化属性

覆盖和容量自优化减少了人工运维的负担，从而在降低了运维开销的同时提高了用户的服务质量，拥有这种自优化功能的 LTE 系统将会提供最优覆盖。因此，用户可以根据运营商的标准建立和维持满足服务质量的连接。由于覆盖和容量之间存在千丝万缕的联系，因此它们之间的性能折中效果将会依赖于自优化算法。

1. 覆盖和容量自优化定义

覆盖和容量自优化（CCO）是自优化用例中非常基础的，因为大部分 SON 自优化用例都和其有紧密的关系。在实际移动蜂窝网络中，许多在 3GPP 中定义的 SON 用例都多多少少与覆盖/容量优化紧密关联，例如小区中断补偿，移动性负载均衡和家庭基站与宏基站之间的干扰自优化等。就像在 3GPP 中定义的，CCO 用例可以定义为自动进行小区性能的优化，即 SON 自优化算法需要配置最合适的天线和 RF 参数给不同的扇区，以自适应不同扇区下的用户及其使用的业务等。最优化的结果应该是在确保满足各种约束条件下优化网络的吞吐/容量。

CCO 用例的目的正如 RAN（3GPP TR36.902）定义的，主要是提高覆盖和容量性能。3GPP TR 36.902 定义的覆盖和容量自优化如下："在这个区域，当部署了 LTE 系统，根据运营商的需要，用户可以与可接受的或者默认的服务质量建立并且保持无线链接。这暗示了覆盖是连续的并且用户并不知道小区的边界。覆盖必须同时支撑空闲模式和连接模式，并且能够同时满足上行和下行传输性能。虽然在 3GPP R9 中相比容量优化，覆盖优化有更高的优先权，但实际网络中覆盖优化方法蕴含着需要将容量优化的影响同时考虑。因为覆盖和容量是相互影响的，所以如何在覆盖和容量之间达到平衡,也是优化的一个重要工作。"

"覆盖"的意思是保证在小区内能够提供基本的服务,或者说用户在小区内能够获得基本的服务。基本的服务即包括能正确接收和解码出下行控制信道的信息,也能接收和解码承载的无线业务信号。针对业务而言,用户基本服务一般是指传输速率不高的业务,例如低速率的语音或者数据业务。

"容量"可以有多种解释,目前业界有多种概念来表征容量,例如小区吞吐量、平均小区吞吐量、小区边缘吞吐量百分比和服务的用户数(有明确的支撑业务特证和比特传输速率要求)。

在覆盖和容量之间有一个平衡。例如,在一个覆盖受限的典型场景下,为了提高覆盖性能,需要增加发射功率,但功率的增加会导致小区间干扰变的严重,从而降低了小区边缘用户的传输性能。所以,在实际网络中,不可能总是能够同时优化覆盖和容量,所以需要平衡和管理这两种优化。

CCO 自优化功能是一个连续的工作过程,它不停地收集测量值并且检测出需要进行容量或者覆盖的优化操作时,将触发容量或者覆盖自优化,有时甚至需要触发容量覆盖联合自优化。运营商可以详细定义希望的性能优化目标,并且通过不同的方法实现不同优化目标之间的平衡。网络利用终端或者 OAM 发来的测量值和测量报告,或者利用最小化路测技术获得的测量报告信息,根据运营商制定的容量和覆盖优化目标,采用 CCO 实现容量和覆盖的联合优化。

CCO 修改操作包括无线参数重之,例如天线角度和上行发射功率等参数。微微小区的部署或者覆盖/容量增强同样可以通过 CCO 方法实现优化目标。CCO 并不针对个体用户的性能作出自适应调整,而是基于长期统计信息,进行网络的整体 CCO 操作。

像 SON 的其他用例,覆盖和容量自优化技术也将随着时间推移,逐渐适应网络的变化和成熟,工作的效率也越来越高。在 LTE 网络最初的商业运营阶段,由于用户数少且业务还没有很好的培育,系统负载低所以此时负载不是主要优化的对象,此时的特征是由于建设的基站较少,网络总是表征为欠覆盖,所以该阶段 CCO 技术将主要集中在保证一定服务质量的前提下,尽量保证能够实现无缝覆盖。

对一个 LTE/LTE-A 小区而言,覆盖区域和小区容量会由于新加入基站、故障基站或者用户分布的变化而产生变化。如果不适应网络结构和无线环境的变化,静态的覆盖区域和容量优化将导致网络资源利用效率低下和无线网络性能变差。此外,手动地进行容量和覆盖的优化工作是非常贵而且费时的。所以,CCO 功能是 LTE 的一个非常基本和重要的 SON 用例。对于 CCO 来说,持续地收集无线测量值并且在必要的情况下,需要执行具体的容量覆盖自优化操作。CCO 是一个长期的缓慢优化用例,需要大量的性能统计量和无线测量值作为其决策的基准。

3GPP 标准化组织针对无线接入网的无线覆盖自优化功能进行了讨论,认为该功能应能自主地发现和解决网络中的覆盖异常问题，功能适宜以集中式或混合式的方式部署，功能实现时包括 3 个主要步骤：

（1）发现下行覆盖异常问题。

（2）生成调节方案（包括应调节的参数，以及对应的调节量）。

（3）实施调节。

CCO 用例的输入数据可以包括无线链路失败（Radio Link Failure，RLF）报告、邻区信号强度测量值、邻基站配置信息、邻区关系、移动台测量报告、掉话率、切换成功率等，可调的关键参数可以包括小区的发射功率、天线倾角和方位角等。3GPP TS 32.521 详细说明了 CCO 的需求：

（1）覆盖和容量优化应该在最少的人工干预下进行。

（2）运营商应该有能力来配置容量和覆盖优化功能的目标。

（3）运营商应该有能力给不同的区域配置不同的容量覆盖优化目标。

（4）作为 CCO 输入的数据，需要最大限度的自适应无线网络的各种场景，并且通过最少的资源和代价来表征。

3GPP 规范提供了一系列 CCO 功能应该包括的用例，这些用例代表了常见的应用场景，用以说明在这些场景下 CCO 应该执行的功能，但并没有提出具体的解决方案，这有待于实际设备厂商进行各算法的设计和实现。

2. 用例 1：2G/3G 覆盖的 E-UTRAN 容量漏洞

考虑在图 5-1(a)中的场景，LTE 网络被部署在传统的 2G/3G 网络上层，拥有次优的射频（RF）和无线资源参数配置。即使 LTE 覆盖区域并不邻近，但通过切换到异构无线接入网络，还是可以保持连续的呼叫。由于异构无线接入技术切换（iRAT）可以把不同的 RF 载波视为虚拟资源池看待，所以也可以提供很好的无缝覆盖。但这种场景下需要执行异系统间的切换，所以核心问题是需要联合切换自优化技术，避免可能导致掉话的不必要切换。CCO 算法的目标是尝试通过扩大 LTE 的每一块覆盖区域，实现最小化覆盖漏洞，如图 5-1(b)所示。

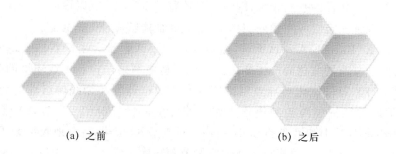

(a) 之前　　　　　　　　　　　(b) 之后

图 5-1　优化 IRAT 覆盖漏洞

虽然这个用例聚焦在 iRAT 的切换来减少覆盖漏洞，SON 系统同样可以用一个完全不同方式来优化 iRAT 参数。举个例子，一个容量和覆盖优化的目标可能通过卸载语音业务从 LTE 到下层的网络和运用负载均衡将过载的数据业务从一个 LTE 载频卸载到另一个 LTE 载频。运营商应该能够支配控制不同的 SON 政策并且根据特定的需求进行调整。

3. 用例2：在没有任何其他覆盖情况下 E-UTRAN 的覆盖漏洞

由于小区规划错误或者运营商对于小区站点位置的限制，一个网络某些特定区域并不能保证有足够好的覆盖，此时既没有 LTE 也没有其他传统蜂窝移动通信网络的信号，这样将导致在这个区域内产生非常多的掉话。系统需要探测出这种情况，并且可以通过调整邻区配置来覆盖这个漏洞，如图 5-2 描述了这种场景。

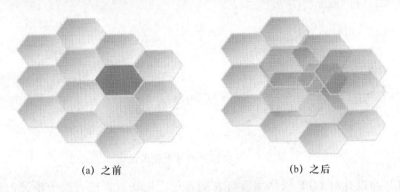

(a) 之前   (b) 之后

图 5-2 覆盖空洞描述

4. 用例3：在独立地区覆盖情况下 E-UTRAN 的覆盖漏洞

运营商在某些分组数据业务非常多的热点地区通过布置少量的 LTE 基站，形成孤岛式覆盖，而未使用连续覆盖，如图 5-3(a)所示。然而，由于对实际场景的无线传播特性评估不准确或者 RF 规划不好，部署的 LTE 小区在覆盖范围方面可能会变大，也可能会变小，相互之间还会形成重叠覆盖，如图 5-3(b)所示。此时需要 CCO 能够和其他 iRAT 协商来优化覆盖性能或者自己调整 LTE 配置来优化覆盖性能。

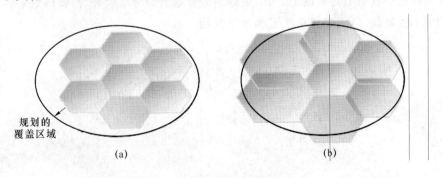

规划的
覆盖区域

(a)   (b)

图 5-3 独立的地域覆盖优化

5. 用例4：重叠部分的 E-UTRAN 覆盖漏洞

这个场景指的是为了满足热点地区业务量高增的需求，需要添加新的LTE扇区以实现吸收热点地区的业务量。为了优化小区簇的容量，减少新增站点和已有站点的干扰，需要重新调整原有LTE小区的覆盖范围。

图5-4表现了这个场景，在这个场景中，一个新的站点（如图5-4(a)中圆圈所在区域）引入了这个有LTE覆盖的区域。这种情况下，新的站点和周围的基站需要自动调整天线和功率来最小化这个区域的干扰，同时保持连续的覆盖，如图5-4(b)所示。

(a)   (b)

图 5-4   新增容量的站点覆盖优化

3GPP并没有对LTE网络实际存在的各种应用场景都进行遍历描述，只是规定了非常有限的典型CCO场景。然而，有了从UE和eNB处获取的有关SON信息，以及天线技术发展带来的网络灵活性的提高，CCO技术能够有更多的资源维度进行网络性能的调整，实现覆盖和容量之间更好的折中和平衡。

图5-5介绍了除上面定义的4种用例以外的一个示例，不同的扇区调整它们的天线方向角和发送功率，以自适应覆盖不同区域的UE业务（用红色表示），同时最小化对其他小区的干扰。这样的方法对网络运营商来讲是非常重要且非常有意义的，因为扇区的位置有时是限制的，为了更好地服务现有的分组业务，需要通过多天线技术和功率控制技术，灵活优化覆盖和容量性能。

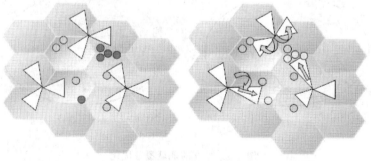

图 5-5   基于业务位置的 CCO 实例

5.2.2 最小化路测技术

实际上,对蜂窝移动通信运营商来说,知道自己网络的覆盖和容量性能非常重要。为了采集这些实际网络的性能信息,需要进行严格的路测。路测能够反映移动通信网络的信道状况和用户质量,对网络性能指标起到直接的测量评估作用,并指出网络的问题所在。目前,路测是运营商进行网络优化的重要手段。但传统的路测方法需要运营商或第三方公司对需要监测和优化的区域进行测试,通过路测仪表采集信号电平、质量等网络数据,并分析这些数据发现网络存在的问题。这种方式往往需要大量的人力、物力和经费投资,同时对网络优化人员也有非常高的经验要求。

如果这些测量可以从 UE 处采集,则可以减少复杂的路测过程,这可以大大降低运营商的网络维护费用,缩短网络优化周期,从而提高消费者的满意度,并有效降低碳的排放量,以保护环境。此外,对于一些路测不能到达的区域(如窄路,森林,私人区域、房屋和办公室),可以采用这种最小化路测技术帮助运营商采集测量。最小化路测技术(Minimization of Drive Tests,MDT)主要是通过手机上报的测量报告来获取网络优化所需要的相关参数,以达到降低运营商网络优化和维护成本的目的。与传统路测相比,MDT 可以节能减排、减少路测开销,缩短优化周期,带来更高的用户满意度,并且可以收集到传统路测无法进行的全区域的测量信息(如窄路、森林、私人场所等)。MDT 的主要应用场景为覆盖优化、容量优化、移动性管理优化、QoS 参数优化和公共信道参数配置优化等。

1. 优势

UE 测量并报告的 MDT 数据可以直接用来监视和探测网络的覆盖问题,一些监视和探测覆盖问题用例如下所描述:

(1)覆盖漏洞。覆盖漏洞是服务和允许接入的邻小区,信号等级 SNR(或者 SINR)在能够维持基本的服务等级以下的一个区域。覆盖漏洞通常是由于物理阻碍(如新的建筑物、山),或者不合适的天线参数配置造成的,但也有可能是由于不适当的 RF 规划产生的。一个在覆盖漏洞中的 UE 将会承受掉话和无线链接失败。多带或多 RAT 的 UE 可能驻留到其他的异构网络。

(2)弱覆盖。当服务小区的信号等级 SNR(或者 SINR)比可以维持原定性能级别低的时候会出现弱覆盖。

(3)导频污染。不同小区的覆盖有很多重叠的区域,重叠越严重,干扰级别越高,为了获得满意的服务质量,要求发射功率也比较大,造成能源消耗也比较高,结果是小区性能反而还不好。这种现象称做"导频污染",可以通过减少小区的覆盖范围来解决。在典型情况下,UE 可能会在多个小区都经历高信号功率和高干扰。

(4)覆盖映射。为了更好地进行容量和覆盖规划优化,网络应该对所覆盖区域的所有小区都能够获得信号强度、信号质量以及用户行为特性和业务特征等知识,以全面观察并且正确评估网络可以提供的传输性能。这就意味着在整个网络的每一小区内都应该收集无线信号和网络性能的测量信息，而不只是在有潜在覆盖问题的区域进行测量信息的收集。

（5）上行覆盖。差的上行覆盖会影响用户体验，比如会使呼叫建立失败，会掉话，会出现差的上行语音质量等。所以，覆盖应该在上行和下行链接间进行平衡，常见的上行覆盖优化包括通过改变站点配置（天线）来调整小区的上行覆盖性能，但又不影响下行覆盖。

2. MDT 报告模式

为了指导 MDT 功能的定义，下面简单描述最小化路测的原则和需求。MDT 测量值报告有两种模式：实时上报和非实时上报。

（1）实时上报（Immediate）。指的是 UE 在连接模式下执行 MDT 的测量功能，并在满足上报条件的情况下，将测量结果实时上报给 eNB/RNC。

（2）非实时上报（Logged）。指的是在 UE 满足配置条件的情况下，于空闲模式下执行 MDT 的测量功能，等到进入连接模式时再将测量报告上报给 eNB/RNC。

一个在连接模式下的 UE 被配置为 Immediate MDT，意味着它的上报方式为实时上报。而一个在空闲模式下执行 MDT 的 UE，其配置方式一定是 Logged MDT。当 UE 被配置为 Logged MDT 时，它不会立马上报数据给 eNB。

MDT 性能和技术需求如下：

（1）UE 测量配置

为了实现 UE 测量记录的目的，运营商可以独立于以常规 RRM 为目的的网络配置来对 UE 进行 MDT 的配置。

（2）UE 测量值收集和报告

测量记录可能会包含多个事件，同时测量也是随着时间的推移执行的。为了限制 UE 电量的损耗以及网络信令开销的影响，测量收集和上报的时间间隔应该分开配置。一般是在一个特定事件发生后来收集测量记录的（例如无线链路失败）。

（3）测量记录的地理范围

运营商可能会在某一地理区域内配置一系列需要收集的测量参数。一些测量参数会独立于任何地理区域。

（4）位置信息

测量值应该和可获得的位置信息或/和可推导出位置信息的其他信息或测量值相关联。

（5）时间信息

测量记录中的测量值应该和一个时间标签相关联。

（6）设备型号信息

执行 MDT 的终端应该指明一系列终端能力，这些能力允许网络仔细地选择合适的终端来执行特定的 MDT 测量。

MDT 技术还需要考虑如下限制：

(1) UE 测量

UE 测量记录机制是一个可选的特性。为了限制对 UE 功耗和处理功能的影响,UE 测量记录应该尽可能地依靠由接入网配置的无线资源管理中 UE 端的测量功能。

(2) 位置信息

位置信息是否可用取决于 UE 的能力和/或 UE 的执行。由于位置信息的获取需要终端具备相关定位部件的运行,所以需要位置信息的解决方案应该考虑 UE 的功耗。

支持 Immediate MDT 性能的测量包括：

① 发生事件 A2 或者无线链路失败时触发 UE 的测量上报,包括 UE 周期性测量的 RSRP 和 RSRQ。

② UE 测量的 power headroom(PH)。

③ eNB 测量的上行信号强度/SINR。

而支持 Logged MDT 测量信息主要包括 E-UTRAN 的 RSRP 和 RSRQ。

MDT 测量值收集任务有两种不同的方式来初始化：

(1) 基于管理的 MDT 任务。由 OAM 发送给 PLMN 或 PLMN 中的有限区域(由小区列表、跟踪列表或者位置区列表限制)来进行,它是针对一个区域而非某个特定用户的。

(2) 基于信令的 MDT 任务。由 OAM 发送给 PLMN 或 PLMN 有限区域中的某特定 UE(由小区列表、跟踪列表或者位置区列表限制)来进行,具体通过由核心网发送的信令跟踪激活信息将其初始化。

基于管理的 MDT 和基于信令的 MDT 能力的标准规范可以参见 3GPP 的 TS 32.421、TS 32.422 和 TS 32.423 的描述。

5.3 覆盖和容量自优化方法

覆盖和容量自优化减少了人工操作的任务,从而在降低了运维开销的同时提高了用户的服务质量,拥有这种自优化功能的 LTE/LTE-A 系统能够提供优化的覆盖和容量性能。因此,用户可以根据运营商的标准建立和维持满足服务质量的连接。由于覆盖和容量之间存在千丝万缕的联系,因此它们之间的性能折中效果将会依赖于自优化算法。

在已知网内基站的部署位置、各类工程和系统参数的设置值的情况下,生成进一步优化的小区发射功率、天线倾角和方位角参数,但方法仍利用网络规划工具,基于理论上的预测和模型，利用规划工具提供的数据作为算法的输入，因此从严格意义上说，这些算法仍属于网络规划的范畴，无法直接运用到运行中的无线接入网的自优化场景中。

自主覆盖优化方法（Automated Coverage Optimization Scheme，ACOS）用于自主优化无线接入网的下行覆盖。ACOS利用移动台测量报告中的相关数据，评定小区下行覆盖状况，并生成优化调整方案，通过调节小区发射功率和天线倾角，实现覆盖优化。ACOS无须人工干预，可以用于运行中的无线接入网，实现周期性的下行覆盖优化；也可以在网络拓扑结构变化（如增加或移除基站）时，优化网络的下行覆盖。

在理想覆盖中，移动台最多可以获得两个相邻小区的有效覆盖，最少处于一个小区的有效覆盖中；覆盖不足时，移动台最多处于一个小区的有效覆盖中，最少则没有小区可以对其进行有效的覆盖；覆盖过度时，移动台最少处于一个小区的有效覆盖中，最多则可以获得多于两个小区的有效覆盖，或获得非相邻小区的有效覆盖。据此，将移动台没有任何小区有效覆盖的情况称为Ⅰ型NIC（Non-Ideal Coverage，非理想覆盖）情况；将移动台同时获得多于两个小区有效覆盖的情况称为Ⅱ型NIC情况；将移动台同时获得非相邻小区有效覆盖的情况称为Ⅲ型NIC情况。当网络中存在覆盖不足时，网络运行过程中则会发生Ⅰ型NIC情况，当存在覆盖过度时，则会发生Ⅱ型或Ⅲ型NIC情况，甚至Ⅱ型和Ⅲ型NIC情况同时发生。

下面给出两种自主覆盖优化方法，都以网络运行过程中NIC情况发生概率最小为目标。一种方法是生成信号发射功率的调整方案。第二种是生成天线电子下倾角调整方案。再依据调整方案对系统参数进行调整，从而实现对下行覆盖的优化，报告对这两种优化方案的优化性能进行了分析。

5.3.1 基于基站功率调整的自主覆盖优化方法

图5-6中给出了基于基站发射功率调整的ACOS的"监测-分析-规划-执行"的基本自主管理流程，下面按照各阶段流程具体介绍该方法。

1. 算法流程

下面对该优化方法的流程进行简单介绍。

（1）检测ACOS触发条件

ACOS在监测阶段的任务为检测触发条件是否满足，以判断是否触发ACOS下一步分析行为。有两类情况可触发ACOS优化行为。第一类为周期触发。当网络运行时间达到预设的时间长度后，触发优化行为，此类设定用于应对较为缓慢的无线运行环境改变，例如，树木生长、房屋建造等因素造成的无线环境改变。第二类为事件触发。当发生预设事件后，触发优化行为，此类设定用于应对网络的拓扑结构改变造成的覆盖状态变化，例如，新建或移除基站、小区分裂等造成的覆盖状态变化。

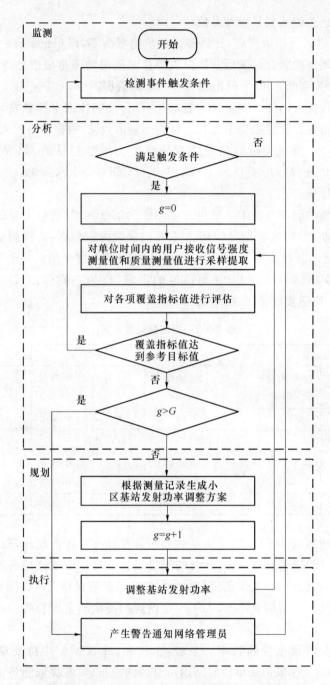

图 5-6 基于基站发射功率调整的 ACOS 流程图

（2）信号强度、质量测量值的提取

ACOS 在分析阶段的任务为判断网络当前的下行覆盖状况是否合理，即小区的各项覆盖指标是否能达到目标参考值。

当 ACOS 进入分析阶段后，计数器 g 的值将置为零，用于记录在一个 ACOS 优化周期中覆盖调整的次数。随后开始提取单位时间内的测量值信息，用于评估各项覆盖指标，并作为判断 NIC 情况出现概率的基础数据。

测量是无线接入网的一项重要功能，移动台会周期性或事件触发地向网络侧或基站提交测量报告。测量报告中包含大量的测量值数据，根据网络侧或基站的要求，移动台可以测量、提交相应的信号强度测量值和质量测量值，如 WCDMA 中的 PCPICH RSCP 和 E_c/I_o，TD-SCDMA 中的 PCCPCH RSCP 和 C/I，LTE 中的 RSRP 和 RSRQ 等。

移动台上报的测量报告中一般包含主小区的信号强度/质量测量值和其他 6 个最强的信号强度/质量测量值，ACOS 提取并记录的内容包括：上报测量报告的移动台的 ID、主小区和其他小区 ID 及相应的信号强度/质量测量值。一个移动台一次上报的各小区 ID 和信号强度/质量测量值的记录，称为一则强度/质量测量记录，表 5-3 给出了一则强度测量记录示例。

表 5-3 一则测量记录示例

移动台 ID	主小区		小区 1		小区 2		小区 3	
	小区 ID	信号测量值/dBm	小区 ID	信号测量值/dBm	小区 ID	信号测量值/dBm	小区 ID	信号测量值/dBm
a	A	-75.159	B	-88.843	C	-97.964	D	-103.106

移动台 ID	小区 4		小区 5		小区 6	
	小区 ID	信号测量值/dBm	小区 ID	信号测量值/dBm	小区 ID	信号测量值/dBm
a	E	-105.723	F	-105.910	G	-112.396

基于时间和地域的不同，通信流量的分布通常具有一定的规律，例如，周末休闲娱乐场所（如公园）通信流量较大，此时的测量报告更多地反映该场所及周边地区的覆盖情况；工作日的白天，工作场所（如办公楼）的通信流量较大等。因此为了能通过测量报告全面反映网络覆盖情况，ACOS 中设置的提取测量报告的单位时间通常较长，如一周。

移动台提交测量报告的频率一般较高，例如，WCDMA 中提交周期通常设为 100 ms 或 500 ms。如果记录单位时间内所有的测量报告，并提取测量记录作为优化算法的输入，则需要处理巨量的数据。因此，ACOS 设定提取周期（如 1 min），周期性提取测量记录。

在 WCDMA、TD-SCDMA 等体制的无线接入网中，测量报告一般由移动台上报给网络侧功能实体,如无线网络控制器(RNC),因此测量记录提取功能适宜部署在相应的网络侧功能实体中。在 LTE 体制的无线接入网中,移动台测量报告上报至基站,因此测量记录提取功能适宜部署在各基站中。

(3)估算覆盖指标值

信号的强度和质量可以用来评估网络的下行覆盖质量,不同体制的无线接入网和不同的无线环境中,覆盖指标目标参考值也有所不同。例如,文献[9]和[10]分别给出了 WCDMA 和 TD-SCDMA 无线接入网密集市区、普通市区、郊区、农村环境中,下行覆盖指标的目标参考值。下文给出了其中 WCDMA 网络普通市区环境的目标参考值:

• PCPICH RSCP 分布概率参考目标。移动台测量上报数据中主小区的 PCPICHRSCP 值分布在[−95 dBm,+∞)内的概率大于 98%。

• PCPICH E_c/I_o 分布概率参考目标。移动台测量上报数据中主小区的 PCPICH E_c/I_o 值分布在[−12 dB,+∞)内的概率大于 95%。

• 无主导频概率参考目标。移动台测量上报数据中与主小区的 PCPICH E_c/I_o 相差 5 dB 以内的导频个数大于 3 的概率小于 3%。

根据网络侧或基站的要求,移动台可以测量、提交信号的强度和质量测量值,基于提取的测量值,ACOS 将估算各小区的覆盖指标值。根据无线接入网体制和网络运行的无线环境,ACOS 设置相应的覆盖指标参考目标值。若各小区的覆盖指标均达到参考目标值,则返回监测阶段;否则判断调整次数计数器 g 的值是否超过 G 的值(G 为 ACOS 方法中预设的参数,用于限制一次 ACOS 优化周期中的覆盖调整次数),若计数器 g 的值大于 G 则产生告警通知网络管理员,告警内容包括:未达到指标的小区 ID 和评估指标值。通过告警可以告知网络管理员可能出现了依靠 ACOS 方法无法完全优化的问题,例如,基站天线下倾角过大,由于基站发生故障产生了覆盖盲区等。通知网络管理员后,返回 ACOS 监测阶段,继续检测触发条件。若 g 的值未超过 G 的值,则进入规划阶段,生成调整方案。

要说明是,移动台提交测量报告可以是周期性的或事件触发的。若测量报告是由移动台周期性提交,则测量报告可以反映移动台整个通信过程中接收到的小区下行信号强度和质量,因此大量的测量记录,可以全面反映小区下行覆盖情况;若测量报告是由移动台事件触发提交,则测量报告通常在移动台位于小区交界处,准备和实施切换时提交,此时的测量报告反映的是位于小区交界处的信号强度和质量,而下行覆盖问题通常出现在小区交界处。因此无论测量报告以哪种方式提交,都可以支持 ACOS 发现网络覆盖异常问题,但当测量报告是由事件触发提交时,各项覆盖指标的参考目标值需要做相应的调整。

(4)生成基站信号发射功率调整方案

进入规划阶段后,ACOS 将基于信号强度测量记录,结合邻区关系列表,以 NIC

情况的出现概率最小为优化目标，生成基站信号发射功率调整方案。

① 优化模型

假设网内共有 m 个小区，单位时间内共获得测量记录 L 则，第 l 则测量记录由向量 $\boldsymbol{P}_l=[p_1^l,p_2^l,\cdots,p_m^l]$ 表示，其中 p_i^l 表示第 l 则记录中小区 i 的下行 CD 信号强度值，单位为 dBm。$Q=[q_{i,j}]_{m\times m}$ 是 m 个小区间的邻小区关系矩阵，根据邻小区关系列表获得，其中 $q_{i,j}$ 表示小区 i 和小区 j 的相邻关系，若相邻则 $q_{i,j}$ 为 1，否则为 0，$q_{i,i}=1$。

通过调整基站信号发射功率分别使得 Ⅰ、Ⅱ、Ⅲ 型 NIC 情况的出现概率最小的优化目标即可表达为

$$\min f(\boldsymbol{P})=[f_1(\boldsymbol{P}),f_2(\boldsymbol{P}),f_3(\boldsymbol{P})]^\mathrm{T}=$$

$$\begin{bmatrix} \dfrac{\sum\limits_{l=1}^{L}\varepsilon\left(-1\times\sum\limits_{i=1}^{m}\varepsilon(p_i^l+p_i-P_{\mathrm{th}})\right)}{L}, \\[4mm] \dfrac{\sum\limits_{l=1}^{L}\varepsilon\left(-3+\sum\limits_{i=1}^{m}\varepsilon(p_i^l+p_i-P_{\mathrm{th}})\right)}{L}, \\[4mm] \dfrac{\sum\limits_{l=1}^{L}\varepsilon\left(\sum\limits_{i=1}^{m-1}\sum\limits_{s=1}^{m-i}\varepsilon(p_i^l+p_i-P_{\mathrm{th}})\times\varepsilon(p_{i+s}^l+p_{i+s}-P_{\mathrm{th}})\times(1-q_{i,i+s})\right)}{L} \end{bmatrix} \quad (5\text{-}1)$$

式（5-1）中向量 $\boldsymbol{P}=[p_1,p_2,\cdots,p_m]$ 表示 m 个小区 CD 信号发射功率调整方案，其中 p_i 表示第 i 个小区的 CD 信号发射功率调整量，单位为 dB；$\varepsilon(x)$ 是阶跃函数，当 $x\geqslant 0$ 时，$\varepsilon(x)=1$，否则 $\varepsilon(x)=0$。

下文将上述优化问题称为问题（5-1）。问题（5-1）是多目标非线性优化问题，可以证明此类问题是 NP 问题，这里选用多目标模拟退火算法——UMOSA 来求问题（5-1）的 Pareto 解集。

② ACOS 中 UMOSA 算法实现

ACOS 中算法的具体实现步骤如下：

步骤 1：设置初温 $T_{\_\mathrm{begin}}$，末温 $T_{\_\mathrm{end}}$，降温系数 T_c，温度变量 T_d，T_d 初值设为 $T_{\_\mathrm{begin}}$；解更新代数 X_P，解更新代数变量 X_P，X_P 初值为 0；降温代数 X_T，$X_\mathrm{T}>X_\mathrm{P}$，降温代数变量 X_T，X_T 初值为 0；设置权向量数 N，向量指示变量 n，n 初值为 1。

步骤 2：产生服从均匀分布的随机权向量集合 $\boldsymbol{L}$，$\boldsymbol{L}=(\lambda^1,\cdots,\lambda^N)$，$\lambda^n=(\lambda_1^n,\lambda_2^n,\lambda_3^n)$，$\lambda_1^n+\lambda_2^n+\lambda_3^n=1$。

步骤 3：随机产生初始解 $\boldsymbol{P}=[p_1,p_2,\cdots,p_m]$，其中 p_i 的值在 $[-0.1,0.1]$ 上均匀分布，计算 $f(\boldsymbol{P})$ 的值，将初始解 $\boldsymbol{P}$ 加入 Pareto 解集 PAG 中。

步骤 4：产生 $\boldsymbol{P}$ 的邻域解 $\boldsymbol{P}'$，$\boldsymbol{P}'=\boldsymbol{P}+\boldsymbol{V}$，其中 $\boldsymbol{V}=[v_1,v_2,\cdots,v_m]$，$v_i$ 的值在 $[-0.1,0.1]$ 上均匀分布，计算 $f(\boldsymbol{P}')$。

步骤 5：若 $\forall \boldsymbol{P} \in$ PAG 有 $f(\boldsymbol{P}) < f(\boldsymbol{P}')$，则 $\boldsymbol{P}'$ 不加入 PAG；若有 $f(\boldsymbol{P}') < f(\boldsymbol{P})$，$\boldsymbol{P} \in$ PAG，则将 $\boldsymbol{P}'$ 加入 PAG，并将满足 $f(\boldsymbol{P}') < f(\boldsymbol{P})$ 的 $\boldsymbol{P}$ 从 PAG 中删除。

步骤 6：若 $\boldsymbol{P}'$ 加入 PAG 中，则令 $\boldsymbol{P} = \boldsymbol{P}'$，并转到步骤 8。

步骤 7：若 $\boldsymbol{P}'$ 未加入 PAG 中，则根据如下概率接受 $\boldsymbol{P}'$：

$$\boldsymbol{P} = \begin{cases} 1, & \Delta s \leqslant 0 \\ \exp\left(\dfrac{-\Delta s}{T_{\mathrm{d}}}\right), & \Delta s > 0 \end{cases}$$

$$\Delta s = \lambda_1^n (f_1(\boldsymbol{P}') - f_1(\boldsymbol{P})) + \lambda_2^n (f_2(\boldsymbol{P}') - f_2(\boldsymbol{P})) + \lambda_3^n (f_3(\boldsymbol{P}') - f_3(\boldsymbol{P}))$$

如果 $\boldsymbol{P}'$ 被接受，则令 $\boldsymbol{P} = \boldsymbol{P}'$，并转到步骤 8；如果 $\boldsymbol{P}'$ 未被接受，则直接转到步骤 8。

步骤 8：$x_{\mathrm{P}} = x_{\mathrm{P}} + 1, x_{\mathrm{T}} = x_{\mathrm{T}} + 1$。

步骤 9：若 $x_{\mathrm{P}} < X_{\mathrm{P}}$ 且 $x_{\mathrm{T}} < X_{\mathrm{T}}$，则转到步骤 4；若 $x_{\mathrm{P}} = X_{\mathrm{P}}$，则从 PAG 中随机选择一个解，作为 P 转到步骤 4，并将 x_{P} 置零。若 $x_{\mathrm{T}} = X_{\mathrm{T}}$，则 $T_{\mathrm{d}} = T_{\mathrm{c}} \times T_{\mathrm{d}}$，并将 x_{T} 置零，转到步骤 10。

步骤 10：若 $T_{\mathrm{d}} < T_{\text{end}}$，则转到步骤 11，否则转到步骤 4。

步骤 11：$n = n + 1$，若 $n \leqslant N$ 则转到步骤 3；若 $n > N$，则算法结束，输出 Pareto 解集 PAG。

在获得 PAG 解集后，ACOS 从解集中选择使 Ⅰ、Ⅱ、Ⅲ型 NIC 情况出现总概率最小的解为最终的调整方案。

生成调整方案后，计数器 g 的值将加 1，并进入小区下行信号发射功率调整流程。

（5）调整小区下行信号发射功率

进入执行阶段后，ACOS 将按照方案调整各小区发射功率。信号发射功率与其他公共信道信号发射功率以及下行专用信道信号发射功率的最大值和最小值间的偏置值通常是一定的，因此根据信号的发射功率调整方案，即可对小区的信号及其他下行信号的发射功率进行同步调整。以 WCDMA 体制的无线接入网为例，ACOS 可以利用 Iub 接口的 NBAP 协议中的小区重配置功能，向各小区下发 PCPICH 的发射功率值，各小区收到消息后，根据消息中携带的 Primary CPICH Information 参数值完成小区所有信道发射功率的重配置。调整完成后 ACOS 将返回继续检测触发条件，形成自主管理闭环。

2. 性能分析

报告以 WCDMA 系统为例，利用 Qualnet 软件进行了场景仿真，仿真设置了小区下行覆盖过度和不足两种场景。仿真通过对比优化前后的下行覆盖指标——PCPICH RSCP 分布概率、均值，PCPICH $E_{\mathrm{c}}/I_{\mathrm{o}}$ 分布概率、均值和无主导频概率，验证了 ACOS 方可以有效优化下行覆盖。

（1）仿真环境设置

图 5-7 为仿真场景俯视图，城区范围 1 km × 1 km，街道宽度 15 m，以坐标（500 m，500 m）为中心有一个 200 m × 200 m 的公园，城区的下半部分是工作区域，上半部分是生活区域。整个市区中分布着高度从 20 m 到 50 m 不等的建筑物。建筑

的顶端分布有 8 个基站,基站间距在 300~500 m 之间,基站与同一个 RNC 相连,每个基站有 3 个小区,为三叶草型蜂窝结构,每个小区的 ID(小区 ID 由 Qualnet 自动设置)如图 5-7 所示。小区天线水平半功率波束宽度为 65°,垂直半功率波束宽度为 10°,天线自身高 1.5 m,下倾角 8°,天线增益 15 dBi,天线效率 0.8。小区下行专用信道(DPDCH)功率的最大、最小值以及各公共信道信号发射功率值与 PCPICH 信号发射功率值之间的偏置如表 5-4 所示。

网内设置有 300 个移动台(未显示在图 5-7 中),移动台最大发射功率为 23 dBm,天线为全向天线,天线增益 0 dBi,天线效率 0.8。

表 5-4　信道发射功率值偏置设置情况

信道类型	偏置值/dB
PCPICH 信道	—
下行 DPDCH（最小）	−21
下行 DPDCH（最大）	−3
主同步信道	−5
辅同步信道	−5
主公共控制物理信道	−2
辅公共控制物理信道	−3
寻呼指示信道	−5
捕获指示信道	−7

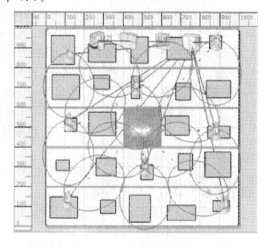

图 5-7　仿真场景示意图

仿真中无线传输频率为 2 GHz,路径损耗模型为 COST231-HATA 城区模型,阴影衰落模型为均值为 4 dB 的对数正态的模型,快衰落模型为莱斯模型。

按照移动台用户运动及行为模式的不同,仿真分为工作日仿真(模拟周一到周五)和休息日仿真(模拟周六、周日)两类。工作日类型中,移动台按照一定比例随机分成工作组和休息组(工作组占 90%)。初始状态,工作组移动台均匀分布在生活区中,工作日仿真计时开始后,以速度 V_w 移动到工作区域中,V_w 服从[3 km/h, 30 km/h]上的均匀分布,到达工作区后,移动台在工作区内均匀分布。初始状态,位于休息组的移动台在生活区中均匀分布,计时开始后,以速度 V_b,V_b 服从[0, 3 km/h]上的均匀分布,在整个城区范围内运行。10 小时后,所有移动台均以速度 V_t 移动到生活区中,V_t 服从[3 km/h, 30 km/h]上的均匀分布,到达生活区后,在生活区均匀分布。

休息日类型中,移动台按照一定比例随机分成公园组和家庭组(家庭组占 90%)。初始状态,公园组移动台均匀分布在生活区中,计时开始后,以速度 V_p 移动到公园中,V_p 服从[3 km/h, 30 km/h]上的均匀分布,到达公园后,在公园内均匀分布。初始状态,家庭组移动台均匀分布在生活区中,计时开始后,以速度 V_h 在整个城区范围内运行,V_h 服从[0, 3 km/h]上的均匀分布。10 小时后,所有移动台均以速

度 V_t 移动到生活区中, V_t 服从[3 km/h, 30 km/h]上的均匀分布。

移动台只在工作日和休息日计时开始后的 15 h 内通信, 通信类型为话音 (CS 12.2 kbit/s), 通信时间和通信间隔时间分别服从均值为 300 s、3 000 s的负指数分布。

(2) 下行覆盖过度仿真分析

在覆盖过度场景中小区的 PCPICH 信号发射功率设置为 40 dBm。仿真开始时, ACOS 被触发, 开始提取测量值, 提取周期设为 1 min, 提取单位时间设为一周(由于仿真条件限制, 仿真中的一周由 2 个工作日和 1 个休息日仿真组成)。UMOSA 算法中 T_{begin} 设为 5, T_{end} 设为 0.1, T_c 设为 0.9, X_P 设为 100, X_T 设为 200, N 设为 10。 η_1 设置为 1 dB, η_2 设置为 2 dB。 P_{th} 是 ACOS 方法中的重要参数, 根据城区 PCPICH RSCP 分布概率参考目标值(主小区的 PCPICH RSCP 值大于-95 dBm 的概率大于 98%), 在此将 P_{th} 设定为 -95 dBm。

表 5-5 给出了 ACOS 方法完成一次调整后, 各小区 PCPICH 信号发射功率值。 此次调整中, 各小区 PCPICH 信号发射功率调整值绝对值的均值为 6.94 dB, 大于再调整门限 η_1, 因此 ACOS 方法继续进行二次调整。表 5-6 给出了二次调整后, 各小区 PCPICH 信号发射功率值, 此次调整中各小区 PCPICH 信号发射功率调整值绝对值的均值为 0.13 dB, 小于再调整门限 η_1, 最大的调整值绝对值为 0.28 dB, 小于再调整门限 η_2, 调整完成。

表 5-5 一次调整后各小区 PCPICH 信号发射功率值

小区 ID	发射功率/dBm	小区 ID	发射功率/dBm
16	32.695 43	560	32.596 38
32	33.195 31	368	32.668 54
304	33.732 66	640	32.187 73
432	34.385 67	720	33.254 67
208	31.924	448	32.524 26
288	33.699 37	800	33.929 76
576	32.904 53	512	33.109 72

表 5-6 二次调整后各小区 PCPICH 信号发射功率值

小区 ID	发射功率/dBm	小区 ID	发射功率/dBm
16	32.642 53	560	32.702 28
32	33.073 61	368	32.912 44
304	33.452 06	640	32.184 73
432	34.110 57	720	33.212 97
208	31.800 90	448	32.585 06
288	33.431 27	800	33.870 16
576	32.921 93	512	32.928 62

根据单位时间内的采样值获得的覆盖指标评估值如表 5-7 所示，表中分别给出了各小区 PCPICH RSCP 大于 -95 dBm 的概率，PCPICH E_c/I_o 大于 -12 dB 的概率和无主导频概率。覆盖指标评估值均达到参考目标值的要求，ACOS 返回首步继续监测触发条件，一次下行覆盖优化完成。

表 5-7 各小区覆盖指标评估值

小区 ID	RSCP 概率/（%）	E_c/I_o 概率/（%）	无主导频概率/（%）
16	98.01	95.13	2.83
32	98.08	95.68	2.84
304	98.13	95.25	2.92
432	98.28	95.67	2.67
208	98.10	95.71	2.73
288	98.12	95.44	2.69
576	98.27	96.20	2.89
560	98.11	95.63	2.79
368	98.00	95.15	2.79
640	98.07	96.26	2.86
720	98.01	96.20	2.80
448	98.04	95.14	2.88
800	98.03	95.82	2.66
512	98.16	95.76	2.78

表 5-8 给出了优化前后单位时间内 PCPICH RSCP 分布概率及均值。其计算方法为，PCPICH RSCP 分布概率：移动台测量上报数据中，主小区的 PCPICH RSCP 值分布在各门限区间内的数量占总数的比例，其中各区间分别设定为 $[-85$ dBm，$+\infty)$，$[-90$ dBm，-85 dBm），$[-95$ dBm，-90 dBm），$[-100$ dBm，-95 dBm），$[-105$ dBm，-100 dBm），$(-\infty，-105$ dBm）。PCPICH RSCP 均值：移动台测量上报数据中主小区 PCPICH RSCP 的均值。

表 5-8 PCPICH RSCP 分布概率及均值

RSCP 分布区间	优化后	优化前
$[-85$ dBm，$+\infty)$	35.27%	75.74%
$[-90$ dBm，-85 dBm）	29.81%	20.86%
$[-95$ dBm，-90 dBm）	33.01%	3.24%
$[-100$ dBm，-95 dBm）	1.61%	0.16%
$[-105$ dBm，-100 dBm）	0.31%	0
$(-\infty，-105$ dBm）	0	0
均值/dBm	-88.98	-81.82

表 5-9 给出了优化前后单位时间内 PCPICH E_c/I_o 分布概率及均值,其计算方法为,PCPICH E_c/I_o 分布概率:移动台测量上报数据中,主小区的 PCPICH E_c/I_o 值分布在各门限区间内的数量占总数的比例,其中各区间分别设定为$[-8\ \text{dB},$ $+\infty)$,$[-12\ \text{dB}, -8\ \text{dB})$,$[-16\ \text{dB}, -12\ \text{dB})$,$(-\infty, -16\ \text{dB})$。PCPICH E_c/I_o 均值:移动台测量上报数据中主小区 PCPICH E_c/I_o 的均值。

表 5-9 PCPICH E_c/I_o 分布概率及均值

E_c/I_o 分布区间	优化后	优化前
$[-8\ \text{dB}, +\infty)$	60.01%	51.38%
$[-12\ \text{dB}, -8\ \text{dB})$	35.62%	38.21%
$[-16\ \text{dB}, -12\ \text{dB})$	2.70%	5.34%
$(-\infty, -16\ \text{dB})$	1.67%	5.06%
均值/dB	-7.07	-9.56

表 5-10 给出了优化前后单位时间内无主导频概率。其计算方法为:移动台测量上报数据中与主小区的 PCPICH E_c/I_o 相差 5dB 以内的导频个数大于 3 的数量占总数的比例。

表 5-10 无主导频概率

	优化后	优化前
概率	2.793%	6.124%

结合覆盖指标参考目标值可以看出,优化前 PCPICH E_c/I_o 的分布概率和无主导频概率均未达到目标参考值,优化后 PCPICH E_c/I_o 的均值比优化前提升了约 2.5 个 dB,且 PCPICH E_c/I_o 大于 -12dB 的概率为 95.63%,比优化前提高了 6.04%,大于 95% 的目标参考值,达到覆盖标准要求。无主导频概率比优化前降低了 3.331%,小于 3% 的目标参考值,也达到覆盖标准要求。PCPICH RSCP 的均值降低了约 7 dBm,但是 PCPICH RSCP 大于 -95 dBm 的概率为 98.09%,大于 98% 的目标参考值,同样达到覆盖标准要求。

(3)下行覆盖不足仿真分析

在覆盖不足场景中小区的 PCPICH 信号发射功率设置为 30 dBm。其他仿真参数的设定与覆盖过度场景相同。

表 5-11 给出了 ACOS 方法完成一次调整后,各小区 PCPICH 信号发射功率值。此次调整中,各小区 PCPICH 信号发射功率调整值绝对值的均值为 3.04 dB,大于再调整门限 η_1,因此 ACOS 方法继续进行二次调整。表 5-12 给出了二次调整后,各小区 PCPICH 信号发射功率值,此次调整值绝对值的均值为 0.51 dB,小于再调整门限 η_1,最大的调整值绝对值为 0.93 dB,小于再调整门限 η_2,调整完成。

表 5-11　一次调整后各小区 PCPICH 信号发射功率值

小区 ID	发射功率/dBm	小区 ID	发射功率/dBm
16	33.463 75	560	32.718 24
32	33.393 49	368	33.354 15
304	34.150 73	640	31.501 49
432	33.379 22	720	32.333 68
208	32.106 22	448	32.441 29
288	32.888 96	800	34.424 05
576	33.048 38	512	33.372 26

表 5-12　二次调整后各小区 PCPICH 信号发射功率值

小区 ID	发射功率/dBm	小区 ID	发射功率/dBm
16	32.546 56	560	32.772 19
32	33.107 65	368	32.823 35
304	33.393 53	640	32.280 66
432	34.132 95	720	33.267 69
208	31.725 77	448	32.571 2
288	33.456 78	800	33.855 23
576	32.972 53	512	32.902 87

　　根据单位时间内的采样值获得的覆盖指标评估值如表 5-13 所示，指标达到了参考目标值的要求，ACOS 返回继续监测触发条件，一次覆盖优化完成。

表 5-13　各小区覆盖指标评估值

小区 ID	RSCP 概率/(%)	E_c/I_o 概率/(%)	无主导频概率/(%)
16	98.19	95.72	2.83
32	98.46	95.74	2.75
304	98.45	95.88	2.72
432	98.46	96.15	2.88
208	98.47	95.32	2.75
288	98.14	95.11	2.85
576	98.30	95.91	2.80
560	98.35	95.90	2.87
368	98.18	95.34	2.84
640	98.64	95.36	2.82
720	98.66	95.06	2.86
448	98.43	95.62	2.88
800	98.29	95.80	2.75
512	98.04	95.65	2.90

（4）仿真前后覆盖指标比较

表 5-14 给出了优化前后单位时间内，PCPICH RSCP 分布概率及均值，表 5-15 给出 PCPICH E_c/I_o 分布概率及均值，表 5-16 给出了无主导频概率。由仿真结果可以看出，优化后 PCPICH RSCP 的均值提高了约 3 dBm，PCPICH RSCP 大于 -95 dBm 的概率为 98.32%，比优化前提高了 14.95%，大于 98% 的目标参考值，达到了覆盖标准要求。优化后 PCPICH E_c/I_o 的均值比优化前降低了 0.22 dB，但 PCPICH E_c/I_o 大于 -12 dB 的概率为 95.57%，比优化前提高了 0.41%，同时无主导频概率也比优化前降低了 0.102%。

表 5-14　PCPICH RSCP 分布概率及均值

RSCP 分布区间	优化后	优化前
$[-85\ dBm, +\infty)$	35.73%	25.82%
$[-90\ dBm, -85\ dBm)$	29.96%	25.43%
$[-95\ dBm, -90\ dBm)$	32.63%	32.12%
$[-100\ dBm, -95\ dBm)$	1.47%	13.67%
$[-105\ dBm, -100\ dBm)$	0.21%	2.89%
$(-\infty, -105\ dBm)$	0	0.07%
均值/dBm	-89.07	-91.94

表 5-15　PCPICH E_c/I_o 分布概率及均值

E_c/I_o 分布区间	优化后	优化前
$[-8dB, +\infty)$	59.97%	60.76%
$[-12dB, -8dB)$	35.62%	34.42%
$[-16dB, -12dB)$	2.69%	2.79%
$(-\infty, -16dB)$	1.72%	2.03%
均值/dB	-7.11	-6.89

表 5-16　无主导频概率

	优化后	优化前
概率	2.809%	2.911%

综上，针对覆盖不足和覆盖过度，ACOS 都能进行有效的优化，优化后的各项下行覆盖指标能达到目标参考值的要求。

要说明的是 P_{th} 的设定参考了相关资料中对 WCDMA 体制的无线接入网普通市区环境下覆盖指标目标参考值的要求，当无线接入网体制和无线环境不同时覆盖指标目标参考值也有所不同，如密集市区，PCPICH RSCP 分布概率参考目标为，移动台测量上报数据中主小区的 PCPICH RSCP 值分布在 $[-90\ dBm, +\infty)$ 内的概率大于 98%。因此当无线接入网体制和无线环境不同时，P_{th}的设定也应进行相应的调整。

5.3.2 基于天线下倾角调整的自主覆盖优化方法

基于基站天线下倾角调整的 ACOS 以无线网运行过程中 CA 情况发生概率最小为目标，根据自主管理的概念，分为检测、分析、规划、执行 4 个阶段，整个阶段均自主完成，无须人工干涉。具体流程如图 5-8 所示。

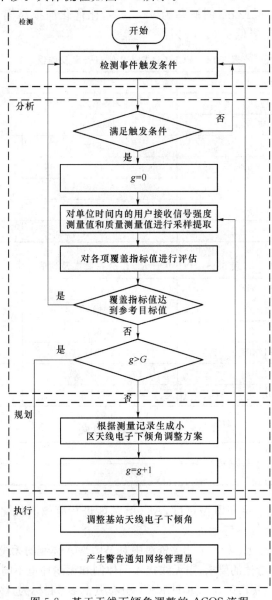

图 5-8 基于天线下倾角调整的 ACOS 流程

优化过程描述如下：

(1) 检测事件触发条件。管理实体检测小区业务量变化情况，这里会有两种情况下触发 ACOS 优化行为。一类为业务量触发，当网络的拓扑结构发生变化时小区的业务量也会发生变化，从而小区的覆盖情况会有所不同，这时会触发 ACOS 优化。一类为周期性触发。当网络运行一定的时间后，也会导致无线网运行环境的改变，从而影响覆盖状况触发条件。

(2) 如果满足触发条件进入分析阶段，跳到(3)，未满足则继续检测触发条件，回到(1)。

(3) 初始化参数 g 为 0，参数 g 为 ACOS 周期中优化的次数。

(4) 从移动台上交的测量报告中提取用户接收信号强度和质量。移动台会周期性或事件触发地向网络侧或基站提交测量报告。测量报告中包含大量的测量值数据，如 WCDMA 中的主公共导频信道(PCPICH)接收信号功率(RSCP)以及主小区所接收信号的强度和邻小区干扰水平的比值(E_c/I_o)，LTE 中的参考信号接收功率(RSRP)和参考信号接收质量(RSRQ)等。

(5) 针对测量数据对当前的网络覆盖状况进行评估。不同网络给出的覆盖指标目标参考值均不相同。本书仿真针对的是 WCDMA 中郊区环境，它的下行覆盖指标目标参考值为：移动台测量上报数据中主小区的 PCPICH RSCP 值分布在 $[-95 \text{ dBm}, +\infty)$ 内的概率大于 98%；移动台测量上报数据中主小区的 E_c/I_o 值分布在 $[-12 \text{ dB}, +\infty)$ 内的概率大于 95%。

(6) 覆盖指标达到目标参考值，则说明覆盖正常，跳到(1)，否则进入(7)。

(7) 优化次数 g 超过目标值 G 则跳到(11)，产生警告通知网络管理员无法通过 ACOS 方法完全优化问题，如基站故障产生覆盖盲区等。告警内容包括：未达到指标的基站 ID 和评估指标值。否则，进入(8)执行规划阶段，生成调整方案。

(8) 根据当前的覆盖异常情况，采用模拟退火自主覆盖优化算法获取天线下倾角的调整值。该功能是本次算法的核心。

(9) 将优化次数加 1。

(10) 根据智能算法形成的方案对基站下倾角进行调整，并进入(4)重新提取当前小区的测量报告，看是否需要再次优化。

(11) 产生警告。

在执行完检测和分析阶段后，需要根据当前小区的覆盖状况对基站天线的下倾角值进行合理的优化，最后选取一个使得 NIC 情况发生概率最小时的最优解。模拟退火算法是一种启发式的随机寻优算法，以一定的概率选择领域中目标值相对较小的状态。相对于其他优化算法来说，模拟退火算法收敛性和解集完备性上具有较大优势。

1. 优化模型描述

假设无线网内共有 m 个基站，总共有 L 个用户。第 l 个移动台的测量记录由向量 $P_l = [p_1^l, p_2^l, \cdots, p_m^l]$ 表示，其中 p_i^l 表示第 l 个用户的测量记录中该用户接收到基站 i 发射的信号强度，单位是 dBm。对小区内每一个用户来说，他们到每一个基站天线下倾方向上的水平角和垂直角均不同[12]。无线网内基站天线的下倾角由向量 $\boldsymbol{\varphi} = [\varphi_1, \varphi_2, \cdots, \varphi_m]$ 表示；第 l 个用户到无线网内基站天线下倾方向在地面上投影的水平角由向量 $\boldsymbol{\delta}_l = [\delta_1^l, \delta_2^l, \cdots, \delta_m^l]$ 表示；第 l 个用户到基站天线下倾方向在移动台与基站所在平面上投影的垂直倾角由向量 $\boldsymbol{\theta}_l = [\theta_1^l, \theta_2^l, \cdots, \theta_m^l]$ 表示，单位均为度。基站天线对第 l 个用户的水平天线增益由向量 $\boldsymbol{A}_{Hl} = [A_{h1}^l, A_{h2}^l, \cdots, A_{hm}^l]$ 表示；基站天线对第 l 个用户的垂直天线增益由向量 $\boldsymbol{A}_{Vl} = [A_{v1}^l, A_{v2}^l, \cdots, A_{vm}^l]$ 表示；基站天线对第 l 个用户总的天线增益由向量 $\boldsymbol{A}_l = [A_1^l, A_2^l, \cdots, A_m^l]$ 表示；由于基站天线下倾角改变导致用户 l 接收的天线增益改变量由向量 $\Delta \boldsymbol{A}_l = [\Delta A_1^l, \Delta A_2^l, \cdots, \Delta A_m^l]$ 表示，单位均为 dB。

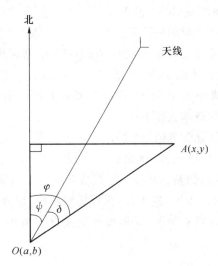

图 5-9　天线水平图

下面介绍第 l 个用户到基站天线 i 的下倾方向在地面上投影角度的计算方法。如图 5-9 所示，该图可视为俯视图，点 $O(a,b)$ 为基站 i 所在位置，点 $A(x,y)$ 为移动台 l 所在位置。角 φ 为移动台到基站的水平角度（以正北为坐标），角 ψ 为扇区天线水平方向角（以正北为坐标），角 δ 为移动台 l 到天线 i 下倾方向在地面上投影的水平偏角，即 δ_i^l。根据几何关系可知（其中，ψ 由天线初始参数可知）：

$$\delta_i^l = \arctan \frac{x-a}{y-b} - \psi \tag{5-2}$$

天线垂直角的关系图如图 5-10 所示，点 $O(a,b)$ 为基站 i 位置，点 $A(x,y)$ 为移动台 1 位置,OD 为天线倾斜方向,OQ 可视为基站方向,垂直于地面。α 为从移动台处看天线的下倾角,β 为从移动台看天线的仰角,γ 为从移动台到天线下倾方向在移动台与基站所在平面上投影的垂直倾角,即 θ_i^l。

$$\beta = \arctan\left(\frac{h_{bs} + h_a - h_u - h_{ms}}{\sqrt{(x-a)^2 + (y-b)^2}}\right) \tag{5-3}$$

$$\theta_i^l = \beta - \varphi_i \times \cos\delta_i^l \tag{5-4}$$

式中,h_{bs} 为基站高度,h_a 为基站天线高度,h_u 为用户高度,h_{ms} 为移动台天线高度,单位均为 km。δ_i^l 为移动台 l 到天线 i 下倾方向在地面上投影的水平偏角。

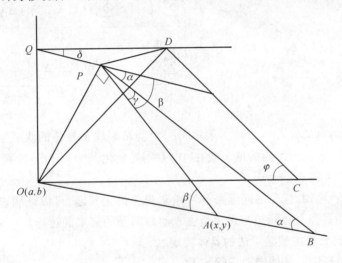

图 5-10 天线三维图

根据 3GPP 标准组织发布的文件,可由式(5-2)～式(5-4)中所求的天线水平和垂直增益角分别求得天线的水平增益和垂直增益[15],如下:

$$A_{hi}^l(\delta_i^l) = -\min\left[12\left(\frac{\delta_i^l}{\delta_{3dB}}\right)^2, A_m\right] \tag{5-5}$$

式中,δ_{3dB} 为水平半功率波束宽度(报告性能分析时的仿真为郊区场景 $\delta_{3dB} = 65°$[13]),A_m 为常数,取值为 25 dB。

$$A_{vi}^l(\varphi_i) = -\min\left[12\left(\frac{\theta_i^l(\varphi_i) - \varphi_i}{\theta_{3dB}}\right)^2, \text{SLA}_v\right] \tag{5-6}$$

式(5-6)中,θ_{3dB} 为垂直半功率波束宽度(报告性能分析时的仿真为郊区场景 $\theta_{3dB} = 15°$[13]),SLA_v 为常数,取值为 20 dB。

则总的天线增益为

$$A_i^l = -\min\{-[A_{hi}^l(\theta_i^l) + A_{vi}^l(\bar{\omega}_i)], A_m\} \tag{5-7}$$

式中,A_m 为常数,取值为 25 dB。

由式(5-2)～式(5-7)可知,当改变基站 i 天线的下倾角时,天线对用户的天线水平增益是不变的,而用户的天线垂直增益的改变值只与天线下倾角的改变值有关。因此,用户接收到天线增益的改变值只与天线下倾角的改变量有关。由此可得

$$\Delta A_i^l(\Delta \varphi_i) = A_i^{\prime l} - A_i^l \tag{5-8}$$

式中,$\Delta \varphi_i$ 为基站 i 天线下倾角的改变值,$A_i^{\prime l}$ 为调整后的天线增益值,A_i^l 为原来天线增益值。

根据优化目标:通过调整基站天线下倾角分别使得 Ⅰ、Ⅱ 型 NIC 情况概率最小的表达式为

$$\min f(\Delta \boldsymbol{\varphi}) = \left[f_1(\Delta \boldsymbol{\varphi}), f_2(\Delta \boldsymbol{\varphi})\right]^{\mathrm{T}} = \begin{bmatrix} \dfrac{\sum\limits_{i=1}^{L} \varepsilon\left(-1 \times \sum\limits_{i=1}^{m} \varepsilon(P_i^l + \Delta A_i^l(\Delta \varphi_i) - P_{\text{th}})\right)}{L} \\ \dfrac{\sum\limits_{i=1}^{L} \varepsilon\left(-3 + \sum\limits_{i=1}^{m} \varepsilon(P_i^l + \Delta A_i^l(\Delta \varphi_i) - P_{\text{th}})\right)}{L} \end{bmatrix}$$

$$\tag{5-9}$$

式中,$\Delta \boldsymbol{\varphi} = [\Delta \varphi_1, \Delta \varphi_2, \cdots, \Delta \varphi_m]$,表示每一个基站天线下倾角的改变量,单位为度。在实际场景中,天线下倾角的值一般在 $[0°, 10°]$ 间变化[14]。$\varepsilon(x)$ 是阶跃函数,当 $x \geqslant 0$ 时 $\varepsilon(x) = 1$,否则 $\varepsilon(x) = 0$。

由式(5-9)可知,优化的问题是多目标非线性优化问题,可以证明该问题是一个 NP 问题,下面具体介绍用模拟退火算法求解该问题的解集的过程。

2. 模拟退火自主覆盖算法的具体实现

模拟退火算法的具体实现步骤如下:

步骤 1:随机产生初始解 $\Delta \boldsymbol{\varphi}$,其中 $\Delta \varphi_i$ 的值在 $[-0.1, 0.1]$ 上均匀分布,并将其加入解集 $\Delta \boldsymbol{\varphi}_T$ 中,计算 $f(\Delta \boldsymbol{\varphi})$ 的值。给定初温 T_0 和末温 T_f,令迭代指标 $k=0$,$T_k = T_0$,设定内循环迭代次数 $n(T_k)$,令内循环计数器 $n=0$。

步骤 2:产生服从均匀分布的随机权向量集合 L,$L = (\lambda^1, \cdots, \lambda^N)$,$\lambda^n = (\lambda_1^n, \lambda_2^n)$,$\lambda_1^n + \lambda_2^n = 1$。

步骤 3:产生 $\Delta \boldsymbol{\varphi}$ 的邻域解 $\Delta \boldsymbol{\varphi}'$,$\Delta \boldsymbol{\varphi}' = \Delta \boldsymbol{\varphi} + \boldsymbol{\omega}$,其中 $\boldsymbol{\omega} = [\omega_1, \omega_2, \cdots, \omega_m]$,$\omega_i$ 的值在 $[-0.1, 0.1]$ 上均匀分布,计算 $f(\Delta \boldsymbol{\varphi})$。令 $n = n+1$。

步骤 4:若 $\forall \Delta \boldsymbol{\varphi} \in \Delta \boldsymbol{\varphi}_T$ 有 $f(\Delta \boldsymbol{\varphi}') < f(\Delta \boldsymbol{\varphi})$,将 $\Delta \boldsymbol{\varphi}'$ 加入 $\Delta \boldsymbol{\varphi}_T$ 中,并将 $f(\Delta \boldsymbol{\varphi}') < f(\Delta \boldsymbol{\varphi})$ 中的 $\Delta \boldsymbol{\varphi}$ 从解集中删除,令 $\Delta \boldsymbol{\varphi} = \Delta \boldsymbol{\varphi}'$ 并转到步骤 5;若有 $f(\Delta \boldsymbol{\varphi}) < f(\Delta \boldsymbol{\varphi}')$,则根据如下概率接受 $\Delta \boldsymbol{\varphi}'$:

$$P = \begin{cases} 1, & \Delta s \leqslant 0 \\ \exp\left(\dfrac{-\Delta s}{T_k}\right), & \Delta s > 0 \end{cases}$$

式中,$\Delta s = \lambda_1^n [f_1(\Delta \boldsymbol{\varphi}') - f_1(\Delta \boldsymbol{\varphi})] + \lambda_2^n [f_2(\Delta \boldsymbol{\varphi}') - f_2(\Delta \boldsymbol{\varphi})]$。

步骤 5:若达到热平衡〔内循环次数 $n > n(T_k)$〕,转步骤 6;否则转步骤 3。

步骤 6:降低 T_k,$k=k+1$,若 $T_k < T_f$ 则算法停止,否则,重新设定内循环迭代次数 $n(T_k)$,令内循环计数器 $n=0$,转步骤 3。

由于模拟退火算法会接受性能较差的解,所以最终解可能会比运算过程中最好解的性能差。因此,在获得解集 $\Delta\varphi_T$ 后,从解集中选择使 Ⅰ、Ⅱ 型 NIC 情况出现总概率最小的解为最终的调整方案。

报告以 WCDMA 系统为例,利用 Matlab 软件验证了基于基站天线下倾角调整的模拟退火覆盖优化算法的性能。仿真设置了小区覆盖不足和过覆盖的场景。通过对比优化前后的覆盖指标:PCPICH RSCP 分布概率;PCPICH E_c/I_o 分布概率验证了该方法能有效优化下行覆盖问题。

3. 仿真环境设置

图 5-11 为仿真场景示意图,图中给出了站点和用户的分布情况。仿真区域为 10 km×9 km 的郊区场景,共分布有 $n=16$ 个功能一致的基站。基站距离为 $1.7\sim$ 1.75 km,每个基站为单小区基站,基站的覆盖范围近似为圆形。区域的用户数为 $m=1\,000$ 个,用户随机分布在仿真区域内,他们的业务均为 12.2 kbit/s 的语音业务,移动台最大发射功率为 23 dBm。

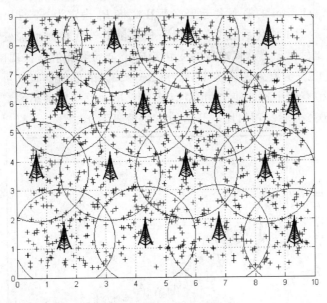

图 5-11 仿真场景示意图

天线类型为全向智能天线,下倾角初值设为 3°,天线效率 0.8。仿真中所涉及的重要参数如表 5-17 所示。针对模拟退火算法,为了获取有效的解集,设置 $T_0=100$,$T_f=1$,$n(T_k)=20$,降温函数为 $T_{k+1}=\mu \times T_k$,μ 为降温系数取 0.96。

表 5-17 重要参数设置

参数取值	取值
水平半功率波束宽度 $\delta_{3\,dB}$	65°
垂直半功率波束宽度 $\theta_{3\,dB}$	15°
载频/MHz	2 130
基站距离/km	1.7~1.75
慢衰落标准差/dB	8
MS（Mobile Station，最大发射功率）/dBm	23
路径损失模型	Okumura
MS（Mobile Station，移动速度）/(km·h^{-1})	3
天线效率	0.8
BS（Base Station，天线高度）/m	25
热噪声功率谱密度/(dBm·Hz^{-1})	−174

4. 下行覆盖不足仿真结果分析

在覆盖不足场景中基站的信号发射功率设置为 30 dBm。仿真开始时，自主覆盖优化算法被触发，开始提取测量值，提取周期设为 1 min。P_{th} 是覆盖优化中的重要参数，根据郊区主小区的 PCPICH RSCP 分布概率参考目标值（用户主小区的 PCPICH RSCP 值大于 −95 dBm 的概率大于 98%），在此将 P_{th} 设定为 −95 dBm。

如图 5-12 给出了优化后的 CA 情况下概率随着迭代次数增加变化情况。可以发现最终的优化目标随着迭代次数的变化趋向于全局最优值。在现网中，可以认为理想覆盖率为 98% 为有效的覆盖，因此 $f(\Delta\varphi)<2\%$ 的取值空间都可以看做有效的解集。在该取值空间中选取使 I、II 型 NIC 情况出现总概率最小的解为最终的调整方案，此时的 $f(\Delta\varphi)=0.7\%$，比一开始的 11% 降低了 10.3%。

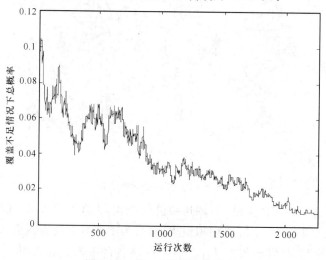

图 5-12 $f(\Delta\varphi)$ 值的变化情况

表 5-18 给出了优化前后单位时间内用户主小区 PCPICH RSCP 分布概率,它的计算方法为:移动台测量上报数据中,主小区的 PCPICH RSCP 值分布在各门限区间内的数量占总数的比例。分别从 -83 dBm 开始以 4 dBm 为间隔到 -99 dBm 来分割区间。

表 5-18　PCPICH RSCP 分布概率

RSCP 分布区间	优化后	优化前
$[-83\,\mathrm{dBm}, +\infty)$	28.4%	21%
$[-87\,\mathrm{dBm}, -83\,\mathrm{dBm})$	18.5%	13.8%
$[-91\,\mathrm{dBm}, -87\,\mathrm{dBm})$	28.5%	21.4%
$[-95\,\mathrm{dBm}, -91\,\mathrm{dBm})$	23.9%	32.8%
$[-99\,\mathrm{dBm}, -95\,\mathrm{dBm})$	0.7%	10.7%
$(-\infty, -99\,\mathrm{dBm})$	0	0.3%

表 5-19 给出了优化前后单位时间内 PCPICH E_c/I_o 分布概率,它的计算方法为:移动台测量上报数据中,主小区的 PCPICH E_c/I_o 值分布在各门限区间内的数量占总数的比例,分别从 -15 dB 开始以 3 dB 为间隔到 -9 dB 来分割区间。

表 5-19　PCPICH E_c/I_o 分布概率

E_c/I_o 分布区间	优化后	优化前
$[-9\,\mathrm{dB}, +\infty)$	81%	61.8%
$[-12\,\mathrm{dB}, -9\,\mathrm{dB})$	17.6%	25.1%
$[-15\,\mathrm{dB}, -12\,\mathrm{dB})$	1.4%	12.1%
$(-\infty, -15\,\mathrm{dB})$	0	1%

结合覆盖指标参考目标值可以看出,优化前 PCPICH RSCP 和 E_c/I_o 的分布概率均未达到目标参考值。优化后 PCPICH RSCP 大于 -95 dBm 的概率为 99.3%,比优化前提高了 10.3%,大于 98% 的目标参考值,达到了覆盖标准要求。优化后 PCPICH E_c/I_o 大于 -12 dB 的概率为 98.6%,PCPICH E_c/I_o 比优化前提高了 11.7%,大于 95% 的优化目标。从以上结果可以看出基于基站天线下倾角调整的自主覆盖优化方法,能够很好地对覆盖指标进行自主优化,有效地解决了弱覆盖问题。

5. 下行覆盖过度仿真结果分析

在覆盖过度场景中基站的信号发射功率设置为 40 dBm,其他与弱覆盖场景设置一样。

如图 5-13 给出了优化后的 NIC 情况下概率随着迭代次数增加变化情况。可以发现 I、II 型 NIC 情况出现总概率最小的概率 $f(\Delta\varphi)=0.9\%$,比一开始的 33.1% 降低了 32.2%。

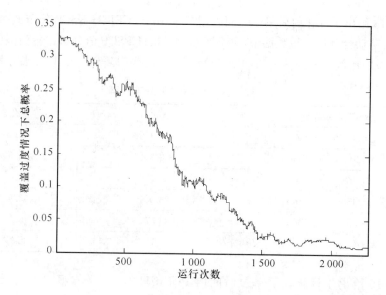

图 5-13 $f(\Delta\varphi)$ 值的变化情况

表 5-20 给出了优化前后单位时间内 PCPICH RSCP 分布概率及均值，表 5-21 给出 PCPICH E_c/I_o 分布概率及均值。由仿真结果可以看出，PCPICH E_c/I_o 大于 -12 dB 的概率为 97.3%，比优化前提高了 9.2%，大于 95% 的优化目标。优化后 PCPICH RSCP 大于 -95 dBm 的概率为 99.1%，虽然比优化前降低了 0.6%，但仍大于 98% 的目标参考值，同样达到覆盖标准要求。

表 5-20 PCPICH RSCP 分布概率

RSCP 分布区间	优化后	优化前
$[-83 \text{ dBm}, +\infty)$	39.7%	59.2%
$[-87 \text{ dBm}, -83 \text{ dBm})$	22.8%	30%
$[-91 \text{ dBm}, -87 \text{ dBm})$	23.7%	10.5%
$[-95 \text{ dBm}, -91 \text{ dBm})$	13.3%	0.3%
$[-99 \text{ dBm}, -95 \text{ dBm})$	0.5%	0
$(-\infty, -99 \text{ dBm})$	0	0

表 5-21 PCPICH E_c/I_o 分布概率

E_c/I_o 分布区间	优化后	优化前
$[-9 \text{ dB}, +\infty)$	65.8%	58.3%
$[-12 \text{ dB}, -9 \text{ dB})$	31.5%	29.8%
$[-15 \text{ dB}, -12 \text{ dB})$	0.9%	7.3%
$(-\infty, -15 \text{ dB})$	1.8%	4.6%

综上可知,针对覆盖不足和覆盖过度,基于基站天线下倾角调整的自主覆盖优化方法都能进行有效的优化,优化后的各项下行覆盖指标都能达到目标参考值的要求。此方法对于因天线参数导致的覆盖异常问题具有很高的现实意义。

5.3.3 基于自适应步长的覆盖自优化算法

本覆盖自优化算法的核心思想如图 5-14 所示,包括以下步骤。

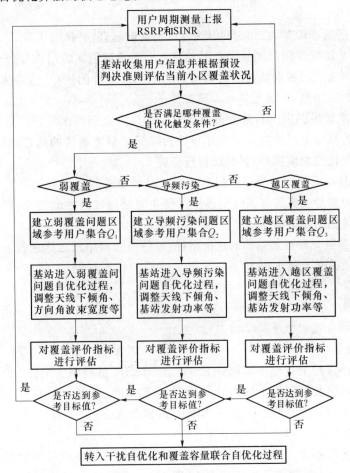

图 5-14 基于天线下倾角的覆盖自优化方法流程图

步骤 1:每个用户周期测量并向其基站上报该小区参考信号接收功率 RSRP 和信干噪比 SINR 数值,用作实现覆盖自优化操作的数据基础。

步骤 2:基站收集本小区内所有用户上报的测量参数,并根据预设的判决准则评估当前小区覆盖状况,如果状况正常,则结束流程;否则,将其相应划归为弱覆盖、导频污染或越区覆盖 3 种覆盖问题之一,并据此分别建立覆盖问题区域用户集合 Q_1、

Q_2 或 Q_3；同时，根据用户上报的测量数据，基站判断当前网络已经满足下述 3 种覆盖问题触发条件中的任何一种时，就立即首先触发基于天线下倾角动态调整的覆盖自优化过程。

步骤 3：根据步骤 2 的判断，如果是弱覆盖问题，则跳转执行步骤 6；如果不是弱覆盖问题，则顺序执行步骤 4。

步骤 4：如果步骤 2 判断是导频污染问题，则跳转执行步骤 7；如果不是导频污染问题，则顺序执行步骤 5。

步骤 5：根据步骤 2 的判断，此时为越区覆盖问题，跳转执行步骤 8。

步骤 6：基站根据用户测量上报参数建立弱覆盖问题区域用户集合 Q_1，该 Q_1 中的用户均为测量上报数据满足所述弱覆盖问题触发条件的用户；然后执行弱覆盖问题自优化的相应操作，再跳转执行步骤 9。

步骤 7：基站根据用户测量上报参数建立导频污染问题区域用户集合 Q_2，该 Q_2 中的用户均为测量上报数据满足所述导频污染问题触发条件的用户；然后执行导频污染问题自优化的相应操作，再跳转执行步骤 9。

步骤 8：基站根据用户测量上报参数建立越区覆盖问题区域用户集合 Q_3，该 Q_3 中的用户均为测量上报数据满足所述越区覆盖问题触发条件的用户；然后执行越区覆盖问题自优化的相应操作。

步骤 9：参照 3 种覆盖问题的评价指标，评估当前网络覆盖问题是否达到参考目标值，若是，则返回步骤 1，执行下一次覆盖问题的检测过程；否则，转入干扰自优化和覆盖容量联合自优化过程。

所述步骤 2 中，弱覆盖、导频污染或越区覆盖 3 种覆盖问题的触发条件如下所述（其中 P_{CT} 为目标覆盖概率）：

（1）弱覆盖

① 主导小区检测得到下属用户 $RSRP_{ser} < RSRP_t$ 的概率大于 $(1 - P_{CT})$。

② 主导小区检测得到下属用户 $RSRP_{ser} > RSRP_{neig}$ 的概率大于 $(1 - P_{CT})$。

③ 主导小区下属用户 $SINR_{ser} < SINR_t$ 的概率大于 $(1 - P_{CT})$。

（2）导频污染

① 面状分布的主导小区（如城市中心）检测得到下属用户可测量到的 RSPR 大于目标 RSRP 的小区数大于或等于 3 个，即 $N_{Cell} \geqslant 3$ 的概率大于 $(1 - P_{CT})$。

② 主导小区检测到下属用户测量得到的各 RSRP 之间存在 $RSRP_{max} - RSRP_{min} \leqslant \Delta_{RSRP}$。

③ 主导小区下属用户 $SINR_{ser} < SINR_t$ 的概率大于 $(1 - P_{CT})/N_{Cell}$。

（3）越区覆盖

① 线状分布的主导小区（如铁路沿线）检测得到下属用户的 RSPR 大于目标 RSRP 的小区不在邻小区列表中的概率大于 $(1 - P_{CT})$。

② 主导小区下属用户 $SINR_{ser} < SINR_t$ 的概率大于 $(1-P_{CT})$。

③ 主导小区下属用户切换失败率大于门限的概率大于 $(1-P_{CT})$。

其次,根据路径损耗方程可得到

$$RSRP = P_{tx} \times A_{bs}(\theta_{etilt}, \varphi_{3dB}, h_{te}) \times G(MIMO) \div L(d)$$
$$= F(\theta_{etilt}, P_{bt}, \varphi_{3dB}, h_{te}, G_{MIMO})$$

假设除了天线下倾角 θ_{etilt} 外,其他参数在短时间内不发生改变,则上式可简化为

$$RSRP = H(\theta_{etilt})$$

式中,$H^{-1}(x)$ 为 $H(x)$ 的反函数,从而可以推出

$$\theta_{etilt} = H^{-1}(RSRP)$$

因此由上式可得到理论下倾角值

$$\theta_{geo} = H^{-1}(RSRP_t)$$

由上面的公式可以看出,下倾角的取值与 RSRP 密切相关,因此,以 RSRP 的变化范围为基础进行下倾角的自优化过程。根据信干噪比的定义可以得到:

$$SINR = RSRP/(N \times I)$$

SINR 与 RSRP 的数值与邻区之间的干扰有很大的关系,定义每个小区下属用户的 SINR 不满意比例如下,其中 N_S 表示 SINR 小于门限的用户数,N_{total} 表示小区内总用户数:

$$P_S = \frac{N_S}{N_{total}}$$

属于弱覆盖的用户比例为

$$P_{WC} = \frac{N_{WC}}{N_{total}}$$

属于导频污染的用户比例为

$$P_{PC} = \frac{N_{PC}}{N_{total}}$$

属于越区覆盖的用户比例为

$$P_{OC} = \frac{N_{OC}}{N_{total}}$$

定义如下 KPI(Key Parameter Indicators)参数:

$$\mu = \frac{1}{N} \sum_{i \in Q, i=1}^{N} RSRP_i$$
$$\Delta_\mu^2 = |\mu - RSRP_t|^2$$
$$\sigma^2 = \frac{1}{N} \sum_{i \in Q, i=1}^{N} (RSRP_i - RSRP_t)^2$$

μ 代表非正常覆盖下的用户 $i (i \in Q)$ RSRP 的均值(包括弱覆盖和交叉覆盖);Δ_μ^2 代表 RSRP 均值与目标 RSRP 之间的差距,将其平方是为了保证与 σ^2 有相同的

数量级；σ^2 代表非正常覆盖下的用户 $i(i \in Q)$ RSRP 的方差。

1. 弱覆盖情况

如果在当前测量周期内存在 $P_{WC} \geqslant 1 - P_{CT} + \Delta_P$ 的情况，其中 Δ_P 是步长选择门限，则采用参考步长 θ_{d_1} 来增加覆盖距离：

$$\theta_{d_1} = -[\alpha \cdot \Delta_{\mu^2} + (1-\alpha) \cdot \sigma^2] \cdot P_S \cdot \theta_{step}$$

$$\theta_S = -\min(\theta_{d_1}, \theta_{min}, |\theta_{geo} - \theta_{current}|)$$

如果在当前测量周期内存在 $1 - P_{CT} \leqslant P_{WC} \leqslant 1 - P_{CT} + \Delta_P$ 的情况，则采用参考步长 θ_{d_2} 来增加覆盖距离：

$$\theta_{d_2} = -[\alpha \cdot \Delta_{\mu^2} + (1-\alpha) \cdot \sigma^2] \cdot P_S \cdot P_{WC} \cdot \theta_{step}$$

$$\theta_S = -\min(\theta_{d_2}, \theta_{min}, |\theta_{geo} - \theta_{current}|)$$

使用上述步长调整天线下倾角，其中 $\theta_{current}$ 为当前下倾角值，调整方案如下：

$$\theta_{etilt}(n) = \theta_{etilt}(n-1) + \theta_S$$

若根据上式调整天线下倾角后，仍未达到覆盖要求：

（1）如果此时覆盖自优化过程时间计时器没有超时，则

① 若天线下倾角仍在可调范围内，则循环上述步骤直至达到覆盖要求为止。

② 若天线下倾角超出可调范围，则

• 若此弱覆盖场景下的网络中心用户服务质量体验偏差，而边缘用户服务质量体验较好，则可调整天线方向角，将主瓣波束对准中心用户群。

• 若此弱覆盖场景下的网络中心用户服务质量体验较好，而边缘用户服务质量体验持续较差，则可增大天线波束宽度，使其覆盖到边缘用户。

（2）若此时覆盖自优化过程时间计时器已超时，则转入覆盖和容量联合自优化过程。

2. 导频污染情况

如果在当前测量周期内存在 $P_{PC} \geqslant 1 - P_{CT}/N_{Cell}$ 的情况，则采用参考步长 θ_{up1} 来缩小覆盖距离：

$$\theta_{up1} = [\alpha \cdot \Delta_{\mu^2} + (1-\alpha) \cdot \sigma^2] \cdot P_S \cdot P_{PC} \cdot \theta_{step}$$

$$\theta_S = \min(\theta_{up1}, \theta_{min}, |\theta_{geo} - \theta_{current}|)$$

使用上述步长调整天线下倾角，其中 $\theta_{current}$ 为当前下倾角值，调整方案如下：

$$\theta_{etilt}(n) = \theta_{etilt}(n-1) + \theta_S$$

若根据上式调整天线下倾角后，仍未达到覆盖要求：

（1）若此时覆盖自优化过程时间计时器没有超时，则：

① 若天线下倾角仍在可调范围内，则循环上述步骤直至达到覆盖要求为止。

② 若天线下倾角超出可调范围，则下调基站发射功率，从而缩小覆盖。

（2）若此时覆盖自优化过程时间计时器已超时，则转入覆盖和容量联合自优化

过程。

3. 越区覆盖情况

如果在当前测量周期内存在 $P_{OC} \geqslant 1 - P_{CT}$ 的情况,则采用参考步长 θ_{up2} 来缩小覆盖距离:

$$\theta_{up2} = [\alpha \cdot \Delta_\mu{}^2 + (1-\alpha) \cdot \sigma^2] \cdot P_S \cdot P_{OC} \cdot \theta_{step}$$

$$\theta_S = \min(\theta_{up2}, \theta_{min}, |\theta_{geo} - \theta_{current}|)$$

使用上述步长调整天线下倾角,其中 $\theta_{current}$ 为当前下倾角值,调整方案如下:

$$\theta_{etilt}(n) = \theta_{etilt}(n-1) + \theta_S$$

若根据上式调整天线下倾角后,仍未达到覆盖要求:

(1) 若此时覆盖自优化过程时间计时器没有超时,则

① 若天线下倾角仍在可调范围内,则循环上述步骤直至达到覆盖要求为止。

② 若天线下倾角超出可调范围,则下调基站发射功率,从而缩小覆盖。

(2) 若此时覆盖自优化过程时间计时器已超时,则转入覆盖和容量联合自优化过程。

4. 结果和性能

对上述覆盖自优化算法进行了动态系统级仿真,设带宽为 10 MHz,基站的初始发射功率为 46 dBm,用户随机分布在 19 个小区中,天线下倾角可调范围为 0°～20°,初始天线下倾角设置为 30°。分别从系统吞吐量、用户吞吐量和用户 SINR 3 个方面进行系统性能的衡量,即将这 3 个参数作为衡量指标。

表 5-22 所示为采用上述覆盖自优化算法与未使用该算法时的系统平均吞吐量对比,可以看到在没有使用覆盖自优化方案的初始网络,由于存在弱覆盖(可能存在覆盖空洞)问题,系统整体平均吞吐量并不是很高;经过覆盖自优化后,天线的下倾角自适应地进行了调整(即减小),网络的整体性能有了较大的提升,从 12 MB 左右提升到了 16 MB 左右,系统整体性能有了 35% 的提高,说明本书所提出的覆盖自优化算法对于网络性能的改善有着极大的推动作用。

表 5-22 覆盖自优化前后系统平均吞吐量对比

	系统平均吞吐量/(Mbit · s⁻¹)
无覆盖自优化	12.54
覆盖自优化后	16.90

如图 5-15 所示,图中横坐标代表用户平均吞吐量,单位是 bit/s(比特每秒),纵坐标为用户平均吞吐量的 CDF 值。左方 CDF 曲线代表使用覆盖自优化算法时网络中整体用户的吞吐量曲线,右方 CDF 曲线代表采用覆盖自优化算法后用户的吞吐量曲线。

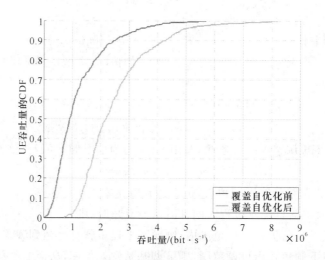

图 5-15　用户吞吐量 CDF 曲线示意图

由仿真结果图可以明显看出，在用户均匀分布且实施优化天线下倾角措施后，优化后的红色 CDF 曲线相比未采用覆盖自优化算法的蓝色 CDF 曲线而言，向右平移了近 1 Mbit/s 的数值，用户整体性能提高了约 150% 左右。因此，天线下倾角的精确调整对于提高用户整体性能以及网络整体容量都有着不可估量的作用。

如图 5-16 所示，图中横坐标代表用户平均吞吐量，单位是 bit/s（比特每秒），纵坐标为用户平均吞吐量的 CDF 值。左方曲线代表未经过覆盖自优化时网络中 5% 处边缘用户的吞吐量（大约为 0.26 Mbit/s），右方曲线代表经过覆盖自优化后网络中 5% 处边缘用户的吞吐量（大约为 0.94 Mbit/s）。

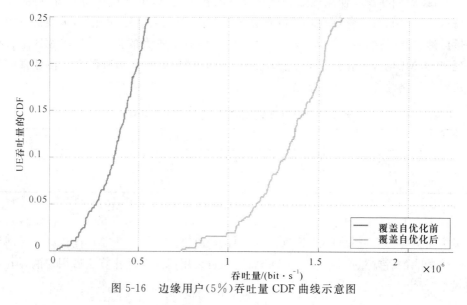

图 5-16　边缘用户（5%）吞吐量 CDF 曲线示意图

由上面的仿真图可以看到显著的边缘用户性能的提升,在用户均匀分布且实施优化天线下倾角措施后,优化后的红色 CDF 曲线相比未采用覆盖自优化算法的蓝色 CDF 曲线而言,在 5% 的边缘用户吞吐量处由 0.26 提高至 0.94,增长了近 2 倍,在用户整体性能提高的基础上,特别是对边缘用户也有着 200% 的显著提升,这给用户服务质量体验满意度带来了很大的帮助。这再一次说明了,天线下倾角的有效自适应调整对于保证边缘用户服务业务等级以及网络整体容量水平都有着显著的效用。

如图 5-17 所示,图中横坐标代表用户 SINR 数值,单位是 dB,纵坐标为用户 SINR 的 CDF 值。左方曲线代表未经过覆盖自优化时网络中用户 SINR 的 CDF 曲线,右方曲线代表经过覆盖自优化后网络中用户 SINR 的 CDF 曲线。由于用户 SINR 是用户服务质量体验的直接体现,因此,将用户 SINR 值考虑进来是有着充足的依据的。

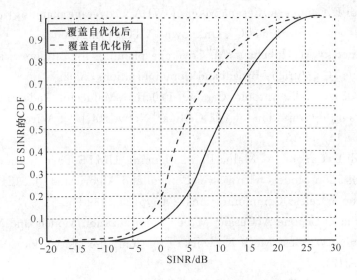

图 5-17　用户 SINR 的 CDF 曲线示意图

由上面的仿真图可以看到用户服务体验质量的显著提高,在用户均匀分布且实施优化天线下倾角措施后,优化后的红色 CDF 曲线相比未采用覆盖自优化算法的绿色 CDF 曲线而言,在 70% 的用户 SINR 处由 7.5 dB 提高至 15 dB,增长了近 1 倍,在用户整体性能提高的基础上,边缘用户也有着大约 2~3 dB 的提升,这给用户服务质量体验满意度带来 50%~100% 的性能增益。这再一次有力地证明了,天线下倾角的有效自适应调整对于提高用户服务体验质量以及网络整体服务质量都有着极大的推动作用。

参 考 文 献

[1] 3GPP. TS 32. 500. Telecommunication management Self-Organizing Networks (SON) Concepts and requirements R10 [S]. EUROPE: ETSI,2010.

[2] Nokia Siemens Networks. Information on the way forward concerning CCO solution [R]. Madrid: 3GPP,2010.

[3] 3GPP. Coverage and Capacity optimization [R]. Miyazaki: 3GPP,2009.

[4] Fujitsu. Handover Duration Analysis for Relays[R]. Shenzhen: 3GPP,2009.

[5] Nokia Siemens Networks. SON Solution for Coverage and Capacity Optimization [R]. Montreal: 3GPP,2010.

[6] Amaldi E,Capone A,Cesana M,et al. WLAN coverage planning: optimization models and algorithms [C]. Unknown: VTC Spring,2004.

[7] Kamenetsky M,Unbehaun M. Coverage planning for outdoor wireless LAN systems [C]. Zurich: Broadband Communications,2002.

[8] Edoardo Amaldi, Antonio Capone, Federico Malucelli. Radio Planning and Coverage Optimization of 3G Cellular Networks [J]. Wireless Networks, 2008,4(14): 1-13.

[9] Amaldi E,Capone A,Malucelli F. Planning UMTS Base Station Location: Optimization Models with Power Control and Algorithms [J]. IEEE Transactions on Wireless Communications,2003,5(2): 939-952.

[10] Amaldi E,Capone A,Cesana M,et al. Optimization Models and Methods for Planning Wireless Mesh Networks [J]. Computer Networks,2008,11(52): 2159-2171.

[11] Vanhatupa T,Hannikainen M,Hamalainen T D. Genetic Algorithm to Optimize Node Placement and Configuration for WLAN Planning [C]. Trondheim: Wireless Communication Systems,2007.

[12] Amaldi E,Capone A,Cesana M. Optimizing WLAN Radio Coverage [C]. Unknown: Communications,2004.

[13] Donna F,Pablo A V,Jay W. Automated Wireless Coverage Optimization with Controlled Overlap [J]. IEEE Transactions on vehicular technology, 2008,57(4): 2395-2403.

[14] Iana S,Peter V,Di Y,et al. Automated Optimization of Service Coverage and Base Station Antenna Configuration in UMTS networks [J]. Wireless Communications,2006,13(6):16-25.

[15] 3GPP. TR 36. 814 Evolved Universal Terrestrial Radio Access（E-UTRA）Further advancements for E-UTRA physical layer aspects R9［S］. EUROPE：ETSI,2010.

[16] 李新. TD-LTE 无线网络覆盖特性浅析［J］. 电信科学,2009（1）:43-47.

[17] 曲嘉杰,龙紫薇. TD-LTE 容量特性及影响因素［J］. 电信科学,2009（1）:48-52.

[18] 赵旭凇,张新程,徐德平,等. TD-LTE 无线网络规划及性能分析［J］. 电信工程技术与标准化,2011（11）:22-24.

第 6 章　无线干扰自优化

　　无线通信网络由于频率复用而引起的同信道干扰严重影响了无线链路性能和频谱效率,已经成为下一代无线网络的主要技术技术挑战。LTE/LTE-A 系统以 OFDM 技术为基础,小区内分配给不同用户的时频域资源并不相同,因此不存在小区内干扰。然而,为了达到更高的频谱效率,LTE/LTE-A 系统一般采用同频组网方案,也就是说所有小区都重复使用相同的资源。这样位于小区边缘的用户,由于其距离相邻基站距离较近,收到的干扰信号功率较大,而和服务基站的距离较远,因此小区边缘用户的接收 SINR(Signal to Interference plus Noise Ratio,信干噪比)较小,服务质量较差。

　　此外,在 LTE-A 网络中引入了多种异构节点,与传统的单层蜂窝网络不同,在异构网络中层间干扰与层内干扰问题带来更大的挑战。在传统的运营商部署的网络中,例如宏小区和中继,干扰可以通过频率复用方案消除(例如,中继链路与直传链路的频率规划)。然而,这些频率复用方案会降低频率复用因子,由于在本小区中使用的子载波禁止在邻小区使用,而考虑到变化的网络负载和信道条件,当前组网方案发展趋势的目标是全频率复用,也就是说所有小区都可能使用全部的资源。用户部署的位于宏基站覆盖范围内的小区会创造新的小区边缘,位于边缘的用户会受到强烈的小区间干扰,带来网络性能的严重衰退。

　　因此,在 LTE/LTE-A 中,小区间干扰控制技术非常重要。传统的干扰协调技术,作为无线资源管理的一个功能,多是通过人工配置的,并且以单小区性能作为优化目标。随着网络结构越来越复杂,网络中的干扰问题也越加严重,更加需要引入干扰自优化功能,减少小区边缘用户受到的干扰,保证边缘用户的服务质量,同时减少网络运行过程中的人工介入,来降低网络运营成本。

　　本章节主要介绍 LTE-A 系统的干扰自优化技术,首先描述了同构网络以及异构网络中的干扰问题,然后介绍了同构和异构网络中的干扰自优化技术和算法性能。

6.1　LTE /LTE-A 系统的干扰协调技术

　　干扰是限制宽带无线网络性能的主要因素之一,采用有效的干扰管理技术可以显著提高系统性能及用户服务质量。在 LTE/LTE-A 系统中采用 OFDM 技术为基础,小区内的用户时频域资源均不相同,因此不存在小区内干扰的问题。然而,为了达到更高的频谱效率,LTE/LTE-A 系统多采用同频组网方案,也就是说所有小区都重复使用相同的资源。这样位于小区边缘的用户,由于其距离相邻基站距离较近,收到的干扰信号功率较大,而距离服务基站的距离较远,因此接收 SINR 较小,服务质量较差。此外,在 TD-LTE 系统中还存在上下行交叉时隙干扰及远距离基站同频干扰等问题。

由于小区间干扰严重影响了小区边缘用户的性能,因此 3GPP 提出了多种干扰管理技术,例如干扰随机化、干扰消除以及小区间干扰协调技术。其中,干扰随机化是指将干扰信号随机化为白噪声,以达到干扰抑制的目的,但是这并不能直接降低干扰能量,因此对干扰抑制的作用有限;干扰消除是指通过对干扰信号的某种程度的解调或解码,从而在接收信号中消除干扰分量的技术,但是在实际系统中实现较为复杂;小区间干扰协调技术指的是通过相邻小区之间交互信息协调使用的时频域资源,从而减少或者避免来自邻小区的干扰,提升小区边缘性能,该方法实现复杂度较低,并且可以通过自组织功能来实现,是网络自组织研究中的主要内容。

小区间干扰协调自组功能的目标是:通过管理相邻小区的资源来最小化小区间干扰;保证良好的小区边缘性能;在小区边缘用户性能和靠近 eNB 的用户性能间维持平衡(即理想情况下让所有用户都有相同的性能,但在非理想情况下能够达到一种平衡);在管理干扰时考虑用户的 QoS 需求,如减少非实时用户的最大发射功率比减少实时用户的最大发射功率更合理;同时考虑上行和下行干扰。

小区间干扰协调指的是不同小区通过智能协调物理资源的使用来减小一个小区对于另一个小区的干扰。每一个小区在干扰协调时放弃使用一些资源来提高用户性能,尤其是小区边缘用户性能,这些用户受小区间干扰影响最严重。干扰协调是 RRM 中的一种功能,一般执行时间短于 1 s;当通过智能管理并执行某种特定的策略来实现干扰协调时,被认为是一种 SON 功能。作为 SON 功能的干扰协调,基本步骤如下所述:

步骤 1:监测相关性能参数,如用户的 QoS(吞吐量、延迟、丢包率等)、用户位置(是否在小区边缘)、每个资源块的干扰级别、其他小区的负载和干扰指示等。

步骤 2:分析并发现问题(干扰、QoS 劣化等)。

步骤 3:执行动作解决问题,如切换到较少使用的频率、修改最大发射功率、为用户分配资源块、向邻小区发送指示信息等。

6.1.1　同构干扰协调技术

在无线通信网络中,由于频率复用而引起的同信道干扰是需要重点解决的难题,它影响了连接性能和频谱效率,并且成为下一代无线网络的主要挑战之一。用户位于小区中心及小区边缘时所能达到的吞吐量差异很大,这不仅影响了系统的平均吞吐量,而且使得用户在小区内不同位置移动时服务质量的波动很大。

1. 同构网络干扰分析

小区间干扰是抑制系统整体性能的一个重要问题,其形成原因是同频组网的场景下各个小区中使用的频率资源都是相同的,因此用户会受到邻小区信号的干扰。图 6-1(a)所示为两小区场景下行方向链路的干扰情况。其中,UE1 的服务基站是 BS1,UE2 的服务基站是 BS2,假设 BS1 与 BS2 使用相同的频率资源进行数据传输,那么 UE1 会收到两部分的信号,一部分是来自 BS1,这一部分下行信号是 UE1 的服务信号,另一部分是来自 BS2,这一部分信号对 UE1 来说就是对它的干扰信号。如果 UE1 位于两个服务小区覆盖区域的重叠部分,那么由于 UE1 到两个 BS 的距离相近,UE1 会受到强烈的来自邻小区 BS 对它产生的小区间干扰,严重时会导致 UE1 没有办法对 BS1 发送给它的服务信号进行正确的解调,用户服务质量以及用户吞吐量自然会受到很大的影响。同样的,如图 6-1(b)所示,上行链路也会遇到和下行链路类似的干扰问题。

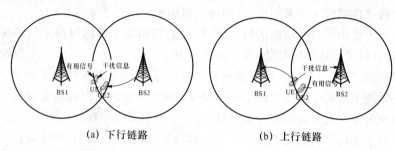

(a) 下行链路   (b) 上行链路

图 6-1　小区间干扰示意图

2. 干扰协调标准定义

在全频率复用网络中,使用相同时频域资源的小区会产生相互干扰。在基于 OFDM 和 SC-FDMA 的 LTE 系统中,可以基于 PRB(Physical Resource Block,物理资源块)进行干扰协调。通过限制以及对小区 PRB 的使用设定优先级协调相关小区 PRB 的利用情况可以减小或者避免这种干扰,改善 SIR(Signal to Interference Ratio,信号干扰比),进而改善吞吐量。通过相关的 RRM 机制,采取信令交互,如 HII(High Interference Indication,高干扰指示)/OI(Overload Indication,过载指示)/RNTP (Relative Narrowband TX Power,相对窄带发射功率)等,可以实现这种小区间干扰协调。

为便于通过分布式的方式实现主动和被动 ICIC 方案,3GPP 已对一些 X2 消息进行了标准化:

(1) 相对窄带传输功率(RNTP)。该消息在主动 ICIC 方案中指出了在每个资源块(RB)上的下行传输功率的最大期望值。根据此消息,相邻小区就可以知道哪个

RB被使用且传输功率最高,从而为不同的频率复用方案配置不同的功率模式。

(2) 高干扰指示(HII)。该消息在主动ICIC方案中指示上行链路,相邻小区可以通过该消息知道服务小区将哪些RB分配给边缘用户。与下行RNTP类似,HII可在上行链路上用于频谱分配协调。

(3) 过载指示(OI)。该消息在ICIC方案中指示上行链路,它测量干扰噪声比并将其量化值(低、中、高)报告给临小区。该消息的一种应用是调整上行功率控制参数来将IoT控制在允许的最大水平内。

干扰协调算法主要包括以下功能模块(如图6-2所示):

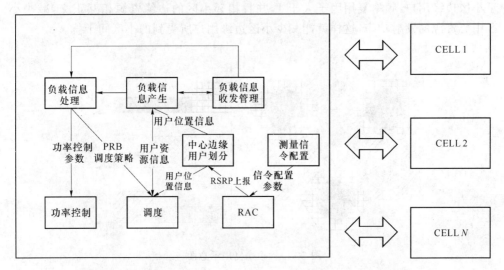

图 6-2 干扰协调功能模块

(1) 区分小区中心、边缘用户

通过测量控制信息配置UE进行RSRP(Reference Signal Receiving Power,参考信号接收功率)测量,测量控制信息中配置合理的门限和上报方法;终端触发RSRP上报,基站通过上报信息判断用户位置。

(2) 负载信息产生

上行HII和下行RNTP是预测参数,需要预测边缘用户需要的频率或功率资源数量以及位置,根据预测结果设置相应的PRB上的HII和RNTP指示;在预测时需要考虑邻区的负载信息。

上行OI指示根据实际测量结果来设置,通常基于测量上行干扰功率相对于IoT目标值来判断干扰级别,其中IoT(Interference over Terminal,干扰热噪声比值)目标值为系统配置的上行总干扰相对于热噪声功率的目标。

(3) 负载信息收发管理

根据负载信息的变化,触发性或周期性地通过X2接口向邻区报告负载信息;管理邻区集合，判断选择合适的邻区发送负载信息。

（4）负载信息处理

根据接收到的邻区的负载信息设置 PRB 的调度优先级、干扰等级和功控参数等。

3. 静态干扰协调技术

静态干扰协调技术是通过部分频率复用对频率资源使用范围进行限制，从而改变小区间干扰分布，改善小区边缘用户性能的技术手段。如图 6-3 所示，软频率复用是一种可以显著提高小区边缘吞吐量的干扰协调方案。其基本思想可以概括为：整个系统带宽分为两部分，一部分用于小区中心用户，频率复用因子为 1；另一部分用于小区边缘用户，频率复用因子大于 1，并且相邻小区的边缘资源相互正交，减小小区中心资源的发射功率，这样就能减少小区边缘用户所受到的小区间干扰。

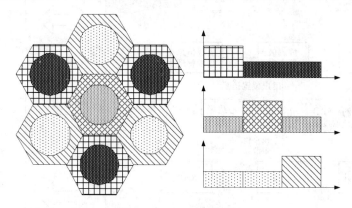

图 6-3　软频率复用示意图

还有一种频率复用方法就是通常所说的部分频率复用。如图 6-4 所示，部分频率复用与软频率复用的思想很相似，都是为相邻小区的边缘用户分配相互正交的资源，以减少小区边缘用户受到的干扰。他们之间的区别主要在于部分频率复用中，小区边缘用户使用的资源与邻小区是完全正交的，中心用户也不会使用这部分资源，所有资源的发射功率均相同，并不像软频率复用中出现高低功率的划分。

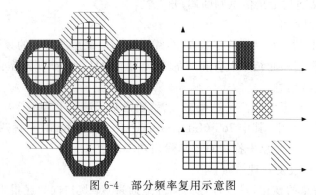

图 6-4　部分频率复用示意图

4. 半静态干扰协调技术

ICIC 技术在基站间交互小区负载信息,通过调整中心和边缘用户的频率资源分配以及功率大小来协调干扰,提高边缘用户性能。其主要功能模块包括:中心、边缘用户判断;上行、下行负载信息指示;负载信息收发管理;负载信息处理;资源调度及功率控制影响。其中,负载信息主要包括:

(1) 上行负载控制

HII:指示本小区未来一段时间将分配哪些 PRB 给边缘用户,邻小区在调度边缘用户时尽量避免使用这些资源,采用 1 bit/PRB 方式进行标注。

OI:指示本小区每个 PRB 上的干扰情况,分为高、中、低 3 个等级,邻小区收到该指示后在相应的 PRB 上进行干扰功率调整和用户调度调整,采用事件触发形式。

(2) 下行负载控制

RNTP:指示本小区 PRB 上的下行发送功率等级,通知邻小区哪些 PRB 以高功率发送,邻小区在调度边缘 UE 时尽量避免使用这些 PRB。

5. 动态干扰协调技术

CoMP 指的是多个传输节点间通过协调为同一用户服务,将小区间干扰转化为有用信号,或者通过基站间协调进行干扰规避,也可以看做是一种动态干扰协调技术。在目前 3GPP 标准中定义的 CoMP 指的往往是数据信息的协作传输,并不包括控制信息的协作传输,发送给用户的控制信息依然由其服务基站单独进行传输。根据发送给用户的数据信息是否由多个传输节点协作发送,也就是说是否有多个传输节点同时给用户发送数据,下行 CoMP 技术可以分为以下三类:

(1) 协调调度/波束赋形技术(Coordinated Selection/Coordinated Beamforming,CS/CB)。需要发送给用户的数据信息只由该用户的服务基站发送,而调度以及波束赋型策略是由多个传输节点协作选择的。

(2) 联合传输技术(Joint Transmission,JT)。需要发送给用户的数据信息在 CoMP 协作集的多个传输节点间共享,由多个传输节点同时为用户发送,在终端处对这些信息进行合并接收,这种方法可以将干扰转化为有用信号,改善用户接收 SINR。

(3) 传输节点选择技术(Transmission Point Selection,TPS)。需要发送给用户的数据信息在 CoMP 协作集的多个传输节点间共享,但是这些传输节点并不同时为用户传送信息,而是通过节点间协调,用户每次只接收一个传输节点发送的信息。

6.1.2 异构干扰协调技术

与传统的单层蜂窝网络不同,在异构网络中层间干扰与层内干扰问题带来更大的挑战。在传统的运营商部署的网络中,例如,宏小区和中继,干扰可以通过频率复用方案消除(例如,中继链路与直传链路的频率规划)。然而,这些频率复用方案会降低频率复用因子,由于在本小区中使用的子载波禁止在邻小区使用,而考虑到变化的网络负载和信道条件,当前组网方案发展趋势的目标是全频率复用,也就是说所有小区都可能使用全部的资源。用户部署的位于宏基站覆盖范围内的小区会创造新的小区边缘,位于边缘的用户会受到强烈的小区间干扰,带来网络性能的严重衰退。异构网络的挑战主要来自于以下几个方面:

(1) 无规划部署。由于一些低功率节点,例如,家庭基站,是由用户部署的,可以任意开启或关闭。因此,传统的网络规划与优化方法不再适用,由于运营商不能控制这些节点的数量及位置,这也刺激了新的分布式干扰避免方案的产生,使得运营商能够利用本地信息独立调整各个小区,得到整个网络的优化策略。

(2) CSG 接入。事实上,很多小区运行于 CSG 模式,也就是说用户接入是有限制的,非注册用户不能接入到其邻近的基站,这会产生很严重的层间干扰。如图描述了家庭基站 CSG 接入模式下的干扰场景,由图 6-5(a) 可以看到当非注册用户位于家庭基站附近时,由于其距服务基站较远,为了进行路损补偿,其上行发射功率很大,对附近的家庭基站干扰极大。图 6-5(b) 为下行链路的干扰场景,由图可见,位于家庭基站附近的非注册用户接收到极强的来自于家庭基站的干扰。

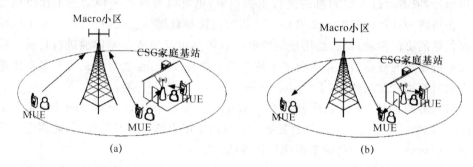

图 6-5　CSG 模式下干扰场景示意图

(3) 节点间发射功率差。由于 Pico 和 Relay 通常工作于开放模式,也就是说,所有用户都可以接入这些节点。开放模式使得用户能够接入信号最强的小区,而尽可能地减少下行链路的干扰,同时避免了 CSG 模式的强干扰。然而,在异构网络中,接入下行接收信号功率最强的小区或许并不是最佳策略,采用这种接入策略使得所有用户都更倾向于接入宏小区,而并不接入路损最小的小区。这是由于宏小区与低功率节点间的发射功率差导致的,这会造成不平衡的负载,存在宏小区过载的可能性。此外,由于这种基站选择策略,在上行链路连接到宏基站的用户会对其周围的低功率节点造成强烈的干扰,如图 6-6 所示。值得注意的是,由于路损较小,如果 MUE 接入接收信号功率较小的 Pico 小区,其上行发射功率也会相应减小,减少了上行干扰,提升网络性能。

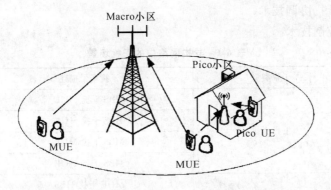

图 6-6　异构场景干扰示意图

（4）覆盖范围扩展。为了解决异构网络中节点间发射功率差的问题，采用新的基站选择策略，使得用户可以接入到下行接收信号功率较小的小区，这种技术被称为覆盖范围扩展。在 Pico 或 Relay 等低功率节点的接收信号强度上加上一个偏移值，能够扩大低功率节点的下行覆盖范围，如图 6-7 所示。通过覆盖范围扩展能够明显减少层间的上行干扰，但这是以牺牲扩展范围内用户的下行接收信号质量为代价的。这部分用户由于不能接入下行信号强度最好的小区而受到强烈的下行干扰，干扰严重时会导致用户 SINR 值低于 0 dB。

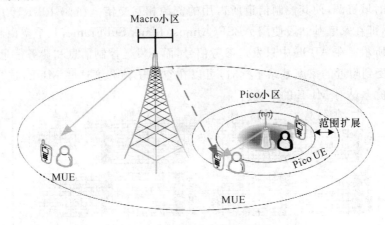

图 6-7　异构节点范围扩展示意图

本章主要考虑由家庭基站及宏基站构成的分层异构场景，假设基站间时隙上能够完全同步，异构网络的干扰主要分为以下 6 种场景，如表 6-1 所示。

在 3GPP R8/R9 中定义的 ICIC 方案并没有考虑到异构网络的设置，因此并没有涉及异构网络下的干扰场景。而在 3GPP R10 中提出了增强小区间干扰协调技术（eICIC），其主要可以分为 3 种类型：

- 时域干扰协调技术；

- 频域干扰协调技术；
- 功率控制技术。

表 6-1　异构网络中的干扰场景

干扰类型	干扰场景描述
下行干扰	HBS 干扰 MUE
	HBS 干扰 HUE
	MBS 干扰 MUE
	MBS 干扰 HUE
上行干扰	MUE 干扰 HBS
	HUE 干扰 HBS

1. 时域干扰协调

时域干扰协调是指受扰用户在不同的时域资源上被调度，以减少来自其他节点的干扰，根据应用场景的不同，时域干扰协调方案又可以被分为以下两种：

（1）子帧分配

如图 6-8（a）所示，当宏基站与家庭基站使用同样的子帧资源时，其控制信道与业务信道相互重叠。因此，为了减少对 MUE 控制信道的干扰，要协调宏基站与家庭基站使用的时域资源，使其控制信道所占用的资源相互交错。在 3GPP R10 中提出了一种方法，即在家庭基站段使用 ABSF（Almost Blank SubFrame，几乎空白子帧），如图 6-8（c）所示。在 ABSF 中只发送参考信号，而不发送控制信息和业务信息。这样，当 MUE 受到附近的家庭基站干扰时，可以在空白子帧调度这些 MUE，这样能够显著减少家庭基站对 MUE 的干扰。

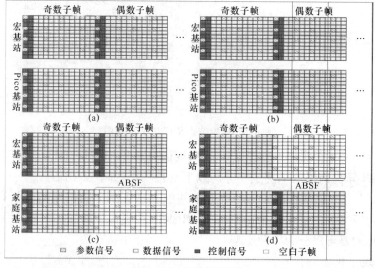

图 6-8　ABSF 示意图

同样的,空白子帧也可以用于 Pico 基站,用来解决由覆盖范围扩展而带来的严重的干扰问题。在上文中提到了,Pico 基站可以采用覆盖范围扩展方案来减少异构网络中上行链路的层间干扰,但这是以牺牲用户下行传输性能为代价的,严重时还可能导致用户 SINR 低于 0 dB,这对控制信道的影响很大。因此,为了减少由覆盖范围扩展而引起的下行强烈的层间干扰,可以在宏基站侧使用与家庭基站相似的空白子帧,如图 6-8(d)所示。

（2）OFDM 符号偏移

另一类时域干扰协调方法可以称做 OFDM 符号偏移。家庭基站可以通过将其子帧边界偏移几个 OFDM 符号,这使得家庭基站与宏基站控制信道互不重叠,以此来减少家庭基站与宏基站控制信道之间相互干扰。但是这种方法并不能减少家庭基站数据信道对宏基站控制信道的干扰。

2. 频域干扰协调

频域干扰协调是通过为相邻小区分配不同的资源块,使得相邻小区控制信道或物理信号使用的资源相互正交,达到减少干扰的目的。频域干扰协调可以是静态的,也就是各小区使用的正交资源是固定的;也可以是动态的,即根据 UE 干扰检测及信息反馈动态调整各基站使用的资源。

例如,宏基站首先通过 UE 测量报告确定受干扰 UE,然后将该信息传递给家庭基站,家庭基站则不使用该 UE 使用的频率资源,这样就可以消除 MUE 受到的干扰。同样地,也可以由家庭基站确定受干扰的 HUE 信息,然后传递给宏基站,由宏基站制定干扰协调策略。

3. 功率控制

3GPP 还讨论了另外一种干扰控制策略,即在家庭基站端采用不同的功率控制技术。尽管降低家庭基站的发射功率可能会导致家庭基站用户吞吐量的降低,但是却可以显著改善受扰宏用户的性能。

令 P_{max} 和 P_{min} 分别表示家庭基站的最大及最小发射功率,P_M 表示家庭基站收到来自宏基站的最大接收功率;α 和 β 分别表示不同的功控参数。主要有以下几种下行功率控制算法:

（1）根据家庭基站的最大宏基站接收功率。家庭基站的发射功率可以设置为

$$P_{tx} = \max[\min(\alpha P_M + \beta, P_{max}), P_{min}]$$

（2）根据家庭基站与 MUE 间的路径损耗。家庭基站发射功率可以设为

$$P_{tx} = \mathrm{med}[P_M + P_{offset}, P_{max}, P_{min}]$$

式中,功率偏移 P_{offset} 可以定义为 $P_{offset} = \mathrm{med}(P_{ip1}, P_{offset\_max}, P_{offset\_min})$,其中 P_{ip1} 用来补偿家庭基站与最近的 MUE 间的室内路径损耗,P_{offset_max} 与 P_{offset_min} 分别表示功率偏移的最大值与最小值。

（3）根据 HUE 的目标 SINR。首先为家庭基站用户设定 SINR 目标值,则为了保证家庭基站用户 SINR 达到预设目标值,家庭基站发射功率可以设为

$$P_{tr} = \max[P_{\min}, \min(\hat{PL} + P_{rec,HUE}, P_{\max})]$$

式中，$P_{rec,HUE} = 10\log_{10}(10^{I/10} + 10^{N_0/10}) + SINR_{tar}$，$I$ 表示 UE 检测到的干扰，N_0 表示背景噪声，$SINR_{tar}$ 表示 HUE 的目标 SINR，$\hat{PL}$ 表示家庭基站与 HUE 间的路径损耗。

（4）根据 MUE 的目标 SINR。这种方法的目的是为了保证 MUE 的最小 SINR，家庭基站的发射功率可以设为

$$P_{tr} = \max[\min(\alpha P_{SINR} + \beta, P_{\max}), P_{\min}]$$

式中，P_{SINR} 是 MUE 只考虑最近的家庭基站干扰时的 SINR。

6.2 同构网络干扰自优化

同频组网是同构网络的发展趋势，在同频组网场景下，小区间干扰严重，小区边缘用户性能急剧下降。因此，在未来移动通信系统的小区中，如何尽量减少人工干预，并且根据网络实际情况进行干扰自优化也是需要解决的一个重要问题。

所需的自动 ICIC 参数配置，包括了以下网络参数的自配置和自适应：

- ICIC 报告门限/周期；
- 基站中的资源优先级；
- ICIC 的 RSRP 门限。

ICIC RRM 可能配置 ICIC 相关的配置参数，例如报告门限/过程和优先的资源。运营商必须为每个小区设置上述参数。SON 的任务是对这些参数进行自配置与自优化。SON 的目标是自配置和自优化 RRM ICIC 上行下行 ICIC 方案的控制参数。基于 SON 的 ICIC 需要在不同小区的基站间交换信息，通过 X2 接口来协调干扰。通过 ICIC 相关的性能测试分析，SON 功能可能适当地调整 ICIC 配置参数，例如，报告门限/周期和资源选择配置，使得 ICIC 方案在运营商的需求下更加有效。

下面介绍同构网络的干扰自优化问题，包括干扰协调方案的自动转换以及参数自动调整的基本方法，并通过仿真加以验证。

6.2.1 干扰协调自优化原理和组成

控制小区间的干扰可以提升小区边缘 UE 的 SINR，调度器利用这个特性可以平衡扇区吞吐量和小区边缘比特速率，也可以提高小区边缘 UE 的切换性能（保证较低的切换延迟和较低的切换失败率等）。基于 SON 的 ICIC 的目标是在网络管理和优化过程中将人为干预降低到最小。

小区间干扰协调依靠智能的资源分配来减少干扰。SON 意在自动配置和优化网络，也就是说减少人为干预，通过对环境的自适应提高网络性能。SON 的功能与 ICIC 的需求相适应，ICIC 需要邻小区间进行信息交换，指明当前小区所占用的频带资源。SON 提供相应的整个带宽中小区正在使用的部分带宽自配置和自优化的能

力。SON ICIC 由以下 3 部分组成：

- 核心 ICIC 或者 eICIC 算法；
- 频率规划；
- 基站间信息交互。

核心的 ICIC 或者 eICIC 算法决定了如何管理可用资源（时间、频率、功率）来实现小区间的干扰协调，不同 ICIC 技术的性能和复杂度不同。

在下行链路，通常 ICIC 会给下行资源一个特定的限制来协调小区间关系。这个限制是分布式的，通常使用 X2 连接到不同的小区，无论小区处于激活状态或休眠状态，并且在几天内保持稳定。这些限制决定了对无线资源管理器现在可用的时间/频率资源，同样对于可用时间/频率资源的发送功率的限制。这些限制控制了小区下行的干扰功率频谱。对一个小区 PRB 发射功率的限制可以提高邻小区相应时间、频率资源上的 SINR 及小区边缘数据速率/覆盖。

图 6-9 表示了下行 ICIC 通用方案，3 个小区在除了小部分限制的整个带宽上采用相同的发送功率进行发送。在受限 PRB 上，可以降低发射功率或根本不进行传输，这两种方法分别叫做软频率复用和硬频率复用。相邻小区的受限资源不同，每个小区都可以在其邻小区的限制 PRB 上调度边缘用户，这样，由于邻小区在这些 PRB 上功率较低或根本不传输，可以提高用户的 SINR。

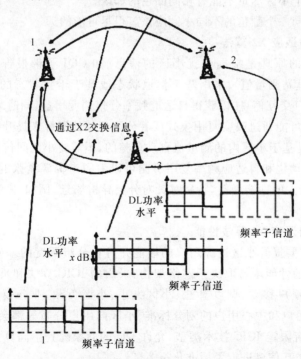

图 6-9　下行 ICIC 软复用方案

用户通常大致分为两组：小区中心用户和小区边缘用户，中心/边缘用户的划分是基于一些测量值或其组合，例如，用户的服务小区路损和用户的服务小区及邻小区间的路损差值。ICIC 的性能取决于一系列因素，如小区大小、小区负载、传播信道、用户移动性、业务模型、业务模式等。

在上行链路，小区间干扰主要来自于邻小区边缘 UE。上行链路干扰协调的基本方案是将小区间干扰集中于特定的一小部分频率带宽上，使得干扰位于特定的正交的子载波上，以减小其对大部分用户的影响。

1. 频率规划

静态 ICIC 技术需要每一个小区对部分带宽上的功率设置进行限制。比如说上行链路部分 PRB 的干扰较大，下行链路部分 PRB 的发射功率较低等。此外，这些受限 PRB 在邻小区间不应该交叠，无论是上行还是下行，分配的资源都不应该在邻小区交迭。由于运营商不想进行复杂的人工频率规划部署，因此 LTE 的频率规划应该是自动的。当为小区配置特定的频谱和功率资源后，每一个基站要通过 X2 接口向其邻区发送 RNTP 信息，来告知邻区基站当前的发射功率谱密度。

采用传统的频率规划方法，LTE 系统进行频率规划时需要注意以下几点：

（1）对资源配置采用着色图方法，两个邻小区必须用不同的颜色。

（2）任意一个小区尽量不能有相同颜色的邻区。

（3）分配了同一个颜色的不同小区应该离得尽可能的远。

2. 分布式自适应 X2 算法

自适应技术的原理是根据受扰小区的信息（如 CQI 子带报告、信道状况信息（CSI）或者其他基站测量值），采用基于信道状态或基于干扰状态的分组调度算法，但不需要 X2 接口交互信息，以获得自适应频率分集调度增益，同时减少干扰。

自适应技术可能通过改变复用模式或者分配额外的资源来提升小区边缘用户的性能，而且设置是基于小区内的测量值自动调整的，不需要小区间信息交互或者中心实体的控制。自动化和自适应频率复用机制可以为频谱资源紧张的，不需要协调的 LTE 部署带来更大的性能增益，特别是针对分层异构场景，例如，家庭小区和微小区场景。

3. 分布式自适应 X2 算法性能

ICIC 技术主要提升小区边缘用户的性能并且在分组调度的基础上带来显著的性能增益，ICIC 的性能增益取决于网络架构、采用的 ICIC 算法和具体应用场景等。无线传播特性、用户移动、调度算法、小区大小、小区负载、业务模式、静态或动态 ICIC、小区边缘用户和中心用户的划分标准、小区内用户分布等都会影响 ICIC 的性能。3GPP 并没有限定 ICIC 技术类型，允许不同的商家配置不同算法和 ICIC 功能，但是对 ICIC 的交互信息进行了标准化。

在同频组网配置部分情况下，例如，用户移动速度较低或以子帧调度时，频率选择或者基于信道状态的调度算法在特定场景下也可以带来与 ICIC 技术类似的性能增益。基于信道状态的调度算法可以利用下行窄带 CQI 报告中的子带 SINR 信息来减小干扰。此外,当小区负载较轻时,同频组网技术可以为小区边缘用户分配额外的带宽来补偿采用相同资源配置导致的较低平均 SINR。在这种场景下,ICIC 几乎不能为基于信道状态的调度算法带来任何额外的性能增益。此外,由于信息反馈速度跟不上干扰及快衰的变化,X2 信息交互延迟会降低 ICIC 潜在的性能增益。而且,不同 MME 和不同厂商设备间的 X2 接口交互也会对 ICIC 和小区间干扰协调技术带来影响。

另一方面,对于上行链路来说,当用户移动速度较高或采用半持续调度算法时,ICIC 也可以在基于信道状态的调度算法的基础上带来额外的性能增益。与静态 ICIC 相比,动态 ICIC 技术由于能够更好地自适应无线信道和网络干扰特征,联合处理干扰,其性能更好。另外在异构网络场景下,ICIC 技术还可以降低宏小区对其他小区的干扰。

总体来说,ICIC 算法性能与其配置密切相关。X2 信令延迟取决于网络架构和 ICIC 算法本身。在某些架构下,因为在集中处理单元不需要 X2 接口也可以容易得到多小区信息,因此没有额外的延迟也不需要复杂的信令交互。

4. 家庭基站的覆盖/干扰优化

3GPP Release 8 和 3GPP Release 9 的家庭基站标准并没有提供家庭基站和宏基站间的干扰控制机制,这使得家庭基站与宏基站间有潜在的 DL/UL 干扰,从而导致室内覆盖较差。

根据 3GPP Release 8 和 3GPP Release 9 规定,当宏小区下行信号较弱时,家庭基站将调整功率来防止对网络中的其他 UE 产生干扰,这使得家庭基站的覆盖变差;另一方面,如果家庭基站保持其发射功率不变,将对那些位于小区边缘而无法接入家庭基站的宏基站用户产生大的干扰。另一个问题是连接到宏基站,并且不能被家庭基站服务的 UE 对家庭基站上行产生干扰。反之,增大家庭基站 UE 的上行发射功率也会影响宏基站的上行性能。

针对以上问题,NGMN 提出了一系列解决方案,这些技术需要家庭基站和宏基站之间的信息交互。

(1) UE 支持的 DL 控制

有两种方案可以通过家庭基站与宏基站的信息交互来改善现有的功控技术。

第一种方案是降功率指示信令,当宏基站收到多个 UE 发送的指示某个家庭基站干扰较大的报告后,通知该家庭基站降低其下行功率。经过一段时间,假定干扰的情况消失后,家庭基站将平稳增大功率。

在第二种方案中,宏基站检测到干扰后向家庭基站发送测量报告,家庭基站根据这些干扰状态信息调整功率来平衡受扰 UE 及其服务 UE 的性能。

（2）部分频率复用

当干扰较大时，家庭基站和宏基站可以协调其调度器占用不同的时间/资源块或者降低某些资源块的功率来避免共信道干扰。宏基站向家庭基站发送受扰 UE 可用资源的指示，家庭基站相应调整其发送模式。

（3）部分信道共用

虽然部分频率复用对于减少数据信道的干扰十分有效，不论是通过降低发射功率或者不使用部分资源，但是这都不会减少控制信道的干扰。利用部分信道共用方案，宏基站在其可用带宽中分配一小部分给家庭基站，以减小控制信道的干扰。宏基站向家庭基站发送可用带宽指示，防止产生干扰。

（4）噪声抬升

宏小区 UE，尤其是小区边缘的 UE，会对家庭基站产生严重的上行干扰。如果干扰源是突发的，家庭基站中的速率预测和错误更正的机制将不能解决问题。采用噪声抬升技术，家庭基站将识别这样的干扰场景并且暂时提升噪声系数来补偿这种突发干扰。为了避免宏基站和家庭基站 UE 中发生上行功率竞争，宏基站会向家庭基站发送最大噪声系数、最大传输功率或者过载指示。

5. 3GPP Release 10 ICIC 提高

当 non-CSG/CSG 用户与家庭基站非常接近时会出现强干扰场景。这种情况下，3GPP Release 8/9 的 ICIC（小区间干扰协调）技术对减小控制信道的干扰并不是十分有效，因此需要增强干扰管理。

3GPP Release 10 引入了增强型 ICIC 机制。3GPP 为基于 non-CA 的异构网络提出了干扰协调的备选方案，主要关注 macro-femto 场景和 macro-pico 场景。

3 个不同的 eICIC 备选方案是：

（1）时域解决方案。通过回传信号协调节点间的子帧使用情况（几乎为空子帧）。

（2）功控解决方案。HeNB 调整发射功率来避免与其他节点的干扰。

（3）频域解决方案。节点间的控制信号及公共信息使用正交的带宽。

6.2.2 干扰协调方案自动转换的方法

为了进一步提高小区间干扰协调技术的有效性，降低干扰协调带来的系统整体性能的负面影响以及对基站间接口的要求，需要考虑以下问题：首先，所选用的干扰协调方案应能满足用户需求，尤其是小区边缘用户需求，当小区间干扰较大、小区边缘性能较差时可以选用边缘性能增益较大的半静态或动态干扰协调方案以满足用户需求；其次，在满足用户需求的基础上，应尽量选用复杂度较低或对基站间接口要求较低的干扰协调方案。因此，如何在 LTE 系统内针对不同的干扰强度选择不同的技术方案以达到对于干扰协调性能增益以及实施复杂度之间的权衡至关重要，避免在环境较好时仍然采用复杂度较高的干扰协调方案造成对系统资源浪费的情况便成为了一个迫切需要解决的问题。

1. 干扰协调方案比较

如前所述,LTE/LTE-A 网络支持多种干扰协调方案,包括静态干扰协调、半静态干扰协调和动态干扰协调,由以上各种干扰协调技术的对比可以看出 3 种方案对基站间信息交互能力的要求以及干扰协调能力的不同,所应用的场景也有所区别。对于静态干扰协调,主要用于干扰并不严重,业务量变化不剧烈的场景下;对于半静态干扰协调,要求基站间进行信息交互,调整干扰协调的参数,能够有效抑制小区间干扰,提高小区边缘吞吐量;对于动态干扰协调,要求小区间进行实时信息交互,共享要为用户传输的数据信息,要求大带宽低时延的回传链路,因此,对于动态干扰协调主要用于站点内协作,抑制同一小区内不同扇区间的干扰。

这 3 类技术的典型方案及其特点如表 6-2 所示,3 种方案对基站间信息交互能力的要求以及干扰协调能力的不同,所应用的场景也有所区别。对于静态干扰协调,主要用于干扰并不严重,业务量变化不剧烈的场景下;对于半静态干扰协调,要求基站间进行信息交互,调整干扰协调的参数,能够有效抑制小区间干扰,提高小区边缘吞吐量;对于动态干扰协调,要求小区间进行实时信息交互,对基站间信息交互容量和时延提出了更高要求。

表 6-2 干扰协调技术分类

	典型方案	eNB 间信息交互频率	系统性能增益
静态干扰协调	软频率复用 部分频率复用	数天	较低
半静态干扰协调	基于 HII/OI 的 上行干扰协调 基于 RNTP 的 下行干扰协调	数十秒至数分钟	较高
动态干扰协调	COMP (协作多点传输)	几个调度周期	高

另外,从干扰协调的性能来看,动态干扰协调能获得最大的性能增益,而静态干扰协调的性能最差;从技术方案的复杂度来看,静态干扰协调的复杂度最低,应用也最为简便,动态干扰协调的复杂度最高,对基站间信息交互能力的要求也最高。

当小区间干扰较小、小区边缘性能良好时,可以选用复杂度较低的静态干扰协调方案;最后,在进行方案转换之前应先对所采用的干扰协调方案进参数优化,避免由于方案转换频繁而造成系统性能不稳定。

2. 方法设计

本方案的核心在于预先设定小区平均吞吐量及误帧率的测量周期，以及小区边缘和中心的平均吞吐量及误帧率的目标值，当然，由于小区中心和边缘的干扰协调需求差异，小区边缘和中心的平均吞吐量的目标值，以及小区边缘和中心的误帧率的目标值可以并不相同。然后，利用测得的小区边缘和中心的平均吞吐量及误帧率与设定的各项目标值进行比较，根据比较结果来确定是否需要进行干扰协调自优化。

在优化过程中，基站先确定本小区当前采用的干扰协调方案，判断如果采用当前的干扰协调方案进行参数调整（重设定），是否可以改善系统性能，当可以在当前干扰协调方案下进行参数调整时，优先进行参数调整；而在当前干扰协调方案下无法进行参数调整时，可以进行干扰协调方案的转换，在新的干扰协调方案下再进行参数优化。

图 6-10 所示为本方案在一次干扰协调方案的优化过程中的流程示意图。

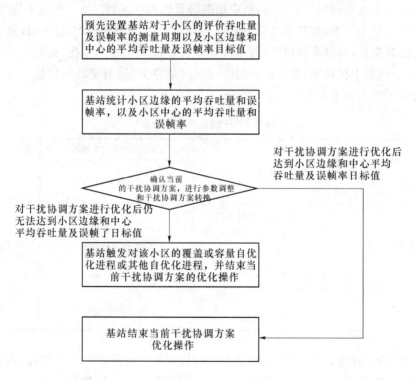

图 6-10　自优化流程图

步骤 1：预先设置基站对于小区的平均吞吐量及误帧率的测量周期以及小区边缘和中心的平均吞吐量及误帧率目标值。

通过相应的指令或其他方式设定基站对于小区的平均吞吐量及误帧率的测量周期,然后通过仿真确定该小区所设定的小区边缘的平均吞吐量的目标值和误帧率的目标值以及小区中心的平均吞吐量的目标值和误帧率的目标值。

当然,基站也可以在系统规划好后,根据小区负载强度,结合小区所处环境、用户业务类型以及业务量分布等因素进行系统仿真来确定所述小区边缘和中心的平均吞吐量及误帧率的目标值。

步骤2:基站统计小区边缘的平均吞吐量和误帧率,以及小区中心的平均吞吐量和误帧率。

步骤3:确认基站对于小区当前所采用的干扰协调方案,根据小区边缘和中心的平均吞吐量及误帧率的测量值与相应的目标值之间的关系,进行相应参数调整,在相应的干扰协调方案参数调整优化过程中,当符合所采用干扰协调方案的转换条件时,进行干扰协调方案转换。

不论对干扰协调方案进行优化后是否达到小区边缘和中心的平均吞吐量及误帧率的目标值,均执行步骤4。

步骤4:基站触发对该小区的覆盖或容量自优化进程或其他自优化进程,并结束当前干扰协调方案的优化操作。

步骤5:基站结束当前干扰协调方案的优化操作。

图6-11所示为本方案中的不同干扰协调方案间转换的示意图,图中所示转换条件具体说明如下:

条件一、小区边缘的平均吞吐量测量值小于小区边缘的平均吞吐量的目标值,小区边缘的用户误帧率测量值大于小区边缘的用户误帧率的目标值,并且小区中心的平均吞吐量测量值小于小区中心的平均吞吐量的目标值,小区中心的用户误帧率测量值大于小区中心的用户误帧率的目标值。

条件二、小区边缘和中心的平均吞吐量及误帧率测量值没有全部满足相应的各项目标值,且半静态干扰协调的参数调整已达到最大值。

条件三、连续 K 次测量均有小区边缘或中心的平均吞吐量及误帧率测量值满足相应的目标值,动态干扰协调的参数调整已达到最小值,且半静态干扰协调与动态干扰协调之间的方案连续转换不超过 M 次。

条件四、连续 K 次测量均有小区边缘或中心的平均吞吐量及误帧率测量值满足相应的目标值,半静态干扰协调的参数调整已达到最小值,且半静态干扰协调与静态干扰协调之间的方案连续转换不超过 M 次。

条件五、小区边缘和中心的平均吞吐量及误帧率测量值不都满足相应的目标值,且动态干扰协调的参数调整已达到最大值。

条件六、连续 K 次测量均有小区边缘和中心的平均吞吐量及误帧率测量值满足相应的目标值。

条件七、连续 K 次测量均有小区边缘和中心平均吞吐量测量值满足相应的平均吞吐量目标值，且其与目标值之间的差值小于门限值，并且，小区边缘和中心的误帧率测量值满足相应的误帧率目标值；或者，小区边缘和中心的平均吞吐量测量值和误帧率均满足目标值，且与静态干扰协调方案间连续转换次数超过 M 次。

条件八、连续 K 次测量均有小区边缘和中心的平均吞吐量测量值满足相应的平均吞吐量目标值，且其与目标值之间的差值小于门限值，并且小区边缘和中心的误帧率测量值满足相应的误帧率目标值；或者，小区边缘和中心平均吞吐量及误帧率测量值均满足相应的目标值，且与半静态干扰协调方案间连续转换次数超过 M 次。

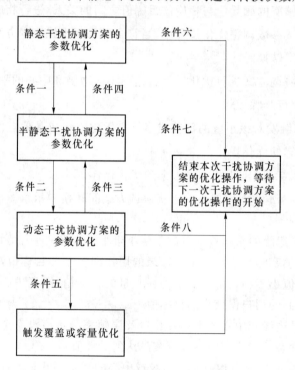

图 6-11　干扰协调方案自动转换

依据上述的各条件，图 6-11 中的具体转换过程的说明如下：

（1）当采用静态干扰协调方案，并满足条件一时，触发半静态干扰协调方案。

（2）当采用半静态干扰协调方案，并满足条件二时，执行半静态干扰协调方案到动态干扰协调方案的转换。

（3）当采用动态干扰协调方案，并满足条件三时，执行动态干扰协调方案到半静态干扰协调方案的转换。

（4）当采用半静态干扰协调方案，并满足条件四时，执行半静态干扰协调方案到静态干扰协调方案的转换。

（5）当采用动态干扰协调方案，并满足条件五时，停止干扰协调方案的优化，触发覆盖或容量优化，结束本次干扰协调方案的优化过程。

（6）当采用静态干扰协调方案，并满足条件六时，结束本次干扰协调方案的优化操作。

（7）当采用半静态干扰协调方案，并满足条件七时，结束本次干扰协调方案的优化操作。

（8）当采用动态干扰协调方案，并满足条件八时，结束本次干扰协调方案的优化操作。

（9）在进行上述方案转换的过程中，为了避免方案之间的连续转换所造成的乒乓效应可以在进行方案退化时加入对方案连续转换次数的限制，例如当静态-半静态间方案连续转换次数超过最大限制则无法进行半静态-静态的转换，直接结束当前干扰协调自优化过程。

此外，为了避免系统性能突变，在方案转换时应循序渐进，也就是说，只进行静态-半静态、半静态-动态、动态-半静态、半静态-静态之间的转换，而不允许静态-动态、动态-静态的方案转换。

6.2.3 基于梯度投影法的干扰自优化算法

软频率复用是一种可以显著提高小区边缘吞吐量的干扰协调方案。其基本思想可以概括为：整个系统带宽分为两部分，一部分用于小区中心用户，频率复用因子为1；另一部分用于小区边缘用户，频率复用因子大于1，并且相邻小区的边缘资源相互正交，减小小区中心资源的发射功率，这样就能减少小区边缘用户所受到的小区间干扰。这种静态划分的软频率复用方案的实际性能与其参数配置联系密切，不同的参数配置，例如不同的内环半径或者内环的发射功率，对该方案的性能影响很大。如果参数设置不正确，会大大降低该方案的性能增益，严重的话还会造成系统性能的严重衰退。因此，如何根据实际情况（例如，根据用户的地理分布）恰当地设置软频率复用方案的参数，使其以较少的总吞吐量的代价带来小区边缘用户的性能增益，是一个亟需解决的问题。

1. 梯度投影法概述

在无约束最优化问题中，负梯度方向是目标函数的最速下降方向，沿负梯度方向对目标函数进行迭代优化的方法称为最速下降法。梯度投影法是对最速下降法的一种推广，将最速下降法推广到线性约束问题的求解，该算法中搜索方向为可行点处的最速下降方向在可行方向集中的投影，这样既能对目标函数进行优化又保证迭代点的可行性，因此称为梯度投影法。

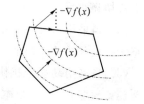

图 6-12　梯度投影法原理示意图

梯度投影算法的提出最早可以追述到 1960 年，是由 Rosen 提出的，之后不断有人对梯度投影算法进行改进。梯度投影算法的主要实现的基本思想可以进行如下的概括：首先，当优化过程中的目标点在优化执行的可行域的内部时，可以将取梯度方向作为下一步优化的方向；当优化过程中的目标点在优化执行的可行域的边界时，可以将梯度方向在可行域边界上的投影方向作为下一步优化的方向。

2. 系统模型

典型的 7 小区场景的软频率复用如图 6-13 所示，整个系统带宽分为 3 个子带，其中用于小区中心的子带发射功率较低，小区边缘的子带发射功率较高，并且，相邻小区边缘的子带相互正交。这样做的好处在于，位于小区边缘接收信噪比较低的用户受到的干扰是来自邻小区低发射功率资源的干扰，干扰较小，可以提升小区边缘用户的信噪比，进而提升小区边缘用户吞吐量。

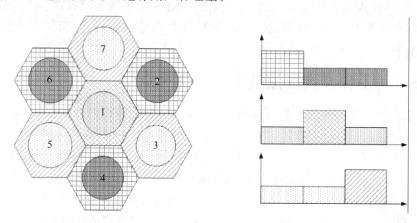

图 6-13　软频率复用示意图

为了采用梯度投影法进行干扰自优化，首先需要计算优化目标函数及梯度方向。设系统总带宽分为 N_b 个子带，则子带 b 上用户接收 SINR 为

$$\gamma_{n,k}^{(b)} = \frac{P_n^{(b)} G_{n,k}}{\sum\limits_{m \neq n} P_m^{(b)} G_{m,k} + N_0 B} \tag{6-1}$$

式中，$P_n^{(b)}$ 为基站 n 在子带 b 上的发射功率，$G_{n,k}$ 为基站 n 到用户 k 的路径损耗，B 为子带 b 的带宽，N_0 为加性高斯白噪声功率谱密度。设 $B_{n,c}$、$B_{n,e}$ 分别为基站 n 的中心

子带集合与边缘子带集合。则

$$P_n^{(b)} = \begin{cases} P_{n,e}, b \in B_{n,e} \\ P_{n,c}, b \in B_{n,c} \end{cases} \forall n \tag{6-2}$$

假设所有用户都是平等的,即带宽对所有用户均匀分配,则用户 k 在子带 b 上的瞬时传输速率为

$$r_{n,k}^{(b)} = \frac{B}{M_n^{(b)}} \log(1 + \gamma_{n,k}^{(b)}) \tag{6-3}$$

式中, $M_n^{(b)}$ 为可以使用子带 b 的用户数,设 $K_{n,c}$、$K_{n,e}$ 分别为小区 n 的中心用户数与边缘用户数,则

$$M_n^{(b)} = \begin{cases} K_{n,e}, b \in B_{n,e} \\ K_{n,c}, b \in B_{n,c} \end{cases} \tag{6-4}$$

则用户 k 的平均吞吐量为

$$\bar{r}_{n,k} = \begin{cases} \sum_{b \in B_{n,e}} r_{n,k}^{(b)}, k \in M_E \\ \sum_{b \in B_{n,c}} r_{n,k}^{(b)}, k \in M_C \end{cases} \tag{6-5}$$

设总优化目标方程为 $U = \sum_n U_n$,其中, $U_n = \sum_k f_\alpha(\bar{r}_{n,k})$, $f_\alpha(\cdot)$ 是效用函数,其具体表现形式如下:

$$f_\alpha(x) = \begin{cases} \frac{(x+d)^{1-\alpha}}{1-\alpha}, \alpha \neq 1 \\ \log(x+d), \alpha = 1 \end{cases} \tag{6-6}$$

为了提高小区边缘吞吐量,同时又保证所有用户的最低接收信号功率,总的优化问题可以描述为

$$\begin{aligned} &\max U \\ &s.t. \sum_b P_n^{(b)} \leqslant P_{\max}, \forall n \\ &P_{n,e}G(R) \geqslant P_{th}, \forall n \\ &P_{n,c}G(R_c) \geqslant P_{th}, \forall n \end{aligned} \tag{6-7}$$

式中, $G(R)$ 为小区边缘的路径损耗, $G(R_c)$ 为小区内环边缘的路径损耗, R_c 是小区边缘用户与中心用户划分的门限值。

$$U_n = \sum_{k \in M_{n,e}} f_\alpha \left(\sum_{b \in B_{n,e}} \frac{B}{K_{n,e}} \log \left(1 + \frac{P_{n,e}G_{n,k}}{\sum_{\substack{m \neq n, \\ b \in B_{m,e}}} P_{m,e}G_{m,k} + \sum_{\substack{m' \neq n, \\ b \in B_{m',c}}} P_{m',c}G_{m',k} + N_0 B} \right) \right) +$$

$$\sum_{k \in M_{n,c}} f_\alpha \left(\sum_{b \in B_{n,c}} \frac{B}{K_{n,c}} \log \left(1 + \frac{P_{n,c}G_{n,k}}{\sum_{\substack{m \neq n, \\ b \in B_{m,e}}} P_{m,e}G_{m,k} + \sum_{\substack{m' \neq n, \\ b \in B_{m',c}}} P_{m',c}G_{m',k} + N_0 B} \right) \right) \tag{6-8}$$

将上述优化目标方程分别对本小区及邻小区边缘发射功率及中心发射功率求偏导，可以得到该目标函数的最速下降方向，也就是梯度方向。

上述优化目标方程对本小区功率变量求导可得

$$\frac{\partial U_n}{\partial P_{n,e}} = \sum_{k \in M_{n,e}} f'_a(\bar{r}_{n,k}) \left(\frac{B}{K_{n,e}} \sum_{b \in B_{n,e}} \frac{\gamma_{n,k}^{(b)}}{P_{n,e}(1 + \gamma_{n,k}^{(b)}) \ln 2} \right) \tag{6-9}$$

上述优化目标方程对邻小区边缘子带的功率变量求导可得

$$\frac{\partial U_n}{\partial P_{m,e}} = \sum_{k \in M_{n,e}} f'_a(\bar{r}_{n,k}) \left(\frac{B}{K_{n,e}} \sum_{b \in B_{n,e}} \frac{1}{(1 + \mathrm{SINR}_{n,k}^{(b)}) \ln 2} \frac{\partial \gamma_{n,k}^{(b)}}{\partial P_{m,e}} \right) +$$

$$\sum_{k' \in M_{n,c}} f'_a(\bar{r}_{n,k'}) \left(\frac{B}{K_{n,c}} \sum_{b \in B_{n,c}} \frac{1}{(1 + \mathrm{SINR}_{n,k'}^{(b)}) \ln 2} \frac{\partial \gamma_{n,k'}^{(b)}}{\partial P_{m,e}} \right) \tag{6-10}$$

式中，

$$\frac{\partial \gamma_{n,k}^{(b)}}{\partial P_{m,e}} = \begin{cases} \dfrac{- P_n^{(b)} G_{n,k} G_{m,k}}{\left(\sum_{m' \neq n} P_m^{(b)} G_{m',k} + N_0 B \right)^2}, & b \in B_{m,e} \\ 0, & \text{其他} \end{cases}$$

同理可得，优化目标方程对邻小区中心子带的功率变量的导数，在此不再赘述。

3. 算法设计

由于实际系统中需要优化的小区数目很多，计算上述目标函数对所有功率变量的计算量极大，很难得到全局最优解。因此，在实际执行过程中，可以采用一种分布式的方法进行局部优化，得到局部最优解，这种局部最优解与全局最优解差距不大。如图 6-14 所示，分布式的算法执行过程如下：

步骤 1：将系统总带宽划分为一系列子带，并分为小区边缘子带集合以及小区中心子带集合，设定每子带初始发射功率。

步骤 2：将小区用户按预设的规则分为两组：小区边缘用户与小区中心用户。具体的，将用户分组可以根据用户的地理位置，按用户到服务基站的距离划分，门限值为 $R_c = \lambda R$，即到基站距离大于 R_c 的为小区边缘用户，否则为小区中心用户；也可以根据用户服务基站与邻基站导频信号接收功率（RSRP）的差值进行划分。

步骤 3：确定待优化区域及优化执行基站，设所有待优化的 BS 集合为 N，BS 总数为 N_{BS}，设优化执行基站为 BS_i，令 $i = 1$。

步骤 4：BS_i 根据式（6-9）计算本小区优化梯度信息，并收集邻小区优化梯度信息，其中邻小区优化梯度信息由式（6-10）计算，得到系统总优化目标的梯度信息。

步骤 5：计算所述优化执行基站发射功率优化方向 $\vec{F}$，调整其发射功率 $\vec{P} = \vec{P} + t\vec{F}$。具体的，若迭代点位于可行域边缘，并且梯度方向指向可行域外部，则 $\vec{F}$ 为梯度方向在可行域边界的投影；否则，$\vec{F}$ 为梯度方向。

可行域为功率优化过程中基站发射功率向量需要满足的一定条件，具体可以是如下条件：

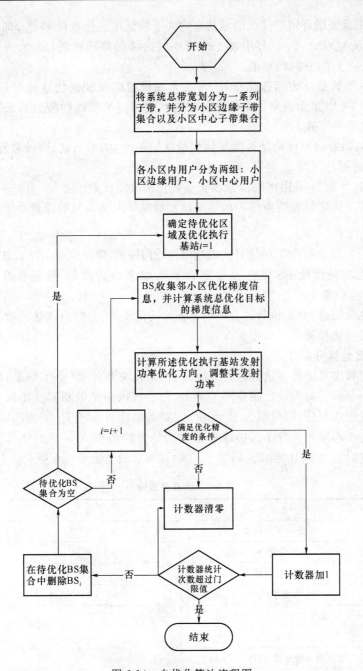

图 6-14 自优化算法流程图

条件一、基站总发射功率不超过基站最大发射功率 $P_{\max}$，即 $\sum\limits_{b} P_n^{(b)} \leqslant P_{\max}$，$\forall n$，其中，$P_n^{(b)}$ 为基站 n 在子带 b 上的发射功率。

条件二、保证所有用户接收信号功率均大于最低接收信号功率 P_{th}，即 $P_{n,e}G(R) \geqslant P_{th}$，$P_{n,c}G(R_c) \geqslant P_{th}$，$\forall n$。其中，$G(R)$ 为小区边缘的路径损耗，R_c 为所述小区边缘用户与中心用户划分的门限值。

需要说明的是，t 表示迭代步长，需要合理设置以保证迭代点的可行性，在具体实施过程中，可以预先设定一个较小的常数 t，也可以采用线性搜索算法为每次优化过程选择合适的 t 值。

步骤 6：判断功率优化是否满足优化精度的条件，如果满足，则计数器 T 加 1，进行下一步；否则计数器 T 清零，跳至步骤 8。

具体的，计数器 T 用来统计连续满足优化精度的次数。

所述满足优化精度的条件为所述基站发射功率向量调整的模值小于预设的优化精度 e_{ps}，即 $|t\vec{F}| < e_{ps}$。

步骤 7：如果计数器 T 的统计次数超过预设门限值，停止优化；否则，进行下一步。

步骤 8：在待优化 BS 集合 N 中删除 BS_i，如果 N 为空集，转至步骤 3；否则，令 $i = i+1$，转至步骤 4。

需要说明的是，上述执行过程中的 t 表示优化步长，会影响算法的收敛速度及可行性。e_{ps} 影响优化算法的精度。

4. 仿真结果分析

对上述算法采用静态仿真进行性能分析，采用典型的 19 小区场景，假设每个小区中心有一全向发射天线。用户均匀分布，每小区内用户数相同。小区中心用户与边缘用户按距离划分，门限值为 $R_c = \lambda R$，即到基站距离大于 R_c 的为小区边缘用户，否则为小区中心用户。设小区边缘子带的初始发射功率 $P_e = P_{max}/N_b$，小区中心子带的初始发射功率为 $P_c = \beta P_e$，$0 < \beta < 1$。仿真参数设置如表 6-3 所示。

表 6-3 仿真参数设置

子带数	3
每小区用户数	9
系统带宽/MHz	10
小区数量	19
小区半径/m	1 000
基站最大发射功率/dBm	46
调度算法	RR
噪声功率谱密度/(dBm·Hz^{-1})	−174
路损模型/dB	$128.1 + 37.6 \log d$，d 的单位为 km
用户最小接收功率/dBm	−90
中心区域半径/m	750

图 6-15 所示为 $\beta=0.25$ 时,用户吞吐量的累积分布函数(CDF)曲线。由图可见,优化后边缘用户吞吐量较同频组网有所提高,而小区中心用户吞吐量略有下降。这是由于,采用软频率复用方案后,小区中心用户所受的干扰增大,吞吐量有所下降,而小区边缘用户所受干扰减少,吞吐量上升,这是小区边缘与小区中心用户性能的折中。优化后用户吞吐量的 CDF 曲线整体位于优化前曲线的右侧,也就是说,优化后用户吞吐量较没有优化的吞吐量有所提高。

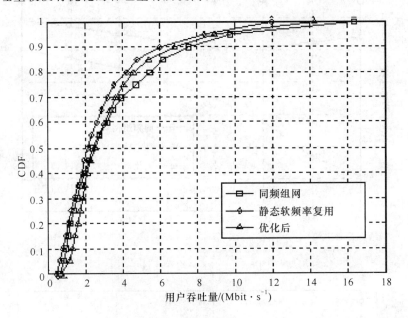

图 6-15 用户吞吐量 CDF 曲线

图 6-16 所示为不同的初始功率设置($\beta=0.1\sim0.8$)下,采用优化算法后小区平均吞吐量与 CDF 5％用户吞吐量的变化。从图中可以看出,软频率复用方案是以小区平均吞吐量的降低为代价来提升小区边缘吞吐量,静态软频率复用对小区平均吞吐量的降低在 5％以上,最极端的情况对小区平均吞吐量的降低可以达到 30％。此外,当中心子带的发射功率过低($\beta=0.1,0.2$)时,5％ CDF 用户吞吐量也有所降低。这是因为,如果小区中心资源的发射功率过低,中心用户的接收信号功率极低,这时系统内性能最差的部分用户不再是小区边缘用户,而是位于小区内环边缘的中心用户,而这部分用户的 SINR 与不使用软频率复用相比有所降低,因此,5％ CDF 用户吞吐量也无法得到提升。

由图 6-16 和图 6-17 还可以看出,采用本书自优优技术介绍的优化算法后,小区平均吞吐量及 5％ CDF 用户吞吐量较优化前均有所提升。尤其是对于之前内环功率设置过小的情况,性能提升最为明显。如图 6-17 所示,优化后 5％ CDF 用户吞吐量的提升最多可达 38％,而小区平均吞吐量仅降低了 2％～5％。此外,由于梯度投影法只能找到距离初始可行点最近的局部极值点，因此采用不同初始功率设置时，得到的优化结果并不相同，但是无论采用怎样的初始配置都可以利用前面所述的自优化算法进行进一步优化，带来小区平均吞吐量的提升。

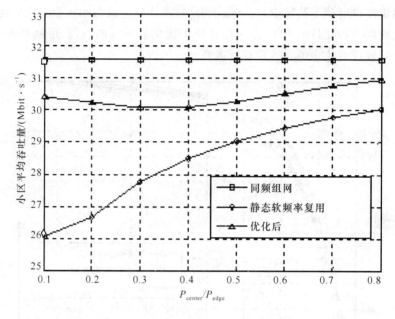

图 6-16　小区平均吞吐量

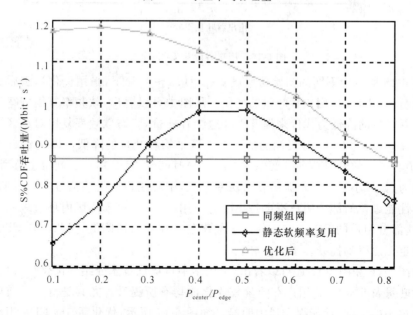

图 6-17　5％ CDF 用户吞吐量

图 6-18 所示为不同的初始功率设置下,采用优化算法后系统能量效率的变化。系统能量效率可以定义为小区平均吞吐量与基站平均发射功率的比值,它表示了单位发射功率带来的系统平均吞吐量。如图 6-16 所示,采用软频率复用后,小区平均吞吐量有所降低,但是同时总发射功率也降低,因此,如图 6-18 所示系统总能量效率有所增长。从图中还可以看出,随着小区中心资源发射功率的增长,系统总能量效率是降低的,这是因为在用户分布、中心半径不变的情况下,发射功率越大小区间干扰越大,则系统总能量效率越低。此外,采用自优化算法之后,系统总能量效率有所提高,这是因为自优化算法对小区边缘及中心用户性能进行更好的权衡,可以得到合理的功率分配方案,提高系统总能量效率。

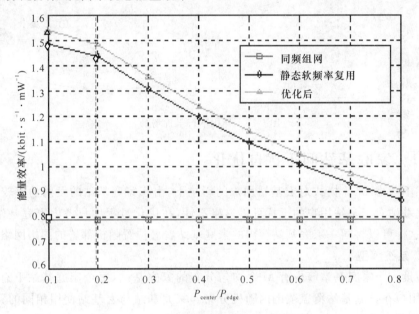

图 6-18 系统能量效率

6.3 异构分层干扰自优化

异构分层无线网络的干扰场景比较复杂,下面对于异构网络干扰自优化算法的介绍以及后文的系统建模中只考虑下行链路的干扰。图 6-19 所示为一个典型的异构网络下行干扰场景,其中的干扰主要分为两类:一类是家庭基站间或者宏基站间的层内干扰;另一类是家庭基站对宏用户或者宏基站对家庭用户的跨层干扰。由于家庭基站的发射功率较低,在干扰分析的过程中,只考虑同一家庭基站簇内家庭基站之间的干扰,对于不同家庭基站簇之间的干扰可忽略不计。

由于异构网络结构复杂,节点数众多,而家庭基站多是由用户部署的,位置分布是随机的,因此,在进行异构网络干扰自优化的过程中,如果直接将整个网络效率作为优化目标进行优化复杂度极高。在异构网络干扰自优化中，干扰主要分为以下三部分：家庭基站间的干扰、宏基站间的干扰以及宏基站层与家庭基站层之间的跨层干扰。其中，宏基站间干扰可以通过干扰自优化方法消除，本节主要讨论家庭基站间的干扰以及宏基站层与家庭基站等之间的跨层干扰问题。基于以上思想，将异构网络干扰自优化分为两个部分：家庭基站间干扰自优化和跨层干扰自优化。接下来将分别对这两部分算法进行详细说明。

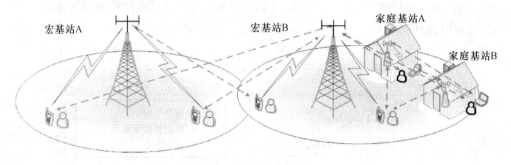

图 6-19　异构下行干扰场景

6.3.1　家庭基站间干扰自优化

在不考虑 CSG 模式对宏基站用户的影响下，由于家庭基站的发射功率较小，因此家庭基站对宏基站用户的干扰可以忽略不计，在优化过程中只考虑家庭基站间的影响，这样可以将同一家庭基站簇内的家庭基站看做位置随机部署的同构网络。

1. 系统模型

假设一个家庭基站簇内有 M 个均匀分布的家庭基站，每个家庭基站下有 N 个用户，用户在家庭基站覆盖范围内随机分布。家庭基站与宏基站使用相同的频谱资源，系统总带宽为 W，设宏基站 n 的发射功率为 $P_{M,n}$，家庭基站 m 的发射功率为 P_m，家庭基站用户 i 到宏基站 n 的路径损耗为 $G_{n,i}$，到家庭基站 m 的路径损耗为 $h_{m,i}$，N_0 为加性高斯白噪声功率谱密度，则家庭基站用户 i 的接收 SINR 为

$$\gamma_{m,i} = \frac{P_m h_{m,i}}{\sum\limits_{k \neq m} P_k h_{k,i} + I_M + N_0 W} \tag{6-11}$$

式中，$\sum\limits_{k \neq m} P_k h_{k,i}$ 为来自同一家庭基站簇内其他家庭基站的干扰，$I_M = \sum\limits_n P_{M,n} G_{n,i}$ 为来自宏基站的干扰。假设带宽对所有用户是平均分配的，则用户 i 的平均吞吐量为

$$C_{m,i} = \frac{W}{N} \log(1 + \gamma_{m,i}) \tag{6-12}$$

待优化家庭基站簇的总效率可以表示为 $U_F = \sum\limits_{m=1}^{M} U_m = \sum\limits_{m=1}^{M} \sum\limits_{i=1}^{N} f_a(C_{m,i})$，其中，

$f_\alpha(\cdot)$ 为效率函数,家庭基站的优化问题可以描述为

$$\max U_F = \max\left[\sum_{i=1}^{N_n} U_{F_i}\right] = \max\left[\sum_{i=1}^{N_n}\sum_{l=1}^{M_{F_i}} f_\alpha(C_{F_{l,i}})\right]$$

在此运用梯度投影法来解决这一优化问题,将上述优化目标方程分别对服务家庭基站及同一家庭基站簇内的其他家庭基站发射功率求导。家庭基站 m 效率方程对本基站发射功率求导可得

$$\frac{\partial U_m}{\partial P_m} = \frac{\partial}{\partial P_m}\sum_{i=1}^{N} f_\alpha(C_{m,i}) = \sum_{i=1}^{N} f'_\alpha(C_{m,i}) C'_{m,i}\frac{\partial \gamma_{m,i}}{\partial P_m}$$

$$= \sum_{i=1}^{N} f'_\alpha(C_{m,i}) \frac{W}{N}\frac{1}{(1+\gamma_{m,i})\ln 2}\frac{\gamma_{m,i}}{P_m} \qquad (6\text{-}13)$$

同一基站簇内其他家庭基站效率方程对家庭基站 m 发射功率求导可得

$$\frac{\partial U_n}{\partial P_m} = \frac{\partial}{\partial P_m}\sum_{i=1}^{N} f_\alpha(C_{n,i}) = \sum_{i=1}^{N} f'_\alpha(C_{n,i}) C'_{n,i}\frac{\partial \gamma_{n,i}}{\partial P_m}$$

$$= -\sum_{i=1}^{N} f'_\alpha(C_{n,i}) \frac{W}{N}\frac{1}{(1+\gamma_{n,i})\ln 2}\frac{h_{m,i}\gamma_{n,i}^2}{P_m h_{n,i}} \qquad (6\text{-}14)$$

若将一个家庭基站簇看做是基站位置随机部署的同构网络,则家庭基站间的干扰自优化可以采用与同构网络干扰自优化相类似的方法,如步骤 3~步骤 8,基站间交互的梯度信息由公式(6-13)、公式(6-14)可得,具体流程在此不再赘述。

2. 仿真结果分析

采用静态仿真方法对上述算法性能进行验证,假设有 19 个正六边形宏小区,小区半径为 250 m,考虑在半径 50 m 的圆内均匀分布 5、10、15 个家庭基站,家庭基站簇的圆心距中心宏基站距离为 150 m,家庭基站覆盖半径为 10 m,每个家庭基站下有 1 个室内用户,所有基站均使用全向天线,宏基站发射功率为 46 dBm,家庭基站最大发射功率为 20 dBm,墙壁的穿透损耗为 5 dB。

图 6-20 所示为家庭基站用户吞吐量的 CDF 曲线。由图可见,采用正交频谱时,虽然家庭基站用户不受宏基站的干扰,用户 SINR 性能最好,但是由于只使用了部分频谱,用户吞吐量反而最小。采用共享频谱后,能够充分利用带宽资源,因此用户吞吐量变大。而优化后,由于减少了小区间干扰,保护了边缘用户性能,小区边缘用户吞吐量有所提高,但原来性能较好的用户吞吐量有所降低。

图 6-21、图 6-22 所示为用户平均吞吐量及 CDF5% 用户吞吐量随家庭基站簇内家庭基站个数变化曲线图。由图中可以看出,随着家庭基站簇内家庭基站个数的增大,用户平均吞吐量及边缘吞吐量都有所降低,这是由于同一家庭基站簇内家庭基站的个数越多,干扰越严重,用户性能越差。同上图的趋势相同,由于正交频谱对频率资源的浪费较为严重,因此性能最差;采用自优化算法后,用户平均吞吐量降低约 2%,但是边缘用户吞吐量显著增大,最多可提高近 20%。同时家庭基站的个数越多,也就是干扰越严重时,该优化算法带来的性能增益越高。

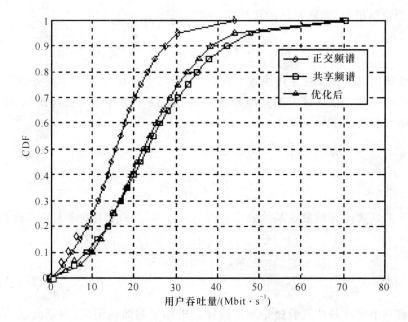

图 6-20　家庭基站用户吞吐量分布曲线

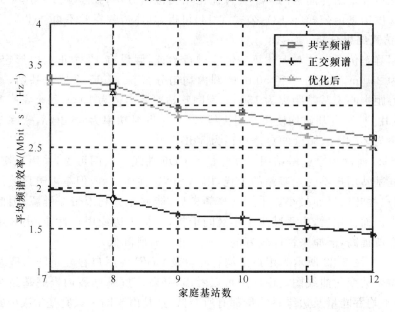

图 6-21　用户平均吞吐量

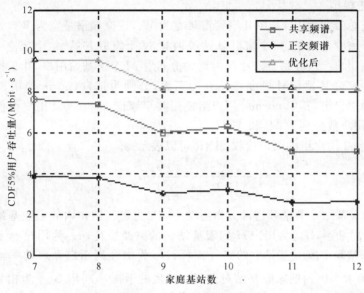

图 6-22 边缘用户吞吐量

6.3.2 跨层干扰自优化

由于家庭基站可以运行于闭合模式,在此模式下家庭基站对位于其覆盖范围内的非注册宏用户的干扰极大,为了减少这种干扰,可以采用如下频谱分配方案:将系统整个带宽分为两部分,一部分是宏基站与家庭基站共用频谱,另一部分是宏基站单独使用的频谱,在调度的过程中,靠近家庭基站受家庭基站干扰较大的宏用户使用正交频谱,远离家庭基站受家庭基站干扰较小的宏用户使用共享频谱,这样可以消除靠近家庭基站而无法接入的宏用户所受到来自家庭基站的强烈干扰,如图 6-23 所示。在此场景下如果只是采用固定的频谱及功率分配,可能导致部分资源的浪费,因此如何根据用户分布情况自适应的调整频谱分配以及基站的发射功率是一个亟需解决的问题。

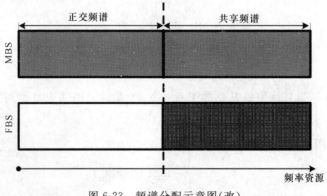

图 6-23 频谱分配示意图(改)

1. 系统模型

设系统总带宽为 W，其中共享频谱带宽为 W_s，正交频谱带宽为 W_o。设每个宏小区内有一个家庭基站簇，每个家庭基站簇内有 N 个家庭基站，每个家庭基站下有 1 个家庭基站用户。设在每个宏小区内均匀分布着 M 个宏基站用户，并根据每个宏用户接收到的家庭基站信号强度将其分为两组，分别为正常（normal）用户组和保护（protected）用户组，其中 normal 用户组使用共享频谱，protected 用户组使用正交频谱，记两组用户数分别为 M_s 和 M_o。

则 normal 用户组的用户接收 SINR 可以表示为

$$\gamma_{s_{m,n}} = \frac{P_{s_n} G_{m,n}}{\sum_i P_i h_{m,i} + \sum_{k \neq n} P_{s_k} G_{m,k} + N_0 W_s} \tag{6-15}$$

式中，P_{s_n} 为宏基站 n 共享频谱部分发射功率，P_i 为宏基站 n 内的家庭基站簇中家庭基站 i 的发射功率，$G_{m,n}$ 为用户 m 到宏基站 n 的路径损耗，$h_{m,i}$ 为用户 m 到宏基站 n 内的家庭基站簇中家庭基站 i 的路径损耗，N_0 为加性高斯白噪声功率谱密度。则 $\sum_i P_i h_{m,i}$ 为宏小区内的家庭基站对宏用户产生的干扰，$\sum_{k \neq n} P_{s_k} G_{m,k}$ 为相邻宏基站对宏用户产生的干扰。

假设所有用户都是平等的，即带宽对所有用户均匀分配，则对于 normal 用户组，用户 m 的平均吞吐量为

$$C_{s_{m,n}} = \frac{W_s}{M_{s_n}} \log(1 + \gamma_{s_{m,n}}) \tag{6-16}$$

同理可得，对于 protected 用户组的用户接收 SINR 可以表示为

$$\gamma_{o_{m,n}} = \frac{P_{o_n} G_{m,n}}{\sum_{k \neq n} P_{o_k} G_{m,k} + N_0 W_o} \tag{6-17}$$

由于 protected 用户组使用的是与家庭基站正交的频谱资源，因此干扰部分只包括相邻宏基站对宏用户产生的干扰。用户的平均吞吐量为

$$C_{o_{m,n}} = \frac{W_o}{M_{o_n}} \log(1 + \gamma_{o_{m,n}}) \tag{6-18}$$

对于家庭基站用户，其接收 SINR 可以表示为

$$\gamma_{H_{m,i}} = \frac{P_i h_{m,i}}{\sum_{j \neq i} P_j h_{m,j} + \sum_k P_{s_k} G_{i,k} + P_{s_n} G_{i,n} + N_0 W_s} \tag{6-19}$$

式中，$\sum_{j \neq i} P_{F_j} h_{i,j}$ 为其他家庭基站的干扰，$\sum_k P_{s_k} h_{i,k}$ 为相邻宏基站对家庭基站用户的干扰，$P_{s_n} h_{i,n}$ 为本小区宏基站产生的干扰。

家庭基站用户的平均吞吐量为

$$C_{F_{m,i}} = \frac{W_s}{M_{F_i}} \log(1 + \gamma_{F_{m,i}}) \tag{6-20}$$

采用这种混合频谱分配后，原本受家庭基站干扰较大的 MUE 由于使用与家庭基站

正交的频谱而不再受家庭基站干扰,而家庭基站本身发射功率较小,对于远离家庭基站的 MUE 干扰较小,因此在家庭基站功率优化的过程中可以不考虑其对 MUE 的干扰,采用上节所述家庭基站间干扰自优化算法,在这里只需考虑对宏基站发射功率的优化。

综上所述,设总优化目标方程为 $U = \sum_n U_n$,其中,U_n 由两部分组成,分别是宏基站用户效率值 $U_{M_n} = \sum_{j=1}^{M_{s_n}} f_\alpha(C_{s_{j,n}}) + \sum_{k=1}^{M_{o_n}} f_\alpha(C_{o_{k,n}})$ 以及家庭基站用户效率值 $U_{H_n} = \sum_{i=1}^{N_n} \sum_{l=1}^{M_{F_i}} f_\alpha(C_{F_{l,i}})$ 。

为了提高小区边缘吞吐量,同时又保证所有用户的最低接收信号功率,总的优化问题可以描述为

$$\max U \tag{6-21}$$
$$P_{M_{\min}} \leqslant P_{s_n} + P_{o_n} \leqslant P_{M_{\max}}$$

式中,$P_{M_{\max}}$ 是宏基站的最大发射功率,$P_{M_{\min}}$ 是宏基站为保证边缘用户传输质量所需的最小发射功率。

在优化执行过程中,如果以上述总效率为优化目标,采用集中式同时对所有宏基站功率进行优化复杂度极高,因此,在实际优化过程中,可以使用分布式的优化方法,由各基站轮流执行优化算法,根据收集邻基站的梯度信息达到整体优化的目的,每次优化只调整当前基站的发射功率。

由于家庭基站的用户多为室内用户,并且距相邻宏基站的距离较远,在宏基站发射功率调整对相邻宏小区内的家庭基站用户影响较小,因此在分布式的优化方法中,可以不考虑对相邻宏小区家庭基站用户性能的优化,公式(6-21)中的优化目标可以化简为

$$U = \sum_m U_{M_m} + U_{H_n} \tag{6-22}$$

则宏基站 n 功率优化的梯度信息可以表示为

$$\boldsymbol{\nabla}_n U = \left[\frac{\partial U}{\partial P_{s_n}}, \frac{\partial U}{\partial P_{o_n}} \right] \tag{6-23}$$

上述优化目标方程分别对宏基站 n 共享频谱及正交频谱的发射功率求偏导可得

$$\frac{\partial U}{\partial P_{s_n}} = \sum_m \frac{\partial U_{M_m}}{\partial P_{s_n}} + \frac{\partial U_{H_n}}{\partial P_{s_n}} \tag{6-24}$$

$$\frac{\partial U}{\partial P_{o_n}} = \sum_m \frac{\partial U_{M_m}}{\partial P_{o_n}} \tag{6-25}$$

式中,

$$\frac{\partial U_{M_m}}{\partial P_{o_n}} = \begin{cases} \sum_{l=1}^{M_{o_n}} f'_\alpha(C_{o_{l,n}}) \dfrac{W_s}{M_{o_n}} \dfrac{1}{(1+\gamma_{o_{l,n}})\ln 2} \dfrac{\gamma_{o_{l,n}}}{P_{o_n}}, & m = n \\[4mm] -\sum_{l=1}^{M_{o_m}} f'_\alpha(C_{o_{l,m}}) \dfrac{W_s}{M_{o_m}} \dfrac{1}{(1+\gamma_{o_{l,m}})\ln 2} \dfrac{h_{l,n}\gamma_{o_{l,m}}^2}{P_o h_{l,m}}, & m \neq n \end{cases} \tag{6-26}$$

$$\frac{\partial U_{H_n}}{\partial P_{s_n}} = -\sum_{j=1}^{N_n} \sum_{l=1}^{M_{F_j}} f'_a(C_{F_{l,j}}) \frac{W_s}{M_{F_j}} \frac{1}{(1+\gamma_{F_{l,j}})\ln 2} \frac{h_{l,n}\gamma^2_{F_{l,j}}}{P_{F_j}h_{l,j}} \qquad (6-27)$$

同理可得 $\dfrac{\partial U_{M_m}}{\partial P_{s_n}}$，在此不再赘述。

2. 算法描述

根据以上分析，可以得到异构网络跨层干扰自优化算法，整个算法主要分为 3 个步骤，首先是根据宏小区用户信号质量将宏小区用户分为两个用户组，并根据用户比例进行资源划分；然后，各家庭基站簇分别执行家庭基站间干扰自优化算法，分别调整各家庭基站发射功率，消除家庭基站间干扰；最后，各宏基站依次执行干扰自优化算法，调整各资源块发射功率，消除宏基站间干扰以及宏基站对其覆盖范围内的家庭基站用户的干扰。算法详细流程如下：

步骤 1：根据 MUE 收到的来自 MBS 以及 HBS 信号强度差将 MUE 分为两组，分别为 normal 用户组和 protected 用户组，设两组用户数分别为 M_s 和 M_o。

步骤 2：根据两组用户比例将整个频谱划分为两部分，其中共享频谱为 $W_s = M_s/M$，正交频谱为 M_o/M，初始化各部分频谱的发射功率。

步骤 3：各家庭基站簇分别执行家庭基站间干扰自优化算法。

步骤 4：确定待优化宏基站集合，选取优化执行基站 MBS_i，首先令 $i=1$。

步骤 5：MBS_i 收集相邻宏基站根据公式（6-16）计算得到的梯度信息，以及其覆盖范围内的家庭基站根据公式（6-17）计算得到的梯度信息，然后根据公式（6-14）、公式（6-15），计算得到总优化目标的梯度信息。

步骤 6：确定功率优化可行域，如果当前迭代点位于可行域边界，并且上述总优化目标的梯度方向指向可行域外部，则根据公式计算该梯度方向在可行域边界投影的方向为优化方向 $\boldsymbol{F}$；否则，优化方向 $\boldsymbol{F}$ 为梯度方向。

步骤 7：调整 MBS_i 的功率值，令 $\boldsymbol{P} = \boldsymbol{P} + t\boldsymbol{F}$，其中，$t$ 表示迭代步长，需要合理设置以保证迭代点的可行性，在具体实施过程中，可以预先设定一个较小的常数 t，也可以采用线性搜索算法为每次优化过程选择合适的 t 值。

步骤 8：判断功率优化是否满足 $|t\boldsymbol{F}| < e_{ps}$，如果满足，则计数器 T 加 1，进行下一步；否则计数器 T 清零，跳至步骤 8；其中，计数器 T 用来统计连续满足优化精度的次数。

步骤 9：如果计数器 T 的统计次数超过预设门限值，停止优化；否则，进行下一步。

步骤 10：在待优化 BS 集合 N 中删除 BS_i，如果 N 为空集，转至步骤 4；否则，令 $i=i+1$，转至步骤 5。

3. 仿真结果分析

对上述算法采用静态仿真进行性能分析，采用典型的 19 小区场景。为了简化计

3. 仿真结果分析

对上述算法采用静态仿真进行性能分析,采用典型的 19 小区场景。为了简化计算,在此不考虑扇区天线,每个小区中心有一全向发射天线。用户均匀分布,每小区内用户数相同。假设每小区内有 3 个家庭基站簇,每个家庭基站簇内家庭基站的数量相同,每个家庭基站下有 1 个家庭基站用户,网络拓扑结构如图 6-24 所示。

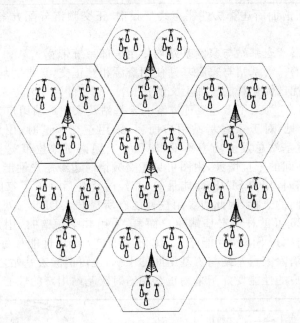

图 6-24 网络拓扑结构示意图

仿真参数如表 6-4 所示。

表 6-4 跨层干扰自优化仿真参数设置

系统带宽/MHz	10
宏基站数	19
宏小区半径/m	250
宏基站最大发射功率/dBm	46
宏小区用户数	10
每家庭基站簇内家庭基站数	6~12
家庭基站簇到宏基站距离/m	150
家庭基站簇范围/m	50
家庭基站半径/m	10
家庭基站最大发射功率/dBm	20
调度算法	轮询

续 表

噪声功率谱密度/(dBm·Hz^{-1})	-174
路损模型	$128.1+37.6\log d$,路损单位为 dB,d 单位为 km(宏小区) $127+30\log10 d$,路损单位为 dB,d 单位为 km(家庭小区)
墙壁穿透损耗/dB	5

在本节中,将前面所述算法性能与共享频谱、正交频谱分配方案相比较,各方案说明如下:

(1)共享频谱。宏基站与家庭基站均使用全部系统带宽。

(2)正交频谱。宏基站与家庭基站使用资源相互正交,且带宽均为 5 MHz。

(3)跨层干扰自优化算法。如上文所述。

图 6-25、图 6-26 为采用上述 3 种方案的宏基站及家庭基站用户 SINR 的 CDF 曲线。由图 6-25 可见,对于家庭基站用户而言,采用正交频谱时,用户 SINR 性能最好,但是由于家庭基站总发射功率不变,使用正交频谱时单位带宽上的发射功率增大,因此家庭基站间的干扰增大,由图可见正交频谱时边缘用户性能并没有明显的提升;采用共享频谱时,用户 SINR 性能最差,而经过优化后消除了家庭基站间以及宏基站与家庭基站间的干扰,因此边缘用户性能有所提升,CDF 5% 处用户 SINR 增加约 3 dB。由图 626 可见对于宏基站用户而言,采用共享频谱时,用户 SINR 性能最差,采用正交频谱用户 SINR 性能略好,优化后用户 SINR 性能最好,这是由于自优化算法不仅能够消除家庭基站与宏基站间的干扰,也可消除宏基站之间的干扰,因此优化后宏基站用户的性能要好于采用正交频谱时宏基站用户的性能。

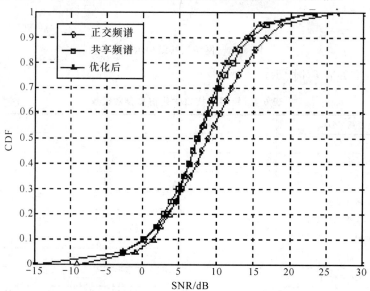

图 6-25　异构网络家庭用户 SINR CDF 曲线

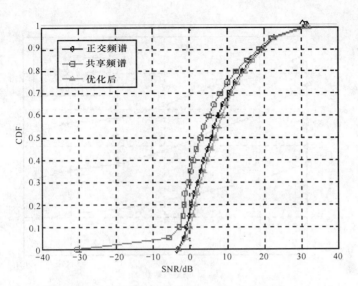

图 6-26　异构网络宏用户 SINR CDF 曲线

图 6-27、图 6-28 分别比较不同频谱分配方案下家庭基站及宏基站平均频谱效率随家庭基站数量的变化。由图中可见,采用正交频谱时家庭基站和宏基站平均频谱效率均最低,与家庭基站和宏基站共享频谱相比,采用本文所提的优化算法之后,宏基站平均频谱效率提升约 20%,但是家庭基站平均频谱效率降低约 15%,并且随着家庭基站数量增多,宏基站频谱效率提升越明显。这是由于干扰自优化主要用于提升受扰较为严重的用户性能,由于家庭基站下的用户数量较少,用户可分的平均资源较多,因此家庭基站用户吞吐量性能要好于宏用户,在优化过程中牺牲部分家庭用户性能达到对宏用户吞吐量性能的改善。

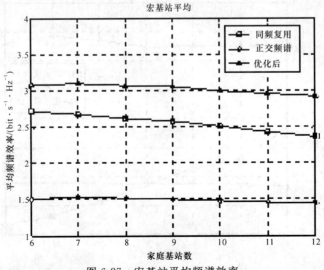

图 6-27　宏基站平均频谱效率

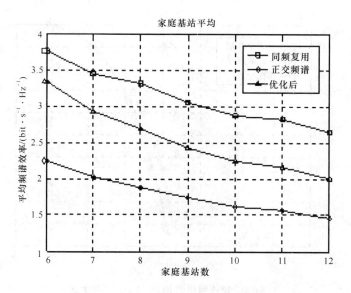

图 6-28　家庭基站平均频谱效率

　　图 6-29、图 6-30 分别比较了文中所提算法与正交频谱及共享频谱分配时宏基站及家庭基站边缘用户吞吐量性能。由图中可见，采用本文所提的优化算法后，家庭基站及宏基站下边缘用户性能最好，与同频组网相比，宏基站边缘用户吞吐量提高到 800 kbit/s 左右，家庭基站边缘用户吞吐量最高提升近 50％。而且，随着家庭基站数目的增多，算法增益越明显。这是由于家庭基站数目越多，用户受到的干扰越大，干扰优化的性能也就越明显。

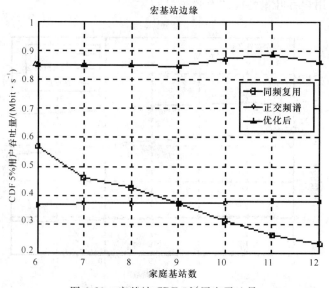

图 6-29　宏基站 CDF 5％用户吞吐量

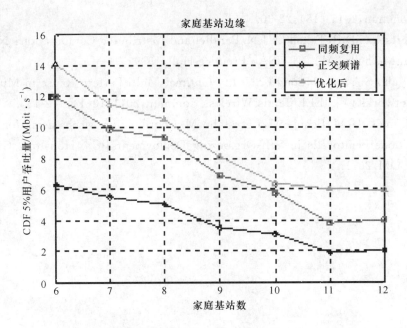

图 6-30 家庭基站 CDF 5％用户吞吐量

参 考 文 献

［1］ Li J，Kim H，Lee Y，et al. A novel broadband wireless OFDMA scheme for downlink in cellular communications［C］. New Orleans：WCNC,2003.

［2］ 吴承承，白炜，桑林. LTE 小区间干扰抑制技术介绍及比较［J］. 邮电设计技术，2008（6）:41-44.

［3］ Michael Mao Wang，Jaber Borran，Tingfan Ji，et al. Interference Management and Handoff Techniques ［J］. IEEE Vehicular Technology Magazine,2009,4（4）:64-75.

［4］ Ericsson. Inter-cell Interference Handling for E-UTRA ［R］. London：3GPP,2005.

［5］ Siemens. Interference Mitigation-Considerations and Results on Frequency Reuse［R］. London：3GPP,2005.

［6］ Sawahashi，Kishiyama M，Morimoto Y A，et al. Coordinated Multipoint Transmission/Reception Techniques for LTE-Advanced ［J］. IEEE Wireless Communications,2010（17）: 26-34.

［7］ Lopez-Perez D，Guvenc I，de la Roche G，et al. Enhanced Intercell Interference Coordination Challenges in Heterogeneous Networks［J］. IEEE Wireless

Commun,2011 (18):22-30.

[8] Bertsekas D P,Tsitsiklis J N. Parallel and Distributed Computation: Numerical Methods [M]. NJ USA: Prentice-Hall,1989.

[9] Kyuho S,Yung Y,Song C. Utility-Optimal Multi-Pattern Reuse in Multi-Cell Networks [J]. IEEE Trans Wireless Commun,2011,10(1):142-153.

[10] Lima C H M,Bennis M,Latva-aho M. Coordination Mechanisms for Stand-Alone Femtocells in Self-Organizing Deployments[C]. Houston: GLOBECOM,2011.

第7章 切换和负载均衡自优化

移动鲁棒性优化(MRO)主要包括切换自优化,包含连接模式和空闲模式下的参数自优化,目的是保证终端用户具有好的性能,同时考虑与其他 SON 关联模块的相互影响,包括自动邻区关系和负载均衡自优化等。另外,移动鲁棒性优化对中断补偿和节能优化方面也有潜在的影响,这些模块调整小区边界的结论与 MRO 优化结果可能会相矛盾。无论针对哪项无线技术,MRO 的目标是一样的,就是优化终端用户性能和系统容量,具体的算法和参数在不同的技术中不同。

负载均衡指的是相似网元互相分担业务、分担负载。相似网元可以是分组网关、移动管理实体(MME)、基站、扇区。在 LTE/LTE-A 系统中,当负载加重时,MME期望通过不同的 MME 分担用户业务负载,而基站可能为了增加系统容量利用 RRM功能分担/卸载业务给邻小区。结果是,不同算法在不同的节点可能按照需求同时提供每一个网元的用户业务的负载均衡操作。此外,可以检测到每一个节点的长时间的业务性能,所以业务可通过网络中的实体采取集中处理方式提前分配资源。特别需要说明的是,负载均衡对于一些具有潮汐效应特征的场景是非常有意义的,这些场景下用户和业务通常具有周期性特征,如大型居民楼、体育场馆、大型办公场所等。需要注意的是,重新均衡一个小区或者让一个用户接入到其他邻近基站必须考虑用户的特征和传输性能等。如果要进行负载均衡的目标调整用户可以降低服务质量(QoS)要求或者传输性能,不希望将该用户移动到其他基站,则不能执行负载均衡操作。另外,如果执行负载均衡操作,会导致系统容量下降或者资源利用率下降,那么也将不执行负载均衡操作。

考虑到移动鲁棒性优化和负载均衡都涉及用户切换等操作,本章将对移动鲁棒性优化和负载均衡自优化的原理、协议组成、算法以及性能进行介绍。鉴于移动鲁棒性优化下空闲模式自优化主要针对网络选择和重选参数自优化,原理简单,所以本章将侧重介绍切换自优化内容。

7.1 切换自优化基础和原理

切换是系统移动性管理中的重要功能,切换参数的设置是网络运营维护中较为耗时的工作之一,在传统的 2G/3G 系统中,切换参数在基站初始部署时设置之后一般很少调整，即使进行调整也难以有效避免"过早/过晚切换"、"不必要切换"、"切换到错误目标小区"等不利事件的发生。切换自优化和邻区关系自优化密切相关，通过与周围小区的信令交互对邻区列表进行合理配置和预测，为用户进行准确和可靠的小区重选切换操作提供有力保障。

目前 3GPP 的相关协议对切换自优化标准进行了比较完善的定义。在移动性方面，LTE/LTE-A 系统中 UE 的状态划分为了 RRC IDLE(类似开机无业务)和 RRC CONNECTED(类似开机有业务)两种，其中 RRC IDLE 状态下对应的移动性行为为小区选择/重选，而 RRC CONNECTED 状态下对应的移动性行为即为切换。切换的过程主要包括测量、判决和执行 3 个过程。

- 测量方面

切换的测量被分为周期性测量和事件触发两种，可以根据测量目标小区与原服务小区的带宽、载波频率关系选择不同的测量种类。在切换中，也需根据具体的切换算法要求来开启或关闭不同的测量方式。

- 判决方面

切换判决是针对 UE 上报的测量报告进行的，3GPP 协议规定了 7 种事件报告类型，共分为两类：系统内和系统间。可以根据实际情况，选取不同的事件报告组合，构造不同的切换算法。

- 执行方面

考虑到 LTE/LTE-A 系统的向下兼容性，其不仅支持系统内切换，还应同时支持系统间切换。对于系统内切换，3GPP 协议规范了其切换流程，对于不同系统间(如到 WCDMA 系统、GSM 系统等)的切换，3GPP 协议仍需要进一步完善。

7.1.1 切换技术概述

切换是移动台在连接状态或者说在通话状态时，当移动台位置发生变化，原来的服务小区将可能不再能够给用户提供服务，这时候为了保证通话不被中断，需要寻找最合适的小区或网络为用户提供服务，从而实现"无缝覆盖"。切换既允许在不同的无线信道之间进行，也允许在不同的小区甚至不同系统之间进行。

在蜂窝式移动通信网中，切换是保证移动用户在移动状态下，实现不间断通信的可靠保证。由网络发起的切换，可以平衡服务区内各小区间业务量，降低高用户小区的呼损率。它可以优化无线资源(频率、时隙与码字)的使用；及时减小移动台的功率消耗和对全局的干扰电平的限制。

切换作为一个重要的移动性管理功能，直接影响整个系统的性能。切换不仅要保证用户在穿越边界时仍能进行正常的通话，而且还要做到快速、有效，这样才有利于降低整个系统干扰，减少掉话，提高系统容量。伴随着未来移动通信系统的载波频率的增高，小区的覆盖范围将进一步缩小，切换也会相应地变得较以往频繁，在这种情况下,快速、有效的切换变得更加需要关注。同时,随着通信网络的发展,网络的容量更大,数据速率更高,业务种类更多,在切换中将需要考虑更多的因素,以满足不同业务的 QoS 要求。

1. 切换的分类

按照切换目标小区和源小区的归属位置关系,可将切换划分为:

(1) LTE-A 接入系统内切换

- eNB 内切换;
- eNB 间通过 X2 接口切换;
- eNB 间通过 S1 接口切换;
- MME 间切换。

(2) Inter-RAT 系统间切换

- LTE-A 与 GERAN 系统之间的切换;
- LTE-A 与 UTRAN 系统之间的切换;
- LTE-A 与 CDMA 系统之间的切换;
- LTE-A 与 WiMAX 系统之间的切换。

按照目标小区与源小区所用频率的关系,又可将切换划分为:同频切换和异频切换。

LTE-A 系统切换分类如图 7-1 所示。

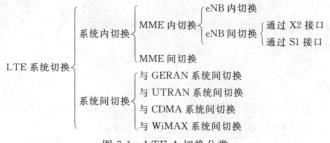

图 7-1 LTE-A 切换分类

按照新链路的建立途径,又可将切换划分为:硬切换、软切换和接力切换。

(1) 硬切换

在模拟 FDMA 系统和数字 TDMA 系统中移动用户在切换到另一个小区时,需要先断开移动台与源小区的链路连接,再和另一小区重新建立通话链路。这种旧链路的断开和新链路的连接过程必须是快速的。网络一般规定了最小切换时延,如果在该时间范围内,用户还没有成功进行切换,则其处于掉话状态。

硬切换先断后通的切换方式势必引起通信的短暂中断,但是它的优点是实现起来比较简单,对于 FDMA 和 TDMA 系统,由于不同小区之间使用的频率资源不一样,所以一般采用的是硬切换。而在 LTE-A 网络中,由于网络取消了 RNC 实体,不再支持宏分集,所以也采用的是硬切换。

（2）软切换

移动台的激活集中保留两个或多个小区信息。当终端接收到的某小区信号质量高于某一门限时，将该链路添加到激活集中。当该小区信号质量低于某一门限时，将该链路从激活集中删除。由于 CDMA 系统中，各小区采用相同的频率，所以这种方式，用户可以接收到同一频率上多个小区的信号，并采用合适的算法对这些信号进行合并，以获得最大的分集增益。

软切换的优势是克服了其他体制的"乒乓"效应，提高小区边缘的接收解调性能，降低掉话率。另一方面，由于 CDMA 系统软切换的特点，越区切换的成功率远大于模拟 FDMA 系统和数字 TDMA 系统，尤其是在通信的高峰期。它还具有上下行链路分集的功能，因此此还可以提高上行链路的容量。但是软切换也占用了更多的下行信道资源，增加了系统内的信令开销。

（3）接力切换

接力切换介于硬切换的先断后连方式和软切换的先连后断方式之间。它是 TD-SCDMA 中新提出的切换方式。接力切换利用精确的定位技术（例如可以通过各信号到达角（DOA）的不同来进行定位），在对移动台的距离和方位进行定位的基础上，根据移动台方位和距离作为辅助信息，来判断移动台是否移动到了可进行切换的相邻基站临近区域。如果移动台进入这个切换区，则 RNC 通知该基站作好切换的准备，从而实现快速、可靠和高效切换。这样既节省信道资源、简化信令、减少系统负荷，也适应不同频率小区之间的切换。

通常，LTE 系统中的切换过程划分为以下 3 个步骤：

• 切换测量；
• 切换判决；
• 切换执行。

切换测量由 UE 和 eNB 共同完成；切换判决在 eNB 中进行；切换执行在 UE、eNB 和 MME 共同协作下完成。具体过程如图 7-2 所示。

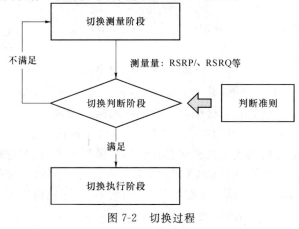

图 7-2　切换过程

2. 切换测量过程

在 LTE-A 系统中,切换测量通过 E-UTRAN 与 UE 间的"测量控制"和"测量报告"信令交互来完成,如图 7-3 所示。测量控制,是 E-UTRAN 下发给 UE 的测量要求;测量报告,是 UE 按照其测量要求进行测量后,上报给 E-UTRAN 的测量结果。

图 7-3 切换测量过程

其中,测量控制消息包含以下信息:

(1)测量标识:E-UTRAN 建立、修改、释放测量和 UE 进行测量报告时使用的参考序号,用户标识不同的测量过程。

(2)测量命令:

① 建立。建立一个新的测量。

② 修改。修改先前配置的一个测量。

③ 释放。停止一个测量,并且删除先前的测量配置。

(3)测量类型:

① 同频测量。测量服务小区下行载频。

② 异频测量。测量不同于服务小区下行载频的异频。

③ 异系统测量。测量其他不同于 E-UTRAN 的无线接入技术,如 UTRAN、GSM。

④ 其他测量类型。如业务量测量、质量测量、UE 内部测量和 UE 位置测量。

(4)测量对象:UE 应该完成的测量对象,如一个载频或一个邻区列表。测量对象还可能包括附加信息,如应用于特定小区的参数。

(5)测量量:UE 测量的具体量,如 RSRP、RSRQ 等;同时还有相关滤波参数,如层 3 滤波系数。

（6）报告量：UE 在上报的测量报告中所需包含的内容。

（7）测量报告准则：测量报告的触发准则，如周期上报或事件上报。

（8）测量间隙：UE 执行测量的时间间隙。在这段时间内没有上下行数据传输。用于 GAP-Assisted 测量。

UE 测量和报告的小区类型包括：

（1）服务小区。

（2）监测集小区。E-UTRAN 指定的邻区列表中的部分小区。

（3）检测集小区。E-UTRAN 没有指定的，由 UE 检测到的小区，但是由 E-UT-RAN 指定了载频。

在 UE 侧，当 RRC 层接收到 E-UTRAN 的测量控制消息后，就通过测量原语要求层 1 进行测量。层 1 和 RRC 层对测量结果进行平滑滤波，当为事件测量时，RRC 层会根据事件触发准则进行事件评估，当 E-UTRAN 要求的测量报告准则满足时，UE 将向 E-UTRAN 发送测量报告消息；当为周期测量时，UE 会按照 E-UTRAN 的要求，周期上报测量量。具体过程如图 7-4 所示，其中 A 点为物理层采样值；B 点为物理层和高层接口；C 点为高层滤波后结果；D 点为标准接口的测量报告消息。

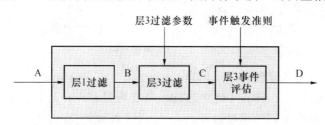

图 7-4　切换测量结果的过滤和报告

UE 在层 3 根据事件触发准则进行事件评估前，需要对测量量进行层 1 滤波和层 3 滤波，滤波可以滤除基于用户中断速率的信道中的快衰落成分，降低信道中快衰落对于接收信号的影响。

UE 物理层会按照 E-UTRAN 要求的测量量周期性进行采样，层 1 滤波，即将物理层测量周期内采样值进行线性平均。层 3 滤波在 RRC 层进行，由网络侧控制。RRC 层根据以下公式对物理层报上来的测量结果进行加权平均处理，将来自物理层的 M_n 变换为 F_n，并将 F_n 作为测量报告中的测量值。

$$F_n = (1-\alpha) \cdot F_{n-1} + \alpha \cdot M_n, \quad \alpha = 1/2^{(k/4)} \tag{7-1}$$

式中，F_n 为更新后的已经过平滑滤波的测量结果；初始值 $F_0 = M_1$；F_{n-1} 为更新前的测量结果；M_n 为最新的物理层测量结果；k 为滤波系数，由 E-UTRAN 通过测量控制消息下发给 UE。$k=0$ 时表示不需要层 3 滤波。

（1）物理层切换测量指标

① RSSI（接收信号强度指示）

LTE 载波 RSSI 被定义为 UE 对所有信号来源观察到的总接收带宽功率，包括共信道服务和非服务小区、邻道干扰和测量带宽内的热噪声。LTE 载波 RSSI 并没有作为测量实体报告，而是作为 LTE RSRQ 测量的输入。

② RSRP（参考信号接收功率）

RSRP 测量提供了小区特定的信号强度量。这种测量主要根据信号强度对 LTE 候选小区排序，并用来作为切换和小区重选决定的输入。对于特定小区，RSRP 定义为资源元素上接收功率的线性平均值，资源元素在所考虑的测量频率带宽上携带了小区特定 RS。正常情况下，第一个天线端口发送的 RS 用做确定 RSRP，但若 UE 可以决定 RS 是否发送，也可以使用第二个天线端口的 RS。若 UE 使用了接收分集，报告的值是所有分集分支功率值的线性平均值。

③ RSRQ（参考信号接收质量）

该测量意图提供小区特定的信号质量度量。类似于 RSRP，这种度量主要是根据信号质量来对不同 LTE 候选小区排序。这种测量用做切换和小区重选决定的输入，例如在 RSRP 测量不能提供足够的信息来执行可靠的移动性决定的场景下。RSRQ 被定义为 $N * RSRP$ 和 LTE 载波 RSSI 之比，其中 N 是 LTE 载波 RSSI 测量带宽的资源块数目。分子和分母的测量都是基于同一组资源块。当 RSRP 作为有用信号强度指示时，由于包括了 RSSI，RSRQ 额外考虑了干扰强度。因此 RSRQ 实现了以一种有效的方式报告信号强度和干扰相结合的效果。

④ UTRA FDD 载波 RSSI

接收带宽功率，包括白噪声和接收噪声，存在于经过接收脉冲修正滤波器获取到的特定带宽内。

⑤ UTRA FDD CPICH E_c/N_0

由带宽上的功率谱密度划分出的单个码片上的接收能量。CPICH E_c/N_0 等于 CPICH RSCP/UTRA Carrier RSSI。测量过程在主 CPICH 信道上完成。

⑥ UTRA CPICH RSCP

接收信号码功率，对于一个码元的接收功率的测量过程在主 CPICH 上完成。

⑦ GSM 载波 RSSI

GSM 承载的接收信号强度指示，在对应信道带宽内的宽带接收功率，测量过程在 GSM 的 BCCH 信道上完成。

⑧ UTRA TDD P-CCPCH RSCP

UTRA TDD 模式 P-CCPCH 接收信号码功率，UE 所测量到的一个 UTRA TDD 邻区的 P-CCPCH 上的接收功率。

⑨ UTRA TDD 载波 RSSI

UTRA TDD 模式承载的接收信号强度指示，包括白噪声和接收噪声，存在于经过接收脉冲修正滤波器获取到的特定带宽内，TDD 模式下在一个指定的时隙内。

在 LTE 系统中，测量信号量一般选取参考信号接收功率（RSRP）和参考信号接收质量（RSRQ）。

（2）测量报告评估准则

UE 层 3 根据事件触发准则进行事件评估，当测量结果满足报告事件的触发条件，UE 将向网络侧上报测量结果（RRC 消息）。LTE 系统中包括 A1、A2、A3、A4、A5、B1、B2 共 7 种不同的测量报告事件，其中前 5 种用于 LTE 系统内测量，后两种用于异系统测量。

① A1 事件（服务小区质量高于指定的绝对门限）

A1 事件用于异频、异系统测量的停止。当下列公式满足时触发 A1 事件，当触发后满足延迟触发时长（Time to Trigger），UE 向 E-UTRAN 上报 A1 事件测量报告。

Event A1 触发条件：

$$M_{serv} \geqslant Thd\_A1 + Hyst\_A1/2 \qquad (7-2)$$

Event A1 取消触发条件：

$$M_{serv} < Thd\_A1 - Hyst\_A1/2 \qquad (7-3)$$

式中，M_{serv} 为服务小区的导频测量质量；Thd_A1 为绝对质量门限；Hyst_A1 为 A1 事件迟滞。

② A2 事件（服务小区质量低于指定的绝对门限）

A2 事件用于异频、异系统测量的启动。当下列公式满足时触发 A2 事件，当触发后满足延迟触发时长（Time to Trigger），UE 向 E-UTRAN 上报 A2 事件测量报告。

Event A2 触发条件（服务小区质量低于指定的绝对门限）：

$$M_{serv} \leqslant Thd\_A2 - Hyst\_A2/2 \qquad (7-4)$$

Event A2 取消触发条件：

$$M_{serv} > Thd\_A2 + Hyst\_A2/2 \qquad (7-5)$$

式中，M_{serv} 为服务小区的导频测量质量；Thd_A2 为绝对质量门限；Hyst_A2 为 A2 事件迟滞。

③ A3 事件（相邻小区质量好于服务小区，且差值超过指定门限）

A3 事件用于同频切换，当下列公式满足时触发 A3 事件，当触发后满足延迟触发时长（Time to Trigger），UE 向 E-UTRAN 上报 A3 事件测量报告。

Event A3 触发条件：

$$M_{new} \geqslant M_{serv} + CIO_{serv-new} + Hyst\_A3/2 \qquad (7-6)$$

Event A3 取消触发条件：

$$M_{new} < M_{serv} + CIO_{serv-new} - Hyst\_A3/2 \tag{7-7}$$

式中，M_{new} 为新小区的导频测量质量；M_{serv} 为服务小区的导频测量质量；$CIO_{serv-new}$ 为新小区对于服务小区的小区特定偏置，配置为 Cell Individual Offset；Hyst_A3 为 A3 事件迟滞。

④ A4 事件（邻区小区质量高于指定的绝对门限）

Event A4 触发条件（邻区小区质量高于指定的绝对门限）：

$$M_{target} \geqslant Thd\_A4 + Hyst\_A4/2 \tag{7-8}$$

Event A4 取消触发条件：

$$M_{target} < Thd\_A4 - Hyst\_A4/2 \tag{7-9}$$

式中，M_{target} 为测量目标小区的导频测量质量；Thd_A4 为绝对质量门限；Hyst_A4 为 A4 事件迟滞。

⑤ A5 事件（服务小区质量低于指定的绝对门限 1，同时相邻小区的小区质量高于指定的绝对门限 2）

⑥ B1 事件（异系统邻区小区质量高于指定的绝对门限）

B1 事件用于异系统切换，当下列公式满足时触发 B1 事件，当触发后满足延迟触发时长（Time to Trigger），UE 向 E-UTRAN 上报 B1 事件测量报告。

Event B1 触发条件：

$$M_{new} \geqslant Thd\_B1 + Hyst\_B1/2 \tag{7-10}$$

Event B1 取消触发条件：

$$M_{new} < Thd\_B1 - Hyst\_B1/2 \tag{7-11}$$

式中，M_{new} 为异系统小区的测量质量；Thd_B1 为绝对质量门限；Hyst_B1 为 B1 事件迟滞。

⑦ B2 事件（服务小区质量低于指定的绝对门限 1，同时异系统相邻小区的小区质量高于指定的绝对门限 2）

3. 切换判决过程

UE 将被检测小区的测量结果经物理层平滑滤波后触发报告事件，作为切换算法的基本输入。eNB 接收到测量报告事件，并根据切换算法决定是否需要进行小区切换、开启或关闭异频/异系统测量，控制 UE 的服务小区更新行为。

切换算法的研究主要集中在切换的判决阶段，算法的好坏直接决定了切换执行过程是否在正确合理的时刻进行，是系统实现移动性管理的关键要素。

（1）同频切换算法

所谓同频切换，是指切换目标小区与当前服务小区的中心频点相同。在网络部署时，通常首先采用同频部署，因此在切换时，也优先选择质量符合条件的同频小区作为切换目标小区。当同频范围内没有可选小区进行切换时，再考虑异频甚至异系统小区。

　　LTE 系统同频切换判决事件准则采用 A3 事件，即当测量的邻小区质量高于服务小区质量，且差值超过一定门限 HOM，此状态持续一段时间 TTT 后，UE 向网络侧上报 A3 事件报告，网络侧收到该报告后，进行切换判决，判决成功后对邻小区执行切换行为，由于同一时刻可能有多个邻小区同时满足 A3 事件报告，因此，A3 报告中可同时包含多个小区质量符合切换条件的邻区。

　　eNB RRC 接收到 UE 发送的测量报告，报告事件类型为 A3。处理如下：

　　① 根据测量报告中的目标小区信息，构造切换目标小区列表（测量报告中的目标小区信息按照小区质量从优到差排列）。

　　② 选取目标小区列表中的第一个（质量最优的）有效小区作为目标小区，发起切换流程。

　　③ 根据切换结果进行处理。

　　a. 切换成功

　　• 删除目标小区列表中的所有小区。

　　• 将切换源小区设置为惩罚小区，同时增加惩罚时间（即在该惩罚时间段内，即使源小区再次满足切换条件，也不执行切换）。

　　• 根据新服务小区信息更新 UE 的测量控制参数，构造新的测量控制消息下发给 UE。

　　• 删除 UE 在源小区占用的所有资源，若考虑无损切换，则还需进行上下行数据转发。

　　b. 切换准备阶段失败

　　• 删除目标小区列表中已经切换失败的小区。

　　• 选取目标小区列表中的下一个有效小区作为目标小区，发起切换流程（若目标小区列表为空，则中止此次切换过程，继续等待 UE 的测量报告）。

　　c. 切换执行阶段失败

　　• 删除目标小区列表中的所有小区。

　　• UE 将发起 RRC Connection Re-establishment 过程，重新接入。

　　（2）异频切换算法

　　与同频切换不同的是，异频切换判决包含"启动/停止异频测量"的过程，这是由于在用户入网后，仅仅配置了同频测量，UE 无法对与其服务小区异频的小区频点进行测量，这需要通过指定的同频事件来启动和停止异频测量，当启动异频测量后，UE 即可测量和上报质量好的异频目标小区，eNB 侧可通过决策对目标小区执行切换流程。

　　设计当收到 UE 上报的 A2 事件报告后，下发测量控制启动异频测量（前提条件是网络侧配置了异频测量，若配置了异系统测量，则启动异系统测量），消息中包含 A5 事件相关配置参数；当收到 UE 上报的 A1 事件报告后，下发测量控制停止 A5 事件异频测量。

在开启异频测量的时间内,若收到 UE 上报的 A5 事件测量报告,则进行切换判决,判决成功后对事件报告中的小区发起切换行为。

在开启异频测量后,eNB RRC 收到 UE 发送的异频切换测量报告,事件类型为 A5,处理如下:

① 根据测量报告中的目标小区信息,构造切换目标小区列表(测量报告中的目标小区信息按照小区质量从优到差排列)。

② 选取目标小区列表中的第一个(质量最优的)有效小区作为目标小区,发起切换流程。

③ 根据切换结果进行处理:

a. 切换成功

• 删除目标小区列表中的所有小区。

• 停止当前的异频测量,并根据新服务小区信息更新 UE 的测量控制参数,构造新的测量控制消息下发给 UE。

• 删除 UE 在源小区占用的所有资源,若考虑无损切换,则还需进行上下行数据转发。

b. 切换准备阶段失败

• 删除目标小区列表中已经切换失败的小区。

• 选取目标小区列表中的下一个有效小区作为目标小区,发起切换流程(若目标小区列表为空,则中止此次切换过程,继续等待 UE 的测量报告)。

c. 切换执行阶段失败

• 删除目标小区列表中的所有小区。

• UE 将发起 RRC Connection Re-establishment 过程,重新接入。

与同频切换算法相比较,对切换事件报告处理的流程大致相同,仅在切换成功后,异频切换需要停止当前异频测量,并根据新小区信息重新下发同频测量控制消息到 UE。这样做的目的仍然是考虑后续将同频切换为首选,可将异频切换时目标小区的中心频点作为新的同频测量频点,进行同频切换目标小区选择。

4. 切换执行过程

当选定了目标小区后,便可向目标小区发起切换过程,按照前面介绍的切换分类,对于不同类型的切换,执行的流程也存在差异,本章重点关注"同一 MME 内"的切换行为,其中又分为同一 eNB 下不同小区间的切换(简称 eNB 内切换)和不同 eNB 下不同小区间的切换(简称 eNB 间切换)。

(1) eNB 内切换

对于 eNB 内切换,由于源小区和目的小区归属于同一 eNB,所以在切换过程中,无需跟 MME 交互。流程图如图 7-5 所示。

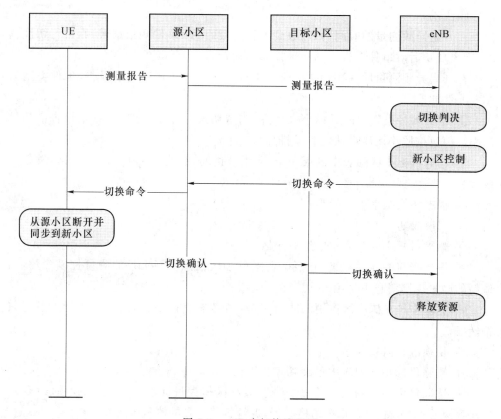

图 7-5　eNB 内切换流程图

流程说明如下：

步骤 1：eNB 收到 UE 发送的测量报告消息。

步骤 2：eNB 根据测量报告消息内容，判决满足切换准则，同时根据测量报告消息中的目标小区信息，判断出是同一 eNB 内不同小区间的切换，发起 eNB 内切换流程。

步骤 3：eNB 进行目标小区资源准入判断，准入成功后为该 UE 在新小区申请空口资源。

步骤 4：资源申请成功后，发送切换命令消息 RRC Connection Reconfiguration 到 UE，消息中包含为 UE 在新小区分配的资源信息。

步骤 5：UE 按照新配置接入到目标小区，同时回复切换完成消息 RRC Connection Reconfiguration Complete 到目标 eNB。

步骤 6：eNB 收到 UE 的重配置完成消息，标识切换过程完成，释放用户在源小区占用的资源，流程中止。

（2）eNB 间切换

对于 eNB 间切换，按照切换请求消息下发方式的不同，又可将切换分为基于 X2

接口的切换和基于 S1 接口的切换,通常情况下,跨 eNB 间的切换都是通过 X2 后进行的,但存在下列原因之一时,会通过 Sl 口发起切换:

① 源 eNB 和目标 eNB 之间不存在 X2 接口。

② 为了能使某 EPC 节点改变(MME 或 SGW),源 eNB 被配置为向特定目标 eNB 切换时通过 S1 接口进行。

③ 源 eNB 通过 X2 接口尝试某 eNB 间切换时遭到目标 eNB 特定原因的拒绝。

(3) 基于 X2 接口的 eNB 间切换

基于 X2 接口的切换执行流程如图 7-6 所示。

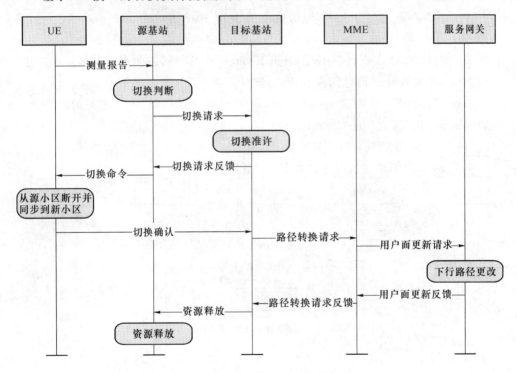

图 7-6 基于 X2 的 eNB 间切换流程

步骤 1:eNB 收到 UE 发送的测量报告消息,并根据测量报告消息内容,判决满足切换准则,同时根据测量报告消息中的目标小区信息,判断出是不同 eNB 间的小区切换,发起 eNB 间切换流程。

步骤 2:源 eNB 向目标小区所在 eNB 发送切换请求消息 Handover Request,消息中携带 UE 在源 eNB 的上下文信息,要求目标小区建立一条无线链路。

步骤 3:目标 eNB 收到 Handover Request 消息后,进行目标小区资源准入判断,准入成功后为该 UE 在新小区申请空口资源,若资源分配成功,则回复应答消息 Handover Request Ack 到源 eNB。

步骤 4：源 eNB 向 UE 发送切换命令消息 RRC Connection Reconfiguration，命令其进行切换。

步骤 5：UE 按照新配置接入到目标小区，Reconfiguration Complete 到目标 eNB。

步骤 6：目标 eNB 收到切换完成消息后，请求进行上层链路切换；同时回复切换完成消息 RRC Connection 发送 Path Switch Request 消息到 MME。

步骤 7：MME 发送 User Plane Update Request 消息到 S-GW，当更新完毕后，S-GW 回复成功响应 User Plane Update Response 到 MME。

步骤 8：MME 回复上层链路切换成功响应 Path Switch Request ACK 到目标 eNB。

步骤 9：目标 eNB 收到 Path Switch Request ACK 后，表明本次切换已经完成，发送 Release Resource 消息到源 eNB，通知其释放 UE 在源端的资源。

步骤 10：源 eNB 收到 Release Resource 消息后，可以释放 UE 相关的用户面和控制面资源，切换流程中止。

（4）基于 S1 接口的 eNB 间切换

基于 S1 接口的切换执行流程如图 7-7 所示。

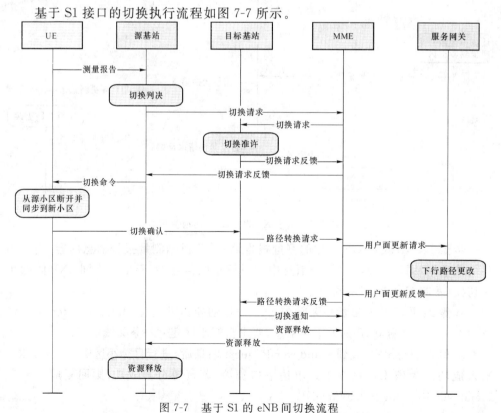

图 7-7　基于 S1 的 eNB 间切换流程

步骤 1：eNB 收到 UE 发送的测量报告消息，并根据测量报告消息内容，判决满足切换准则，同时根据测量报告消息中的目标小区信息，判断出是不同 eNB 间的小区切换，发起 eNB 间切换流程。

步骤 2：源 eNB 向 MME 发送切换请求消息 Handover Required，消息中携带 UE 在源 eNB 的上下文信息。

步骤 3：目标 eNB 收到从 MME 发送的 Handover Request 消息，开始切换准备，对用户进行目标小区资源准入判断，准入成功后为该 UE 在新小区申请空口资源，若资源分配成功，则回复应答消息 Handover Request Ack 到 MME。

步骤 4：MME 收到 Handover Request ACK 消息后，向源 eNB 发送 Handover Command 指示其目标小区已经做好切换准备。

步骤 5：源 eNB 向 UE 发送切换命令消息 RRC Connection Reconfiguration，命令其进行切换。

步骤 6：UE 按照新配置接入到目标小区，同时回复切换完成消息 RRC Connection Reconfiguration Complete 到目标 eNB。

步骤 7：目标发送 Path Switch Request 消息到 MME，请求进行上层链路切换。

步骤 8：MME 发送 User Plane Update Request 消息到 S-GW，更新完毕后，S-GW 回复成功响应 User Plane Update Response 到 MME，MME 回复上层链路切换成功响应 Path Switch Request ACK 到目标 eNB。

步骤 9：目标 eNB 收到 Path Switch Request ACK 后，向 MME 发送 Handover Notify 消息，告知本次切换在 S1 口已经完成，同时发送 Release Resource 消息到 MME，请求其通知源 eNB 释放 UE 在源端的资源。

步骤 10：源 eNB 收到 Release Resource 消息后，可以释放 UE 相关的用户面和控制面资源，切换流程中止。

7.1.2　部分切换算法介绍

为了提高切换性能，很多研究人员都给出了不同的切换算法。切换算法的设计问题其实就是获得切换率 λ_H 和链路质量衰退事件发生率 λ_{LD} 一个优化的折中。链路质量衰退事件指的是当导频功率水平低于门限 Δ 时的情况。在一般的切换算法中，设 ξ 代表切换算法的参数，例如可以包括滞后值、门限等，S 代表系统参数载体，例如包括移动速度、传输特性等。给定一个系统参数值 S_1，改变 ξ 可以在 $\lambda_{LD}-\lambda_H$ 平面上得到一系列的工作点 $(\lambda_{LD}(\xi), \lambda_H(\xi))$。$B_k$ 表示正在和手机进行通信的基站，$\bar{B}_k$ 表示其他的基站。U_k 表示切换决定变量，为 1 时进行切换，此时 $B_{k+1}=\bar{B}_k$；为 0 时不进行，此时 $B_{k+1}=B_k$。$X_{k,1}$ 和 $X_{k,2}$ 分别代表基站 1 和基站 2 在第 k 个采样时刻的接收导频信号功率强度。

1. 最优切换算法

对于给定的算法和 S，用一个线性开销标准，在折中曲线上确定一个理想工作点。假设目标是为了在集合 ξ 中找到一个值使得线性组合

$$J(\xi)=\lambda_{\mathrm{LD}}(\xi)+\gamma\lambda_{\mathrm{H}}(\xi),\gamma>0 \qquad (7\text{-}12)$$

的值最小。解决这个问题可以通过下面的方程：

$$\frac{\partial\lambda_{\mathrm{LD}}}{\partial\lambda_{\mathrm{H}}}+\gamma=0 \qquad (7\text{-}13)$$

即理想工作点是在这种曲线的梯度为 $-\gamma$ 的点。这种最优切换算法可以运用 Bayesian 模型进行优化，优化的切换策略为

$$\Phi^*(c)=\arg\min_{\Phi}[\lambda_{\mathrm{LD}}(\Phi)+c\lambda_{\mathrm{H}}(\Phi)] \qquad (7\text{-}14)$$

参数 c 就是所谓的切换算法参数 ξ 在最优切换算法中的体现。在这个模型中只用设定 $c=\gamma$，就可以得到这种曲线上的理想工作点了。

最优切换算法的优点是在所有切换算法中的开销最小，但是缺点是不现实，原因是需要提前知道整个性能曲线的轨迹与所有所需的系统参数。而且自适应要求的是最优算法必须是系统参数估计值 $\hat{S}$ 的函数，然而这个函数很复杂，不易计算。

2. 本地切换算法

LO 算法是对最优切换算法的一种逼近算法，也使用 c 作为切换算法的参数。LO 算法的切换函数集合可表示为

$$P\{X_{k+1,\bar{B}_k}<\Delta_{\bar{B}_k}\mid I_k\}+c \qquad (7\text{-}15)$$

上式可以根据 Q 函数写成下面的形式

$$Q\left(\frac{E[X_{k+1,\bar{B}_k}\mid I_k]-\Delta_{\bar{B}_k}}{\sigma_{\bar{B}_k}\sqrt{1-a_{\bar{B}_k}^2}}\right)+c \qquad (7\text{-}16)$$

参数 σ_i,a_i 和 $E[X_{k+1,i}\mid I_k]$ 在每个基站都需要进行估计，分别用估计值 $\hat{\sigma}_i,\hat{a}_i$ 和 $\hat{X}_{k+1,i}$ 代替。判决规则为

$$Q\left(\frac{\hat{X}_{k+1,\bar{B}_k}-\Delta_{\bar{B}_k}}{\hat{\sigma}_{\bar{B}_k}\sqrt{1-\hat{a}_{\bar{B}_k}^2}}\right)+c \qquad (7\text{-}17)$$

LO 算法有以下优点：第一，它的性能与最优算法最为接近；第二，由 LO 算法的结构可以看出它直接与系统参数估计值有关，因此相对于最优和滞后算法而言，有更好的自适应性；第三，由于 LO 算法是对最优算法的逼近，所以它继承了最优算法的自适应特性，例如，在同一 c 处的切线斜率不变。

LO 算法的缺点有：需对系统参数进行估计，所以不一定是最精确的，而且相比于滞后算法的唯一缺点就是需要在每个采样时刻都对 Q 函数进行计算评估。

3. 滞后门限逼近算法

滞后算法的性能可以通过结合一个信号强度的门限来提高。切换决策变量由下

式决定:

$$U_k = \begin{cases} 1, & (\hat{X}_{k+1,\bar{B}_k} > t_1) \& (\hat{X}_{k+1,B_k} < t_2) \& (\hat{X}_{k+1,B_k} > \hat{X}_{k+1,B_k} + h) \\ 0, & \text{其他} \end{cases} \tag{7-18}$$

假设固定 h,改变 t_1(令 $t_1 = t_2$),此时切换参数为 t_1。而此时 ξ 不再是 S 的函数了,因而折中曲线的切线斜率有了很大的变化。所以,为了保证性能则需要进行查表,找出 ξ 关于速度 v 的函数,这样就会增加额外的测量与仿真。

为了避免上述额外的工作量,可以将滞后算法的参数转化为 LO 算法的参数,即 $(h, t_1, t_2) = g(c, \hat{S})$,将 LO 算法的区域切换转换到之后算法的曲线切换(用 3 条线围成切换区域)。经推导可得到它们之间的关系:

$$\begin{cases} t_1 = \Delta - \sigma' Q^{-1}(c) \\ t_2 = \Delta + \sigma' Q^{-1}(c) \\ h = -\sigma' Q^{-1}(1/2 + c) \end{cases} \tag{7-19}$$

滞后门限算法是对 LO 算法的逼近,它的优点是不需要在每个采样时刻都进行 Q 函数的计算评估,仅需在每个采样时刻对 σ' 进行计算,减少了计算量和复杂度。

但是滞后门限逼近算法是这些算法中性能最差的。

4. 切换算法性能的评估

评价一个切换算法的优劣,可以从以下几个方面:

(1) 过早切换。由于快衰或孤岛效应的影响,UE 切换到目标小区后信号迅速变差,发生切换失败或掉话,UE 重建到源小区,用户体验会变差。

(2) 乒乓切换。当目标小区的信号质量并没有比源小区好很多,就判断用户切入到目标小区,这时可能在切换一段时间后,原来的小区信号质量又变得更好,导致频繁的来回切换,称为乒乓效应。乒乓效应会为网络带来不必要的信令和操作负担,因此在设计切换算法时应该进行考虑。

(3) 过晚切换。当源小区的信号质量已经很差,但这时候切换仍然没有触发或完成,导致用户失去连接,数据包丢失,产生掉话。这会给用户带来不好的 QoS 体验,也反应了切换算法的性能。此外,当在切换过程中,目标小区由于自身的原因,例如目标小区负载过高,导致切换失败,也会带来掉话率的增加。

综上所述,可以用 3 个评定标准来判断切换算法的性能:(i)乒乓切换发生的次数;(ii)掉话发生的次数;(iii)切换失败发生的次数。

7.2 切换自优化方法

MRO 的目标是动态地提高 HO 的网络性能,包括提供更好的终端用户体验并增加网络容量。这些是通过性能指标的反馈来动态地调整切换参数以改变切换边界实现的。具体说就是消除无线链路失败以及减少不必要的切换。MRO 的自优化能够减少网络管理和优化中的人为干预。

优化移动鲁棒性的范围正像现在说的假定一个设计良好的网络与邻站点有重叠的 RF 覆盖。系统操作优化切换参数，典型的场景包括驾驶测试，详细的系统日志收集和后期处理或者将这些人工的烦琐的任务合并。不正确的 HO 参数设置会影响用户体验并且通过导致乒乓切换、切换失败和无线链路失败而且会浪费网络资源。没有导致 RLFs 的切换失败通常是可以自动恢复的并且用户是无法发现的，由于不正确的 HO 参数设置导致的 RLFs 对用户体验和网络资源都有影响。所以，移动鲁棒性优化的主要的目的是降低切换相关的无线链路失败。而且，切换参数次优配置可能导致服务性能的下降（即使不会导致 RLFs）。例如不正确的 HO hysteresis 设置可能导致乒乓或者严重的切换延迟。所以，MRO 的次要目标是降低由于不必要的或遗失的切换而对网络资源的无效使用。

大部分与 HO 错误或者次优系统性能有关的错误可以最终被分类，过早或者过晚的切换触发，考虑到需要的基础网络 RF 覆盖存在。这样，由切换引起的性能降低可以大致的分为以下几种事件：

- intra-RAT 过晚切换触发；
- intra-RAT 过早的触发；
- intra-RAT 切换到错误的小区；
- intra RAT 没有必要的切换。

直到 3GPP Release 9，UE 在发生链路失败并成功重建后才被要求发送 RLF 报告。3GPP Release 10 允许发送 RLF 报告甚至 RRC 重建并不成功。UE 需要报告附加的信息来辅助基站确定问题是否是覆盖相关的（没有强大的邻小区），是否是切换问题（过早、过晚或者错误的小区）。而且，Release 10 允许精确地探测过早/错误小区切换。

SON 切换优化功能是一个算法或者一系列算法，被设计用来提高从一个小区到另一个小区切换的性能。每一个小区采集的性能数据被分析来关联由于不正当配置或者没有优化的参数导致的切换失败。之后为了提高整体的网络的切换性能可以做出配置的调整。

假定特定的小区与邻小区切换性能较差，超过了运营商制定的门限，例如目标 KPI 没有达到，期望的操作包括以下步骤：

步骤 1：在足够长的一段时间监视网络，为了精确地维持所有的小区关于业务负载的性能、业务形式、业务时间特性等。这个可能需要好几天或者周期取决于在小区内用户业务的数量。

步骤 2：切换算法的输出表明了网络参数的改变需要提供网络切换方面成功率整体的提高。这样的改变或者改变的子集将在之后被应用在网络上。

步骤 3：为了精确地比较网络的性能网络与步骤 1 中的基准，网络需要被检测足够长的时间。

步骤4:对试图做的改变进行跟踪并且必要地重复这个过程直到达到了目标KPI门限。

步骤5:用最后的输出更新集中数据库。

可能的小区或者邻小区组参数修正(步骤2)包括:

- 触发门限;
- 定时触发器(time-to-trigger);
- 乒乓切换控制的差值;
- 邻小区列表关系;
- 依据速度的参数;
- 天线下倾角;
- 空闲模式参数。

注意到特定的技术可以允许更快的性能检测和 MRO 算法的分布式过程。比如,LTE 的基于 E-UTRAN 的 non-BSC 和 X2 接口传输可以允许非集中式 MRO 算法,这个算法操作起来比上述的算法更快。

7.2.1 切换相关性能指标统计

判定过早/过晚切换、乒乓切换、切换到错误目标小区需要统计的指标包括切换失败率、乒乓切换率、掉话率、拥塞率、重建次数。

切换失败率 P_{HOF} 定义为切换失败次数 N_{HOfail} 除以切换成功次数 N_{HOsucc} 与切换失败次数之和,表达式为

$$P_{\text{HOF}} = \frac{N_{\text{HOfail}}}{N_{\text{HOfail}} + N_{\text{HOsucc}}}$$

掉话率 P_{DC} 定义为发生链路失败的次数 N_{dropped} 除以没有发生链路失败的次数 N_{accepted},表达式为

$$P_{\text{DC}} = \frac{N_{\text{dropped}}}{N_{\text{accepted}}}$$

乒乓切换率 P_{HPP} 定义为乒乓切换次数 N_{HOPP} 除以乒乓切换次数、正常切换次数 N_{HOnpp} 以及切换失败次数 N_{HOfail} 之和,表达式为

$$P_{\text{HPP}} = \frac{N_{\text{HOPP}}}{N_{\text{HOpp}} + N_{\text{HOnpp}} + N_{\text{HOfail}}}$$

拥塞率定义为被拒绝的 SRB 建立请求除以被接受的 SRB 建立请求,表达式为

$$P_{\text{拥塞}} = \frac{\text{被拒绝的 SRB 建立请求}}{\text{被接收的 SRB 建立请求}}$$

UE掉话或切换失败后重建到源小区、目标小区或新小区的数目。

7.2.2　过早切换场景

过早切换场景如图7-8所示。过早的切换可以触发当终端进入一个岛，且这个岛在服务小区覆盖的区域内还有另一个小区的覆盖，就会引发过早切换。这是典型的场景，对于那些部分小区覆盖在无线传播环境中是固有的区域来说，例如密集的城市区域。过早切换特点可以总结如下：

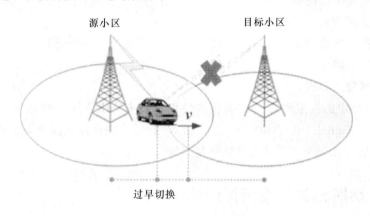

图 7-8　过早切换场景

• RLF出现在切换到目标小区后很短时间内，这个切换可能是成功完成也可能不成功。

• 终端重建到源小区。

过早切换产生的原因是切换参数过小，快衰的影响很大或存在孤岛效应，当UE发生过早切换时，一般会发生切换失败或掉话，掉话后UE会重建到源小区，所以可以利用在优化周期 T 内系统采集的切换性能指标，如掉话率、切换失败率、乒乓切换率、拥塞率、UE掉话或切换失败后重建到源小区或目标小区的数目等，判定当前切换问题是否是过早切换。

切换目标小区（UTRAN 或者 GRRAN）在切换准备阶段被配置最小的无线质量门限。目标小区将会通知引入的 UE 继续测量源小区，在成功的 IRAT 切换之后。基于这样的门限，目标小区可以检测是否切换出现得太早，并且将其报告回源小区（E-UTRAN）。

判断的标准为

$$P_{HOF} + P_{DC} > P_{失败门限}$$

$$N_{重建到源小区} > N_{重建到目标（新）小区}$$

$$P_{HPP} < P_{乒乓球换门限}$$

$$P_{拥塞} < P_{拥塞门限}$$

1. 过早切换场景自优化算法

若满足过早切换场景条件,则对切换参数进行调整。依据长期平均统计的切换失败率和掉话率调整参数,调整周期为 T,每隔时间 T,对切换参数 CIO 和 TTT 进行调整,切换失败率和掉话率长期平均统计计算公式如下:

$$P_{\text{fail\_avg}}(i,n)=\rho P_{\text{fail\_avg}}(i,n-1)+(1-\rho)P_{\text{fail}}(i,n)$$

参数 ρ 为权重因子大小,起到平滑的作用,其中

$$P_{\text{fail}}(i,n)=P_{\text{HOF}}+P_{\text{DC}}$$
$$P_{\text{fail}}(i,n)=P_{\text{HOF}}+P_{\text{DC}}$$

调整步长

$$\text{step\_up}=P_{\text{fail\_avg}}(i,n)\cdot\Delta\text{CIO}$$
$$\text{step\_up}=P_{\text{fail\_avg}}(i,n)\cdot\Delta\text{CIO}$$
$$\text{CIO}_{调整后}=\text{CIO}_{调整前}+\text{step\_up}$$
$$\text{CIO}_{调整后}=\text{CIO}_{调整前}+\text{step\_up}$$

当 CIO 到达预设门限 CIO_{max},调整 TTT

$$\text{step\_up}=P_{\text{fail\_avg}}(i,n)\cdot\Delta\text{TTT}$$
$$\text{step\_up}=P_{\text{fail\_avg}}(i,n)\cdot\Delta\text{TTT}$$
$$\text{TTT}_{调整后}=\text{TTT}_{调整前}+\text{step\_up}$$
$$\text{TTT}_{调整后}=\text{TTT}_{调整前}+\text{step\_up}$$

当 TTT 到达预设门限 TTT_{max},进行上报。

2. 过早切换场景自优化算法仿真

记录当 UE 发生切换时的系统时间 T_1;记录当 UE 发生掉话时(UE 连续 100 个半帧都有 RB 传错)的系统时间 T_2;当 $0.3<T_2-T_1<1$ 时,说明 UE 在发生切换后信号质量变差发生掉话,判断为因为过早切换发生的掉话,计数器加 1;每隔 1 000 个半帧(5 s)进行一次优化,当由于过早切换发生的掉话率 P 超过 5% 时,首先调整 CIO,CIO=CIO+$P\times0.5$,当 CIO 大于 4 时,调整 TTT,TTT=TTT+$P\times0.1$;输出每次优化周期内的掉话率,将初始参数设置较低以满足过早切换场景,对比采用优化算法和不采用优化算法的掉话率性能。

从仿真结果可以看出,不使用自优化算法和使用自优化算法对比,掉话率从 20% 降到 5%,UE 平均吞吐量和边缘吞吐量也有近 10% 的提升,如图 7-9～图 7-11 所示。

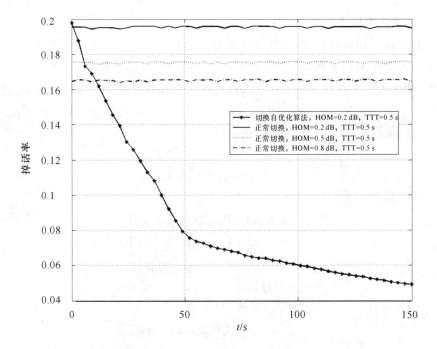

图 7-9 掉话率变化示意图

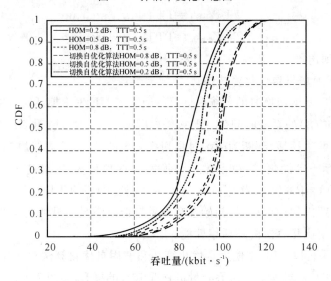

图 7-10 吞吐量性能示意图

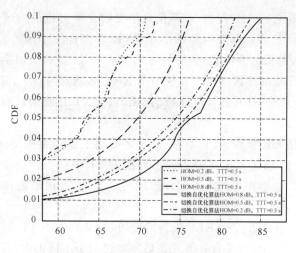

图 7-11　边缘吞吐量性能示意图

7.2.3　过晚切换场景

如果 UE 移动比切换参数设置允许的要快,当源小区内的信号强度太弱切换才触发,导致链路失败。过晚切换特征可以概括如下:

- 源小区的 RLF 发生在切换初始化或者切换过程之前。
- 终端重建到与源小区不同的小区。

在过晚切换场景中掉话率会较高,切换失败率会较低,UE 重建到目标小区的数目要高于系统重建其他小区的数目。过早切换和过晚切换会引起掉话率的升高,区别在于切换失败率以及重建到源小区和目标小区的数目,过早切换会引起较高的切换失败率,因为目标小区由于信号较弱无法与 UE 进行同步,UE 会重新与源小区同步,但不会掉话,只会引起切换失败,而过晚切换一般不会发生切换失败,因为目标基站的信号质量较好,同步成功几率很高。对于过早切换,重建到源小区的数目要大于重建到目标小区的数目,对于过晚切换,重建到源小区的数目要小于重建到目标小区的数目。

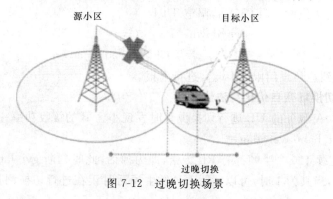

图 7-12　过晚切换场景

无线链接失败之后，UE 提供 RLF 信息给失败之后链接的小区。这个小区始终用 X2 转发 RLF 信息到实际发生掉话的小区（掉话 UE 的小区）。这个信息被接收 RLF 的小区分析，如果需要的话，分析的结果会通过 X2 接口以切换报告的形式转发给需要采取正确行动的小区。当 UE 从一个 RAT 移动到另一个，延时的 inter-RAT 切换，可能最后结果是 RLF 并且可能掉话。Inter RAT 过晚的切换可能通过两种方法被发现和报告。

第一个选择是 UE 报告 RLF 给在 RLF 之后马上要连接的小区。这样，这个报告在一个与 RLF 之前 UE 连接的小区不同的 RAT 中执行。这个需要通过 RATs 新的消息来转发信息给在切换之前 UE 连接的小区，因为这个是移动参数应该调整的地方。

另一个选择是让 UE 发送 RLF 报告给经历过 RLF 的 RAT，但是没有必要是同一个小区。这样的情况，就没有必要发送信息穿过两个不同的 RAT。

判断的标准为

$$P_{HOF} \leqslant P_{切换失败门限}$$

$$P_{DC} > P_{掉话门限}$$

$$N_{重建到源（新）小区} < N_{重建到目标小区}$$

$$P_{HPP} < P_{乒乓球换门限}$$

$$P_{拥塞} < P_{拥塞门限}$$

1. 过晚切换场景自优化算法

若满足过晚切换场景条件，则对切换参数进行调整。依据长期平均统计的掉话率调整参数，调整周期为 T，每隔时间 T，对切换参数 CIO 和 TTT 进行调整，切换失败率和掉话率长期平均统计计算公式如下：

$$P_{DC\_avg}(i,n) = \rho P_{DC\_avg}(i,n-1) + (1-\rho)P_{DC}(i,n)$$

参数 ρ 为权重因子大小，起到平滑的作用，调整步长

$$step\_down = P_{DC\_avg}(i,n) \cdot \Delta CIO$$

$$CIO_{调整后} = CIO_{调整前} - step\_down$$

当 CIO 到达预设门限 CIO_{min}，调整 TTT

$$step\_down = P_{DC\_avg}(i,n) \cdot \Delta TTT$$

$$TTT_{调整前} = TTT_{调整后} - step\_down$$

当 TTT 到达预设门限 TTT_{min}，进行上报。

2. 过晚切换场景自优化算法仿真

当源小区 A 服务的 UE 进行切换测量时发现小区 B 的接收功率一直保持最大，设置 gvi_later_handover_flag=1。

当 UE 连续 100 个半帧都有 RB 传错，即为掉话，此时判断 gvi_later_handover_flag 是否为 1，当其为 1 时，可以证明 UE 发生掉话时正在进行切换测量而没有发生

切换,并且有明确的目标小区,即判断为因为过晚切换发生的掉话,计数器加1。

每隔 1 000 个半帧(5 s)进行一次优化,当由于过晚切换发生的掉话率 P 超过 5%时,首先调整 CIO,CIO=CIO$-P\times 0.5$,当 CIO 小于 1 时,调整 TTT,TTT= TTT$-P\times 0.1$。

输出每次优化周期内的掉话率,将初始参数设置较高以满足过晚切换场景,对比采用优化算法和不采用优化算法的掉话率性能。

从仿真结果可以看出,不使用自优化算法和使用自优化算法对比,掉话率从 15.7% 降到 5%以下,UE 平均吞吐量和边缘吞吐量也有近 12%的提升,如图 7-13~图 7-15 所示。

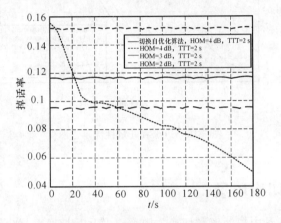

图 7-13 掉话率变化示意图

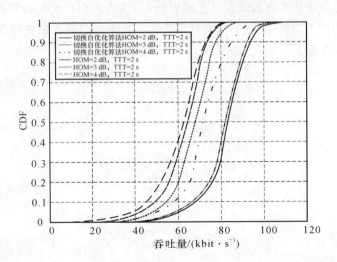

图 7-14 吞吐量性能示意图

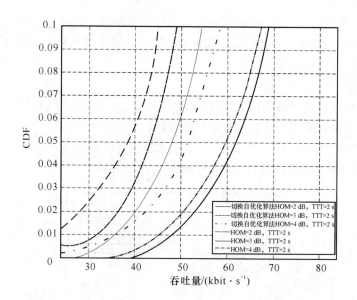

图 7-15　边缘吞吐量性能示意图

7.2.4　乒乓切换场景

　　在乒乓切换场景中掉话率和切换失败率以及乒乓切换率都会较高。乒乓切换与过早切换都是由于切换参数设置过小造成的,二者的区别在于乒乓切换要经历两次或两次以上的成功切换,而过早切换只发生了一次切换或还没有完成切换就已经发生掉话或切换失败。

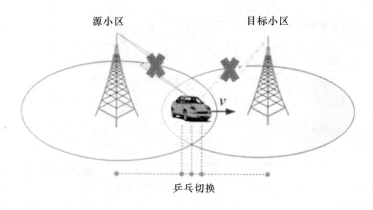

图 7-16　乒乓切换场景

　　判断的标准为

$$P_{\text{DC}} + P_{\text{HOF}} > P_{\text{失败门限}}$$

$$P_{\text{HPP}} > P_{\text{乒乓球换门限}}$$

$$P_{\text{拥塞}} < P_{\text{拥塞门限}}$$

1. 乒乓切换场景自优化算法

若满足乒乓切换场景,则对切换参数进行调整,调整方法为:依据长期平均统计的切换失败率和掉话率调整参数,调整周期为 T,每隔时间 T,对切换参数 CIO 和 TTT 进行调整,乒乓率和掉话率长期平均统计计算公式如下:

$$P_{\text{fail\_avg}}(i,n) = \rho P_{\text{fail\_avg}}(i,n-1) + (1-\rho) P_{\text{fail}}(i,n)$$

式中,参数 ρ 为权重因子大小,起到平滑的作用,

$$P_{\text{fail}}(i,n) = P_{\text{HPP}} + P_{\text{DC}}$$

调整步长

$$\text{step\_up} = P_{\text{fail\_avg}}(i,n) \cdot \Delta\text{TTT}$$

$$\text{TTT}_{\text{调整后}} = \text{TTT}_{\text{调整前}} + \text{step\_up}$$

当 TTT 到达预设门限 TTT_{max},调整 CIO

$$\text{step\_up} = P_{\text{fail\_avg}}(i,n) \cdot \Delta\text{CIO}$$

$$\text{CIO}_{\text{调整后}} = \text{CIO}_{\text{调整前}} + \text{step\_up}$$

当 CIO 到达预设门限 CIO_{max},进行上报。

2. 乒乓切换场景自优化算法仿真

仿真过程如下:

步骤 1:记录当 UE 发生切换时的系统时间。

步骤 2:UE 在源小区与目标小区间连续进行 3 次或 3 次以上切换且间隔时间小于 1s 则判定为乒乓切换。

步骤 3:每隔 1 000 个半帧(5 s)进行一次优化,当乒乓切换率 P 超过 5% 时,首先调整 CIO,CIO=CIO+$P \times 0.5$,当 CIO 大于 4 时,调整 TTT,TTT=TTT+$P \times 0.1$。

步骤 4:输出每次优化周期内的乒乓切换率,将初始参数设置较低以满足乒乓切换场景,对比采用优化算法和不采用优化算法的掉话率性能。

从仿真结果可以看出,不使用自优化算法和使用自优化算法对比,乒乓切换率从 9.6% 降到 5.2% 以下,UE 平均吞吐量和边缘吞吐量也有近 7% 的提升,如图 7-17~图 7-19 所示。

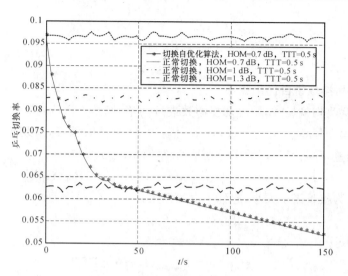

图 7-17　乒乓切换率变化示意图

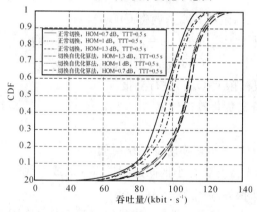

图 7-18　吞吐量性能示意图

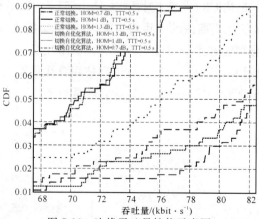

图 7-19　边缘吞吐量性能示意图

7.2.5 切换到不正确小区

如果 cell-neighbor-pair 参数设置不正确,可能切换到错误的小区。切换到错误的小区特点可以总结如下:

- RLF 出现在切换到目标小区后很短的时间内。切换可能是成功的也可能不是,取决于目标小区的 over-the-air-messaging。
- 终端重新建立在一个新的小区,此小区不是源小区或者目标小区。

注意到消息顺序是不同的,这取决于最初的切换是否成功。重新连接的小区将始终发送 RLF 消息给那个使 UE 掉话的小区。如果切换成功,RLF 就会发送给最初的目标小区。如果切换失败,RLF 发送给源小区。无论是哪种情况,最初的源小区最终接受 RLF 或者切换报告消息,并且采取必要的纠正措施。注意到这个也属于快速切换的情况——终端快速,并且成功地从小区 A 切换到 B 和 C。这个可以看做过早的情况从 A 到 B 或者简单过晚情况 A 到 C。

在图 7-20 中,切换到 eNB2(B)成功了,但是失败马上发生了,表明 eNB2(B)并不是一个好的选择。重新链接到 eNB3(C)时,RLF 转发给 eNB2(B),eNB2 分析 RLF 并且考虑:因为这个呼叫比预定门限值(Tstore_UE_cntxt seconds)时间短,所以它永远不是一个好的选择。之后发送一个切换报给 eNB1。eNB1(A)需要修改它的邻小区关系,这样的话 eNB2(B)变得不那么易于切换,eNB3(C)变得更加易于切换。

图 7-21 所示的情况为:一个 RLF 在切换之前出现了。在这种情况下,最初试图到 eNB2(B)的切换在 RLF 发生时候并没有完成。在重新连接到 eNB3(C)之后,RLF 直接发送给 eNB1(A),因为这是使 UE 掉话的小区。这种情况下,由于 eNB1(A)是进行 RLF 分析的小区,同时也是需要做修正的小区,没有必要再发送一个切换报告给其他小区。

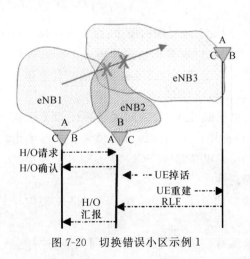

图 7-20 切换错误小区示例 1

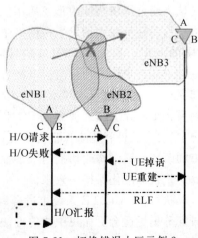

图 7-21 切换错误小区示例 2

大部分设备提供商为了修正 MRO 问题有可能调整小区个体偏移量（CIO）。CIO 是小区偏置，用来改变发送的基站的测量报告值。

测量值发送给基站在一段 time-to-trigger 之内标准保持有效之后。因为这种关系，TTT 有时候也被用来作为一个 MRO 调整的参数。

7.3　负载均衡自优化技术

移动性负载均衡（MLB）的目的是通过系统的无线资源智能地控制用户业务分配来提供好的终端用户体验和性能，同时优化系统容量。此外，MLB 可以很好地根据运营商的政策控制系统负载，或者从一个小区或者载波"卸载"用户以便获得能量节省。这个自主过程减少了网络管理和优化中的人工干预。

负载均衡可用于缓解或解决网络中热点区域基站负载过高的问题，保证热点区域的基站吞吐量不会达到基站的设计容量上限，使得通信热点区域用户的通信需求可以得到满足。现有的无线接入网负载均衡主要基于中长期观测，在发现有基站经常过载时，调节相关基站的工程或系统参数，使基站覆盖区域与承担的负载量相匹配。但是采用这种方式，会造成观测期间，过载基站覆盖区内部分用户的通信需求无法得到满足；同时对于负载量随时间变化显著的地区（如易在节假日出现负载高峰的公园），则无法同时兼顾资源利用率的提高和通信需求的满足。自主负载均衡可以很好地解决上述问题，即，在无人干预的情况下，系统及时准确地发现负载不平衡的小区，以主动的方式调节基站负载，解决负载不平衡的问题，提高网络运行质量，改善通信热点区域用户的服务质量（QoS）。

由于无线资源的紧缺，网络应用和服务的高速发展，通信量的时变和不可预知性，使得网络中出现通信热点区域这一问题几乎不可避免，因此自主负载均衡成为无线接入网自组织功能中重要的用例之一。

移动性负载均衡发生在网络中的基站间，涉及小区层面的操作，而不涉及核心实体，如 MME、网关等。MLB 的目标是通过系统无线资源调整用户业务分配来提供好的终端用户体验和更高的系统容量。这些可以通过一个或者多个算法联合操作一起完成，这些算法可以均衡在空闲模式或者激活模式的用户。这些用来从一个网元到另一个网元上卸载业务的 SON 算法可以包括载波内、载波间或者系统间无线资源，只要有软件智能来保证无线允许接入和目标用户上的连续服务质量。实际上用户的改变是通过修改切换门限参数来完成的。这些需要与 SON 算法和多设备提供商的设备标准化保持一致来保证鲁棒性和稳定性。

执行 MLB，LTE 系统更适合利用 X2 接口的分布式算法，而 BSC/RAN 架构与或宏分集更适合更加集中式的方法。

- 分布式 LB。算法在每一个基站分别运行。负载信息在基站间交换，这样空闲/激活模式的切换参数可能调整,其他 RRM 功能也有可能改变。

• 集中式 LB。算法在核心网元集中运行。基站报告负载信息给中心实体,之后中心实体回应基站合适的空闲模式/激活模式下的相关切换参数修改。

无论哪种方法(分布式或者集中式),都假定运营商有集中式的运营、支配和管理控制来开关和配置相关参数。

7.3.1　负载均衡原理

负载均衡机制必须与调度器和允许接入控制共同工作。对于非速率保证(non-Guaranteed Bit Rate)用户,没有最低性能的限制,只有在一个小区内最多的用户的范围和设备运营商制定的最小吞吐量。对于速率保证(GBR)用户,调度器必须保证所有无线承载都是授权的资源并且满足特定服务。所以,一个系统只要没有用户分不到资源并且所有的活跃服务在 QoS 需求范围内都被支持就可能看做是平衡的。

当低中高负载情况等同于在 non-GBR 情况下小区的特定的活跃用户数时,简单的门限可以执行。这个门限可以用来作为触发器来修改空闲模式参数与或切换活跃用户到邻小区(也就是说小区边缘载波内,载波间或者技术间切换)。然而,GBR 用户需要更多智能的解决方法因为有可能这些用户中的一小部分依据他们的业务需求就能占用整个小区的资源。

1. 空闲模式负载均衡

LTE 系统没有给空闲模式的用户一个实时的且针对每一个小区的监测。系统意识到一个在空闲模式用户进入的确切小区仅有的时间,就是在用户的位置区改变了并且 UE 发出一个跟踪区更新(TAU)消息。所以,虽然控制如何和何时一个 UE 小区重选(空切换)的参数是可更改的,但是没有直接的系统测量机制来判断什么时候有太多的空闲用户。注意到这些"过多的空闲用户情况"对于系统容量或者用户体验,还有在核心网络节点上的增长的信令没有直接的影响。

解决这种不可估量的情况是让系统基于现有的活跃用户的情况调整空闲用户的小区重选参数。随着实时的业务与/或小区的 QoS 要求增加,小区有可能调整小区重选参数为了推动小区边缘用户来选择最强的小区,或者推动切换到一个有更多可用资源的小区中。

小区间参数调整之间必须要协调(也就是说利用 X2 接口)来阻止服务中断,并且调整激活模式参数来阻止瞬间空闲切换到活跃状态。

LTE 中,空闲模式频率间负载均衡被小区重选过程控制。控制小区重选和运营商信道频率选择的系统参数通过系统信息块(SIB)发送给 UE。

2. 激活模式的负载均衡

激活模式的负载均衡允许激活模式 UE 利用多个小区负载均衡来降低整体的小区阻塞。激活模式负载均衡的优点是系统在决定负载均衡之前,具有每个用户的业务需求和无线情况直接测量所需的知识。所以，与调度器和其他基站的接口（intra-LTE X2 接口与或 inter-RAT S1 接口）相结合，有可能为基于负载的切换做出准确的决定。一个"基于负载的切换"的原因指示包括在切换消息中以获得目标小区的接入许可。

3. inter-LTE 移动负载

intra-LTE 移动负载均衡指的是负载均衡在 LTE 网络内部进行，利用 X2 接口来交换负载报告信息，通知地理上的邻小区或者在不同的载波频率上的协同小区。

负载信息包括：

（1）无线资源使用情况

• 上行/下行 GBR 物理资源块使用情况。

• 上行/下行无 GBR PRB 使用情况。

• 上行/下行总体的 PRB 使用情况。

（2）硬件负载标志

• 上行/下行 HW 负载：低中高，过载。

（3）发送网络负载标志

• 上行/下行 TNL 负载：低中高，过载。

（4）小区容量分类值（可选择的）

• 上行/下行相对容量表示。

（5）容量值

• 上行/下行负载均衡的可用容量，作为整体小区容量的一部分。

4. inter-RAT 移动负载均衡

inter-RAT 移动负载均衡指的是 LTE 和其他网络间负载切换，利用 S1 接口来交换负载报告信息。如果切换到非 3GPP 技术，相关接口的负载报告依旧需要标准化。

一个 inter-RAT 小区负载请求/报告专用的过程利用一般的 RAN 信息管理机制的 SON 扩展以提供对现有机制和标准产生最小的影响。

负载信息被提供在一个与现有的激活模式移动过程相分开的过程，这个过程不经常使用并且比 UE 专用的信令有较低的优先权。

负载信息包括：

（1）小区容量分类值

• 上行/下行相对的容量指示。

（2）容量值

• 上行/下行负载均衡的可用容量来作为整个小区容量的一部分。

5. 调整切换配置

调整切换配置功能作为负载均衡过程的一部分，使改变切换请求与或目标小区重新选择参数可以实现。初始化负载均衡的源小区，评估在源小区或者目标小区的移动配置是否需要改变。如果需要改变,源小区对目标小区启动初始化移动协商过程。上述过程在空闲模式和激活模式的移动情况下都可以适用。

　　源小区告知目标小区新的移动设置并且提供改变的原因,例如,有关负载均衡的请求。提出的改变被表述为切换触发器现在的和新的值的差异。切换触发器是小区特定的与门限协调的偏移量,在这个门限上完成切换准备过程初始化。小区重选配置可能修正来反映在切换设置上的改变。目标小区回应从源小区来的信息。允许的切换触发参数的改变范围可能由失败的应答消息推导出来。源小区在执行计划的移动设置改变之前需要研究这个应答消息。所有的切换与或重选参数的自动改变必须在 OAM 允许的范围内。

7.3.2　负载均衡协议设计

　　自主负载均衡是 3GPP 标准化组织较早开始系统研究的用例之一,目前相关标准对此已有较为详细的论述,标准中提出自主负载均衡是无线接入网 SON 功能中的重要用例,负载的监测由基站实现,输入参数可以包括当前的无线资源使用情况,上/下行硬件负载指示等,当出现负载不均衡时通过调整小区重选参数或/和切换参数并结合切换机制,使用户从负载高的小区切换到负载低的小区,以均衡各小区间负载,最终期望的结果是通过负载均衡提升网络整体容量。

　　欧盟 FP7 的 SOCRATES 项目也对自主负载均衡用例进行了详细的讨论,提出该功能的输入可以包括本小区和邻小区的上/下行链路负载测量值、负载评估参数等,该功能的部署方式可以采用集中式、分布式或混合式,工程参数(如天线倾角、方向角等)或系统参数(如切换参数、小区重选参数、基站发射功率等)的自主调整都可用来实现这一功能,并提出了一个粗略的通过调节切换参数来实现负载均衡的草案。

1. 3GPP 对 LTE 移动负载均衡的支持

　　在 3GPP 中,MLB 被设想成分布式功能,其算法在 eNB 端执行。为了支持该用例,实现分布式 MLB 功能,下述机制已经标准化(这些机制是厂商特定的):

　　(1) 负载上报。通过这种机制,eNB 可以通过 X2 接口和其他 eNB 交换负载信息(LTE 系统内场景),或通过 SI 接口与采用不同无线接入技术的基站交换负载信息(系统间场景)。基站可以要求其他基站发送(只发送一次或周期性发送)或终止发送负载报告。

　　(2) 基于切换的负载均衡。过载小区可以为某一组用户初始化切换进程,并指示切换原因为"减轻服务小区的负载"。

　　(3) 切换与小区重选参数调整。为了便于协调调整,规定了 eNB 两两之间通过 X2 接口进行协调的机制。根据协调机制,源小区为目标小区提供新的参数配置建议,这些参数的调整基于相对值(将当前的配置作为参考值,增加或减少一个 delta)。一旦收到该建议,目标小区会选择接受或拒绝接受其中的配置变化。若接受,则调整相关参数值，若不接受，目标小区需告知源小区合理的参数范围。注意，在 Release 9 中，LTE eNB 与 2G/3G 基接站之间没有这种专门的机制。

此外，为了通过北向接口（Itf-N）控制该功能的行为，管理机制已经被标准化。通过该管理机制，可以激活或撤销 MLB 功能，配置优化策略和采集性能指标。为了明确一个自优化策略，运营商可以定义一组有不同优先级的目标，例如，给"控制因过载导致的掉话率在 2％以下"这一目标分配最高的优先级，而给"维持另一个 KPI 在 3％以下"这一目标分配较低的优先级。

2. LTE 移动负载均衡的一般方法

为了实现负载均衡的目标，某些用户必须进行切换（从源小区到目标小区）而非等到无线环境变化引起自然的切换，切换可以通过以下两种机制实现：

（1）小区间增加额外的切换门限，来改变小区间的实际边界。

（2）对负载的控制是通过一些特定用户的切换来实现的。一般地，这步完成后，需要微调切换门限以实现小区边界的合理改变，因此保证需要进行切换的 UE 仍然与目标小区连通而不会由于最佳服务小区是源小区（即 RSRP 最高的小区是源小区）而又切换回源小区。

3. 移动负载均衡过程

当 eNB 的某个小区的负载超出一定的门限就会触发负载均衡过程。通过 X2 接口，eNB 初始化负载上报过程，获取邻小区的空闲容量信息以实现负载均衡，并创建可能的目标小区列表。另一方面，源 eNB 向管理邻小区的 eNB 发送资源状态请求（RESOURCE STATUS REQUEST）消息，一旦接受到请求，邻小区的 eNB 便会周期地向源 eNB 发送它们的负载状态信息。然后源 eNB 便向 UE 发送请求，收集可能的目标 eNB 的与切换有关的测量信息。

除了这些信息以外，MLB 算法还需要考虑将其负载转移到邻小区后对自身负载的影响。实际上，如果转移到某一小区的负载预计会超过其上报的空闲容量，允许和拥塞控制机制将会拒绝切换请求，这将会增加达到合理负载分布的时间，并增加不必要的信令开销。当估计对目标小区负载的影响时，应该考虑到服务每个 UE 所需的资源和 UE 经历的信干噪比（SINR）密切相关，执行切换后 SINR 一般会改变。

通过上述的负载估计过程，源 eNB 端需要采用专门的算法来寻找切换门限的最佳设置以及切换到每个目标 eNB 的 UE 集合。接下来，相应的切换指令会下发给已选 UE。由于该切换是由负载而非由无线环境触发的，因此在切换请求中会明确切换原因。

此外，为了防止因无线环境因素而导致 UE 又切换回源小区，需要维持新的小区边界，邻小区之间通过规定的 X2 接口协调调整切换参数。

7.4　负载均衡方法

本章节介绍两种负载均衡优化方法，第一种方法是适用于 TD-LTE 的自主水流负载均衡法（Autonomic Flowing Water Balancing Method applying to TD-LTE,

T-AFWBM)，针对具备波束赋形控制能力的 TD-LTE 体制的无线接入网。设计根据基站的负载状态和负载量的地理分布情况，通过调节天线阵列阵元加权系数，结合切换机制，改变基站的覆盖范围，实现负载均衡。

　　然而 FDD-LTE 体制的无线接入网由于没有采用天线阵而无法直接使用该方法，因此需要寻求新的适用方法。在 TD-LTE 自主水流负载均衡法的基础上进行了改进，介绍了一种适用于 LTE 体制（包括 TD-LTE 和 FD-LTE）的无线接入网的自主负载均衡方法——适用于 LTE 的自主水流负载均衡法（Autonomic Flowing Water Balancing Method applying to LTE，L-AFWBM），方法利用切换迟滞冗余（Hand Over Margin，HOM）参数的调整，结合切换机制实现自主负载均衡，并适应于 LTE 分布式、扁平化的网络结构特点。仿真结果表明，L-AFWBM 可以将高负载基站的移动台切换到低负载基站，在网络中出现热点区域时，有效提高网络容量。

7.4.1　基于覆盖范围调整的分布式自主负载均衡方法

　　适用于 TD-LTE 的自主水流负载均衡法（T-AFWBM）针对具备波束赋形控制能力的 TD-LTE 体制的无线接入网设计。方法根据基站的负载状态和负载量的地理分布情况，通过调节天线阵列阵元加权系数，结合切换机制，改变基站的覆盖范围，实现负载均衡。

1. 流程和算法

　　T-AFWBM 通过在基站中增加 T-AFWBM 自主管理模块实现负载均衡功能，如图 7-22 所示。T-AFWBM 自主管理模块由 4 个主要部分组成：监测、分析、规划、执行；相应的，T-AFWBM 的自主管理流程可以被划分为监测、分析、规划、执行 4 个阶段，如图 7-23 所示。

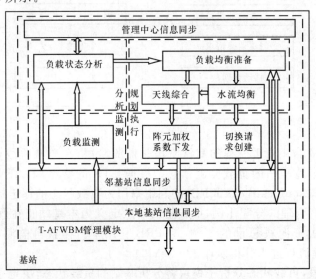

图 7-22　T-AFWBM 管理模块结构示意图

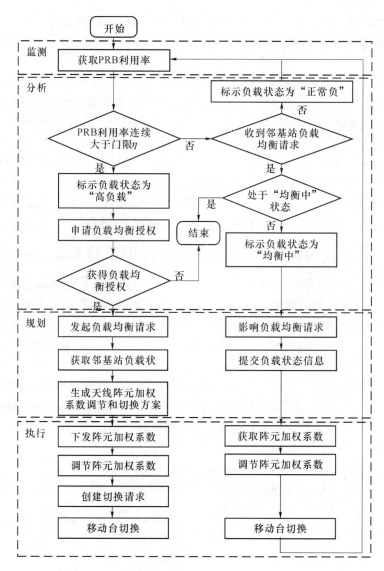

图 7-23　T-AFWBM 管理流程示意图

T-AFWBM 自主管理流程的默认阶段是监测阶段，在监测阶段，负载监测子模块周期性获取本地基站的负载监测信息。根据 LTE 的特点，T-AFWBM 以物理资源块（Physics Resources Block，PRB）的利用率作为负载状态的评定标准。假设资源块在上下行间有合理的分配比例，负载监测信息定义为本基站正在服务的各移动台占用的资源块占资源块总量的比例，即 PRB 利用率。在获得监测信息后，T-AF-WBM 自主管理流程进入分析阶段。

在分析阶段，负载状态分析子模块将分析基站的负载状态，决定是否发起负载均

衡或接受其他基站的负载均衡请求。基站的负载状态定义为3类:

(1)高负载。正常负载和均衡中。如图7-23所示,如果基站的PRB利用率高于预设的门限 η,且持续了 T_s 时长,则基站的负载状态将被设置为"高负载",基站将向自主管理中心申请负载均衡授权,申请得以准许后,发起申请的"高负载"基站将作为后续负载均衡行为中的"源基站"。

(2)正常负载。如果负载状态分析子模块发现基站的PRB利用率低于预设的门限 η,且基站没有收到负载均衡请求,基站的负载状态将被设置为"正常负载",T-AFWBM自主管理流程将返回监测阶段。

(3)均衡中。如果基站的PRB利用率低于预设的门限 η,且基站收到了其邻基站发出的负载均衡请求,则基站的负载状态将被设置为"均衡中","均衡中"基站将作为后续负载均衡行为中的"目标基站"。

为了避免用户的QoS降低,门限 η 的选取应小于基站所能达到的PRB利用率上限。完成基站负载状态分析后,T-AFWBM自主管理流程进入规划阶段。

规划功能是T-AFWBM的核心功能,由负载均衡准备、水流均衡、天线综合3个子模块共同实现。在规划阶段目标基站和源基站的自主管理行为是不同的。

负载均衡准备子模块负责发起邻基站间的负载均衡行为,并获取本基站和邻基站的负载状态信息。源基站中的负载均衡准备子模块向所有的邻基站发送负载均衡请求。根据上文所论述的基站负载状态转换规则,处于"正常负载"状态的邻基站在接收到负载均衡请求后,其负载状态将跳转到"均衡中",成为目标基站,目标基站中的负载均衡准备子模块将获取本基站的负载状态信息,并向源基站提供。源基站的负载均衡准备子模块将获取本基站的负载状态信息,并接收目标基站发送的负载状态信息。基站的负载状态信息包括:基站ID、基站可用的PRB总量、基站当前的PRB利用率、传输单元(当前正在通话或进行数据传输的移动台)的ID、每个传输单元占用的PRB量、每个传输单元到基站的波达方向和距离。TD-LTE支持下行波束成型技术的运用,基站的单波束需指向服务的传输单元,所以用户的波达方向可知;通过信号的往返时延又可获知传输单元与基站间的距离。

源基站的水流均衡子模块负责根据负载状态信息生成用户重分配方案。用户重分配方案包括:需要重分配的传输单元的ID,传输单元当前连接以及要分配到的基站ID。重分配方案将传输给天线综合子模块,天线综合子模块根据负载状态信息和重分配方案,利用天线综合技术生成天线阵列阵元加权系数调节方案。

在执行阶段,规划功能的输出——源基站的水流均衡子模块生成的用户重分配方案和天线综合子模块生成的天线阵列阵元加权系数调节方案将分别提供给执行功能中的阵元加权系数下发和切换请求创建子模块,源基站的阵元加权系数下发子模块根据方案将各基站天线阵元参数值分发给各目标基站和源基站本身。当各基站的天线阵元系数调整完成后,源基站的切换请求创建子模块将根据重分配方案创建切换请求,包括应切换的传输单元ID、传输单元当前连接的基站ID和应切换到的基站ID,并触发传输单元切换。当切换完成后,T-AFWBM自主管理流程将返回监测阶段,形成自主负载均衡管理闭环。

除前面提及的各功能子模块外,T-AFBWM 自主管理模块中还包含 3 个同步子模块:管理中心信息同步子模块、邻基站信息同步子模块以及本地基站信息同步子模块。本地基站信息同步子模块用于实现各功能模块与基站的控制软件和硬件间的管理信息同步和各类数据交互,如获取基站的负载监测信息和负载状态信息、天线阵元参数值下发、移动台切换触发等。管理中心信息同步子模块用于向管理中心提交负载均衡申请和接收管理中心负载均衡授权。邻基站信息同步子模块通过 X2 接口实现本基站和相邻基站间的管理信息和数据交互,如接收邻基站或向邻基站发送负载均衡请求、获取邻基站或向邻基站提供负载状态信息、接收邻基站或向邻基站提供天线阵元参数调整值等。

2. 适用于 TD-LTE 的水流算法

如上文所描述的,用户切换方案和天线阵列阵元加权系数调节方案根据用户重分配方案生成,因此如何生成用户重分配方案是方法实现的重点,本书介绍一种适用于 TD-LTE 的水流算法(Flowing Water Algorithm applying to TD-LTE,T-FWA)解决该问题。

假设有 m 个基站(1 个源基站和 $m-1$ 个目标基站)参加负载均衡。这 m 个基站服务的传输单元有 n 个。负载均衡就是一个在 m 个基站间均衡的重分配 n 个传输单元的过程。

本书将重分配传输单元的问题转换为一个有约束条件的优化问题。优化目标是最小化每个基站的 PRB 利用率和 m 个基站的平均 PRB 利用率的差的平方和。约束条件是:

(1)分配给基站的传输单元不能超出基站的最大有效覆盖范围。

(2)不能出现距离基站 A 近的传输单元分配给基站 B,同时距离基站 B 近的传输单元分配给基站 A 的交叉情况。

(3)所有传输单元都有基站提供服务,以保证传输单元不发生掉话。该优化问题可以用下式表示:

$$\min f(X) = \sum_{j=1}^{m} \left(\frac{\sum_{i=1}^{n} c_i \cdot x_{ij}}{C_j} - \frac{\sum_{i=1}^{n} c_i}{\sum_{j=1}^{m} C_j} \right)^2$$

$$st. \begin{cases} d_{ij} \leqslant D_j, \forall x_{ij} = 1 \\ d_{it} \leqslant d_{sj}, \forall x_{ij} = 1, x_{st} = 1 \\ \sum_{j=1}^{m} x_{ij} = 1 \end{cases}$$
(7-20)

下文称其为问题(7-20)。在这里 C_j 表示基站 j 的 PRB 总量,c_i 是传输单元 i 占用的 PRB 量,D_j 是基站 j 的最大覆盖距离,d_{ij} 表示传输单元 i 到基站 j 的距离,x_{ij} 表示传输单元 i 和基站 j 的连接关系,如果传输单元 i 分配给基站 j 则 x_{ij} 为 1,否则为

0。问题(7-20)的优化解就是想要的用户重分配方案,该优化解可以用连接关系矩阵表示如下:$X=[x_1,x_2,\cdots,x_n]$,其中 $xi=[x_{i1},x_{i2},\cdots,x_{im}]$。

如果采用枚举法解决问题(7-20),则有 mn 个可选方案,如果传输单元的量很大,也就是 n 很大,枚举法将会变得不可接受。可以证明问题(7-20)是 NP 问题。因此需要寻找适合的新方法来解决这个问题。

受连通器原理的启发,下面介绍了 T-FWA 解决问题(7-20)。假设有由一系列玻璃管组成的连通器,如图7-24 所示。各玻璃管底部通过一根很细的管道相连(这根管道非常细,以至于其容积可以被忽略)。在每个底部细管中有一个阀门控制着各玻璃管之间的连通。玻璃管中的液体划分为若干个液体单元。每当一个阀门开启,只有一个液体单元可以流动,随后阀门将自动关闭。

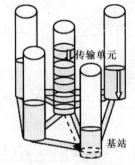

图 7-24 连通器示意图

T-FWA 基于对上述过程的效仿设计。定义如下等效:

(1)玻璃管 j 等效为基站 j,每个玻璃管底部的液压等效为相应基站的 PRB 利用率。

(2)液体单元 i 等效为传输单元 i,液体单元 i 在玻璃管 j 中等效为传输单元 i 被分配给基站 j,由液体单元 i 带来的液压等效为传输单元 i 占用的 PRB 与基站 j 的总PRB量的比值。

这样,液体单元 I 从玻璃管 J_B 流入到 J_A 中,等效为传输单元 I 从基站 J_B 重分配到基站 J_A。

除了上述等效外,还进一步定义了以下规则:

(1)液压最小的玻璃管可以接收一个传输单元,如果液压最小的玻璃管因为约束条件(约束条件将在下文进一步介绍)无法接收液体单元,则液压次小的玻璃管可以接收液体单元,最终确定的可以接收液体单元的玻璃管记为玻璃管 J_A,对应基站 J_A。

(2)距离基站 J_A 最近的未被基站 J_A 服务的传输单元对应的液体单元可以流入玻璃管 J_A,如果距离基站 J_A 最近的未被基站 J_A 服务的传输单元对应的液体单元因为约束条件不能流入玻璃管 J_A,则距离基站 J_A 次近的未被基站 J_A 服务的传输单元对应的液体单元可以流入玻璃管 J_A,最终确定的可以流入基站 J_A 的液体单位记为液体单位 I,对应传输单元 I,液体单位 I 原本位于的玻璃管记为玻璃管 J_B,对应基站 J_B。如果没有玻璃管可以接收液体单元,则认为连通器达到平衡状态,算法结束。

算法流程如图 7-25 所示,其中的约束条件如下:

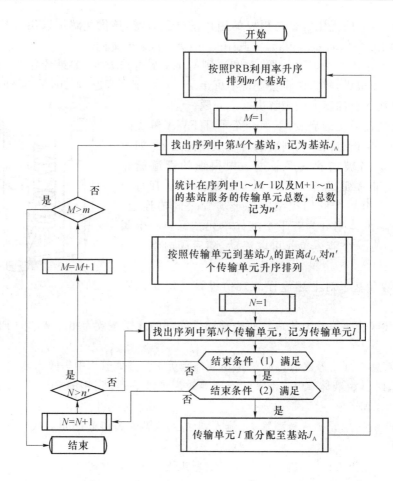

图 7-25 流水算法流程图

约束条件(1)：

$$d_{IJ_A} \leqslant D_{J_A} \tag{7-21}$$

约束条件(2)：

$$C_{J_A} \cdot (\eta_{J_B} + \eta'_{J_B} - 2\bar{\eta}) > C_{J_B} \cdot (\eta_{J_A} + \eta'_{J_A} - 2\bar{\eta}) \tag{7-22}$$

式中，

$$\eta_j = \frac{\sum\limits_{i=1}^{n} c_i \cdot x_{ij}}{C_j} \tag{7-23}$$

$$\bar{\eta} = \frac{\sum\limits_{i=1}^{n} c_i}{\sum\limits_{j=1}^{m} C_j} \tag{7-24}$$

这里，η_{J_B}，η_{J_A} 表示传输单元 I 连接基站 J_B 时，基站 J_B 和 J_A 的 PRB 利用率，$\eta'_{J_B}\eta'_{J_A}$ 表示传输单元 I 重分配到基站 J_A 时，基站 J_B 和 J_A 的 PRB 利用率。

　　T-FWA 结束后将生成用户重分配方案，首先利用网格覆盖法根据用户重分配方案获得各基站的目标覆盖范围，即各基站在 $0°\sim360°$ 方向上的覆盖距离，$d_j(\theta)$ $(0\leqslant\theta<360)$，其中 j 为基站序号。

　　TD-LTE 系统中基站的最大覆盖范围受限于手机发射功率上限和特殊时隙内的下行链路导频时隙(Downlink Pilot Time Slot，DwPTS)、上行链路导频时隙(Uplink Pilot Time Slot，UpPTS)时间宽度、保护间隔(Guard Period，GP)的位置和时间长度配置，在此范围内基站的实际覆盖取决于公共信号波束的有效覆盖范围(有效覆盖是指移动台接收到的公共信号强度大于其可接受的最小信号强度)。确定移动台所能接受的公共信号强度下限 P_{ru}(单位 dBm)，移动台天线增益 G_u(单位 dB)，基站最大有效覆盖范围边缘上公共信道信号应达到的信号强度 P_f(单位 dBm)，基站的公共信号发射强度 P_{tej}(单位 dBm)，传输损耗公式 $L_{cost}=L(d)$(单位 dB)后，根据基站目标覆盖范围 $d_j(\theta)$，可以获得基站天线阵列在各方向上的增益，即基站目标辐射方向图 $G_j(\theta)$(单位 dB)。

　　由于广播信道信号、控制信道信号、公共参考信号等公共信号强度间的偏置值一定，因此 P_{ru}、P_f 以及 P_{tej} 取任何一个公共信号的相应值，获得的 $G_j(\theta)$ 相同，本书选取物理下行控制信道信号的相应值计算。根据 $G_j(\theta)$ 利用天线综合技术即可计算出天线阵列的阵元加权系数。

3. 仿真设置

　　仿真用于评估书中所提出 T-AFWBM 方法的性能，对比了拥有负载均衡能力的无线接入网和常规无线接入网的平均网络容量。

　　TD-LTE 天线的设置需要考虑到能同时保证空间分集技术和天线赋形技术的采用，典型的 TD-LTE 天线设置为双极化 8 通道天线，如图 7-26 所示，利用同一极化方式的 4 个天线阵元即可实现波束赋形。仿真环境中的基站天线即采用双极化 8 通道天线，生成公共信号波束赋形的为其中的一组单极化 4 阵元线阵，每个天线阵波束宽带为 $120°$，每个基站有 3 个阵列天线。

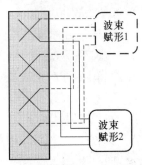

图 7-26　天线阵列示意图

　　仿真场景中，基站均匀分布在长、宽均为 5 km 的矩形区域内，基站间距 500 m，初始覆盖为常规的六边形，基站间可以通过 X2 接口直接进行信息交互。基站天线高度为 50 m，物理下行控制信道信号发射强度 P_{tej} 为 29 dBm，单播波束天线增益为 14 dBi，能接受的上行信号强度下限为 -101.5 dBm。移动台总数为 20 000 个，高度为 1.5 m，信号发射强度为 23 dBm，天线增益 G_u 为 -1 dBi，所能接受的下行信号强度下限 P_{ru} 为 -95 dBm。初始状态移动台均匀分布，每个移动台以概率 0.95 被选定为热点移动台。随后热点移动台通过趋向性运动逐渐形成呈正态分布的热点，即以速度 v_h 朝向 4 个热点区域运动，其中 v_h 服从 $[v_0, S_h \cdot v_0]$ 上的均匀分布，在最终形成的热点内所有热点移动台在地理位置上呈方差为 σ 的正态分布。未被选为热点移动台的普通移动台在服务区域内进行伪随机运动，即在整个服务区域内以速度 v_n 运动，其中 v_n 服从 $[0, S_n \cdot v_0]$ 上的均匀分布，每个非相关时间长度后，以概率 0.5 进行一次运动方向的更新，方向改变的角度服从 $[-\pi/4, \pi/4]$ 上的均匀分布。仿真中相关的移动台运动参数的取值为：$v_0 = 3$ km/h，$S_h = S_n = 10$。移动台的通信时间和通信间隔时间分别服从均值为 120 s 和 840 s 的负指数分布。基站和移动台间的路径损耗 $L_{oss} = 37.6 \times \lg d + 128.1$，其中 d 表示距离，单位取 km，路径损耗 L_{oss} 的单位为 dB。

对于 TD-LTE 系统，特殊时隙内的 DwPTS、UpPTS 时间宽度、保护间隔 GP 的位置和时间长度配置可调，最大理论覆盖距离可达 107.1 km，最小为 10.7 km。根据相关参数和传输损耗公式可知，移动台最大上行覆盖距离约为 1.91 km；综上，为保证有效的上行覆盖，D_j 设置为 1.9 km。有效覆盖范围边缘上公共信道信号应达到的信号强度 P_f 设为 -95 dBm。

通过仿真可知，随着 K 和 W 取值的增加，覆盖交叠率均值趋近于期望的 20%，同时标准差减小，覆盖交叠更为稳定。W 的变化对覆盖交叠率大小和稳定性的影响占较主导地位。当 W 足够大时，K 的变化几乎不对覆盖产生明显影响。交叠率随 ω 的增加而提高，因此通过调整 ω 即可控制基站覆盖交叠面积，ω 取 1.135 时交叠率为 20%。

图 7-27 显示的是 W 的取值对天线综合误差均值的影响。W 取值越大，对综合精度的要求越高，综合结果与目标覆盖范围间的误差也越大。

综上，K 和 W 越大，覆盖交叠率均值越趋近于期望的 20%，同时覆盖交叠率越稳定，其中 W 的影响更明显；而过大的 W 又会增加天线综合的误差；ω 可以控制覆盖交叠范围的大小，取 1.135 时交叠率为 20%。因此为了获得适宜的覆盖交叠，同时考虑天线综合误差的影响，下文的仿真中，W 取值 24（此时平均综合误差小于 0.1），ω 取值 1.135。

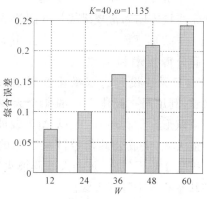

图 7-27 W 对天线综合误差的影响

图 7-28 给出了平均负载均衡次数和门限 η 间的关系。门限 η 越小，负载均衡行为越容易被触发，平均负载均衡次数越多，因此系统消耗也越大。

由于自主负载均衡的最终目标是更大的网络容量，图 7-29 给出了门限 η 对网络平均容量的影响。在负载均衡行为被获得触发到调节完成的时间段内(下文将此时间段简称为调整时段),传输单元仍然在继续向热点聚集,同时由于通信需求量具有时变和不确定性,因此在调整时段内,基站存在出现满载状态的可能性,如果基站满载,则可能会有部分新的通信需求无法得到满足,因此门限 η 越小,在调整时段内出现基站满载情况的可能性越小,平均网络容量越大。

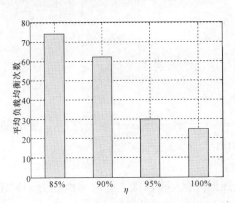

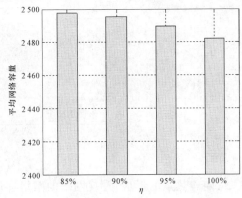

图 7-28　平均负载均衡次数和门限 η 间的关系　　图 7-29　门限 η 对网络平均容量的影响

综上,门限 η 越小,平均网络容量越大,但过小的门限 η 会带来过大的系统消耗,因此综合考虑对系统消耗和网络容量的影响,以下仿真中门限 η 值取 95%。

4. 仿真结果比较

仿真在不同的传输场景下进行,每个传输场景中热点区域用户的聚集度有所不同,及 σ 值不同,分别为 0.30 km、0.20 km。每个场景中,等时间间隔地对 100 个时间点的网络容量进行采样,如图 7-30、图 7-31 所示,图中的曲线分别表示没有自主负载均衡(Autonomic Load Balancing,ALB)能力的常规网络的网络容量,采用 T-AF-WBM 方法获得 ALB 能力的网络的网络容量。

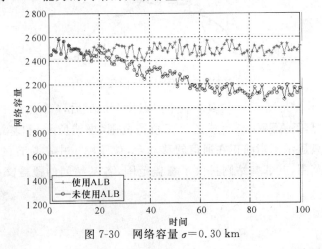

图 7-30　网络容量 $\sigma=0.30$ km

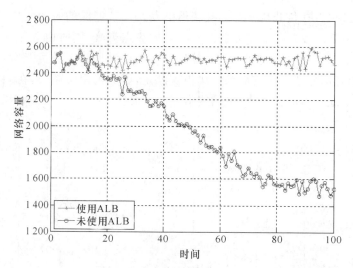

图 7-31　网络容量 $\sigma = 0.20$ km

　　随着热点的形成，常规网络的网络容量逐渐降低，具有自主负载均衡能力的网络的网络容量没有出现明显的下降趋势，同一时间点上具有自主负载均衡能力的网络容量要大于常规网络，且随着热点的形成两网络容量间的差异更加明显。σ 值越小（也就是传输单元在热点区域的聚集度越高），负载均衡带来的收益越大。

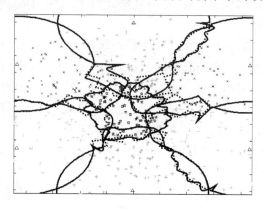

图 7-32　基站目标和实际覆盖范围

　　图 7-32 显示的是图 7-30 仿真场景中热点完全形成后，4 个热点中的 1 个热点处的基站覆盖情况，T-AFWBM 生成的目标覆盖范围（虚线所示）和基站覆盖范围（实线所示），图中只显示了当前正在通信的移动台，位于图中中心位置的基站因负载过高减小了覆盖范围，其邻基站则扩大了覆盖范围，各基站间的覆盖交叠保持在 20%左右。

7.4.2 基于切换参数调整的分布式自主负载均衡方法

L-AFWBM 以 T-AFWBM 为基础进行了改进,通过在基站中增加 L-AFWBM 自主管理模块实现负载均衡功能,L-AFWBM 自主管理模块如图 7-33 所示。

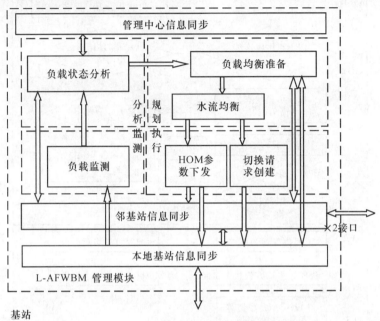

图 7-33 L-AFWBM 自主管理模块图

1. 流程和算法

L-AFWBM 的自主管理流程如图 7-34 所示,L-AFWBM 自主管理流程中的监测阶段和分析阶段以及对应的功能模块与 T-AFWBM 中的相同。规划功能和执行功能以及对应的功能模块与 T-AFWBM 中的有所不同。

规划功能是 L-AFWBM 的核心功能,由负载均衡准备、水流均衡两个子模块共同实现。负载均衡准备子模块负责发起在相邻基站间的负载均衡行为,并获取本基站和邻基站负载状态信息。基站的负载状态信息包括:基站 ID、基站可用的 PRB 总量、基站当前的 PRB 利用率、基站连接的传输单元(当前正在通话或进行数据传输的移动台)的 ID、每个传输单元占用的 PRB 量、每个传输单元接收到的本基站和邻基站的 RSRP(Reference Signal Received Power)值。规划流程为:源基站中的负载均衡准备子模块向所有的邻基站发送负载均衡请求。邻基站中参加负载均衡的基站,即目标基站的负载均衡准备子模块将获取本基站的负载状态信息,并向源基站提供。源基站的负载均衡准备子模块将获取本基站的负载状态信息,并接收目标基站发送的负载状态信息。

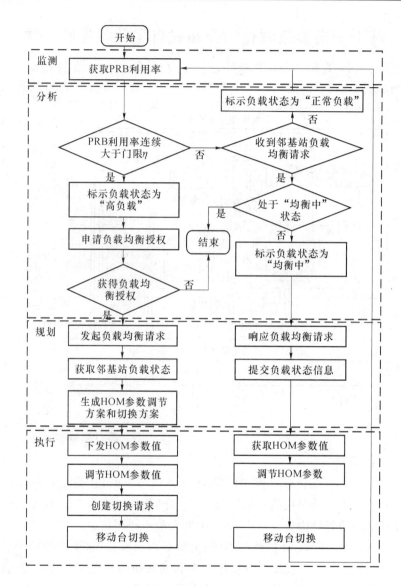

图 7-34　L-AFWBM 自主管理流程示意图

　　源基站的水流均衡子模块负责根据负载状态信息生成 HOM 参数调节方案和切换方案。切换方案包括：需要执行切换的传输单元的 ID，需要执行切换的传输单元当前连接的基站 ID，传输单元要切换到的基站 ID。HOM 调节方案包括源基站和目标基站应该调节到的 HOM 值。该方案的生成目标为：保证根据切换方案切换到目标基站的移动台能够驻留在该目标基站中，而不会立即切换到源基站或其他基站中。

　　在执行阶段，规划功能的输出——HOM 参数调节方案和切换方案将提供给源基站的 HOM 参数下发和切换请求创建子模块，HOM 参数下发子模块根据 HOM

参数调节方案将各基站应调整到的 HOM 参数值分发给各目标基站和源基站本身。
当各基站的 HOM 参数值调整完成后,源基站的切换请求创建子模块将根据切换方
案创建切换请求(包括应实施切换的传输单元 ID、传输单元当前连接的基站 ID 和应
切换到的基站 ID),并触发传输单元切换。当切换完成后,L-AFWBM 自主管理流程
将返回监测阶段,形成自主负载均衡管理闭环。

2. 适用于 LTE 的水流算法

适用于 LTE 的水流算法(Flowing Water Algorithm applying to LTE,L-FWA)
用于根据负载状态信息生成用户切换方案和 HOM 参数调节方案。

假设有 m 个基站(1 个源基站和 $m-1$ 个目标基站)参加进行负载均衡。这 m 个
基站服务的传输单元有 n 个。每个基站和传输单元有以下约束:每个基站的最大容
量,HOM 值调节范围,传输单元能接受的最小下行信号值,基站所能接受的最小上
行信号值。

负载均衡就是一个在 m 个基站间均衡的重分配 n 个传输单元的过程。传输单
元的切换是为了实现基站负载的重分配,调节基站的 HOM 是为了保证切换到目标
基站中的用户,不会立刻切换到其他基站。因此,如何在各基站间分配传输单元,是
L-FWA 要解决的关键问题。

将均衡的重分配传输单元的问题转换为一个有约束条件的优化问题。优化目标
是每个基站的 PRB 利用率和 m 个基站的平均 PRB 利用率的差的平方和最小。约束
条件用于保证重分配后的传输单元可以正常工作,且不会立即切换到其他基站,具
体为:

(1)若传输单元选择切换到某目标基站,则传输单元接收到的该目标基站的下行
信号值应大于该传输单元能接受的最小下行信号值(本书采用下行信号测量值中的
RSRP 值作为评价标准)。

(2)若传输单元选择切换到某目标基站,则基站接收到的该传输单元的上行信号
值应大于基站能接受的最小上行信号值。

(3)若传输单元选择切换到某目标基站,则传输单元接收到的该目标基站的
RSRP 值(单位 dBm)加上 HOM 值上界(单位 dBm)应大于传输单元接收到的其他
基站的 RSRP 值(单位 dBm)。

该优化问题可以用以下公式表示:

$$\min f(x) = \sum_{j=1}^{m} \left(\frac{\sum_{i=1}^{n} c_i \cdot x_{ij}}{C_j} - \frac{\sum_{i=1}^{n} c_i}{\sum_{j=1}^{m} C_j} \right)^2$$

$$\text{st.} \begin{cases} \text{p\_UE}_{ij} \geqslant \text{P\_UE}_i , \forall\, x_{ij}=1 \\ \text{p\_eNB}_{ij} \geqslant \text{P\_eNB}_j , \forall\, x_{ij}=1 \\ \text{p\_UE}_{ij} + \text{HOM}_{\max} \geqslant \text{p\_UE}_{ij'} , \forall\, x_{ij}=1 , \forall\, j' \in M , j' \neq j \end{cases} \tag{7-25}$$

称其为问题(7-25)。在这里 C_j 表示基站 j 的 PRB 总量，c_i 是传输单元 i 占用的 PRB 量，P_UE_i 是传输单元 i 能接受的最小 RSRP 值，p_UE_{ij} 是传输单元 i 接收到的基站 j 的 RSRP 值，P_eNB_j 是基站 j 能接受的最小上行信号值，p_eNB_{ij} 是基站 j 接收到的传输单元 i 的上行信号值，x_{ij} 表示传输单元 i 和基站 j 的连接关系，如果传输单元 i 分配给基站 j 则 x_{ij} 为 1，否则为 0，M 表示参加负载均衡的 m 个基站及其邻基站的序号集合。HOM_{max} 和 HOM_{min} 表明 HOM 取值的上界和下界。问题(7-25)的解就是需要的重分配方案，该优化解可以用矩阵表示如下：$X=[x_1,x_2,\cdots,x_n]$，其中 $x_i=[x_{i1},x_{i2},\cdots,x_{im}]$。

如果采用枚举法解决问题(7-25)，则有 m^n 个可选方案，如果传输单元的量很大，也就是 n 很大，枚举法将会变得不可接受。可以证明问题(7-25)是 NP 问题。因此需要寻找适合的新方法来解决这个问题。

L-FWA 在上节中论述的 T-FWA 基础上进行改进，用于解决问题(7-25)。算法流程图如图 7-35 所示。其中 DIS_i 由下式计算。

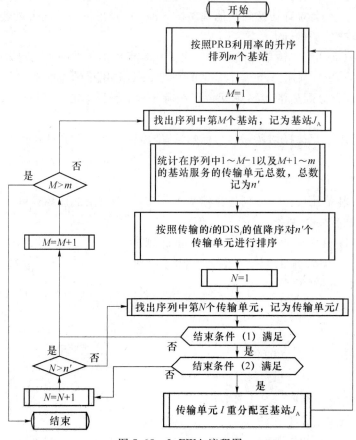

图 7-35   L-FWA 流程图

$$\text{DIS}_i = \text{p\_UE}_{ij_A} - \max(\text{p\_UE}_{ij'}), j' \neq J_A, \forall\, j' \in M \tag{7-26}$$

两个约束条件如下：

约束条件（1）：

$$\text{DIS}_{IJ_A} \geqslant - \text{HOM}_{\max} \tag{7-27}$$

约束条件（2）：包含 3 个部分，如下式所示，当式中 3 个不等式均得到满足时，约束条件（2）满足。

$$\begin{cases} \text{p\_UE}_{IJ_A} \geqslant \text{P\_UE}_I \\ \text{p\_eNB}_{IJ_A} \geqslant \text{P\_eNB}_{J_A} \\ C_{J_A} \cdot (\eta_{J_B} + \eta'_{J_B} - 2\bar{\eta}) > C_{J_B} \cdot (\eta_{J_A} + \eta'_{J_A} - 2\bar{\eta}) \end{cases} \tag{7-28}$$

p_eNB_{ij} 根据下式估算：

$$\text{p\_eNB}_{ij} = \text{P\_up}_i - (\text{P\_RS}_j - \text{p\_UE}_{ij}) + \alpha_{ij} \tag{7-29}$$

式中，P_up_i 表示传输单元 i 的上行信号发射功率，P_RS_j 表示基站 j 的参考信号发射功率，α_{ij} 为修正值，用于修正因上下行频率不同、上下行传输中的连接损耗不同等原因造成的上下行传输损耗间的差异。

$$\eta_j = \frac{\sum\limits_{i=1}^{n} c_i \cdot x_{ij}}{C_j} \tag{7-30}$$

$$\bar{\eta} = \frac{\sum\limits_{i=1}^{n} c_i}{\sum\limits_{j=1}^{m} C_j} \tag{7-31}$$

这里，η_{J_B}，η_{J_A} 表示传输单元 I 连接基站 J_B 时，基站 J_B 和 J_A 的 PRB 利用率，η'_{J_B}，η'_{J_A} 表示传输单元 I 重分配到基站 J_A 时，基站 J_B 和 J_A 的 PRB 利用率。

用户切换方案可以根据算法生成的传输单元的分配方案生成。HOM 参数调节方案按照下面的方法生成：以基站 J 为例，若有传输单元在重分配的过程中流出基站 J 且没有传输单元流入基站 J，则 $\text{HOM\_next}_J = \text{HOM}_{\min}$，$\text{HOM\_next}_J$ 表示基站 J 应调整到的 HOM 值；若在重分配过程中有 n_J 个传输单元流入基站 J，则

$$P' = [P'_1, P'_2, \cdots, P'_{n_J}]$$

其中，

$$P'_i = \max(\text{p\_UE}_{ij}), j \in M, i \in n_J$$

$$P'' = [P''_1, P''_2, \cdots, P''_{n_J}]$$

其中，

$$P''_i = \text{p\_UE}_{iJ}$$

则

$$\text{HOM\_next}_J = \max(\text{HOM\_now}_J, \text{DIFF})$$

其中，$DIFF = P' - P''$。HOM_now_J 表示基站 J 当前的 HOM 值。若没有传输单元在重分配的过程中流入或流出基站 J，则 $HOM\_next_J = HOM\_now_J$。

3. 仿真设置

仿真用于评估文中所提出 L-AFWBM 方法的性能，对比了拥有负载均衡能力的网络和常规网络在网络中出现热点区域时的平均网络容量。

基站均匀分布在长、宽均为 5 km 的矩形区域内，基站间距 500 m，初始覆盖为常规的六边形，基站间可以通过 X2 接口直接进行信息交互。基站天线高度为 50 m，公共参考信号发射强度为 33 dBm，天线增益为 14 dBi，能接受的上行信号强度下限为 −110 dBm。移动台总数为 10 000 个，高度为 1.5 m，信号发射强度为 23 dBm，天线增益为 −1 dBi，所能接受的下行信号强度下限为 −95 dBm。

通过仿真得出如下结论：在下行链路测量带宽为 1.25 MHz 时，HOM 值取在 2～6 dB 间，平均切换数量和平均上行链路 SINR 能有较好的折中，能保证网络具有较为稳定的切换性能。基于上述实验结论，将 HOM 值的取值范围定义在 2～6 dB 间，即 HOM_{min} 取 2 dB，HOM_{max} 取 6 dB。

4. 仿真结果比较

仿真在 3 个不同的传输场景下进行，每个传输场景中热点区域用户的聚集度有所不同，σ 值不同，分别为 0.30 km、0.31 km 和 0.32 km。每个场景中，等时间间隔地对 50 个时间点地网络容量进行采样。每个场景的仿真过程重复 50 次，最后给出的每个场景中每个时间点的网络容量值为 50 次采样结果的平均值，如图 7-36～图 7-38 所示，图中的曲线分别表示没有自主负载均衡（Autonomic Load Balancing，ALB）能力的常规网络的平均网络容量，采用 L-AFWBM 方法获得 ALB 能力的网络的平均容量，以及平均总容量需求（所有用户的通信需求都得到满足时，需要占用的网络总容量）。

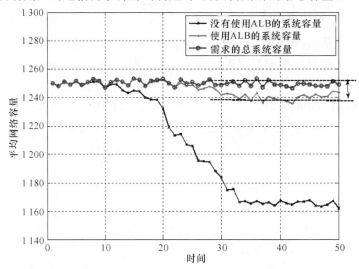

图 7-36　平均网络容量对比图（$\sigma = 0.30$ km，$HOM_{max} = 6$ dB）

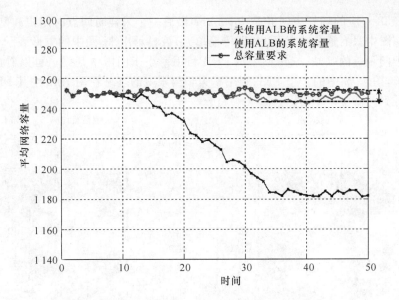

图 7-37 平均网络容量对比图($\sigma=0.31$ km,$HOM_{max}=6$ dB)

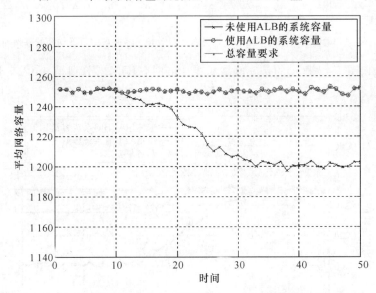

图 7-38 平均网络容量对比图($\sigma=0.32$ km,$HOM_{max}=6$ dB)

由图可知,拥有 ALB 能力的网络在网络中出现热点区域时,其网络平均容量显著大于常规网络的网络容量。且 σ 值的越小(也就是传输单元在热点区域的聚集度越高),两网络容量间的差异越明显。随着 σ 值的增加,拥有 ALB 能力的网络和常规网络的平均网络容量均有所增长。在本书的实验场景中,当 σ 大于 0.32 km 时,在拥有 ALB 能力的网络中,几乎所有的通信需求都可以得到满足。

图 7-39、图 7-40 显示的是没有自主负载均衡能力和拥有自主负载均衡能力的网

络在图 7-38 对应的场景中（σ值取 0.32 km）最后一个采样时间点时用户和基站的分布情况。图中只有通信中的用户（即传输单元）被显示出来，图中的方形表示 PRB 利用率大于门限 η 的基站，三角形表示 PRB 利用率小于门限 η 基站。可以看出，通过负载均衡，图 7-39 中的 7 个 PRB 利用率大于门限 η 的基站在图 7-40 中其 PRB 利用率均降低到门限 η 以下。

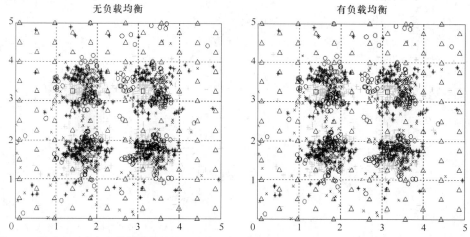

图 7-39　没有经过自主负载均衡的基站和用户分布　　图 7-40　经过自主负载均衡的基站和用户分布

　　图 7-41、图 7-42 显示的是 σ 值是 0.32 km 时，HOM_{max} 分别是 4 dB、5 dB 时的网络平均容量。

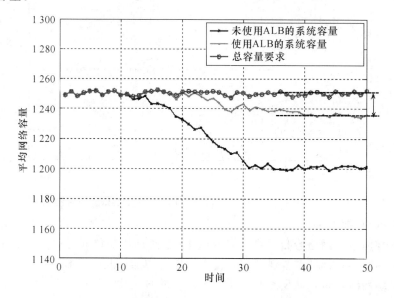

图 7-41　平均网络容量（σ＝0.32 km，HOM_{max}＝4 dB）

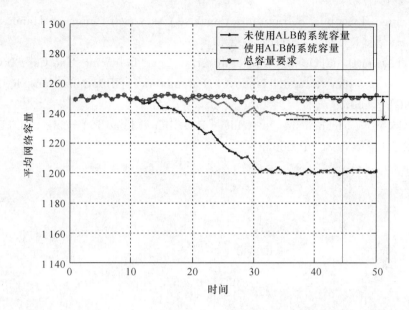

图 7-42　平均网络容量($\sigma=0.32$ km，$HOM_{max}=5$ dB)

通过对比图 7-41、图 7-42 和图 7-38，可以看出在不影响网络切换性能的前提下，HOM_{max} 值越大，L-AFWBM 的负载均衡调节能力越强。

参 考 文 献

[1]　Alcatel-Lucent A S B. Mobility Failure Handling [R]. Shenzhen：3GPP，2008.

[2]　NTT DoCoMo，Orange，Telecom Italia，et al. Measurements for Handover Decision Use Case [R]. Jeju：3GPP，2007.

[3]　Qualcomm Europe. Handover failure handling[R]. Shenzhen：3GPP，2008.

[4]　Huawei. Mobility Robustness Optimization Solution [R]. Sorrento：3GPP，2008.

[5]　T-Mobile，NTT DoCoMo，KPN，et al. SON use-case：HO Parameter Optimization[R]. Athens：3GPP，2007.

[6]　Ericsson. Inclusion of UE Historical Information[R]. Athens：3GPP，2007.

[7]　Dimou K，Min Wang，Yu Yang，et al. Handover with 3GPP LTE：design principles and performance[C]. Anchorage：VTC Fall，2009.

[8]　Amirijoo M，Frenger P，Gunnarsson F，et al. Neighbor Cell Relation List and Physical Cell Identity Self-Organization in LTE[C]，Beijing：Communications Workshops，2008.

[9]　Orange，T-Mobile. Self-optimization Use Case：Self-tuning of Handover Pa-rameters[R]. Malta：3GPP，2007.

[10]　Telecom Italia，Orange，T-Mobile，et al. Load Balancing Use Case Involving Cell Reselection and Handover Parameters Self-optimization [R]. Jeju：3GPP，2007.

[11]　Motorola. Mechanisms to Achieve Distributed Load Balancing in LTE [R]. St. Julian's：3GPP，2007.

第8章 能量节省自优化

近年来,信息与通信技术(ICT)产业已经成为了 CO_2 排放大户,而这将导致严重的温室效应。在未来无线蜂窝系统的设计规划过程中,运营商们不得不面对的一个重要问题就是网络的运营产生巨大能耗,其中以无线接入网(RAN)部分最为突出,整个无线通信能耗约 70% 都出于此处。随着网络与技术的不断发展,移动网络运营商将越来越关注减少电信网络功耗以降低运营成本,并且从可持续发展角度减少温室气体排放而采用网络能量节省方法。特别是当下无线设备的部署趋于密集化,网络中增加了中继、微小区、分布式天线、家庭基站、小小区(Small Cell)节点等,带来的是单位面积上频谱效率和网络容量的增加,可以为系统满足高业务速率要求提供巨大潜力,并且由于基站和用户间的距离拉近了,为了满足相同服务质量所需的发射功率也相应减小,使得这种部署方式在能量效率方面非常有利,但密集部署使得网络中的耗能节点数量大幅增加,势必会令系统总能耗上升,所以如何在分层异构无线网络下进行能量节省和从能效优化的角度进行能耗控制管理也成为了 SON 的一个重要功能。

能量消耗在运营商的运营成本中占有相当大的比重,特别是基站功率放大器在整个网络功率消耗中占了很重要的部分。因此可以通过设计低功耗的网络通信实体来减少能耗和运营成本。另一种能量节省的方法是关闭暂时不需要的网元/小区以节能。为了集成功率且节省功能实体,网元应该支持最少功率消耗的待机模式并且可以通过远程管理单元/系统开启或关闭这个待机模式,同时不影响用户的服务体验,例如掉话。利用开关小区实现功率节省可以通过如下几种不同的方法初始化:

(1) 通过运营商,从运维管理(OAM)角度实现。

(2) 设定场景和策略,当满足条件时自动开关小区。

(3) 通过基站 X2,S1 接口交换的信息实现完全自主的管理。

在小区完全关闭之前,它承载的业务需要转移给覆盖补偿小区。但是关闭一个小区不应该导致覆盖空洞或者邻小区出现过度负载,并且网络并不认为关闭的基站是因为小区中断或者故障导致的。当某个网元由于功率节省而关闭,不需要给 OAM 中心发出警报,运营商应该有能力阻止网络对处于功率节省模式的小区进行自动补偿,以免不必要的网络中断。由于无线基站的激活状态(开启或关闭)给网络和 UE 引入了一种新的状态,会增加信令的开销,而这有可能对已有网络的稳定性产生影响，所以需要修改现有的协议以适应这些变化。此外高能效的网络部署架构和资源管理也是能量节省自优化的重要解决途径，能从根本上挖掘提高网络能效性能的潜力。

鉴于传统无线网络能量节省要求并不急迫和重要，能量节省主要是针对由于引入了无线中继、家庭基站、小小区等分层异构网络场景提出的，所以本章重点介绍3GPP 技术规范定义的能量节省机制，描述分层异构无线网络的能量节省方法以及相应算法的性能。本章首先介绍了能量节省的背景和基本原理，然后给出了高能效组网方法，并描述了高能效资源分配以及针对无线中继和家庭基站的能量节省方法。

8.1 绿色通信和无线节能

除了完全与服务质量相关的性能指标外，今天的电信业务面临来自诸多方面与日俱增且空前的压力，它们需要使产品和运营模式变得更加环保，同时在设计无线运营商、手机制造商和网络基础设备商的运营策略时，所有与绿色 IT 相关的内容将受到越来越多的关注。目前已经针对移动网络的能量效率开展了多个不同组织的合作研究项目，包括 GreenRadio、EARTH、GreenTouch 等，并且这方面的研究已经受到了 NGMN 和 3GPP 的广泛关注。

总的来说，社会上主要从两个方面体现对环境的尊重和保护。一方面，应尽可能通过回收经过处理的产品来获取制造业中不同硬件的材料，或者至少应尽可能地持续回收利用超过使用寿命产品的不同组件。另一方面，应该尽可能地减少能量消耗。这种趋势对于与无线通信相关的那些设备也不例外，且更普遍的贯穿于整个产业链各环节的企业。另外，这些措施对于移动网络运营商的吸引力不仅仅在于实现保护和尊重环境的社会责任上，只要看看投资回收率（ROI）这点，就知道节能（ES）和绿色 ICT 的商业价值本身就具有强大的吸引力。在这一节中，主要介绍如何尽可能减小无线蜂窝网络的能量消耗，而不讨论制造工艺和材料等方面的问题。

8.1.1 从不同角度实现节能

可以采用不同的方法来尽可能减小蜂窝网络的能量消耗，并且由于它们之间不存在相互冲突，所以可以并行采用。其中最主要的一些方法包括：

（1）从能量消耗的角度考虑手机高效设计方案。这种方法与硬件设计紧密相关，并且可用于现行所有的无线接入技术中，这是因为终端的使用寿命要远比传统网络持续运行的时间期限短。

（2）尽可能采用能延长手机电池的使用时间的无线规划和优化技术。例如，在UMTS 中，这种技术包括对空闲状态寻呼的非连续接收（DRX）相关软参数的设置、可以控制空闲状态频段内、频段间和 iRAT 邻小区的执行测量的参数、空闲状态的小区重选滞后参数和上行功率控制有关的参数进行优化。

（3）采用可以减小无线传输中使用功率的无线规划和优化技术，这些功率包括提供基本信令覆盖范围的导频功率和分配给用户的数据传输功率。这种方案是对已经被广泛用于减小/控制干扰的传统功率控制方案的补充。

（4）确保从能量消耗的角度对将要部署的新基站的硬件设计进行优化。这对于新的网络设备是可行的，即主要针对全球范围的 LTE，一些新兴市场的 LTE-A 而言非常重要。

（5）采用改进的站点建设方案，需要把空调冷却系统在总能量消耗中占有很大比重这点考虑进来。在这个方面，需要考虑两个方面的问题：(i)站点类型和位置，因为室外机柜可能只需要通风机，而室内机柜的良好隔离空间会帮助减小空调的能量消耗；(ii)严格控制系统部署(空调设备)，在具有较少网络活动和较低温度的情况下应尽量减少(空调系统)的能量开销。

最后，需要对系统中每个时刻运行的硬件单元数目进行优化，从而在保证所需 QoS 情况下，能够使得网元数目最小。换句话说，关闭不需要的基站或基站内的部分模块(比如晚上在办公区域的站点)。

8.1.2 静态节能

最简单的无线网络节能方案就是通过分析历史统计信息来开启/关闭基站(或者基站中相关功能模块)，这些历史统计信息包括了基站在一天内各时间段提供的业务量。然而，这种方法不能盲目地采用，主要原因包括：

（1）某个基站在很长一段时间内的某个时间段内没有提供服务并不意味着它就可以盲目地关闭。如果该基站包括的扇区是某一区域内唯一可用的服务网络，即使一天中该基站关闭的那一时间段内有用户使用服务的概率很低，但关闭该基站意味着危及到所在区域的网络覆盖，所以这是不允许的。运营商必须明确关闭的候选基站是否作为相应覆盖范围内唯一提供网络服务的设备，即没有其他基站可以提供相应的补偿覆盖(使用相同的或不同的技术/频段)。根据这一点，决定它是否应该执行节能操作，一定要考虑服务质量和网络管理等因素。例如，在 GSM 多层网络中，GSM1800 的一个站点很可能要求一个或多个 GSM900 站点来提供稳定的补偿覆盖服务。然而，要强调的是节能评估效果和结论需要多方面综合评估才能给出合适的结论，因为对于不同的服务和业务，结论可能不同。例如，对于语音业务来说，关闭某个 UMTS 基站是可以接受的，因为周边小区会有合适的补偿覆盖来支撑这些语音业务。然而，如果考虑数据业务，由于需要高吞吐量，结论就会不同，这时并不允许关闭站点来节能。

（2）即使前述中提到的补偿覆盖的评估并不是问题，运营商也需要考虑业务行为是动态时变的，根据经验得出的节能操作并不一定正确。例如，今天得到的经验正确结论可能在未来短期内就会变得不准确。因此，需要以特定周期重新进行这些操作的测量评估。例如，在商业区一个新饭店的开张就能完全改变业务行为，并使得某个基站的关闭不应该执行。

因此，即使通过静态或预调度的方式进行节能操作，也需要考虑以下几步：

步骤 1：系统建模阶段，该阶段将评估一天内的几个时间段所有可能关闭的站点（或站点组）是否有相应的覆盖补偿方法。

步骤 2：结合之前的系统建模，利用对网络用户和业务统计数据的经验分析，提供一个基站开启/关闭的调度计划表。

步骤 3：周期性重配置阶段，在这个阶段，重新完成系统建模和调度决策以使节能操作可以适应实际网络的业务和用户动态变化。

系统建模阶段可以由两种方法完成：

① 通过基于网络拓扑和传播预测的离线评估，通过运营支撑系统（OSS）进行统计分析。

② 通过实时技术，利用一些特殊参数的设置虚拟实现运营商把某个扇区从网络中移除的操作来间接地收集到相应区域内可用的覆盖补偿服务信息。

8.1.3 动态节能

这种方法是静态节能的扩展，目的是解决因为依赖预调度节能决策列表实现基站开启/关闭而带来的一些问题。因为重新开启一个扇区要一定的时间，因此一种可行的技术方案是只关闭那些经过静态节能方法分析后认为可以关闭的扇区。在实际网络中，由于各种限制，静态方法并不允许系统在节能决策到期之前重新开启已关闭的基站。

通过密切监控 OSS 统计数据的更新，这种伪实时开启的功能（任何情况下，此过程都会耗费一些时间）可以及时地执行。以这种方式，商业区的异常业务量可在夜间检测到，而这会触发重新开启那些原本在夜间处于关闭状态的容量站点。

然而，出于这种目的对 OSS 统计数据的利用有下面两方面的限制：

（1）系统的反应速度受到 OSS 统计更新周期的限制。

（2）OSS 统计缺少部分信息，并不能给出完全正确的节能操作结论。例如，可以依靠 UE 的能力等级进行判断，如果有大量可用的具有 LTE 功能的激活终端，即使有一个无拥塞问题的 UMTS 基站在服务它们，也可以由此考虑是否开启 LTE 网络。假如这些用户在 LTE 系统可用时能获得更好的服务质量和用户体验，则会决定执行开启操作。

如果需要全实时支持，可以通过部署探针来获得无线网络的信道和网络状态实现，探针可寻找相关接口并实时获取这些信息。另一种可选方案是网络实体（NE）使用和性能相关的报警来实现这个过程（例如，与高业务量相关的报警，或由 2G/3G 系统服务的具有 LTE 功能的移动台请求数据服务时触发的报警）。

8.1.4 运营挑战

关于在现实网络中实际部署（能量节省的）实现方案,有以下关键的运营挑战:

(1) 需要一个闭环自主的系统以确保开启命令正确合理地执行。为此,必须实现自动检测,判决是否所有需要的 NE 都已开启并且正确运行,如果没有,则要执行必要的重试直到问题完全解决。

(2)（能量节省）系统应和 OSS 处的报警监控功能结合起来,从而分辨出由于（能量节省）操作引起的报警（例如,站点被有意断开而报警信息是无效的等）。

(3) 需要其他 OSS 进程的协作,例如维护或规划,因为处于（能量节省）模式的 NE 不能接受重配置或检测命令。

8.1.5 路测结果

作为运营商测试计划的一部分,需要通过分析实际网络的测试数据来评估静态（能量节省）系统的潜在优势。下面以典型示例来介绍和（能量节省）相关的路测及其结果:测试规模为一个包括 4 600 个扇区(GSM 2 100 个,UMTS 2 500 个)的小区簇,并且扇区停用只考虑 3G 系统。2 500 个 UMTS 扇区中,只有 1 650 个扇区可以停用,这是因为有 650 个扇区用于提供基础业务,而有数目不详的多个扇区不能被 2G 网络覆盖。在这个包含城市和农村区域的异构环境中,主要结果如下:

(1) 大概 82% 的能够选择性关闭的 3G 扇区可以在一天的特定时间段内停用。

(2) 平均来讲,系统推荐 3G 扇区停用 37% 的时间,3G 小区停用 16% 的时间,这也意味着通过这种方法可以显著地节省能量。

(3) 该结果(考虑了可能错误地关闭某一个扇区之后发现这个扇区需要服务某些特定业务的情况)的准确度大概是 93%,这对于静态系统来说是可以接受的,而且当引入动态机制时将会进一步改善。

8.2 无线网络能量节省背景和原理

移动网络运营商更加注意在电信网络中减少功率消耗来降低他们的运营成本并且为了可持续发展采用网络能量节省方法来减少温室效应释放等。随着预期的大规模移动网络无线设备的部署,例如家庭基站,运营成本的减少变得非常重要。

对于运营成本来说,能量消耗是非常重要的考核指标之一。运营成本的减少可以通过设计低功耗的网络实体和当不需要时候暂时关闭不用的站点来实现。功率放大器在整个网络功率消耗占了很重要的比重。

　　功率节省机制在 3GPP 中进行了技术规范，根据 3GPP 相关标准协议规定，能量自优化机制和策略时需要满足如下规定：

　　（1）当一个小区转换成功率节省模式时，用户的接入过程和接入质量需要保证。

　　（2）向后兼容并且可以为 3GPP R10 网络部署下的服务 UE 提供能量节省功能。

　　（3）解决方法不应该影响物理层。

　　（4）解决方法不应对 UE 的功率消耗有负面影响。

　　（5）功率节省不应该导致网络中服务质量变差或者效率降低。

8.2.1　能量节省基本原则

　　可持续发展对于电信运营商是一个关键的标准，是为了解决资源匮乏和由于温室效应排放导致的环境恶化的问题。功率节省机制允许运营商减少运营成本并且在尽量减少对环境影响的情况下提供给用户有保证的服务质量。暂时关闭一些无线接入网络的通信节点（例如基站或者中继站），甚至特定无线接入系统的载频（GSM，UMTS），将减少功率消耗这部分的运营成本。

　　为了节省能量当关闭一个小区时，需要让邻小区补偿负载，这和后面要介绍的中断补偿有很多相似之处。然而，关闭一个小区不应该导致覆盖空洞或者邻小区出现过负载。一个为了能量节省而关闭的小区不需要考虑小区中断或者故障。在这个小区关闭操作发生之前，由该小区承载的业务需要转移给补偿覆盖小区。

　　当一个网络单元（NE）出于功率节省目的而关闭，不需要给 OAM 管理服务器发送 NE 关闭的报警信息。运营商应该有能力阻止网络对处于功率节省模式的小区进行自动补偿，以免不必要的网络中断。

　　3GPP 标准规范了 E-UTRAN 系统的功率节省方案，主要包括如下用例：

　　（1）异系统间（inter-RAT）功率节省。

　　（2）基站内（intra-eNB）功率节省。

　　（3）基站间（inter-eNB）功率节省。

　　当考虑功率节省解决方法，在定义不同功率节省解决方法时，对那些基于小区/网络负载情况确定的场景，会对传统和新的终端产生影响，因为这些功率节省相关操作会要求终端进行相关测量。3GPP 中功率节省管理的目标是明确自动功率节省管理的特点，提出的解决方法包括：

　　（1）选择现有的测量准则和指标，用来评估根据以上能量节省应用场景下功率节省过程的影响和效果。

　　（2）定义新的测量准则和指标，用来评估功率节省的影响和效果。

　　功率节省不应该使得网络中用户的服务质量变差或者效率降低，因为无线基站（开启或者关闭）会给网络和 UE 引入一种新的状态，且相应的信令开销有可能影响网络的稳定性,所以需要谨慎处理。

能量节省应用场景介绍如下。

最初,LTE 成簇部署,覆盖在有底层 2G/3G 网络的热点地区以提升容量,解决热点区域搞分组业务通信需求。

在图 8-1 中,E-UTRAN 小区 C 到 G 被同一个传统的 RAT 小区 A 和 B(例如 UMTS 或者 GSM)覆盖。小区 A 和 B 用来提供这片区域的基础覆盖,而其他 E-UTRAN 小区用来提升容量。

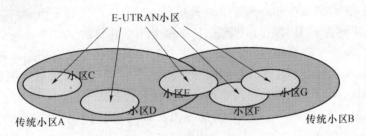

图 8-1 异构网络覆盖场景

在这样的网络部署应用场景中,传统网络提供基础覆盖给多模终端,只有那些不在 E-UTRAN 覆盖范围内的 UE 才不被 E-UTRAN 服务。功率节省过程可以基于 E-UTRAN 系统和 UTRAN 系统的交互来实现。

为了实现多无线接入网络的能量节省,有如下方法:

(1) 解决方法 1:通过 OAM 命令来控制小区开关。一个 E-UTRAN 小区可以基于 RAN 信息通过集中式 OAM 系统来开关,例如负载信息。intra-RAT 和 inter-RAT 邻区节点需要通过 OAM 的信令来通知。

(2) 解决方法 2:通过 OAM 下载的本地策略在 RAN 节点小区实现自动开关。依照这个解决方法,E-UTRAN 节点可以根据 OAM 配置的特定策略开关小区,并且它的 intra-RAT 和 inter-RAT 邻区节点通过 OAM 信令通知。一种策略是,在小区关掉后 3 小时开启它,或者在上午 1 点关闭小区并且在上午 7 点重新开启。作为功率节省操作的一部分,e-UTRAN 节点将 UE 切换到 UTRAN/GERAN。

(3) 解决方法 3:基于 RAT 信号的小区开关。通过这个解决方法,容量增加的 E-UTRAN 小区可以基于小区的可用信息自动关闭。一个或者多个邻近 inter-RAT 节点可以要求执行站点开启。在开启或者关闭方案决定以后,应该通知 intra-RAT 和 inter-RAT 邻节点执行功能节省的站点关闭操作。

另外,当 E-UTRAN 小区不是活跃的小区,但小区内的业务负载增加时,传统的 2G/3G 覆盖小区并不知道哪一个 E-UTRAN 小区需要唤醒,尤其是负载增加是在个别或者多个热点 E-UTRAN 区域时。

在解决方法 3 的基础上进行增强,以便能够选择合适的小区进行唤醒,具体方法包括：

（4）解决方法4：当负载很重并且一些E-UTRAN小区需要开启时，传统覆盖小区将激活已经进入节能状态的邻小区。该节能操作完成后，由于业务变化，如果一些E-UTRAN小区发现如果可以重新回到睡眠状态，它们将可以再次执行节能关掉步骤。

（5）解决方法5：E-UTRAN小区的监听能力可以相对于其他功能独立出来，处于睡眠模式的小区在接到唤醒请求信息后，会监测干扰与热噪声比值（IoT），而该参数的获得是基于接收到的干扰功率和热噪声功率得到的。当提供覆盖的传统小区检测到高负载，它们请求在它们覆盖中的E-UTRAN小区提供IoT测量值。传统小区将比较从所有热点汇报回来的测量值，包括服务用户存储的RSRP测量值等。在大部分时候，传统小区将有能力发现哪一个E-UTRAN小区是最合适用来激活的以吸收高负载，从而执行唤醒操作。根据前面所述方法，传统小区可以激活在E-UTRAN中合适的小区，同时保证将其他热点小区保持睡眠状态。

除了图8-1所示的Inter-RAT场景外，TR 36.927还定义了能量节省的另外两种场景：inter-eNB和intra-eNB。图8-2介绍了inter-eNB场景，而intra-eNB主要利用配置MBSFN子帧进行节能。

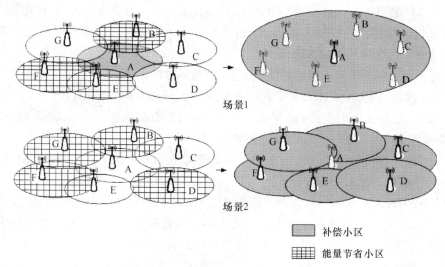

场景1

场景2

▨ 补偿小区

▤ 能量节省小区

图8-2　inter-eNB节能应用场景

在LTE部署的后期阶段，当运营商部署LTE网络而不用任何2G/3G的覆盖时，功率节省的应用场景如图8-3所示。E-UTRAN小区C到G都被E-UTRAN小区A和B覆盖。这里，小区A和B被配置来提供基本的覆盖，同时其他的E-UT-RAN小区来提高容量。当一些小区不需要提供额外的容量时，它们可以为了节省资源关掉。在这种场景下，应当保证连续的LTE覆盖和用户服务质量。

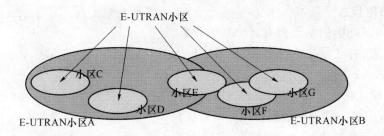

图 8-3 Inter-eNB 节能示例

8.2.2 能量节省协议设计

世界上已有许多组织致力于无线通信系统能量节省的学术研究和标准规范,比如 EARTH、GreenTouch、CoolBS、eWIN、OperaNet 等,本节以 3GPP 中能量节省(Energy Saving,ES)的标准内容为例进行节能协议介绍。3GPP 最早于 2009 年启动"Green Activities",第二年中国移动在 RAN3 第 47 次会议上提出了设立"Network Energy Saving for E-UTRAN"研究项目(Study Item)的建议,能量节能从 3GPP Release 10 开始提到议程。在 3GPP R10 阶段,提案和协议主要是针对于节能场景、解决方案、接口和信令以及 OAM 处功能等问题进行标准化的讨论,到了 3GPP R11 阶段,研究和讨论的重心转移到了异构网络 HetNet(Heterogeneous Network)的能量节省问题。

1. 3GPP 相关协议

与能量节省问题相关联的提案主要出自 3GPP RAN3 和 SA5,主要协议如下。

(1) 36.927:ES 可能的解决方案。

(2) 36.423:X2AP 协议,ES 过程涉及基站间的信息交互,所以为了支持能量节省功能,X2 接口应作相应的增强。

(3) 36.902:SON 用例和解决方法,主要从自组织网络角度阐述 ES 功能和解决方案。

(4) 32.826;32.551:能量节省管理(ES Management)。

(5) 32.522:ES 的策略。

(6) 32.762:ES 的实现。

(7) 32.834:主要针对 inter-RAT 场景下的 ES,为 R11 标准,是输出成果最快的工作项目(Work Item)。

2. 节能状态

支持 ES 功能的系统拥有 3 个基础状态：非参与状态、补偿状态和节能状态，如图 8-4 所示。

图 8-4　节能状态

而在标准化会议讨论中，有的提案将 3 种状态进行了扩充，能够更加精细地刻画系统在进行 ES 时所处的状态，如图 8-5 所示，包括最大容量状态（此时能量消耗 100%）、中等能量节省模式（能量节省 30%）、高能量节省模式（能量节省 50%）、无线激活下的睡眠模式（节能达 70%）、无线非激活下的睡眠模式（节能达 90%）、离线模式（节能达 99%）等。

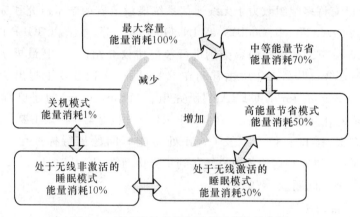

图 8-5　扩充后的系统能量节省状态转换图

3. 节能管理

从网络管理的角度看，可以通过 3 种不同的方式实现 ES：

（1）基于 OAM 的集中式节能管理。E-UTRAN 小区进入或离开睡眠模式取决于 OAM 的集中决策，哪些小区处于何种 ES 状态是 OAM 处预先设定的或者由 OAM 通过信令告知相关的小区。OAM 根据一些统计信息，如负载信息、业务的 QoS 等级指示（QCI）等，以及覆盖区域中站点的地理位置制订出节能算法。

（2）基于信令的分布式节能管理。E-UTRAN 小区可自主地决定或者根据邻区间交换的信息决定何时进入或离开睡眠模式。网元以分布式的方式执行 ES 算法。为了使区域更加有效地节能，邻小区之间根据需要交换一些节能参数，如进入睡眠状态的业务量门限、保持时间、能量消耗等。

（3）混合式节能管理。在此种方式下，OAM 启动或关闭网络的节能功能，但是节能算法能够以仅有站点参与的分布式或者站点与 OAM 协调的模式执行，算法影响的范围可以是局部的，也可以是全局的。如果采用这种方式，必须考虑并解决执行决策的优先级和冲突问题。

8.3 异构网络中分布式天线的高能效组网方案

为了节省能耗,可以从网络结构组网方案,基站功率节省等方面入手,下面以一种节能组网方案作为示例来介绍相应的机制。

8.3.1 系统模型

考虑下行时分双工单小区正交频分多址接入分布式天线系统,总天线点数目为 $M+1$,小区半径为 R,其中 1 个天线点放置在小区中心,其余 M 个天线点均匀放置在与小区中心距离为 $(1-k)R$ 的圆环上,且 $0<k<0.5$,整个小区划分为 $M+1$ 个区域,如图 8-6 所示。假设系统总带宽为 B,小区内各个天线点采用相互正交的频率资源,每个天线点可以分配的频率资源为 $B_0=B/(M+1)$,忽略相互正

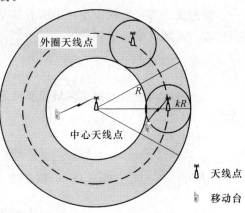

图 8-6 单小区分布式天线系统模型

交频率资源间的邻频干扰。中心天线点单位带宽上的发射功率为 p_{in},其中 in 代表中心天线点的相应参数;外圈天线点单位带宽上的发射功率为 p_{out},其中 out 代表外圈天线点的相应参数。天线点的最小运行功率为 P_e,系统总功率消耗为 P_{total}。需要满足的移动台最小接收信噪比(Signal to Noise Ratio,SNR)为 γ_{min}。

不考虑阴影衰落和快衰落,移动台的路径损耗 L 按下式计算:

$$L=\left(\frac{4\pi f_c}{c}\right)^{-2}d^{-\alpha} \tag{8-1}$$

式中,f_c 为载波频率,c 为光速,d 为移动台和天线点之间的距离,α 是路径损耗因子。由此可以计算移动台的 SNR 值 γ 为

$$\gamma=\frac{\left(\frac{4\pi f_c}{c}\right)^{-2}d^{-\alpha}p}{\beta n_0} \tag{8-2}$$

式中,p 为天线点单位带宽上的信号发射功率,n_0 为单位带宽上的噪声功率,β 为背景噪声提升因子。

8.3.2 分析和推导

单小区分布式天线系统中天线点的位置和数量对系统能量效率的影响,从以下两个方面展开讨论:在满足移动台最小接收信噪比的情况下,如何部署天线点,可以

使得系统总消耗功率最小或者能量效率最大；在保持系统总消耗功率固定，各天线点平均分配总发射功率的情况下，如何部署天线点可以使得系统能量效率最大。

1. 系统满足最小接收信噪比要求

根据系统模型，系统总消耗功率为

$$P_{\text{total}} = (M+1)P_e + \frac{B}{(M+1)}(p_{\text{in}} + Mp_{\text{out}}) \tag{8-3}$$

根据式（8-2），为保证小区中所有移动台的 SNR 均可以满足要求，对于中心天线点的覆盖区域需要满足：

$$\frac{p_{\text{in}}K[R(1-2k)]^{-\alpha}}{\beta n_0} = \gamma_{\min} \tag{8-4}$$

对于外圈天线点的覆盖区域需要满足：

$$\frac{p_{\text{out}}KR^{-\alpha}\left[1+(1-k)^2-2(1-k)\cos\frac{\pi}{M}\right]^{-\frac{\alpha}{2}}}{\beta n_0} = \gamma_{\min} \tag{8-5}$$

式中，$K = \left(\frac{4\pi f_c}{c}\right)^{-2}$。由式（8-4）和式（8-5）可以得到各天线点需满足的发射功率为

$$p_{\text{in}} = \frac{\gamma_{\min}\beta n_0 R^{\alpha}(1-2k)^{\alpha}}{K} \tag{8-6}$$

$$p_{\text{out}} = \frac{\gamma_{\min}\beta n_0 R^{\alpha}\left[1+(1-k)^2-2(1-k)\cos\frac{\pi}{M}\right]^{\frac{\alpha}{2}}}{K} \tag{8-7}$$

由式（8-3）、式（8-6）和式（8-7）得出系统总消耗功率与天线点的位置和数量之间的关系为

$$P_{\text{total}} = (M+1)P_e + \frac{B\gamma_{\min}\beta n_0 R^{\alpha}}{(M+1)K}\{(1-2k)^{\alpha} +$$

$$M\left[1+(1-k)^2-2(1-k)\cos\frac{\pi}{M}\right]^{\frac{\alpha}{2}}\} \tag{8-8}$$

系统容量包括中心天线点覆盖区域内和外圈天线点覆盖区域内的容量。在中心天线点覆盖区域内，移动台与天线点距离 d_{in} 的概率密度函数为

$$\rho(d_{\text{in}}) = \frac{2d_{\text{in}}}{r^2} \tag{8-9}$$

式中，$r = R(1-2k)$，$\rho(\cdot)$ 为概率密度函数，由此可以得出中心天线点覆盖区域内任一点的移动台 SNR 值 γ_{in} 的分布函数是

$$F(\gamma_{\text{in}}) = \begin{cases} 0, & \dfrac{p_{\text{in}}Kr^{-\alpha}}{\beta n_0} > \gamma_{\text{in}} \\ 1 - \dfrac{1}{r^2}\left(\dfrac{p_{\text{in}}K}{\gamma_{\text{in}}\beta n_0}\right)^{\frac{2}{\alpha}}, & \dfrac{p_{\text{in}}Kr^{-\alpha}}{\beta n_0} \leqslant \gamma_{\text{in}} \end{cases} \tag{8-10}$$

式中,$F(\gamma_{in})$ 是概率分布函数。从而得出中心天线点覆盖区域内任一点处移动台 SNR 的概率密度函数为

$$\rho(\gamma_{in}) = \frac{2}{\alpha r^2} \left(\frac{p_{in}K}{\beta n_0} \right)^{\frac{2}{\alpha}} \gamma_{in}^{-\frac{2}{\alpha}-1} \tag{8-11}$$

根据香农信息论原理,中心天线点覆盖区域内任一点的移动台单位带宽上容量 C_{in} 的分布函数为

$$F(C_{in}) = \begin{cases} 0, & C_{in} < \delta \\ 1 - \frac{1}{r^2} \left(\frac{p_{in}K}{n_0} \right)^{\frac{2}{\alpha}} (2^{C_{in}} - 1)^{-\frac{2}{\alpha}}, & C_{in} \geqslant \delta \end{cases} \tag{8-12}$$

式中,$\delta = lb(1 + \gamma_{min})$,由此可以得到中心天线点覆盖区域内任一点处移动台单位带宽上容量的均值为

$$\varepsilon(C_{in}) = \left(\frac{\gamma_{min}}{\gamma_{min} + 1} \right)^{\frac{2}{\alpha}} \left[lb(1 + \gamma_{min}) + \frac{\alpha}{2\ln 2} \right] \tag{8-13}$$

式中,$\varepsilon(C_{in})$ 代表均值,则该区域内的总容量为

$$Q_{in} = \frac{B \cdot \varepsilon(C_{in})}{M + 1} \tag{8-14}$$

由于外圈天线点覆盖区域内任一点的移动台距离服务天线点之间的距离 d_{out} 的概率密度函数求解复杂,采用詹森不等式近似求解:

$$\varepsilon(d_{out}^2) = R^2(3k^2 - 4k + 2) - \frac{2(M+1)R^2(4k^2 - 6k + 3)}{3\pi} \sin\frac{\pi}{M} \tag{8-15}$$

根据詹森不等式得到

$$\varepsilon(\gamma_{out}) \geqslant \frac{p_{out}K\varepsilon(d_{out}^{-\alpha})}{\beta n_0} \geqslant \frac{p_{out}K}{\beta n_0} [a - b(M+1)]^{-\alpha/2} \tag{8-16}$$

且 $a = R^2(3k^2 - 4k + 2)$,$b = \dfrac{2R^2(4k^2 - 6k + 3)}{3\pi} \sin\dfrac{\pi}{M}$ 每个外圈天线点覆盖区域内单位带宽上容量满足:

$$C_{out} \leqslant lb[1 + \varepsilon(\gamma_{out})] \tag{8-17}$$

所以外圈天线点覆盖区域内总容量近似为

$$Q_{out} = \frac{M \cdot B \cdot C_{out}}{M + 1} \tag{8-18}$$

系统能量效率 E 为

$$E = \frac{Q_{in} + Q_{out}}{P_{total}} \tag{8-19}$$

式中,E 的单位为 $bit/(s \cdot W^{-1})$。

2. 系统满足最小接收信噪比要求

考虑系统总消耗功率固定且每个天线点使用相同发射功率的情况。此时,中心天线点和外圈天线点在单位带宽上的发射功率为

$$p_{\text{in}} = p_{\text{out}} = p_0 = \frac{P_{\text{total}} - (M+1)P_e}{B} \tag{8-20}$$

随着天线点数量的增加，每个天线点的发射功率减小，同时系统中天线点的最小运行功率所占的比重增加。根据前述分析可以得到中心天线点覆盖区域内单位带宽上系统容量的均值为

$$\varepsilon(C_{\text{in}}) = \left(\frac{\frac{p_0 K r^{-\alpha}}{n_0}}{\frac{p_0 K r^{-\alpha}}{n_0} + 1}\right)^{\frac{2}{\alpha}} \left[lb\left(1 + \frac{p_0 K r^{-\alpha}}{n_0}\right) + \frac{\alpha}{2\ln 2}\right] \tag{8-21}$$

结合式(8-16)、式(8-17)和式(8-18)可以得到外圈天线点覆盖区域内总容量，从而得到在固定总消耗功率情况下的系统容量和能量效率。

8.3.3 结果和性能

利用 Matlab 仿真软件进行仿真实验，对保证最小接收信噪比和总消耗功率固定的场景进行仿真验证，并且对比采用不同组网方案的分布式天线系统和传统集中式天线系统的能量效率。详细的仿真参数如表 8-1 所示。

表 8-1 仿真参数假设

仿真参数	设定值
小区半径 R/km	1
路径损耗因子 α	3
最小运行功率 P_e/dBm	25
外圈天线点数量 M	4、6、8、10、14
外圈天线点位置参数 k	0.1、0.2、0.3、0.4
天线配置	$1*1$
噪声功率谱密度 n_0/(dBm·Hz^{-1})	-174
背景噪声提升因子 β/dB	7
天线点最大发射功率/dBm	46
移动台最小 SNR 要求 $\gamma_{\min}$/dB	10
固定的系统总消耗功率/dBm	38
系统带宽 B/MHz	10

图 8-7 给出了外圈天线点的位置和数量变化时为满足移动台最低 SNR 要求所需的系统总消耗功率。在 $P_e = 25$ dBm 时，随着外圈天线点的数量的变化，系统总消耗功率先下降后上升。因为在考虑了 P_e 的影响以后，当外圈天线点数量 M 较小时（≤8），M 的增加，减小了移动台到接入天线的平均距离，从而减小了为保证最小 SNR 要求所

需的总消耗功率。但随着 M 的继续增加，P_c 在总消耗功率中所占比重增加，使得总消耗功率随着 M 的增加而明显增加。当外圈天线点放置的位置不同时，可以使得在满足移动台 SNR 要求情况下系统总消耗功率最小的天线点数量不同。

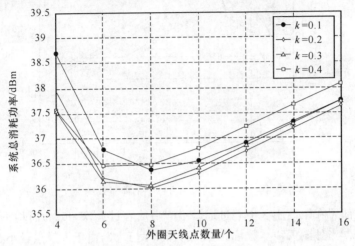

图 8-7　不同组网方案下的总消耗功率

当外圈天线点放置在距离小区中心较远的位置时（$k=0.1$），中心天线点覆盖大部分区域，处于外圈天线点覆盖区域内的移动台数量较少，中心天线点需要使用较大发射功率来满足移动台的 SNR 要求。当外圈天线点放置在距离小区中心较近的位置时（$k=0.4$），大部分移动台到服务天线点的平均距离减少，但是为保证小区边缘移动台的 SNR 要求，外圈天线点需要使用较大发射功率，系统总消耗功率显著增加。

根据前述分析，系统容量如图 8-8 所示，由系统总消耗功率和系统容量可以得出在不同组网方案下的系统能量效率，如图 8-9 所示。

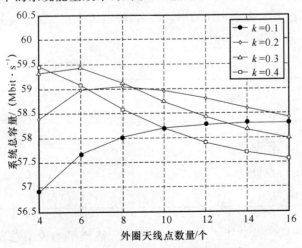

图 8-8　不同组网方案下的系统容量

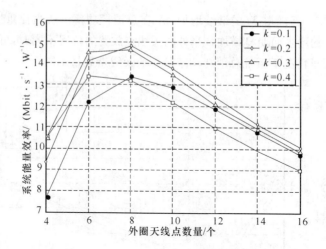

图 8-9　不同组网方案下的能量效率

　　天线点部署在距离小区中心过远（$k=0.1$）或者过近（$k=0.4$）时均不能最大化系统能量效率。当外圈天线点数量 M 比较大时（大于 8），由于天线点最小运行功率 P_e 的存在，系统总消耗功率随着 M 的继续增加而显著提高，同时每个外圈天线点覆盖的区域减小，要满足覆盖区域边缘移动台的接收 SNR 要求所需的发射功率降低，导致各外圈天线点覆盖区域内移动台的信号功率降低，外圈天线点覆盖区域内的容量降低，从而系统总容量降低。所以，外圈天线点部署位置固定时，系统能量效率随 M 的增加而降低。

　　在满足移动台最小 SNR 要求情况下，表 8-2 对比了不同的分布式天线组网方案和集中式天线组网方案的总消耗功率和能量效率。如表 8-2 所示，采用分布式天线以后，系统总消耗功率显著降低，并且能量效率显著增加。采用分布式天线部署，可以减少移动台到服务天线点之间的平均距离，降低天线点所需的发射功率，从而提高系统的能量效率。

表 8-2　分布式与集中式天线系统能量效率

组网方案	总消耗功率/dBm	能量效率/(Mbit·s⁻¹·W⁻¹)
集中式天线	41.559 4	3.403 9
分布式天线 $k=0.1$, $M=8$	36.379 3	13.352 5
分布式天线 $k=0.2$, $M=8$	36.012 1	14.793 8
分布式天线 $k=0.3$, $M=8$	36.053 5	14.667 1
分布式天线 $k=0.4$, $M=8$	36.444 6	13.394 8

　　另一场景，当系统总消耗功率一定，且所有天线点平均占用总发射功率，平均分配系统带宽的情况下，系统能量效率如图 8-10 所示。当总消耗功率一定时，随着外

圈天线点数量 M 的增加,中心天线点获得的发射功率减小,同时所分配的频率资源减少,所以中心天线点覆盖区域的容量减小。而外圈天线点所获得的总频率资源增加,且每个外圈天线点所覆盖的范围在减小,导致外圈天线点覆盖区域内的总容量增加。但是当 M 增加到一定程度时,系统总消耗功率中用于天线点最小运行功率部分的能量明显增加,从而导致系统用于信号发射的功率显著下降,使得系统的总容量减小。采用高能效组网方案,合理配置无线通信系统中分布式天线点的位置和数量可以最大化系统能量效率。

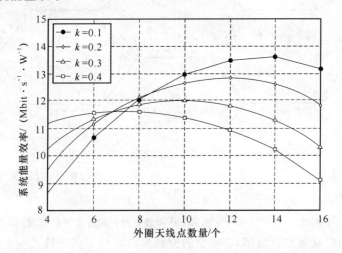

图 8-10 总功率消耗一定时的能量效率

8.4 异构网络中分布式天线的高能效资源分配方案

为了提高能量效率,除了从组网角度进行优化外,还可以从资源分配的角度进行增强。

8.4.1 系统模型

考虑 OFMDA 下行单小区系统,如图 8-11 所示。

分布式天线点数量为 7,其中一个中心天线点放置在小区中心,其余天线点均匀放置小区外圈。小区半径 R,外圈天线点放置在距离小区中心 kR 的圆圈上。用户均匀分布在整个小区中,天线点和用户均部署 1 根发射天线。系统总带宽 W_{sys},中心天线点发射功率 P_{in},外圈天线点的发射功率为 P_{out},最小运行功率 P_c。用户根据接收信号功率选择接入的天线点。单位带宽上的噪声功率为 N_0,噪声抬升因子为 β,小区内各个天线点使用相同的频率资源,相互之间产生同频干扰。在计算干扰时采用近似和简化模型,求得用户的 SINR。在采用正交的频率资源,相互之间不产生干扰。

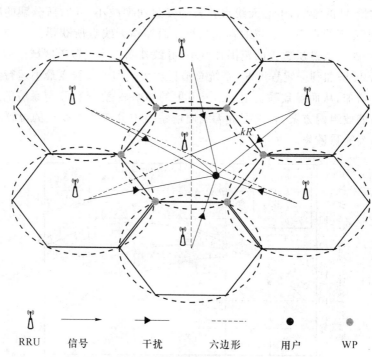

| RRU | 信号 | 干扰 | 六边形 | 用户 | WP |

图 8-11　分布式天线场景下高能效资源分配方案系统模型

不考虑阴影衰落和快衰落,移动台的路径损耗 L 按下式计算:

$$L = \left(\frac{4\pi f_c}{c}\right)^{-2} d_{i,j}^{-\alpha}$$

式中,f_c 为载波频率,c 为光速,d 为移动台和天线点之间的距离,α 是路径损耗因子。

考虑天线发射功率和最小能量消耗,发射功率用于提供稳定的信号,但是最小消耗功率在研究系统的能量消耗的时候有重要意义,尤其是当天线点的数量很多的时候。这里定义系统能量效率为

$$EE_{sys} = \frac{SE_{sys}}{P_{overall}}$$

式中,SE_{sys} 是系统频谱效率,$P_{overall}$ 是系统总的能量消耗。

8.4.2　分析和推导

考虑两种资源分配方式,一种是各个天线点采用正交的资源分配方式,另一种是各个天线点采用复用的资源配方式。为了公平地比较二者之间的能量效率,采用相同的天线部署方式,相同的系统带宽和相同的每个天线点发射功率。

假设基站和用户之间的距离不能小于 d_{min},则用户 i 和天线 j 之间的距离 $d_{i,j}$ 的 PDF 为

$$f(d_{i,j})=\frac{2d_{i,j}}{r_0^2-d_{\min}^2}$$

下面对每种分配方式进行分析。

1. 正交的资源分配方式

由于使用正交的频率资源,所以相互之间没有干扰,所以只需要分析 SNR 的分布来得到系统容量的分布。不考虑阴影衰落和快衰落,SNR 为

$$\gamma_i=\frac{\frac{7P_t}{W_{\text{sys}}}Kd_{i,j}^{-\alpha}}{N_0}=\frac{d_{i,j}^{-\alpha}}{\Delta_{\text{or}}}$$

式中,$\Delta_{\text{or}}=\frac{N_0W_{\text{sys}}}{7P_tK}$ 和 $K=\left(\frac{4\pi f_c}{c_0}\right)^{-2}$。为了满足用户的服务质量要求,要求:

$$P_t\geqslant\frac{N_0W_{\text{sys}}\gamma_{\text{tgt}}}{7Kd_{\min}^{-\alpha}}$$

由此 SNR 的 CDF 函数为

$$F(\gamma_i)=\begin{cases}1, & \xi_2<\gamma_i\\1-\frac{(\gamma_i\Delta_{\text{or}})^{-\frac{2}{\alpha}}}{r_0^2-d_{\min}^2}, & \xi_1<\gamma_i\leqslant\xi_2\\0, & 0<\gamma_i\leqslant\xi_1\end{cases}$$

进而求得中心天线点覆盖区域内的系统容量的 CDF 为

$$F(C_{\text{cen}}^{\text{re}})=\begin{cases}1, & \log_2(1+\xi_2)<\gamma_i\\1-\frac{\left[(2^{C_{\text{cen}}^{\text{or}}}-1)\Delta_{\text{or}}\right]^{-\frac{2}{\alpha}}}{r_0^2-d_{\min}^2}, & \log_2(1+\xi_1)<\gamma_i\leqslant\log_2(1+\xi_2)\\0, & 0<\gamma_i\leqslant\log_2(1+\xi_1)\end{cases}$$

进行简化,$2^{C_{\text{cen}}^{\text{or}}}-1\approx2^{C_{\text{cen}}^{\text{or}}}$,得到中心天线点覆盖区域内的频谱效率为

$$SE_{\text{cen}}^{\text{or}}=\frac{(2^{C_{\text{cen}}^{\text{or}}}\Delta_{\text{or}})^{-\frac{2}{\alpha}}}{r_0^2-d_{\min}^2}\left(C_{\text{cen}}^{\text{or}}+\frac{\alpha}{2\ln 2}\right)\Bigg|_{\log_2(1+\xi_1)}^{\log_2(1+\xi_2)}$$

类似可以得到外圈天线点覆盖区域内的频谱效率为

$$SE_{\text{out}}^{\text{or}}=\frac{(2^{C_{\text{out}}^{\text{or}}}\Delta_{\text{or}})^{-\frac{2}{\alpha}}}{r_0^2-d_{\min}^2}\left(C_{\text{out}}^{\text{or}}+\frac{\alpha}{2\ln 2}\right)\Bigg|_{\log_2(1+\xi_1)}^{\log_2(1+\xi_2)}$$

由于采用了正交的资源分配方式,每个天线点只能占用全部系统带宽的 1/7,所以可以得到系统频谱效率为

$$SE_{\text{sys}}^{\text{or}}=\frac{1}{7}SE_{\text{cen}}^{\text{or}}+\frac{6}{7}SE_{\text{out}}^{\text{or}}$$

进一步得出系统能量效率为

$$EE_{\text{sys}}^{\text{or}}=\frac{\frac{1}{7}SE_{\text{cen}}^{\text{or}}+\frac{6}{7}SE_{\text{out}}^{\text{or}}}{7P_c+7P_t}$$

2. 复用的资源分配方式

使用复用的频率资源，相互天线点服务的用户之间存在干扰，所以需要通过分析用户的 SINR 去得到系统性能的分析，SINR 的表达式为

$$\Gamma_i = \frac{\dfrac{P_t}{W_{sys}} K d_{i,j}^{-\alpha}}{\sum_{k \neq j} \dfrac{P_t}{W_{sys}} K d_{i,k}^{-\alpha} + N_0} = \frac{d_{i,j}^{-\alpha}}{\Delta_{re}}$$

由于对干扰的分析比较复杂，采用一种近似的干扰建模分析方法，即：使用各个天线点之间的距离来代表用户和干扰源之间的距离，从而分析用户的 SINR，并且 SINR 需要满足一定的服务质量要求。整个小区中的 SINR 最差点的表达式为

$$\Gamma_{WP} = \frac{r_0^{-\alpha}}{2[r_0^{-\alpha} + (2r_0)^{-\alpha} + (\sqrt{7}\,r_0)^{-\alpha}] + \dfrac{W_{sys} N_0}{P_t K}}$$

所以可以进一步求得为满足服务质量要求，发射功率需要满足：

$$P_t \geqslant \frac{\Gamma_{tgt} W_{sys} N_0}{r_0^{-\alpha} K + 2\Gamma_{tgt} K [r_0^{-\alpha} - (2r_0)^{-\alpha} + (\sqrt{7}\,r_0)^{-\alpha}]}$$

由此根据对干扰的简化建模，可以得到中心天线点服务用户的 SINR 和外圈天线点服务用户的 SINR 分别为

$$\Gamma_{cen}^{re} = \frac{d_{i,cen}^{-\alpha}}{\Delta_{cen}^{re}}, \Gamma_{out}^{re} = \frac{d_{i,out}^{-\alpha}}{\Delta_{out}^{re}}$$

式中，

$$\Delta_{cen}^{re} = 6(kR)^{-\alpha} + \frac{W_{sys} N_0}{P_t K}$$

$$\Delta_{out}^{re} = 3(kR)^{-\alpha} + 2(\sqrt{3}kR)^{-\alpha} + (2kR)^{-\alpha} + \frac{W_{sys} N_0}{P_t K}$$

根据用户 SINR 的表达式，得到中心天线点用户的 SINR 的 CDF，进而求得中心天线点覆盖范围的频谱效率为

$$SE_{cen}^{re} = -\frac{(2^{C_{cen}^{re}} \Delta_{cen}^{re})^{-\frac{2}{\alpha}}}{r_0^2 - d_{min}^2} \left(C_{cen}^{re} + \frac{\alpha}{2 \ln 2} \right) \Bigg|_{\log_2(1+\rho_2)}^{\log_2(1+\rho_1)}$$

而外圈天线点覆盖范围的频谱效率为

$$SE_{out}^{re} = -\frac{(2^{C_{out}^{re}} \Delta_{out}^{re})^{-\frac{2}{\alpha}}}{r_0^2 - d_{min}^2} \left(C_{out}^{re} + \frac{\alpha}{2 \ln 2} \right) \Bigg|_{\log_2(1+\rho_4)}^{\log_2(1+\rho_3)}$$

由于采用了复用的资源分配方式，每个天线点能占用全部系统带宽，所以可以得到系统频谱效率为

$$SE_{sys}^{re} = SE_{cen}^{re} + 6SE_{out}^{re}$$

进一步得出系统能量效率为

$$EE_{\text{sys}}^{\text{re}} = \frac{SE_{\text{cen}}^{\text{re}} + 6SE_{\text{out}}^{\text{re}}}{7P_c + 7P_t}$$

8.4.3 结果和性能

针对系统能量效率的理论分析,给出通过系统级仿真得到的结果对比。对比方案采用以最小化系统总能量消耗为目的的分布式天线点部署方案,其中在小区中心不部署天线点,只在外圈放置 6 个天线点。详细的仿真参数如表 8-3 所示。

表 8-3 分布式与集中式天线系统能量效率

参数	参考值
拓扑结构	单小区,7 个天线点
小区半径/m	1 000
用户和天线点间最小距离/m	30
用户数量/个	100
撒点次数/次	100
路损因子	3.5
外圈天线点距离小区中心距离/m	670
系统带宽/MHz	10
最小能量消耗/dBm	25
载波频率/GHz	2.6
噪声功率谱密度/dBm	−174
噪声系数/dB	7
SINR 目标值/dB	−10

仿真结果如图 8-12 所示,随着天线点发射功率的增加,用户的接收信噪比呈现增加的趋势。在发射功率较低的时候,随着天线发射功率的增加,用户接收信噪比显著增加。在发射功率较高的时候,干扰增加明显,此时通过增加发射功率不能显著增加用户的接收信噪比。

如图 8-13 所示,随着天线点发射功率的增加,系统的频谱效率呈现增加的趋势。对于采用正交资源分配方式,发射功率的增加不会带来干扰的增加,所以频谱效率增加明显。对于采用同频资源分配方式,发射功率的增加会带来干扰的增加,所以系统频谱效率增加逐渐平缓。采用同频资源分配方式下频谱效率明显高于正交资源分配方式。

如图 8-14 所示,随着天线发射功率的增加,系统能量效率呈现下降的趋势,相对于正交资源分配方式,同频资源分配方式的能量效率损失的更明显,是由于干扰随着发射功率的增加而增加。同频资源分配方式相对于正交资源分配方式可以获得更好的能量效率,更适用于高能效的组网方案。理论分析的结果和系统及仿真的结果比较接近,证明所采用的干扰近似方式相对误差较小。

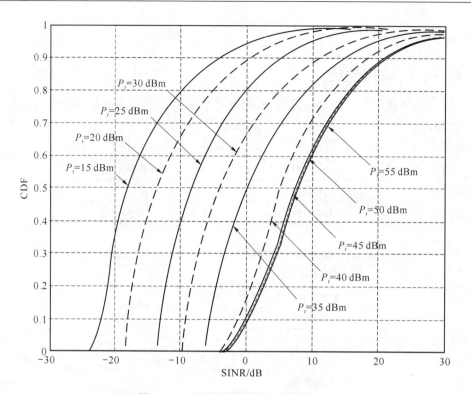

图 8-12　用户接收信噪比的 CDF 曲线

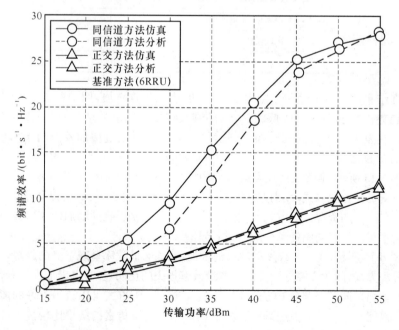

图 8-13　系统频谱效率

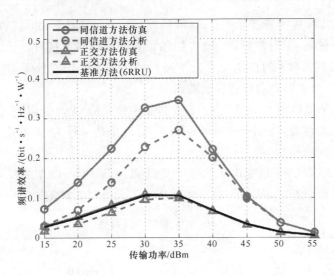

图 8-14 系统能效

8.5 异构网络下中继的自适应节能方案

一天当中的业务量并非是一成不变的,图 8-15 是 NGMN SOCRATES 项目文档 D2.1 "Use Cases for Self-Organizing Networks"中得到的平均业务量变化曲线,可以观察到一天当中大约有 9 个小时网络中的负载量都低于 20%,所以在低负载或者零负载的情况下,应采取节能措施以提高系统能效,而通常所用的方法是在网络负载量处于较低水平时使部分基站进入睡眠模式(sleep mode),关闭射频以节能。在 HetNet 部署下,睡眠模式更为重要,因为更小的基站覆盖范围意味着业务量的变化更加剧烈。

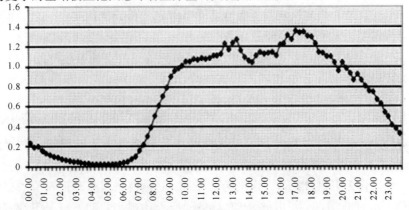

图 8-15 NGMN SOCRATES 文件中给出的一天平均业务量分布曲线

如果某些 RN 因为节能原因进入（睡眠模式），由于其与 DeNB 之间是无线回程，此时 RN 关闭射频，将失去与 DeNB 之间的信息交互链路或接口。运用了一种类似于 DRX（不连续接收）的机制使得处于睡眠模式的 RN 仍能处于 DeNB 的控制之下，并且系统能量能够得到自适应地得到节省。

在介绍的节能机制中，还考虑到了不同业务种类的 QoS 需求，使得 RN 的睡眠唤醒和业务属性结合，适用于多种业务需求，另外也是一种 QoS 参数和节能调整参数之间的映射方法。

表 8-4 给出了 LTE 系统定义的标准 QCI 属性，所有的 QCI 属性均可由运营商根据实际需求预配置在 eNB 上，这些参数决定了无线侧承载资源的分配。

表 8-4　LTE 标准 QCI 属性

QCI	承载类型	优先级	分组延迟预算	分组丢失率	业务举例
1	GBR	2	100 ms	10^{-2}	会话语音
2		4	150 ms	10^{-3}	会话视频（直播流媒体）
3		3	50 ms	10^{-3}	实时游戏
4		5	300 ms	10^{-6}	非会话视频（缓冲流媒体）
5	Non-GRB	1	100 ms	10^{-6}	IMS 信令
7		7	100 ms	10^{-3}	语音、视频（直播流媒体），交互类游戏
6		6	300 ms	10^{-6}	视频（缓冲流媒体），基于 TCP 的业务（如 WWW、E-mail、聊天、FTP、P2P 文件共享等）
8		8			
9		9			

上述标准 QCI 参数属性描述了一个 SDF（服务数据流）集合所对应的数据包传送处理的特性：

（1）承载类型。用来决定与业务或者承载级别的保证比特速率（GBR）值相关的专有网络资源能否被恒定地分配。GBR 的 SDF 集合需要动态的策略与计费控制，而非保证比特速率（Non-GBR）的 SDF 集合可以只通过静态的策略与计费控制。

（2）优先级。用来区分相同 UE 的 SDF 集合，也用来区分不同 UE 的 SDF 集合。每个 QCI 都与一个优先级相关联，优先级 1 是最高的优先级别。

（3）数据包时延预算（PDB）。用于表示数据包在 UE 和 PDN-GW 之间可能被延迟的时间，引入 PDB 参数的目的是支持时序和链路层功能的配置。对于同一个 QCI，PDB 值在上行和下行方向相同。

（4）数据包丢失率（PLR）。定义为已经被发送端链路层处理但没有被接收端成功传送到上层 SDU 的比率，因此，PLR 参数实际上体现了非拥塞情况下数据包丢失率的上限。对同一个 QCI，PLR 值在上下行方向上相同。

当 OAM 启动一个区域的能量节省功能,将有部分 RN 进入睡眠模式。如果某个 DeNB 检测到重载并需要其下属 RN 恢复正常工作状态时,会发送 X2AP 信息 CELLREACTIVATION,或者是某个 RN 发送该消息,通过此 DeNB 转发给下属某个 RN,但是这个消息只能在睡眠的 RN 处于监听时段时发送。该机制如图 8-16 所示,按照如下流程获得下一个睡眠周期的长度:

图 8-16 自适应节能机制的时序图

$$J_{QCI}^{m} \Rightarrow J_{RN} \Rightarrow T_{init}^{i} \Rightarrow T_{sleep}^{current}$$

J_{QCI}^{m} 是特定业务类型 m 的评价向量,$J_{QCI}^{m}=(\alpha_m,\beta_m,T_{max}^m)$,其中每一个量均与该业务的 QCI 属性相关,获得方法如下:

对于 GBR 业务,

$$\alpha_m = \frac{1}{8}\left(\frac{2.5-QCI}{|2.5-QCI|}+7\right)\left(1-\frac{PDB}{t_L+t_{check}+t_{Re}}\right)$$

对于 non-GBR 业务,

$$\alpha_m = \frac{1}{16}\left(\frac{8.5-QCI}{|8.5-QCI|}+3\right)\left(1-\frac{PDB}{t_L+t_{check}+t_{Re}}\right)$$

$$\beta_m = \lg\left[QCI+\frac{PDB}{t_L+t_{check}+t_{Re}}+\frac{\lg\left(\frac{PLR}{10^{-7}}+0.1\right)}{\lg\left(\frac{PLR}{10^{-6}}+1\right)}\right]$$

$$T_{max}^m = PDB\left(\lg\left|\frac{PLR}{10^{-6}}-QCI\right|\right)$$

式中,参数 QCI 为该业务的编号,PDB 为分组延迟预算,PLR 为数据包丢失率,这 3 个参数可由表 8-4 查得;t_L 为 RN 打开射频后的监听时间,t_{check} 为测量时间,在这段时间里,RN 将检测是否需要恢复正常工作状态以满足服务需求,t_{Re} 为 RN 恢复正常工作状态所需的时间。

当得到 RN 支持的全部业务类型的评价向量 J_{QCI}^{m},再经过加权计算 $J_{RN}=\frac{1}{n-1}\sum_{m=1}^{n}\left(1-\frac{\varphi_m}{\zeta}\right)J_{QCI}^{m}$ 得到该 RN 的评价向量 $J_{RN}=(\alpha,\beta,T_{max})$,其中 φ_m 代表某种业务的优先级(如表 8-4 所示),$\zeta=\sum_{m=1}^{n}\varphi_m$。

由此可以得到本次进入睡眠状态时初始的睡眠时长：

$$T_{\text{init}}^1 = \frac{1}{n-1} \sum_{m=1}^{n} \left(1 - \frac{\varphi_m}{\zeta}\right) \text{PDB}_m$$

$$T_{\text{init}}^i = \begin{cases} \min\limits_{2 \leqslant a \leqslant N} \left\{ T_{\text{init}}^{i-a}, \beta T_{\text{init}}^{i-1} \right\}, & T_{\text{init}}^{i-1} < 0.5 T_{\max} \\[2ex] \min\left\{ T_{\max}, \dfrac{\sum\limits_{k=i-1-N}^{i-1} \alpha T_{\text{init}}^k}{N} + (1-\alpha) T_{\text{final}}^{i-1} \right\}, & T_{\text{init}}^{i-1} \geqslant 0.5 T_{\max} \end{cases}$$

式中，N 为 RN 的存储长度，表示可以记忆 T_{init} 的过去值的数目；T_{final}^{i-1} 代表上一次由睡眠模式转换成正常工作状态前睡眠窗口的终值，而在 RN 处于睡眠状态时，睡眠窗口的长度是不断自适应变化的，其长度由以下式子给出：

$$T_{\text{sleep}}^{\text{current}} = \min\left\{ T_{\max}, \rho T_{\text{sleep}}^{\text{former}} \right\}$$

式中，ρ 为倍增因子，$\rho = \dfrac{1}{\beta}$，亦与业务类型有关。至此完成了节能调整参数与 QoS 属性参数之间的全部映射。

8.5.1　机制的系统实现

为了实现该机制，介绍一种对现有协议影响较小的方案。由图 8-17 可以看出，RN 对于 DeNB 而言，其行为更像 UE，无线控制平面协议栈的结构也极其类似，为了节省系统能量，RN 睡眠监听的过程可以类似于 UE 的 DRX 过程。DeNB 既有每个 RN 所使用的特定的睡眠窗口信息，也保留系统默认的发送唤醒检测命令周期。当 RN 初始上电开启时，在进行 NAS 附着操作时，将通过 NAS 消息附着请求"Attach Request"将首个初始睡眠窗口信息 T_{init}^1 和倍增因子 ρ 发送给 MME。当 RN 成功启动并建立好各项连接和承载以后，MME 通过 S1AP 的寻呼消息将参数 T_{init}^1 和 ρ 传递给 DeNB。

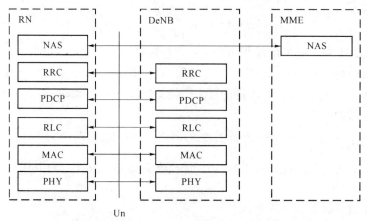

图 8-17　支持中继的无线控制平面协议栈

通过以上过程,在第一个睡眠时段的开始,DeNB 已知 RN 在本睡眠时间段内最初的睡眠窗口长度。当 OAM 决定该区域可以进行唤醒操作时,DeNB 将根据本初始值,对某个 RN 周期性发送唤醒检测命令,该 RN 也根据睡眠窗口长度,在窗口的结尾时刻打开 Un 接口射频,进行监听。此时若不需要唤醒,下一次睡眠窗口将以倍增因子增加,在 RN 和 DeNB 处,均将此时保存的睡眠窗口值乘以 ρ。此时如果需要唤醒该 RN,在操作达成时,RN 重新开启,并将在下一次向周围站点发起关闭请求以后根据前述提到的算法重新计算初始睡眠窗口值 T_{init}^i,然后通过 NAS 消息 TAU Request（TRACKING AREA UPDATE REQUEST）将此值发送给 MME,以便在下一次网络进入 ES 状态时,DeNB 能获取发送唤醒检测命令的初始周期值 T_{init}^i。（TR 36.927 中规定的 4 种退出休眠状态的方法中,方法 B 和 C 均要求即将唤醒的节点组织 UE 进行测量,也为现阶段比较主流的唤醒确认方法。）

8.5.2 性能仿真及分析

为了检验算法的性能,将其与传统的固定睡眠窗口机制相比较,仿真中模拟了在 DeNB 和 RN 这两种节点之间进行睡眠监听,按照前面两节中描述的机制和时序进行操作,分别统计 24 小时（仿真时间）内 RN 在支持不同业务类型、系统处于不同负载状况以及 RN 拥有不同存储能力的情况下两种方案的总监听次数,以此考察两种方案的性能。为了模拟不同负载状况,使用触发概率 p_T 这个参数,p_T 的值越大,代表系统负载越重。为了避免单次数值波动影响结果,还采取了多次仿真取平均值的方法。表 8-5 列出了主要仿真参数,表 8-6 给出了仿真中 RN 支持的 10 种业务类型组合。

表 8-5 主要仿真参数

参数	取值	意义
p_T	5%，15%，30%	触发概率（RN 收到 DeNB 要求并重新启动的概率）
仿真次数	200	某种参数配置下重复仿真的次数（多次仿真取平均）
仿真周期	24 h	模拟的仿真时间
t_L	100 ms	RN 打开射频后的监听时间
t_{check}	5 000 ms	测量时间
t_{Re}	1 000 ms	RN 恢复正常工作状态所需的时间
t_0	300 ms	传统算法的固定睡眠窗口
t_{busy}	1 min	RN 重新启动后提供服务的时间
n	6，60，600	RN 的存储能力（自适应算法记忆长度）

表 8-6　仿真中 RN 支持的业务类型组合

质量组合指示 组合	1	2	3	4	5	6	7	8	9
1	√	√	√		√	√	√	√	√
2		√		√		√			√
3	√				√				
4			√	√					
5					√	√	√		
6					√			√	√
7	√		√		√				
8				√	√			√	
9					√			√	√
10					√				√

　　根据以上仿真设置，使用 Matlab 进行仿真可得到如下结果：图 8-18 显示了两种方案在 p_T 取不同值、RN 支持不同类型组合时的监听次数的比较，可以看到在相同时间里，自适应节能方案拥有更少的监听总数，而由于每次监听和测量都需要打开射频消耗系统能量，故介绍的方案与传统方案相比能够得到更高的系统能效。并且可以看到，传统方案的监听次数随着业务类型组合的不同并没有大的波动，而所介绍的方案和业务相关，例如组合 3、4、7，都包括低延时业务或者说 QCI 序号较小的业务，所以与其他业务组合相比，运用自适应节能方案得到的监听次数较多，这是因为业务要求的延时较小，RN 需要更加频繁地监听才能满足业务需求。而组合 6 正相反，故曲线的最小值出现在该组合处。另外当 p_T 的值增大，即系统负载加重时，两种方案的性能差距明显减小，这说明所介绍的方案更适用于系统负载整体较低但容易产生业务量突发波动的情况。

　　图 8-19 展示了 p_T 固定为 0.05，而 RN 存储能力 N 变化时自适应节能机制的性能。可以看到，该机制并不随 RN 存储能力的变化而发生大的改变，这表明了自适应节能机制在不同规格的 RN 设备上能够得到同样好的性能增益。

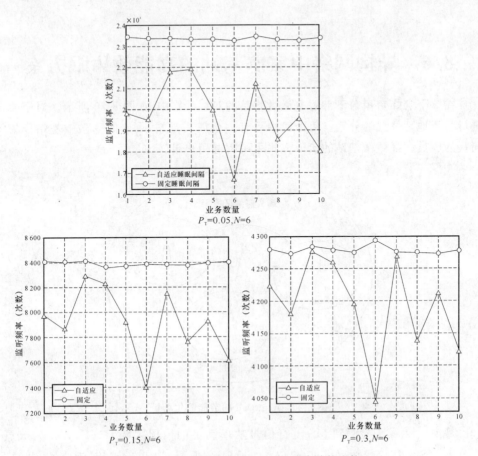

图 8-18 两种方案在不同 p_T 下监听次数的比较

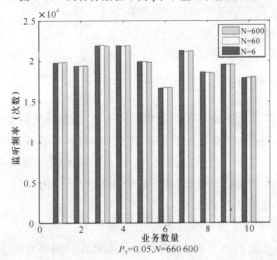

图 8-19 自适应节能方案在不同 RN 存储能力下的监听次数

8.6 异构网络中家庭基站的高能效休眠方案

在单个宏蜂窝覆盖下部署毫微微基站的双层网络中，如图 8-20 所示。对毫微微进行基于地理位置的分簇。每个簇中只有一个簇头基站，剩余的毫微微基站作为该簇头的成员。毫微微基站的接入方式采用闭群用户组（CSG）模式。

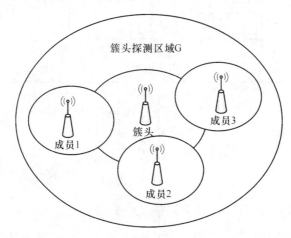

图 8-20 femtocell 的节能简化场景

其中 G 为簇头检测到 MS 上行信号功率满足的地理区域 $P > P_H$，M_i 为成员 i 检测到 MS 上行信号功率满足 $p > p_M$ 的地理区域，$(i = 1, 2, 3)$，MS_i 为成员 i 的注册用户，MS_i 在 G 中发起会话为泊松过程，参数为 λ_{g_i}，为简化计算令 $\lambda_{g_i} = \lambda_g$，$MS_i$ 在 M_i 中发起会话为泊松过程，参数为 λ_{m_i}，为简化计算令 $\lambda_{m_i} = \lambda_m$，每个会话所需的服务时间服从参数为 $\mu(\mu > 0)$ 的负指数分布。

8.6.1 方法和算法

本方案旨在针对企业办公环境中毫微微基站密集部署的情景下如何有效节省毫微微基站的能量消耗并同时保证用户服务质量的问题，依据毫微微基站部署的位置和用户的行为，介绍一种较为有效地提高毫微微基站网络能量效率的机制。具体分为以下两个主要步骤：毫微微基站虚拟小区的形成和基于用户行为的节能机制。

1. 毫微微基站虚拟小区的形成

首先，形成毫微微基站虚拟小区的算法步骤如下：

步骤 1：毫微微基站网络上电并进行初始化配置。网络中各家庭基站扫描相邻家庭基站的导频信号功率 P_1，并创建邻区列表；只有当扫描到的导频信号功率大于一定门限值时,毫微微基站才将此测量信息上报给毫微微基站网关,并将相应的毫微微基站加入到邻区列表当中。

步骤2:毫微微基站向毫微微基站网关上报无线信息如相邻毫微微基站的导频信号功率和与邻区列表。

步骤3:毫微微基站网关根据上报的无线信息选择具有最大接收导频信号功率和的家庭基站作为簇头;毫微微基站网关每轮选择簇头时,是从既不是簇头也不是簇成员的毫微微基站中选取。

步骤4:毫微微基站网关选择该簇头邻区列表中的毫微微基站作为其成员;进行簇头的成员选择时,要排除簇头邻区列表中已经成为簇头或其他簇成员的毫微微基站,即这些基站不成为该簇头的成员。

步骤5:毫微微基站网关检测是否存在既不是簇头也不是簇成员的毫微微基站。若存在,返回步骤3;若不存在,直接进入步骤6。

步骤6:毫微微基站小区形成。

2. 基于用户行为的节能机制

同时,由于毫微微基站即插即用之特性,主要由用户进行操作,用户会随时开启或关闭毫微微基站,因此对于新开启的家庭基站,必须对其进行分簇,具体的分簇步骤如下:

步骤1:新开启毫微微基站扫描相邻家庭基站的导频信号功率并创建邻区列表,向毫微微基站网关上报。

步骤2:毫微微基站网关根据新开启家庭基站的上报信息,判断该新开启毫微微基站的邻区列表中是否拥有簇头。若没有,则新开启毫微微基站自己成为新分簇的簇头并报告给毫微微基站网关;若有,则进入步骤3。

步骤3:毫微微基站网关选择具有最大导频信号功率的簇头作为新毫微微基站的簇头,并通知该簇头和新开启的毫微微基站。

步骤4:新开启毫微微基站成为所选簇头的成员。

3. 家庭基站网络的能量节省方案

更进一步地,毫微微基站网络中虚拟小区形成后,本方案还提供一种家庭基站网络的能量节省方案,具体步骤如下:

步骤1:初始条件——每个虚拟小区中簇头的嗅探器开启,其余成员处于休眠状态。

步骤2:簇头检测虚拟小区附近激活用户的上行信号功率 P。

步骤3:簇头根据接收的上行信号功率 P 是否大于门限 P_1 判断用户位置与虚拟小区是否足够近。若小于门限则跳转到步骤1,若大于门限则进入步骤4。

步骤4:簇头检查该手机是否属于该虚拟小区的注册用户。若不是,跳转到步骤1,若是,进入步骤5。

步骤5：簇头上传注册用户信息报告给毫微微基站网关，毫微微基站网关通知相关的成员家庭基站开启嗅探器，并测量该用户的上行接收信号功率 P。

步骤6：该成员毫微微基站根据接收信号功率 P 是否大于 P_2 来判断手机位置离自己是否足够近，若是小于门限则跳转到步骤5，若大于则进入步骤7；信号功率值 P 还需和门限值 P_3 比较，如果 $P<P_3$，则成员毫微微基站关闭嗅探器，跳转到步骤1，其中 P_3 值为略小于步骤3中 P_1 的门限值。

步骤7：该毫微微基站成员进入工作状态，用户从宏小区切换到该毫微微基站中，该毫微微基站为其提供服务直到用户业务结束，并重新进入休眠状态。其中用户业务结束包括用户通信服务结束或用户离开该家庭基站的覆盖范围等情况。

8.6.2　分析和推导

根据随机过程论对算法进行分析，给出能耗和干扰时间的理论表达式。状态1中假设簇头 HeNB 能够探测发起会话的 MS 上行信号功率大小；能够判断发起会话 MS 是否是属于该簇的注册用户和属于哪个 HeNB 簇成员。从状态1离开的条件是：在 G 中发起会话 MS 的上行信号功率满足 $p>p_H$，进入状态2。状态2中假设簇成员 HeNB 能够探测发起会话 MS 的上行信号功率大小；能够判断发起会话 MS 是否是属于自己的注册用户。只要 HeNB 的状态进入状态2，则都至少保持一定的时间 T，而不管功率大小。HeNB 从状态2离开的条件是：时间 T 内发起会话 MS 的上行信号功率没有满足 $p>p_M$，进入状态1。或者时间 T 内发起会话 MS 的上行信号功率满足 $p>p_M$，进入状态3。状态3中，当一个会话结束时，HeNB 状态进入状态2，并不直接返回状态1。HeNB 从状态3离开的条件是：在 M_i 中会话的 MS 会话结束或者离开，进入状态2。

（1）会话发起的概率函数

$G_{T_n}(t)$ 和 $M_{T_n}(t)$ 分别为 MS_i 在 G 和 M_i 中会话到达的时间间隔 T_n 的概率分布：

$$G_{T_n}(t)=P_g(T_n<t)=1-e^{-\lambda_g t}, t>0$$
$$M_{T_n}(t)=P_m(T_n<t)=1-e^{-\lambda_m t}, t>0$$

其相应的概率密度分别为

$$g_{t_n}(t)=\lambda_g e^{-\lambda_g t}, t>0$$
$$m_{t_n}(t)=\lambda_m e^{-\lambda_m t}, t>0$$

（2）稳定状态概率

因为 HeNB 在状态2和状态3的停留时间不服从指数分布，因此采用半马尔可夫过程来分析 HeNB 的状态变化。HeNB 各状态的稳定状态概率可由以下公式来求：

$$P_k = \frac{\pi_k \overline{t_k}}{\sum\limits_{i=1}^{3} \pi_i \overline{t_i}}, \quad k = 1,2,3$$

式中，π_k 表示状态 k 的平稳概率，$\overline{t_k}$ 表示 HeNB 在状态 k 的平均停留时间。

$$\pi_j = \sum_{k=1}^{3} \pi_k p_{kj}, \quad j = 1,2,3$$

$$1 = \sum_{k=1}^{3} \pi_k$$

又 HeNB 状态的一步转移概率矩阵（半马尔科夫过程）为

$$P = (p_{kj}) = \begin{bmatrix} 0 & p_{12} & 0 \\ p_{21} & 0 & p_{23} \\ 0 & p_{32} & 0 \end{bmatrix}$$

式中，p_{kj} 表示 HeNB 从状态 K 到状态 J 的转移概率。根据模型的节能流程状态图可知：$p_{12} = p_{23} = 1$。所以综上可以求得

$$\pi_1 = 0.5 p_{21}; \pi_2 = 0.5; \pi_3 = 0.5 p_{23}$$

（3）HeNB 状态从状态 2 离开的条件

① 时间 T 内发起会话的 MS 上行信号功率没有满足 $p > p_M$，进入状态 1。

② 时间 T 内发起会话的 MS 上行信号功率满足 $p > p_M$，进入状态 3。

$$p_{23} = \int_0^\infty m_{tn}(t) p(T > t) dt = \int_0^\infty m_{tn}(t) \int_t^\infty \delta(u - T) du dt$$

$$= \int_0^\infty \lambda_m e^{-\lambda_m t} U[T - t] dt = 1 - e^{-\lambda_m T}$$

则

$$P_{21} = 1 - P_{23} = e^{-\lambda_m T}$$

（4）HeNB 每个状态的持续时间

$$\overline{t_1} = 1/\lambda_g$$

$$\overline{t_2} = E[t_2] = E[\min\{T_{21}, T_{23}\}] = 1 - \frac{e^{-\lambda_m T}}{\lambda_m}$$

$$\overline{t_3} = \frac{e^{\frac{\lambda_m}{\mu}} - 1}{\lambda_m}$$

因此，根据 HeNB 状态的稳定状态概率，HeNB 每个小时的能耗和造成的干扰时间为

$$E = \sum_{k=1}^{3} \Psi_k P_k$$

$$T_{int} = P_3 T_H$$

式中，Ψ_k 表示 HeNB 在各个状态的每小时平均能耗。T_H 代表统计周期。

8.6.3 结果和性能

所介绍方案与 3 种常用方案作性能对比分析。首先简要介绍这 3 种传统的方

案，在方案 1 中，毫微微基站在无用户在室内或室内用户处于休眠状态时，周期性发送导频信号，称之为 PDTX。在方案 2 中，毫微微基站首先根据地理位置分组，在室内无用户时，毫微微基站不发送导频信号，在室内有用户时周期性发送导频信号，称之为 GPDTX。在方案 3 中，毫微微基站根据测量用户上行信号强度决定是否需发送导频信号，称之为 UDTX。

图 8-21 和图 8-22 描述不同方案的能耗随不同会话到达率的变化情况。可以看出随着会话率增加能耗逐渐增加。图 8-22 中假设 GPDTX 方案用户位于室内的概率为 $P_{in}=0.6$。

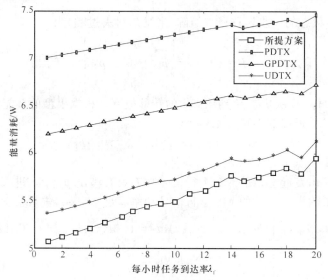

图 8-21　不同方案的能耗对比

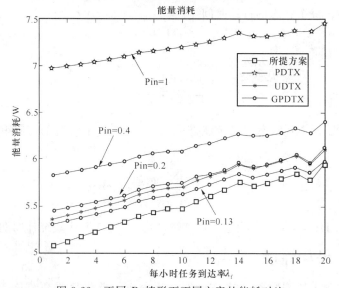

图 8-22　不同 P_{in} 情形下不同方案的能耗对比

图 8-23 描述不同方案的累积干扰时间随会话到达率的关系。从图中可以看出，随着会话到达率的增加，不同方案的累积干扰时间随之增加。对于固定会话到达率，PDTX 方案的累积干扰时间最长，介绍的方案和 UDTX 方案几乎一致，是所有对比方案中最优的。此外，GPDTX 方案的累积干扰时间随着 P_{in} 的增加而增加。

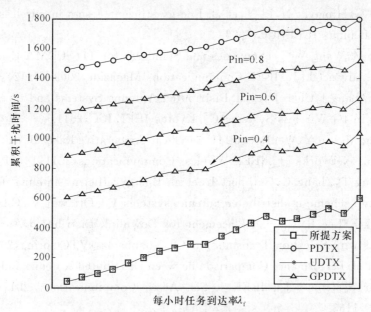

图 8-23　不同 P_{in} 情形下不同方案的干扰时间对比

参 考 文 献

[1]　3GPP. TS 36. 300 Evolved Universal Terrestrial Radio Access (E-UTRA) and Evolved Universal Terrestrial Radio Access Network (E-UTRAN) Overall description；Stage 2 R10[S]. EUROPE：ETSI，2010.

[2]　3GPP. TS 36. 331 Evolved Universal Terrestrial Radio Access (E-UTRA) Radio Resource Control (RRC) Protocol specification R10 [S]. EUROPE：ETSI，2010.

[3]　3GPP. TR 36. 814 Evolved Universal Terrestrial Radio Access (E-UTRA) Further advancements for E-UTRA physical layer aspects R9 [S]. EUROPE：ETSI，2009.

[4]　3GPP. TS 36. 423 Evolved Universal Terrestrial Radio Access Network (E-UTRAN) X2 Application Protocol (X2AP) R10 [S]. EUROPE：ETSI，2010.

[5]　3GPP. TR 36. 826 Evolved Universal Terrestrial Radio Access (E-UTRA)

Relay radio transmission and reception R10 [S]. EUROPE: ETSI,2010.

[6] 3GPP TR 36. 927 Evolved Universal Terrestrial Radio Access (E-UTRA); Potential solutions for energy saving for E-UTRAN R10[S]. EUROPE: ETSI,2010.

[7] Miao G,Himayat N,Li Y,et al. Energy-efficient design in wireless OFDMA [C]. Beijing: IEEE ICC,2008.

[8] Peng M,Wang W. Technologies and Standards for TD-SCDMA Evolutions to IMT-Advanced [J]. IEEE Communications Magazine,2009,47(12): 50-58.

[9] Ni J,Zhang J,Chen D,et al. Distributed Antenna Systems and their Applications in 4G Wireless Systems[C]. Kyoto: IEEE ICC,2011.

[10] Peng M,Liu Y,Wei D,et al. Hierarchical Cooperative Relay Based Heterogeneous Networks [J]. IEEE Wireless Communications,2011,18(3): 48-56.

[11] Zhang T,Zhang C,Cuthbert L,et al. Energy efficient antenna deployment design scheme in distributed antenna systems[C]. Ottawa: VTC fall,2010.

[12] Park E,Lee I. Antenna Placement for Downlink Distributed Antenna Systems with Selection Transmission[C]. Yokohama: VTC spring,2011.

[13] Zhu H. Performance Comparison between Distributed Antenna and Microcellular Systems [J]. IEEE J. Sel. Areas Communications, 2011, 6 (29): 1151-1163.

[14] Peng M,Yang N,Wang W et al. On Interference Coordination for Directional Decode-and-forward Relay in TD-LTE systems [C]. Cape Town: IEEE ICC, 2010.

[15] Humar I,Ge X,Xiang L,et al. Rethinking Energy Efficiency Models of Cellular Networks with Embodied Energy [J]. IEEE Network,2011,2(25): 40-49.

[16] Feng W,Li Y,Zhou S,et al. On Power Consumption of Multi-user Distributed Wireless Communication Systems[C]. Shenzhen: IEEE CMC,2010.

[17] Tombaz S,Usman M,Zander J. Energy Efficiency Improvements through Heterogeneous Networks in Diverse Traffic Distribution Scenarios[C]. Harbin: CHINACOM,2011.

[18] Peng M,Wang W. An Adaptive Energy Saving Mechanism in the Wireless Packet Access Network[C]. Las Vegas: IEEE WCNC,2008.

[19] M Ajmone Marsan,Chiaraviglio L,Ciullo D. Optimal Energy Savings in Cellular Access Networks[C]. Dresden: IEEE ICC Workshops,2009.

[20] L iSaker,Elayoubi S E. Sleep Mode Implementation Issues in Green Base

Stations[C]. Istanbul：IEEE PIMRC,2010.

[21] Tipper D,Rezgui A,Krishnamurthy P. Dimming Cellular Networks[C]. Miami FL：IEEE GLOBECOM,2010.

[22] Frenger P,Moberg P,Malmodin J. Reducing Energy Consumption in LTE with Cell DTX[C]. Yokohama：IEEE VTC,2011.

[23] Chandra Bontu S,Illidge Ed. DRX Mechanism for Power Saving in LTE [J]. IEEE Communications Mag. ,2009,47(6)：48-55.

[24] Chen Y,Zhang S,Xu S. Fundamental Trade-offs on Green Wireless Networks [J]. IEEE Communications Mag. ,2011,49(6)：30-37.

第9章 多目标联合自优化

　　IMT-Advanced 在传输速度、系统容量及覆盖、抗干扰能力等方面的新要求,使得系统优化的目标和影响因素更加复杂。3GPP Release 9 SON 自优化技术集中在负载平衡和切换参数的最优化。3GPP Release 10 除继续讨论这两点外还对干扰控制、容量和覆盖率优化以及随机接入信道(RACH)自优化 3 个方面进行了标准规范和讨论。实际上,优化网络性能包括优化 QoS、网络效率、吞吐率、蜂窝覆盖率及容量等。不同优化目标下,系统关注的因素并不同,且不同因素相互制约相互影响。联合考虑多个优化目标,在多约束条件下的网络优化,能起到平衡和提升网络性能作用,达到整体统筹优化的目的。

　　需要说明的是,前面章节介绍的网络自优化的优化目标,往往并不是单独存在的,它们之间相互制相互影响。例如小区的容量和覆盖优化,可能会造成邻区干扰恶化;而切换和负载均衡优化,与小区容量和负载优化的目标紧密关联。可见,这几个优化目标,在无线网络优化中是相互支持和相互牵引。因此,更加可行的方法是,在多约束情况下,建立一个优化目标,或者建立混合的多优化目标,从而使系统性能从整体上进行联合优化。同时,IMT-Advanced 的 SON 功能将能动态调整网络参数,针对不同场景自适应调整优化目标及约束条件,从而达到网络动态自优化的目标。

　　RACH 自优化是 SON 的重要组成部分。RACH 的参数配置直接影响 RACH 的冲突概率、链路建立成功率和切换成功率,这也是它成为影响呼叫建立时延、上行数据重发时延和切换时延的重要因素;为 RACH 分配的资源数量也会影响到系统容量;不合理的 RACH 配置还会导致前导码检测概率降低和覆盖受限。因此,RACH 参数优化对网络容量和通信质量的提高有重要意义。

　　本章将首先介绍随机接入自优化,然后重点介绍多目标联合优化相关内容。由于多目标联合优化非常复杂,本章主要是介绍相关的原理和示例。

9.1　随机接入自优化

　　随机接入影响这终端体验和整个网络的性能,如果没有正确配置随机接入信道,会增加接入启动时间和接入失败概率,影响呼叫建立和切换性能。正确的随机接入参数设置,可以获得好的终端用户体验,方法是通过避免产生大干扰的同时,达到随机接入和业务连接之间的无线资源平衡来实现的。RACH 优化可以周期性执行,也可以通过事件触发来执行。

基于 SON 的 RACH 自优化在 3GPP Release 9 规范 36.300 和规范 36.331 中引入,并且在 TR36.902 中进行了专门的定义和讨论。

9.1.1 随机接入自优化概述

一个优化的 RACH 配置可以让终端用户受益并且使网络性能提升,可以实现:

- 减少链接建立时间;
- 更高的吞吐量;
- 更好的小区覆盖。

通过 RACH 自优化,没有运营商干预就能获得好的接入性能。系统根据网络变化和终端反馈动态的调整来实现好的系统性能和资源利用率。

一个在空闲状态的 UE 不能够被 LTE/LTE-A 网络发现,为了连接到 LTE/LTE-A 网络,UE 寻找适合的小区进行同步,并且获取它的系统广播消息。从小区来的系统广播消息向 UE 提供小区特定的随机接入模式和接入参数配置。这些参数配置决定了部分随机接入关键信息配置,例如导频模式和最初的功率设定。UE 为了与小区建立连接,将随机选择一个随机接入导频序列。只要没有其他 UE 同时在使用相同的导频序列,在足够功率和信噪比的前提下,该随机接入就能够成功完成。随机接入成功也同样取决于导频序列是否可以被基站监听并且识别。如果没有获得基站的应答或者拒绝信息,UE 需要重新尝试随机接入过程,直到接入成功为止。在随机接入过程中用户体验主要是由切换过程中接入延时和传输中断决定的。RACH 自优化功能将在接入性能和资源利用率间做出平衡。通过选择合适的导频序列,基于业务特征,动态调整广播功率控制参数,保持低干扰等级以便优化接入成功率。

9.1.2 RACH 自优化功能

RACH 自优化功能可以持续地执行,RACH 相关的参数可以自动修改。参数改变是根据连接的 UE 输入参数和每一个小区的邻小区的输入参数来决定的。通过收集 UE 最近发送的 RACH 报告,可以评估实际的接入延时。RACH 报告包含在 UE 信息反馈中(参见 3GPP Release 9 标准中的. TS 36.331 规范),主要包含两个新的参数:导频发送个数和冲突检测。基于 RACH 报告,RACH 自动优化功能可以调整功率控制参数,或者改变导频模式来达到设定的接入时延目标。通过优化随机接入功率,基站接收到导频的信号强度会提高,但是邻小区接收到的导频干扰也可能会提高。第二个选择是调整导频模式,前提是能确保成功探测小区内的业务种类。

RACH 参数配置对网络性能影响很大。一方面,接入信道的碰撞概率与所选的配置(随机接入过程周期)直接相关,RACH 配置对与呼叫建立和切换过程相关的时延也有很大的影响。为随机接入分配更多的资源会降低碰撞概率和接入时延，但会导致低的上行系统容量。因此，对于每个特定的网络环境都需要找到合适的平衡点。此外，最小化上行干扰即确保前导码发送功率不能过大也是很重要的。每个小区的最佳配置是由多方面因素决定的，例如，服务 UE 的数目、切换率、呼叫建立率等。这些因素在不同的小区是有差异的而且是时变的，因此很难人为地确定每个小区的最佳配置。

在 RACH 优化时需要优化的参数有：前导码（Preamble）格式、前导码发送周期、为不同组（专用组 A 和 B）预留的前导码数目、功率配置（初始功率值和功率调整步长）和回退时间。RACH 自优化用例在本地进行，可以通过分布式或集中式的架构来处理。

随机接入的性能可以通过接入概率 $AP(m)$ 或接入时延概率 $ADP(\delta)$ 来表示，其中 $AP(m)$ 表示第 m 次请求接入成功的概率，$ADP(\delta)$ 表示在 δ 秒内成功接入的概率。为了估计这些性能指标，需要 UE 提供相关信息。因此，在 3GPP 协议中规定了 UE 信息上报的过程，允许 eNB 要求与其连接的 UE 发送接入成功前的前导码数目和是否发生碰撞的信息。

RACH 参数的配置取决于很多因素，如来源于 PUSCH 的小区间上行干扰、RACH 的负荷、RACH 占用的上行信道资源、分配给小区的前导码参数、小区覆盖范围的话务模型和用户分布和小区信道环境是否处于高速模式等。RACH 优化就是要检测这些条件的变化，及时更新相应的参数，提高系统的性能和容量。

1. RACH 优化目标

RACH 自优化功能可以实现连续的 RACH 调整。RACH 自优化功能可以通过 X2 收到的邻小区的 RACH 参数修改的反馈自动进行。反馈信息通过基站间的 X2 接口来发送。例如，可以通过避免在相邻小区分配同一个导频序列索引来降低干扰。

RACH 自优化功能可以在没有运营商干预的情况下自动执行。运营商用一些外部设置功能或限制策略来控制自优化功能。这些限制保证了当发现最好的接入延时和资源利用之间的平衡时，RACH 自优化功能产生一个最好的接入信息配置。

RACH 优化的目标包括以下几点：

（1）最小化系统中所有 UE 的接入时延。即接入的前导码信号必须保证足够的功率使得 eNB 能够识别，保证有足够的前导码可供 UE 接入使用，减少碰撞的概率。

（2）最小化由 RACH 和 PUSCH 引起的上行干扰。因此 RACH 的功率设置不能太大。

（3）最小化 RACH 接入尝试之间的干扰。协调邻区之间的配置，尽量减少 RACH 序列和频率之间的重叠，选择和 UE 移动速率相关的参数等。

2. RACH 优化参数

RACH 优化功能就是要自动设置与 RACH 性能有关的一些参数，主要的优化参数有：

（1）RACH 配置参数

每个 PRACH 配置对应于一个确定的前导码格式，PRACH 密度值 DRA（即一帧中可用的 PRACH 的个数）和版本号 rRA。PRACH 配置主要指资源单元的配置，PRACH 密度值 DRA 是影响随机接入性能的主要参数，对 RACH 配置的调整实际是调整 PRACH 密度值，因此在仿真中常以密度值 DRA 作为仿真参数。

（2）RACH 前导码划分

每个小区内可用的前导码字总数为 64 个，一部分用于竞争随机接入过程，另一部分用于非竞争随机接入过程。RACH 前导码划分参数决定了分配给竞争随机接入和非竞争随机接入的前导码各自所占的比例。显然分配给竞争随机接入过程的前导码越多，竞争随机接入的性能越优越，但非竞争随机接入的性能却会因此下降，因此需要根据实际的网络场景，合理配置 RACH 前导码划分参数，以达到竞争随机接入性能与非竞争随机接入性能的最佳权衡。

（3）RACH 回退参数

当 UE 发送的随机接入前导码未被 eNB 检测或者检测到后却发生碰撞，UE 需要在一定的回退时间后重新发送随机接入前导码，回退时间的选择区间为 $[0, B]$，其中 B 即为回退参数。显然回退参数的选择会影响随机接入的时延性能，同时对 RACH 的负载也有一定的影响。

（4）RACH 发射功率控制参数

随机接入前导发射功率的计算公式如下：

$$P_{\text{RACH}} = \min\{P_{\max}, P_{0\_\text{RACH}} + \text{PL} + (m-1)\Delta_{\text{RACH}} + \Delta_{\text{Preamble}}\}$$

式中，$P_{\max}$ 为 UE 发射功率的最大值，P_{0_RACH} 为 eNB 接收前导码的目标接收功率，PL 为下行链路的路径损耗，m 为前导传输的次数，Δ_{RACH} 为功率攀升步长，Δ_{Preamble} 为基于前导码格式的功率偏置。

图 9-1 所示为前导码发射功率的攀升过程。

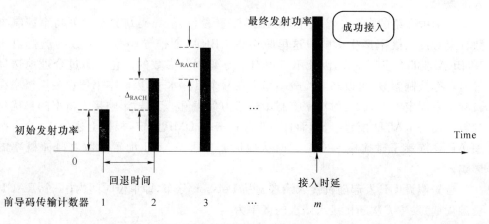

图 9-1　前导码发射功率攀升

其中，可配置的参数为前导码目标接收功率 P_{0_RACH} 和功率攀升步长 Δ_{RACH}。发射功率控制参数的配置影响着 eNB 对前导码的检测，同时伴随着发射功率的增大，也会相邻小区的随机接入信道产生干扰。

RACH 优化在标准上讨论的一种可选方案是依赖于接入概率和接入时延的统计。因此，需要 UE 报告一些必要的信息，以便 eNB 估计以下指标：

（1）接入概率（Access Probability，AP），AP(m) 表示在尝试了 m 次随机接入后成功接入的概率。

（2）接入时延（Access Delay，AD），AD 表示从初始接入尝试到开始接入成功的时间。还可以用接入时延概率 ADP(t) 来描述接入时延性能，其含义为接入时延小于 t 的概率。

为了估计 AP 和 AD，UE 需要报告在成功接入之前发送前导码的次数。UE 会重复尝试接入，一方面是由于 eNB 没有检测到前导码引起的；另一方面也可能是由于竞争解决失败而没有获得接入。

3. RACH 主要性能评价指标

随机接入性能的评价指标主要有 2 个：接入概率 AP 和接入时延 AD。下面具体介绍这 2 个指标的计算方法。

（1）接入概率 AP

随机接入概率一般用 AP_m 表示，AP_m 为 UE 在第 m 次随机接入尝试时成功接入的概率，其中 $m=1,2,3\cdots$ 接入概率一般可以根据下面公式进行计算：

$$AP_m = 1 - \prod_{i=1}^{m} [DMP_i + (1 - DMP_i) \times CP]$$

式中，DMP_m 表示 UE 第 m 次随机接入尝试的漏检概率，即前导码未被 eNB 检测到的概率；CP 为碰撞概率，表示被 eNB 检测到前导码的 UE 在竞争解决阶段未成功接入的概率。

用例中介绍的自优化参数中，RACH 配置参数、前导码划分及发射功率控制参数都会对接入概率产生影响。这里只考虑 CBRA，而前导码划分参数的选择对于 NCBRA 性能有重要意义，因此不考虑对前导码划分参数的优化。通过合理地选择发射功率控制参数，可以将漏检概率稳定在一个目标水平，因此本书假设漏检概率在目标水平固定不变，即发射功率控制参数总为最优值。于是，影响接入概率的自优化参数只能为 RACH 配置参数，而且由于漏检概率 DMP 固定，根据上述公式，接入概率 AP 只依赖于碰撞概率 CP，下面从理论上分析 RACH 配置参数对碰撞概率的影响。

首先假设 UE 发起随机接入请求服从 Poisson 分布，即单位时间内（一个 RACH 资源周期）发生 k 次随机接入请求的概率为

$$P_k = \frac{e^{-\lambda} \cdot \lambda^k}{k!}$$

式中,λ 为一个 RACH 资源周期内发起随机接入请求的实际数目,即 RACH 的负载。下面针对 RACH 资源周期进行相关的说明。

对于 FDD 帧结构,由于每个子帧中至多只有一个随机接入资源,随机接入资源只在时域上分布,因此 FDD 帧结构中 RACH 资源周期与 RACH 子帧周期是等价的。FDD 帧结构中每个无线帧所包含的 RACH 子帧数目 n 取值范围为 $n \in \{0.5, 1, 2, 3, 5, 10\}$,这里 $n = 0.5$ 表示每两个无线帧中才会出现一个 RACH 子帧。因此,FDD 帧结构下的 RACH 资源周期即为 $T_{RACH} = T_{slot}/n$,式中,$T_{slot} = 10$ ms。

对于 TDD 帧结构,由于存在频率复用,不同的 UL/DL 的配置决定了在 UL 子帧中可能会有多个随机接入资源,协议中给出了 TDD 帧结构下的 RACH 配置参数,其中 PRACH 密度值 DRA 即为每个无线帧中随机接入资源的数目,不同前导码格式的 DRA 取值范围各有不同,就 TDD 帧结构下特有的前导码格式 4 来说,DRA 可取值为 $D_{RA} \in \{0.5, 1, 2, 3, 4, 5, 6\}$。因此,TDD 帧结构下的 RACH 资源周期即为 $T_{RACH} = T_{slot}/D_{RA}$,其中 $T_{slot} = 10$ ms。

其次,设分配给 CBRA 的前导码数目为 q,RACH 实际负载为 G(G 表示一个 RACH 资源周期内发起随机接入请求的数目),一般 RACH 负载 L 以 preambles/s/cell 为单位,于是 $G = L \cdot T_{RACH}$。在竞争随机接入过程中,不同 UE 在相同随机接入资源上发送相同的前导码便会发生碰撞,于是在同一 RACH 资源周期的随机接入请求只要其前导码不相同便不会发生碰撞。

在一个 RACH 资源周期中有 i 次随机接入请求的概率为

$$P_i = \frac{i e^{-G} \dfrac{G^i}{i!}}{\sum_{j=1}^{\infty} \left(j e^{-G} \dfrac{G_j}{j!} \right)}$$

那么已接收到随机接入响应的 UE 成功接入的概率为

$$P_s = \sum_{i=1}^{\infty} \{P_{s|i} \cdot P_i\} = \sum_{i=1}^{\infty} \left\{ \left(\frac{q-1}{q} \right)^{i-1} \cdot \frac{i e^{-G} \dfrac{G^i}{i!}}{\sum_{j=1}^{\infty} \left(j e^{-G} \dfrac{G^j}{j!} \right)} \right\}$$

$$= \frac{\sum_{i=1}^{\infty} \left\{ \left(\dfrac{q-1}{q} \right)^{i-1} \dfrac{G^{i-1}}{(i-1)!} \right\}}{\sum_{j=1}^{\infty} \dfrac{G^{j-1}}{(j-1)!}} = e^{-G/q}$$

式中,$P_{s|i}$ 表示同一资源周期内的其他 UE 发送的前导码与该 UE 不同的概率。因此碰撞概率为

$$CP = 1 - P_s = 1 - e^{-G/q} = 1 - e^{-L \cdot T_{RACH}/q}$$

下面根据此理论计算的方法研究 TDD 帧结构下的 RACH 资源配置参数对接入概率的影响。仿真场景较为简单,设定前导划分(preamble split)为 0.5,即分配给 CBRA 的前导码数目为 $q = 32$,PRACH 密度值 DRA 取值为 DRA $= \{0.5, 1, 2, 3, 5\}$,

DMP=0.01，图 9-2 给出不同 RACH 资源参数配置下 RACH 负载和接入概率的关系曲线。从图中可以看出，随着 RACH 负载的增大，接入概率逐渐减小；随着密度值 DRA 的增加，每个无线帧所包含的随机接入资源数增加，随机接入的接入概率也会相应增大。

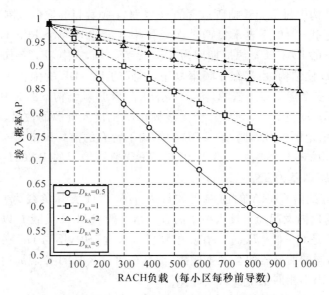

图 9-2　RACH 资源配置参数对接入概率的影响

（2）接入时延 AD

接入时延指从初始接入尝试到开始接入成功的时间。鉴于每次随机接入的接入时延存在随机性，接入时延性能一般用接入时延概率 $ADP(t)$ 来描述，其含义为接入时延小于 t 的概率。就某一次随机接入请求来分析，其结果有 3 种可能性：(i) 由于前导码未被 eNB 检测到而导致接入失败；(ii) 由于发生碰撞而引起接入失败；(iii) 成功接入。图 9-3 描述了这 3 种可能的结果并标注了每个结果相关的时延参数 $D_0 \sim D_4$，表 9-1 对时延参数 $D_0 \sim D_4$ 给出定义。

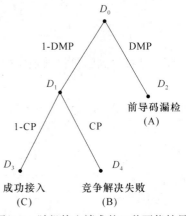

图 9-3　随机接入请求的 3 种可能结果

表 9-1　时延参数的定义

时延参数	定义
接入请求时延 D_0	从 UE 开始一个随机接入请求到 UE 第一次发送前导码的时间间隔

续 表

时延参数	定义
前导检测时延 D_1	从 UE 发送前导码到 UE 获得与其相关的随机接入响应的时间间隔
前导漏检时延 D_2	从 UE 发送前导码到 UE 由于未能接收到随机接入相应而在下一次请求中重新发送前导码的时间间隔
竞争解决时延 D_3	从 UE 接受到随机接入响应到 UE 获得包含其 ID 的竞争解决响应的时间间隔
竞争解决失败时延 D_4	从 UE 接受到随机接入响应到 UE 由于竞争解决失败而在下一次请求中重新发送前导码的时间间隔

与随机接入时延性能相关的信道参数包括随机接入响应窗大小、竞争解决定时器和回退参数。表 9-2 给出协议中这些参数的取值。

表 9-2 协议中相关参数的取值

信道参数	取值
随机接入响应窗大小/ms	2,3,4,5,6,7,8,10
竞争解决定时器/ms	8,16,24,32,40,48,56,60
回退参数/ms	0,10,20,30,40,60,80,120,160,240,320,480,960

下面对时延参数 $D_0 \sim D_4$ 的具体取值进行讨论:

① 接入请求时延 D_0 为随机接入请求到达时刻距离下一个可用的随机接入资源的时间间隔,由于随机接入请求到达的随机性,它可能是[0,TRACH]区间的任意值,其中 TRACH 为 RACH 资源周期。

② 前导检测时延 D_1 与随机接入响应窗的大小有关,UE 在随机接入响应窗中成功接收到随机接入响应,由于在接收响应窗开始之前总有段等待时间,平均等待时间为 2 ms,因此 D_1 的取值需要考虑到该等待时间和随机接入响应窗大小。

③ 前导漏检时延 D_2 是前导码漏检所引起的时延,即在随机接入响应窗中未成功接收到随机接入响应。其取值不仅与随机接入响应窗大小有关,还与回退参数有关,同前导检测时延 D_1 也需要考虑等待时间。

④ 竞争解决时延 D_3 与竞争解决定时器相关,在竞争解决定时器时间内该随机接入请求成功接入,在竞争接入定时器开始之前也存在一段等待时间,平均等待时间为 5 ms,D_1 的取值需要同时考虑到竞争解决定时器的时长和该等待时间的影响。

⑤ 竞争解决失败时延 D_4 是发生碰撞的随机接入请求未能成功解决竞争而引起的时延。同样,D_4 的取值需要考虑竞争解决定时器的时长和等待时间,同时还包括一定的回退时间。

9.1.3　RACH 自优化示例

由于竞争随机接入过程适用范围较广,下面仅考虑竞争随机接入过程。对于用例中提到的自优化参数,下面仅对 RACH 资源配置参数和回退参数进行研究并给出相应的自优化方案。

在实际无线系统中,随机接入请求数随时可能发生改变,即 RACH 负载会根据无线环境不同发生动态改变,例如,办公时间办公区的 RACH 负载较高,下班后居民区的 RACH 负载会增大。RACH 负载的动态变化会造成随机接入性能的优劣变化,因此下面介绍一种通过动态调整 RACH 资源配置参数和回退参数的方案使随机接入性能(包括接入概率和接入时延)保持在目标水平,下面针对此方案给出具体描述:

步骤 1:系统运行后,eNB 会周期性地对 RACH 负载信息进行采样。

步骤 2:计算当前参数配置下的随机接入性能,若满足目标性能要求,则不改变当前的参数配置,否则,转到下一步进行相关参数的调整。

步骤 3:调整参数。随机接入性能不满足目标要求有 3 种情况:接入概率不满足目标要求;接入时延不满足目标要求;两者均不满足目标要求。

首先考察接入概率是否满足要求,接入概率可以通过调整 RACH 资源配置参数来优化,由于 RACH 资源配置参数的选择需要考虑接入概率性能和 PUSCH 上容量的权衡,因此在判断接入概率是否满足目标要求时,设置门限 Th_1,只要实际接入概率与目标接入概率之差小于门限 Th_1,便仍保持当前的 RACH 资源配置,否则需要根据下面公式对 RACH 配置进行调整,直到达到目标要求或达到指定的调整次数。

$$D_{RA} = K_1 \cdot \overline{D_{RA}} \cdot CP/CP_0$$

式中,$\overline{D_{RA}}$ 为当前 RACH 配置下 PRACH 密度值,D_{RA} 为调整后的 PRACH 密度值,CP 为当前的碰撞概率,CP_0 为目标要求的碰撞概率约束,K_1 为调整步长参数。

然后考察接入时延是否满足要求,下面以接入时延概率作为性能评价指标。在判断接入时延是否满足目标要求时,设置门限 Th_2,只要实际接入时延概率与目标接入时延概率之差小于门限 Th_2,便仍保持当前的 RACH 资源配置,否则通过调整回退参数使接入时延满足时延要求。此时接入概率已满足要求,回退参数的改变对接入概率的影响微乎其微,因此调整回退参数并不会引起接入概率性能的改变,回退参数 B 的调整遵循如下公式,调整次数也有一定的限制。

$$B = \overline{B} + K_2 \cdot [ADP(t) - ADP_0(t)]$$

式中,$\overline{B}$ 为当前回退参数设置,B 为调整后的回退参数,$ADP(t)$ 为当前的接入时延概率,$ADP_0(t)$ 为目标要求的接入时延概率约束,K_2 为调整步长参数。方案流程图如图 9-4 所示。

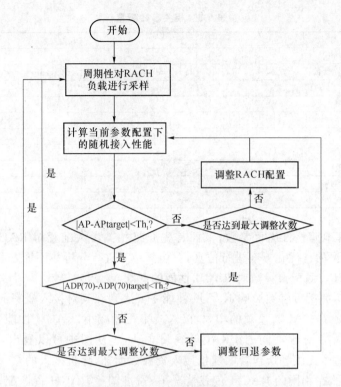

图 9-4   自优化方案流程图

图 9-5 所示的 RACH 负载变化数据是根据实际负载可能出现的变化情况设置的,其中包含了 RACH 负载的缓慢增大、减小和急剧增大、减小的过程。

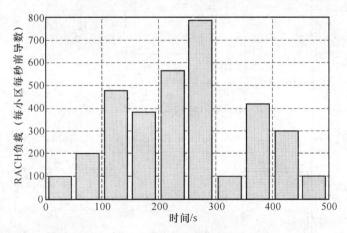

图 9-5   RACH 负载变化

通过对此场景下 RACH 负载变化情况进行仿真,观察方案对优化参数的调整过程和随机接入性能的变化,相关参数的配置如表 9-3 所示。

表 9-3　相关参数配置

参数	取值
RACH 前导码格式	4
RACH 资源配置参数	$\{48,49,50\},\{51,52\},\{53\},\{54\},\{55\},\{56\},\{57\}$
最大重传次数	8
随机接入响应窗大小/ms	5
竞争解决定时器/ms	24
回退参数/ms	$0,10,20,30,40,60,80,120,160,240,320,480,960$
漏检概率 DMP	0.01
前导码划分参数	0.5
目标接入概率 AP_1	0.97
目标接入时延概率 $ADP(70)$	0.99

　　为了合理地调整自优化参数，下面首先介绍相关参数配置对 RACH 性能的影响，然后对给出的自优化方案进行仿真，对仿真结果进行分析并评价方案性能。

1. RACH 资源配置参数对 RACH 性能的影响

　　RACH 资源配置参数影响 RACH 性能主要表现在其对接入概率的影响上。如图 9-6 所示，随着 RACH 负载的增大，接入概率逐渐减小，RACH 性能降低；不同的 RACH 资源配置对应不同的 PRACH 密度值 D_{RA}，从图中可以看出，随着密度值 D_{RA} 的增加，每个无线帧所包含的随机接入资源数增加，随机接入的接入概率也会相应增大。因此，在相同的 RACH 负载情况下，通过调整 RACH 资源配置参数，提高 PRACH 密度值 D_{RA}，可以增大接入概率从而提高 RACH 性能。

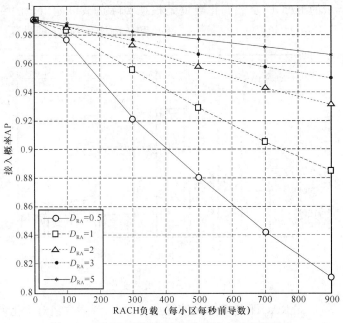

图 9-6　RACH 资源配置参数对接入概率的影响

比较理论分析和仿真所得的影响曲线,可以看到两者具有相同的趋势,但具体接入概率数据存在误差。一方面,在理论分析中,未考虑重传所引起的随机接入请求数的增加,而仿真中却考虑了该影响因素;另一方面,在仿真过程中,由于是基于大量随机接入性能数据的统计,不可避免存在一定的误差。因此,两种方法所得出的影响曲线存在误差是可以理解的,由于仿真考虑的问题较为全面,后面部分的随机接入概率性能都是通过对仿真数据的统计得到的。

RACH 资源配置对时延性能也有一定影响。图 9-7 显示了不同 RACH 负载情况下 RACH 资源配置对应的接入时延:a,b,c 3 种场景下对应的 RACH 负载分别为 100 preambles/s/cell、500 preambles/s/cell、900 preambles/s/cell。图中的接入时延 AD 的 CDF 曲线是通过对一段时间内(100s)随机接入请求进行接入时延的统计所得到的。当 RACH 负载为 500 preambles/s/cell 时,在 AD 为 50 ms 左右存在一个拐点,AD<500 ms 的 UE 随机接入请求其接入时延主要由接入请求时延 D_0、前导检测时延 D_1 和竞争解决时延 D_3 组成,即在首次随机接入尝试便成功接入而未经过重传,而 AD>50 m 的 UE 随机接入请求则大部分由于漏检或碰撞引起重传,因此其接入时延会因为回退参数的介入而大幅增加;当 RACH 负载为 100 preambles/s/cell,由于此时碰撞概率较小,几乎所有随机接入请求都在首次随机尝试成功接入,因此其拐点贴近 CDF=1;当 RACH 负载为 900 preambles/s/cell,由于碰撞概率的增大,拐点在纵坐标上有所下降。通过统计各负载下对应的接入概率,可以发现拐点所对应的纵坐标近似等于相应的接入概率。不同的 RACH 资源配置会对拐点的位置产生影响,在相同的 RACH 负载下,随着 PRACH 密度值 D_{RA} 的增大,AD 的 CDF 曲线会向左偏移,接入时延总体上有所减小。

2. 回退参数对 RACH 性能的影响

回退参数对 RACH 性能的影响主要体现在对接入时延的影响上。本节对不同回退参数值对应的接入时延性能进行研究,图 9-8 描述了 RACH 负载为 500 preambles/s/cell 时不同回退参数值下 ADP(70)(接入时延小于 70 ms 的概率)的变化。可见,在相同的 RACH 资源配置下,随着回退参数取值的增大,ADP(70)逐渐减小,因此可以通过调整回退参数的取值,而使接入时延性能达到目标要求。仿真结果似乎显示若将回退参数设置为 0,可以使接入时延性能达到最佳,但显然这样在 RACH 负载突增的情况下,会使随机接入碰撞大大增加,从而不利于随机接入性能的提高,因此需要合理配置回退参数,使其尽量满足随机接入时延性能,又不会影响接入概率性能。

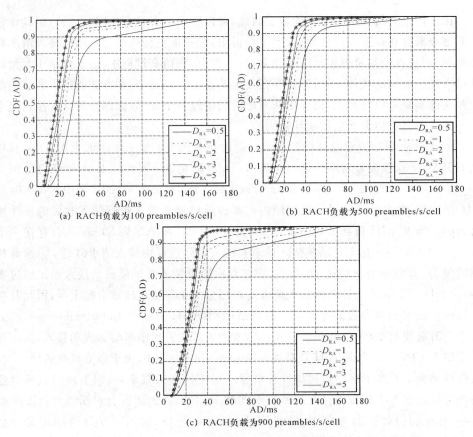

(a) RACH负载为100 preambles/s/cell

(b) RACH负载为500 preambles/s/cell

(c) RACH负载为900 preambles/s/cell

图 9-7　不同 RACH 负载情况下 RACH 资源配置对应的接入时延

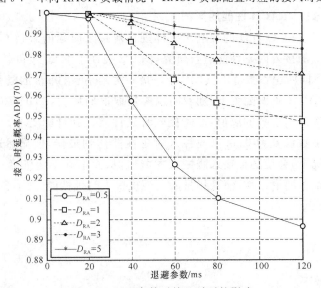

图 9-8　回退参数对接入时延的影响

3. 自优化方案性能

通过研究相关参数对随机接入性能的影响,明确了调整 RACH 资源配置参数和回退参数使得随机接入性能达到目标要求的方法,随机接入自优化方案给出的仿真结果如图 9-9 所示。从仿真结果可以看出,随着 RACH 负载的动态变化,该方案可以动态地调整 RACH 配置和回退参数,图 9-10 显示了相应的接入概率和接入时延性能,可以看到,优化后接入概率和接入时延基本满足目标要求,尽管在某个阶段接入性能并不能完全达到目标水平,但考虑到 RACH 配置更改的复杂度,其性能偏差可以接受。因此,本方案可以根据 RACH 负载的变化动态调整优化参数 RACH 配置和回退参数从而使接入性能达到目标要求。

接下来比较优化前和优化后的随机接入性能。优化前随机接入的参数配置为系统设定的配置值,在 RACH 负载变化时保持不变,假设优化前的 RACH 资源密度值 D_{RA} 为固定值 2,回退参数为固定值 80 ms,通过仿真给出优化前后的随机接入性能如图 9-11 所示。从图中可见,未优化的随机接入性能根据负载的变化差异明显,在负载较低的时刻接入性能非常好,但此时无需过多的 RACH 资源也能达到目标要求,D_{RA} 过大反而会造成资源的浪费,降低 PUSCH 的容量;在负载较高时,接入性能会变得非常差,从而达不到系统要求;优化后 RACH 参数配置会根据 RACH 负载动态改变,接入概率和接入时延性能基本都达到系统要求的水平。

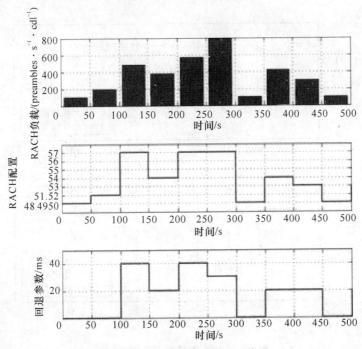

图 9-9 自优化参数的调整

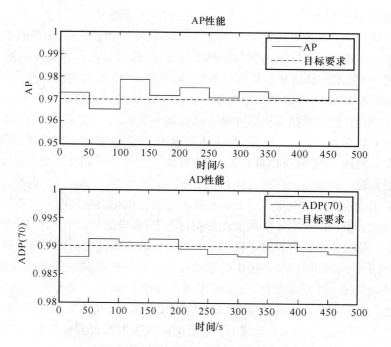

图 9-10　优化后的接入概率与接入时延性能

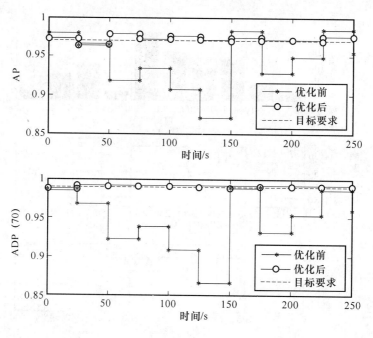

图 9-11　优化前后接入性能的对比

9.2　多目标联合优化

每一个自组织的用例修改一系列配置参数与网络单元相协调来完成试图的自配置、自优化或者自治愈目标。主要的问题在用例的中心方法中,是很多的用例优化在一个个体的基准上,没有考虑潜在的对其他用例的影响。现在的用例并不是独立的并且参数的修改对一个用例有好处可能对其他的用例有消极影响。整个系统的性能可能取决于冲突的参数调整。所以,自优化功能之间的交互需要分析识别需要协调的功能。交互问题可以被分成两类,也就是参数值冲突和制度值冲突。

- 参数值冲突发生在如果任何两个用例都接入到相同的控制参数时。
- 制度值冲突发生在如果任何两个用例影响了同一个制度,这个制度是当做反馈信息来影响所有用例的。

下面以 RACH 优化和移动鲁棒性之间的交互为例进行多目标优化时相互冲突的说明。假定在一个设定的时间段,RACH 处于它的容量限制,并且不能够接入任何新的终端,且 RACH 优化过程对这种情况无法作出反应,因为很难再有可用资源进行分配。与此同时,由于 RACH 容量受限,对于切换用户而言,MRO 用例将探测到网络产生了高的切换失败率,这时 MRO 自优化将减少 time-to-trigger 值以优化切换性能,而 MRO 自优化该操作反过来会导致更多切换的产生,从而会有更多的用户试图接入新小区,从而触发 RACH 操作,这样将导致 RACH 和 MRO 越来越糟糕,形成一个自我补偿的恶性循环。

当负载均衡与邻小区关系优化算法同时触发以实现小区中断补偿(COC)时,SON 用例的交互需要考虑。为了补偿中断的小区,邻小区需要增大发射功率,同时设置合理的切换参数,以便中断小区的用户便捷地接入到邻小区,这时涉及负载均衡和邻小区关系自优化等。为了降低中断补偿后的小区间干扰,提高优化后的容量和覆盖性能,需要认真修改无线传输功率、无线传输分配和天线参数等,确保多个 SON 用例能够同时获得优化。

为了减轻不需要的多 SON 用例间的交互,这些 SON 用例算法必须考虑一个参数改变对于其他用了同一个参数 SON 算法的影响。按照一个有规律的顺序,让每一 SON 用例逐一触发逐一执行,是避免多 SON 用例相互冲突的一种好方法。当这种情况不可行的时候,推荐在优化多个 SON 用例时多种 SON 优化用例相互协调。

9.3　覆盖和容量自优化算法

覆盖和容量对于蜂窝移动通信系统而言,经常是相互影响相互限制的。更高的容量常常是以牺牲更宽的覆盖范围来实现的,所以作为一个普通的多 SON 用例联合优化的简单示例,下面重点介绍如何实现容量和覆盖的联合自优化。

9.3.1　集中式模拟退火算法

天线下倾角是一个可用于 SON 自优化的重要无线参数。通过适当调整基站天线下倾角的值,来自家庭基站的信号其信号强度能得到提高并且其对邻小区的干扰也能减小。尽管如此,如果天线下倾角调整过度,小区边缘的覆盖就有可能恶化。天线下倾角的调整有物理调节和电调节两种方式,物理调节是指调节天线在垂直方向上的物理角度,这种调节方式只对某个特定的方向有效并且需要进行耗时的现场考察。相反地,电调节天线下倾角是一个更好的选择,它不仅可以调节天线在水平各个方向上的辐射图,而且不需要进行任何的现场考察工作。

模拟退火,是一种基于概率启发式搜索机制,用于模拟退火的物理过程。在这个过程中,某种物质或某个参数逐渐冷却(减小)并最终达到一个最低能耗状态,这能为优化问题提供有效的启发式解决方案。

本小节中将介绍模拟退火算法,主要研究对象是 LTE/LTE-A 网络中容量和覆盖的联合优化问题,相关调节参数是天线下倾角。为了提高算法的收敛速度,在调整参数的过程中引入一种机制,用于生成新的天线下倾角。

1. 系统模型与算法

用户及其服务基站之间的信号衰减来自传输损耗、阴影衰落和天线增益。其中,天线增益受各种配置参数的影响,如天线下倾角、辐射电阻、天线高度等。该算法中调整天线下倾角而设定其他无线参数保持不变。网络中所有基站的天线下倾角用一个一维向量 x 来表示,$x=(x_1,x_2,\cdots,x_n)$,其中 n 是基站的数目。

在下行链路中,某个小区内的用户所接收到的信号强度受热噪声的影响和邻小区的干扰。因此,每个用户的 SINR 计算表达式如下：

$$\text{SINR}_u = \frac{P_b g_{b,u}}{\sigma^2 + \sum_{i\neq b} P_i g_{i,u}}$$

式中,P_b 是基站 b 的发射功率(线性形式);$g_{b,u}$是指从服务基站 b 到用户 u 的信号衰减系数(线性形式);σ^2 噪声功率,此处认为是高斯白噪声。

将每个用户的 SINR 映射为频谱效率,就可以得到整个系统内的小区吞吐量,从而衡量整个系统的性能变化,其中具体形式如下：

$$\text{SE}_u = \Omega(\text{SINR}_u)$$

容量和覆盖可以用很多不同的性能指标来衡量,而频谱效率是其中非常常见实用的一个,它的具体含义是单位带宽内的信息传输速率。对于容量,可以用整个网络中用户的平均频谱效率来衡量;由于干扰的原因,小区边缘的用户所接收到的信号强度一般较弱且发生中断的概率更大,因此以用所有用户频谱效率的累积分布的低 5% 来表示覆盖,即边缘频谱效率。

为了平衡覆盖和容量这两个性能指标,引入联合性能度量(CPM)作为最终的优化目标。其形式如下:

$$CPM = (1-\gamma)SE_{avrg} + \gamma SE_{edge}$$

式中,γ 是折中系数,$0<\gamma<1$。SE_{avrg} 是平均频谱效率,SE_{edge} 是边缘频谱效率。

下面是对优化方案的具体说明,主要包括两个部分,一是集中式的模拟退火算法,二是算法中用于生成新的天线下倾角参数的一种机制。

由前面内容可知,CPM 是天线下倾角 x 的一个函数。为了实现 CPM 最大化,采用集中式的 SON 架构,也就是说,所有基站的天线下倾角数据全部汇总到 OAM 系统中,优化算法也在 OAM 系统中实现。

算法的具体流程图如图 9-12 所示。其中优化目标 CPM 的数值用 F 来表示,需要调节的参数是天线下倾角 x,输出则是最优的天线下倾角数值。通过特定的机制产生新的天线下倾角 x',如果 x' 能够使网络的 CPM 增加,则被接受,否则,它将以概率 p 被接受,p 的表达式如下:

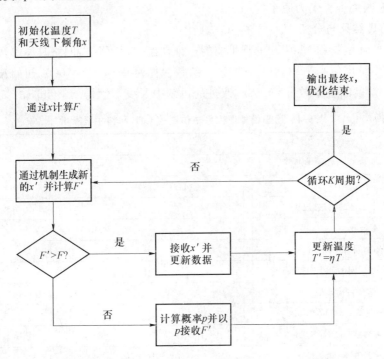

图 9-12 覆盖和容量联合优化集中式模拟退火算法流程图

$$p = \exp\left(-\frac{\varepsilon}{T}\right)$$

式中,T 是温度参数,ε 是先后两个 CPM 之间的相对误差,其表达式如下:

$$\varepsilon = \frac{|F_{new} - F|}{F}$$

下面对该算法中生成新的天线下倾角 x' 的机制作具体说明：

考虑到实际网络中天线参数是逐渐变化的，因此每一次的调整都必须在当前天线下倾角数值的基础上作微调。因此，一种简单的方案就是，每次都随机地选择一个基站并对其天线下倾角进行调整，其增大或减小的幅度也是随机的。

然而，为了避免重复操作，介绍一种改进的机制。每个基站都有一个标记 r，$r=$ Z(zero)表示该基站的天线下倾角没有调整；$r=$P(positive)表示天线下倾角增大了；$r=$N(nagative)表示天线下倾角减小了；$r=$B(both)表示天线下倾角同时有增有减。初始化的时候，令所有基站的 $r=$Z。在算法执行的过程中，首先在 $r=$Z 的基站中随机选择一个基站并对其天线下倾角进行调整，操作完毕后更新其 r 值。如果网络中没有 $r=$Z 的基站，则从 $r=$P 或 $r=$N 的基站中随机选择一个作为调整的对象，操作完毕后更新 r 值。如果当前所有基站的 r 均为 B，则进行更新操作，令所有基站的 $r=$Z，并把调整步长变为原来的一半。

2. 仿真结果与分析

仿真的环境是用 Matlab 工具生成的一个动态 LTE 网络，网络具体参数如表 9-4 所示。下面给出仿真中用到的一些关键参数。循环周期 $K=1000$，初始温度 $T_0 = 3 \times 10^{-3}$，温度调整系数 $\eta = 0.998$，改进的机制中天线下倾角调整步长 $\delta = 1$。

表 9-4　用于模拟退火算法仿真的 LTE 网络主要参数

参数	数值
小区布局	六边形分布
是否（采用 wrapcorond)	是
每个小区的用户/户	20
载波频率/GHz	2.0
基站间的距离/m	500
用户和基站间的最小距离/m	35
信号传播模型	$128.1 + 37.6 \log 10 d$，d 的单位为 km
（阴影衰落）标准偏差/dB	8
（阴影衰落）相关距离/m	50
（阴影衰落）相关性	小区与小区之间：0.5；扇区与扇区内：1.0
穿透损耗/dB	20
接收机噪声系数/dB	7
热噪声密度/(dBm·Hz^{-1})	−174
信道带宽/MHz	10

续　表

参数	数值
基站最大传输功率/dBm	43
基站天线增益/dBi	17
基站天线波束宽度(基于 3 dB 准则)/deg	70
基站天线方向性比/dB	20
基站天线高度/m	32
用户天线增益/dBi	0
用户天线高度/m	1.5
业务模型	满缓冲区
用户移动速率	随机移动：3 km/h
调度算法	轮询

　　为了得到更加可靠和精确的结果,对于不同的用户分布,进行了 100 次相对独立的试验,图 9-13～图 9-15 是相应的仿真结果。

　　图 9-13～图 9-15 显示了当容量和覆盖的折中系数 $\gamma=0.5$ 时两种机制对应的算法的收敛特性。从图中可以看出,这种集中式的模拟退火算法能够明显改善网络的覆盖和容量,而且介绍的改进的机制比简单的随机机制对于网络性能的优化更显著。

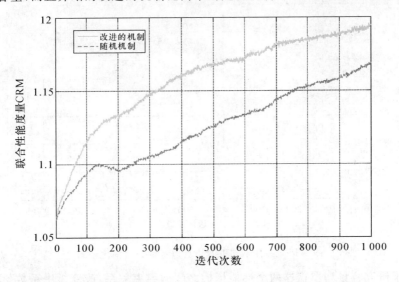

图 9-13　两种不同机制仿真联合性能度量 CPM 比较

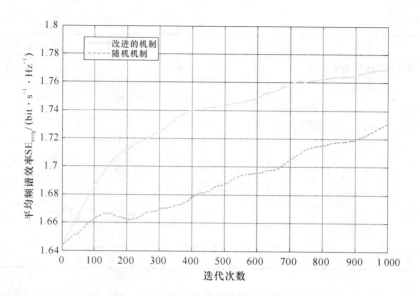

图 9-14　两种不同机制仿真平均频谱效率比较

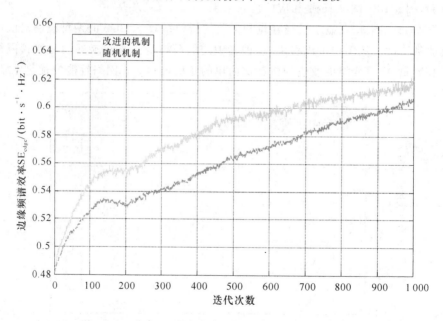

图 9-15　两种不同机制仿真边缘频谱效率比较图

为了研究容量和覆盖这两个性能指标之间的约束关系，改变折中系数 γ，重新进行试验，得到仿真结果如图 9-16 和图 9-17 所示。从图中可以看出，对覆盖的优化和容量的优化是互相矛盾的，越高的系统容量意味着越小的覆盖范围。从全局最优的角度看，如果优化的重点是容量，则折中系数 $\mu_{k,n}=1$ 应该设置在 $0.2\sim0.4$ 的范围

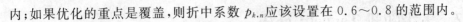

内;如果优化的重点是覆盖,则折中系数 $p_{k,n}$ 应该设置在 $0.6 \sim 0.8$ 的范围内。

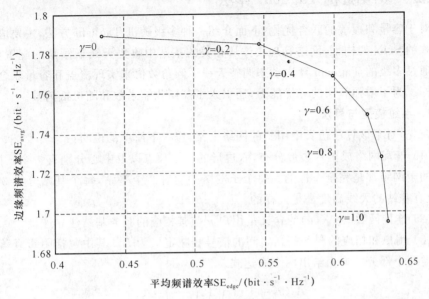

图 9-16　不同折中系数下平均频谱效率和边缘频谱效率

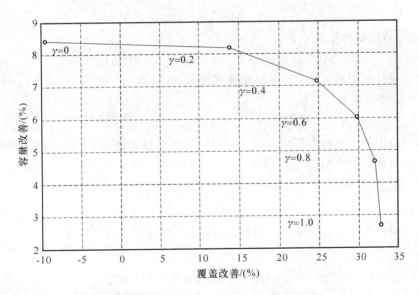

图 9-17　不同折中系数下覆盖改善和容量改善

综上所述,这种集中式的模拟退火算法,通过电调整方式适当调整天线下倾角,实现了容量和覆盖联合优化的目标。从仿真结果来看,该算法能够实现网络覆盖和容量联合优化的目标,并且具有较快的收敛速度和稳定性。

9.3.2　多级随机 Taguchi 算法

对于容量和覆盖的联合优化，下面介绍一种多级随机 Taguchi 方法，主要应用在集中式的 SON 架构下，网络管理实体从相关的基站中收集天线下倾角的配置数据，然后通过多级的 Taguchi 算法动态调整天线下倾角数值来实现覆盖和容量联合优化的目标。为了增强算法的寻优能力，还引入了高斯收缩系数和随机抵消数。

1. 系统模型与算法

首先，对于该算法仿真中用到的网络框架，作一下简单的说明：

（1）蜂窝网络成正六边形分布，六边形的每个顶点以及中心分别有一个子网络，所有的子网络都是完全一样的。每个子网络中均有 7 个基站，每个基站分为 3 个扇区，所有基站的天线高度都是一样的。

（2）连接函数 $c = X(u)$ 的含义是用户 u 与其相应的服务基站建立连接。

（3）用户和相应的服务基站之间的信号衰减定义为 L。其中包括阴影衰落和天线增益两个部分。下面给出两个表达式。

$$A_\theta(\theta) = -\min\left[12\left(\frac{\theta}{\theta_{3\mathrm{dB}}}\right)^2, A_m\right]$$

$$A_\phi(\phi) = -\min\left[12\left(\frac{\phi - \phi_{\mathrm{tilt}}}{\phi_{3\mathrm{dB}}}\right)^2, A_m\right]$$

其中，对天线增益的定义如下：

$$A(\theta, \phi) = -\min\left[-(A_\theta(\theta) + A_\phi(\phi)), A_m\right]$$

路径损耗和阴影衰落效应的映射关系定义为 $M_c(q_n)$。因此，基站 $X(u)$ 和用户 u 之间的信号衰减表达式如下：

$$L_{X(u),u} = L_{PL} + A(\theta, \phi) + M_c(\vec{q_u})$$

下面给出某个基站内用户 u 接收到的信号的信噪比表达式，其中 $P_{X(u)}$ 是用户 u 的服务基站的发射功率，N 是噪声功率，则 SINR 表达式如下：

$$\mathrm{SINR}_u = \frac{P_{X(u)} L_{X(u),u}}{N + \sum_{c \neq X(u)} P_c L_{c,u}}$$

给出用户吞吐量和信噪比之间存在一定的映射关系：

$$\mathrm{Thpt}_u = \Omega(\mathrm{SINR})$$

其中，正交阵列（Orthogonal Array）是 Taguchi 算法的本质。

$OA(N, s, k, t)$ 是一个正交阵列，其中 s 表示正交阵列中有 s 级，N、k 分别代表矩阵的行列数，t 代表强度。表 9-5 给出了一个具体的正交阵列，9 行代表优化算法中每次迭代中要进行 9 次试验，4 列代表优化算法中有 4 个待调整参数。使用这样一个正交阵列 OA，每次迭代的试验次数为 9，这比传统的反复试验法效率明显提高（其试验次数为 34＝81）。

表 9-5 一个典型的正交阵列（Orthogonal Array）

实验次数	x_1	x_2	x_3	x_4
1	1	1	1	1
2	3	2	2	1
3	2	3	3	1
4	2	2	1	2
5	1	3	2	2
6	3	1	3	2
7	3	3	1	3
8	2	1	2	3
9	1	2	3	3

前面提到，可以用用户吞吐量来衡量网络的覆盖和容量。因此在仿真中联合优化目标可以定义如下：

$$\mathrm{OT} = (1-r)\,\frac{1}{\displaystyle\sum_{c=1}^{k}\frac{1}{\xi_{c,5\%}}} + r\,\frac{1}{\displaystyle\sum_{c=1}^{k}\frac{1}{\xi_{c,50\%}}},0 \leqslant r \leqslant 1$$

式中，k 是网络中基站的数目；c 是小区的编号；r 是覆盖和容量的折中系数；ξ_c，$p\%$ 是指单个基站 c 中用户吞吐量累积分布的低 $p\%$。

以上是对本算法所涉及的基本概念和数学基础的描述，下面对算法作详细说明。由于该算法中采用集中式的 SON 架构，因此优化算法是在 OAM 系统中实现的，其中有一个 SON 协调实体控制优化算法的触发和终止，基站只负责收集用户的反馈数据。当小区内出现用户接收信号质量差或者掉话率明显增加的情况时，优化算法将被触发。在这里假定触发条件是相关小区内用户信噪比总和低于一个阈值，具体表达式如下：

$$\sum_{u}^{k}\mathrm{SINR}_u < 给定阈值$$

在每次的迭代中，每个参数的最优值的计算表达式如下：

$$BT_{i,x_n} = \max\Big(\sum_{s=1,x_n}\mathrm{OT},\sum_{s=2,x_n}\mathrm{OT},\sum_{s=3,x_n}\mathrm{OT},\sum_{s=4,x_n}\mathrm{OT},\sum_{s=5,x_n}\mathrm{OT}\Big)$$

每一次迭代后，都从中选取最优的天线下倾角数值并更新下倾角中心列表的相关数据，下一次迭代将根据这个下倾角中心列表求得新的下倾角数值。在计算优化目标值 OT 时需要遍历正交阵列 OA，然后根据上面提到的表达式求得最优下倾角值。当前迭代所得的最佳下倾角值通过一个映射函数得到下一次迭代所需的天线下倾角配置。在改进的 Taguchi 方法中，在这个映射函数中引入高斯收缩系数和一个随机抵销数用于增强寻优能力和提高收敛速度。

具体的算法流程如图 9-18 所示。

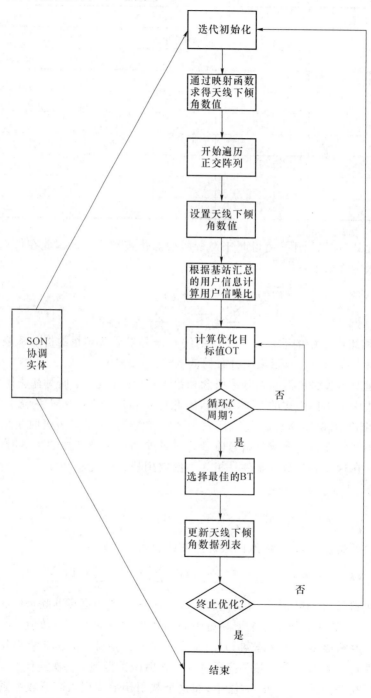

图 9-18　用于覆盖和容量联合优化的 Taguchi 算法流程图

2. 仿真结果与分析

网络的空间分布相关参数如表 9-6 所示,设定小区内用户均匀分布,且在该优化算法中除天线下倾角以外其他参数均保持不变。在仿真中,天线下倾角初始化为 9°~15° 范围内的某个数值,在算法执行的过程中通过相应的映射函数更新天线下倾角数值。

表 9-6 用于 Taguchi 算法仿真的 LTE 网络主要参数

参数	数值
小区布局	正六边形分布,7 个基站/3 个扇区
每个小区的用户	20
载波频率/GHz	2.0
基站间的距离/m	500
用户和基站间的最小距离/m	35
阴影衰落标准偏差/dB	8
阴影衰落相关距离/m	50
穿透损耗/dB	20
接收机噪声系数/dB	7
热噪声密度/(dBm·Hz^{-1})	-174
信道带宽/MHz	10
基站最大传输功率/dBm	43
基站天线增益/dBi	17
基站天线波束宽度(基于准则)dB/deg	70
基站天线方向性比/dB	20
基站天线高度/m	32
用户天线增益/dBi	0
用户天线高度/m	1.5
业务模型	满缓冲区
用户移动速率/(km·h^{-1})	随机移动:3
调度算法	轮询

假设天线下倾角 $X=(x_1,x_2,\cdots,x_m)$,这里 $m=21$。使用正交阵列 OA(125,21, 5,3),其中 $s=5$ 表示天线下倾角有 5 种选择,这与前面提到的 $s=3$ 的正交阵列相比具有更强的寻优能力。此外,折中系数 $r=0.5$。

其中,图 9-19~图 9-21 是相应的仿真结果。从图 9-19 可以看出,传统的 Taguchi 方法和改进的 Taguchi 方法均能使优化目标 OA 显著上升,并且改进的算法其性能好于传统的算法。需要说明的是，改进的 Taguchi 算法迭代多次后并不是绝对收敛的，而是在一个小范围内波动，这是由于加入了随机数的原因。另外，迭代次数以及正交阵列的行数决定了优化过程的总时间，为 $2\,500 \times 10$ ms$=25$ s，这完全能满足现实网络的实时性要求。

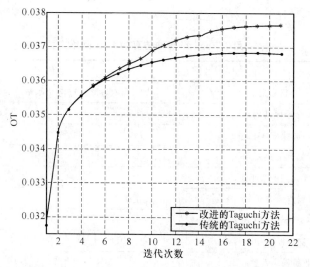

图 9-19　两种机制下所得不同优化目标 OT 比较图

图 9-20 同时显示了优化前以及使用两种优化算法之后小区内用户吞吐量的累积分布函数。执行优化算法之后，小区内用户平均吞吐量和边缘吞吐量均得到明显改善，这说明覆盖和容量均得到了优化，并且改进的 Taguchi 算法比传统的 Taguchi 算法具有更优的优化效果。

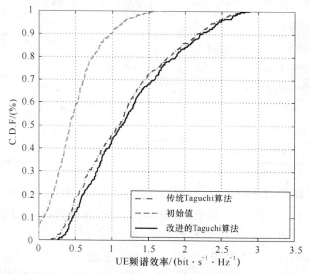

图 9-20　两种机制下所得用户吞吐量累积分布比较图

图 9-21 显示的是平均吞吐量和边缘吞吐量的平衡关系。当折中系数 $r < 0.5$ 时,优化算法侧重于边缘吞吐量的改善,也即覆盖;反之亦然。如果目标是覆盖和容量的联合优化,则折中系数设置为 0.5 是最佳的。

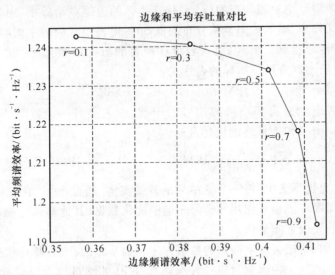

图 9-21　不同的折中系数下边缘吞吐量和平均吞吐量函数关系图

综上所述,在集中式的 SON 构架下,引入多级的 Taguchi 算法,这对于覆盖和容量的联合优化产生了较好的效果。此外,通过引进高斯收缩系数和随机抵消数,对传统的 Taguchi 方法进行改进,使容量和覆盖都得到了有效的提升。同时,对不同的折中系数作了相应的研究,为后续的研究奠定了基础。

9.3.3　基于中心控制和分布式 Q 学习算法

Q 学习(Q-learning)是强化学习中的一种实用形式并且是机器学习领域的一个重要分支。强化学习一般有一些智能体,智能体通过与周围环境相互作用并学习先前的经验从而实现某一特定的目标。同时,在容量和覆盖的优化算法中,由于输入输出变量是连续不断的,因此在 Q 学习的基础上引入模糊规则。

SON 中容量和覆盖的优化问题通常是区域性的,也就是说,多数情况下只有一两个基站的天线参数需要调整。退一步,即使多于两个基站参与优化进程,基站天线参数的调整也只会影响邻小区,因此优化进程所需要的信息只涉及本基站内的用户以及邻小区。所以,优化算法放在基站中实现能够减小网络整体延时,提高实时性。另一方面,覆盖和容量优化问题的检测、进行参数调整的基站的选择、优化进程的起始时间和终止时间的确定以及相关参数的初始化需要在一个中心控制实体中完成。因此,在实际的网络中采用混合式的 SON 架构,也即 SON 实体同时存在于基站和

OAM 系统中，优化算法在基站中实现，而相关的控制工作在 OAM 系统中完成。

1. 系统模型与算法

把基站的天线下倾角作为调整的参数，用户的频谱效率的累积分布表示容量和覆盖。其中，频谱效率累积分布的低 5％代表小区的边缘频谱效率，用来衡量覆盖这一性能指标；同样地，频谱效率累积分布的低 50％代表小区内的平均频谱效率，用来衡量容量这一性能指标。另外，引入容量和覆盖的折中系数 $L=128.1+37.6\lg d$，$0<k<1$，下面给出联合性能指标的表达式：

$$\text{JPM}=(1-\lambda)\text{SE}_{50\%}+\lambda\text{SE}_{5\%}$$

进一步，考虑到来自邻小区的信号的干扰，引入另外一个参数 KPI（Key Performance Indicator）作为最终的优化目标。

$$\text{KPI}_i = w_i \times \text{JPM}_i + \frac{1-w_i}{|N(i)|}\sum_{j \in N(i)}\text{JPM}_j$$

在分布式优化算法中，每一个基站都是智能实体，通过 FQL 算法独立进行优化过程，通过与周围环境相互作用并学习先前的优化数据（其他基站也视为环境的一部分）寻求最佳的天线下倾角值。

具体做法如下：把天线下倾角的数值作为当前基站的状态，基站状态通过归属函数进行模糊化处理（一种函数对应一种准则）。KPI 的增量作为反馈数据，基站通过调节天线下倾角的数值使得 KPI 增量达到最大从而实现相应的优化目标。图 9-22 给出该优化算法的具体流程图。

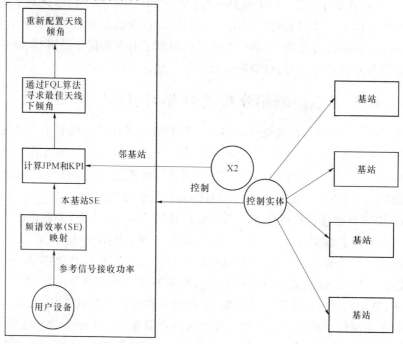

图 9-22　基于中心控制和分布式 FQL 优化算法流程图

2. 仿真结果与分析

算法的仿真环境是一个动态的 LTE 网络,整个蜂窝网络呈六边形分布,其中基站和基站内用户均随机分布。部分 LTE 网络参数可以参照表 9-7,仿真时考虑 3 种场景,这在 3GPP 中有详细的定义,(i)称为孤岛式,即把网络看成一个整体,其周围存在覆盖盲区;(ii)是覆盖盲区,也即网络内部小区与小区之间存在覆盖空洞;(iii)是网络内部新设基站,对周围基站产生干扰。

表 9-7　用于 FQL 算法仿真的 LTE 网络主要参数

参数	数值		
使用场景	孤岛式	覆盖盲区	增设新基站
小区布局	7 基站(3 扇区)	7 基站(3 扇区)	8 基站(3 扇区)
是否(采用 wraparond)	否	是	是
基站间距离/m	500	1 200	500
每个小区的用户/户	40	100	40
载波频率/GHz	2.0		
用户和基站间的最小距离/m	35		
信号传播模型	$128.1+37.6 \log 10 d$,d 的单位为 km		
(阴影衰落)标准偏差/dB	8		
(阴影衰落)相关距离/m	50		
(阴影衰落)相关性	小区与小区之间:0.5;扇区与扇区内:1.0		
穿透损耗/dB	20		
接收机噪声系数/dB	7		
热噪声密度/(dBm・Hz^{-1})	−174		
信道带宽/MHz	10		
基站最大传输功率/dBm	46		
基站天线增益/dBi	14		
基站天线波束宽度(基于 3 dB 准则)/deg	70		
基站天线方向性比/dB	20		
基站天线高度/m	32		
用户天线增益/dBi	0		
业务模型	满缓冲区		
用户移动速率/(km・h^{-1})	随机移动:3		
调度算法	轮询		

针对 3 种不同的仿真场景,得到相应的仿真结果如图 9-23～图 9-28 所示。

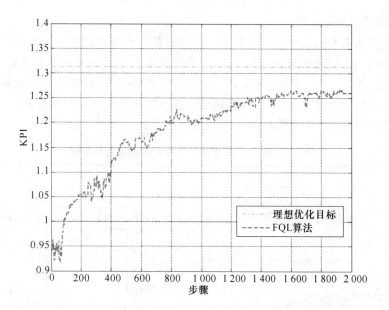

图 9-23　孤岛式使用场景 KPI 仿真结果图

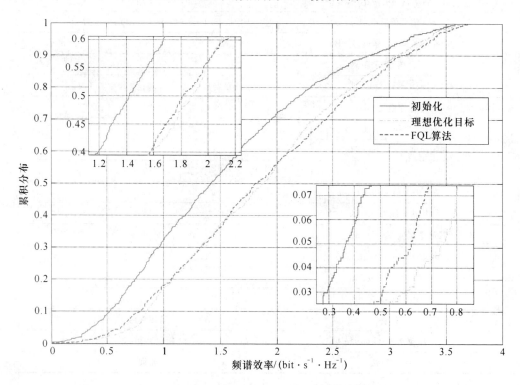

图 9-24　孤岛式使用场景用户频谱效率累积分布图

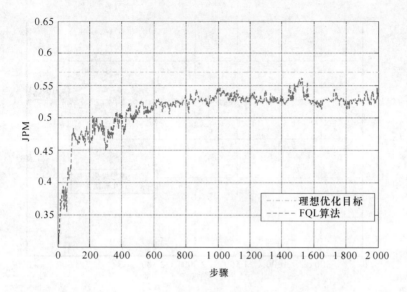

图 9-25　覆盖盲区使用场景 KPI 仿真结果图

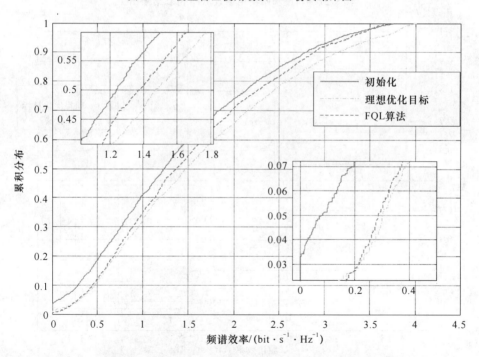

图 9-26　覆盖盲区使用场景用户频谱效率累积分布图

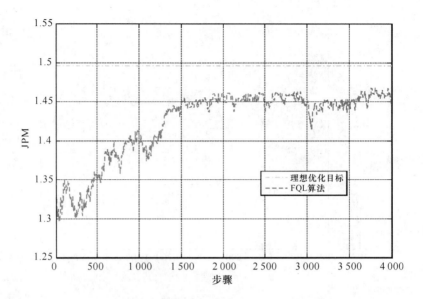

图 9-27　新设基站使用场景 KPI 仿真结果图

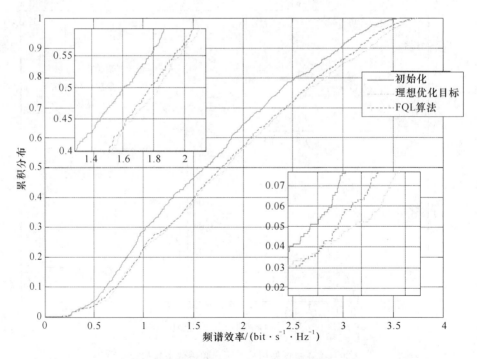

图 9-28　新设基站使用场景用户频谱效率累积分布图

　　从上述仿真结果图中可以看出，在 3 种不同的使用场景下，尽管仿真结果和理想的优化目标值相比有一定的差距，但 FQL 算法对于网络覆盖和容量的联合优化仍有较为明显的效果。此外,该算法还具有较快的收敛速度和稳定性,作为扩展,这种机器学习的算法亦可应用到 SON 自优化部分的其他方面。

本小节介绍的 LTE 网络中容量和覆盖联合优化的算法是机器学习方法在 SON 中的典型应用案例,它基于 OAM 系统中一种中心控制机制以及在基站中实现的分布式 FQL 算法。基站在网络中心实体的直接控制下,通过分析和处理来自本小区内用户设备以及邻小区的测量数据,通过适当调整天线下倾角配置来达到覆盖和容量联合优化的目标。从仿真的结果来看,该算法较好地实现了覆盖和容量联合优化的目标。

参 考 文 献

[1] 王映民,孙韶辉,等. TD-LTE 技术原理与系统设计[M]. 北京:人民邮电出版社,2010.

[2] 陈鸥. LTE 自组织管理网络(SON)[J]. 信息与电脑 网络技术,2009 (9):41-42.

[3] M Amirijoo,P Frenger,F Gunnarsson. On Self-Optimization of the Random Access Procedure in 3G Long Term Evolution[C]. New York:IFIP/IEEE International Symposium,2009.

[4] Seunghyun Choi,Wonbo Lee,Dongmyoung Kim. Automatic configuration of random access channel parameters in LTE systems[C]. Niagara Falls:IEEE Wireless Days (WD),2011.

[5] F Andrén. Optimization of Random Access in 3G Long Term Evolution [D]. Sweden:Linkoping university Department of Electrical Engineering,2009.

[6] O N C Yilmaz,J Hamalainen,S Hamalainen. Self-optimization of Random Access Channel in 3GPP LTE[C]. Istanbul:IEEE Wireless Communications and Mobile Computing Conference (IWCMC),2011.

[7] 马霓,邬钢,张晓博,等. LTE-UMTS 长期演进理论与实践[M]. 北京:人民邮电出版社,2009.

[8] 沈嘉,索士强,全海洋,等. 3GPP 长期演进(LTE)技术原理与系统设计[M]. 北京:人民邮电出版社,2008.

[9] 3GPP. TS 36. 213 Evolved Universal Terrestrial Radio Access (E-UTRA) Physical layer procedures R10 [S]. EUROPE:ETSI,2010.

[10] 3GPP. TS 36. 211 Evolved Universal Terrestrial Radio Access (E-UTRA) Physical channels and modulation R10 [S]. EUROPE:ETSI,2010.

[11] 3GPP. TR 36. 902 Evolved Universal Terrestrial Radio Access Network (E-UTRAN) Self-configuring and self-optimizing network (SON) use cases and solutions R9 [S]. EUROPE:ETSI,2010.

[12] 楚佩佳. 基于 LTE 系统的 UE 随机接入过程研究[D]. 杭州:杭州电子科技大学,2011.

第 10 章　中断检测和自补偿

用户需求不断增加导致了更新的、更复杂技术的部署以及多媒体和宽带业务的出现,这给那些需要用最低的运营开支预算来保证最好服务质量的网络工程师带来了巨大压力,因此,对于自动化的需求越来越迫切。为了简化性能评估以及故障修复过程,希望下面的过程能够自动执行:(i)能够智能地分析性能和配置管理信息之间的联系,来实时地检测当前和未来存在的问题;(ii)诊断出这些问题的根本原因;(iii)自动地给出解决方案。因此,自治愈技术应运而生,它定义为一种自发执行的行为,它可以保证网络的正常运行,或者防止破坏性问题的出现。在这种情况下,自治愈技术包含了一些与错误管理(Fault Management)、错误纠正(Fault Correction)以及操作和维护(Operation and Maintenance)有关的功能。换句话说,自治愈技术就是为了更好地进行错误检测、纠正或者缓解,同时包含了一些可以促进系统更便捷的管理技术。

自治愈主要包括小区中断探测和补偿,它们提供了基站失败后的自动缓解,尤其是在基站设备不能提供服务不能够识别并且没有告知 OAM 中断的情况下。探测和补偿是两个主要功能,两者相互协调以提供一个完整的解决方案。小区中断探测一般采用典型的多机制联合判断来确定是否发生中断,这需要探测潜在的故障情况,通常描述为"睡眠小区"。小区中断补偿通常只应用在当标准软恢复技术没有能重建正常的服务的情况下。

本章首先介绍自治愈技术的基本原理,最后重点介绍自治愈的协议流程,最后详细介绍了中断检测方法以及中断补偿方法等。

10.1　自治愈技术概述

在理想情况下,自治愈技术应该包含以下特点:

(1)多来源。能够利用那些自动收集起来的所有信息,比如从运营支撑系统获得的性能计数器、配置管理信息、警报、呼叫跟踪、收费记录等。

(2)多厂商。具备:(i)接收并解释来自不同供应商的信息来源;(ii)能够分辨来自不同基础设施厂商的产品特点;(iii)不仅仅给出通用的解决办法,而且能够针对不同设备的管理和配置提出具体的解决方法。

（3）多无线制式。能够独立地或者联合地处理所有相关的技术。这包含两层含义：(i)它必须能够通过全面的分析相邻两边的信息来分析异系统之间切换算法中的问题；(ii)它必须能够利用多无线制式分析能力来检测，比如，影响不同技术的常见问题(例如小区设备的停电、技术同步失调等问题)。

（4）灵活性。尽管人们希望能有一种包含了嵌入式算法的商业解决方案，但是它必须能够接纳那些已经被运营商或者策略制定者已经所使用的东西。

（5）可配置。它们必须为运营商提供可以配置决定着问题检测过程的高层目标的算法。

（6）能够触发其他网络自组织模块中的行为。在特定的网元中执行一种紧急的射频环境调整来暂时地解决覆盖漏洞问题。原则上，能够执行这种调整的功能可能是自优化的组成部分，大体来说，它能够通过配置来周期性地运行。既然在这种情况下需要一种紧急的特殊的自优化，这个过程需要通过自治愈的一部分来初始化，而它也可以为自优化地执行提供方案、策略和目标。

10.1.1 自治愈步骤

由于移动网络越来越复杂以及越来越多层的应用，工程师们现在处于一特殊境界，他们必须在不调用更多人力资源的情况下来管理更多的关键性能指标(Key Performance Indicators, KPI)、更多的网络设置和网络功能。在这种情况下，为了降低必须的运营成本，运营商需要找到更有效的方法来找出问题的根本原因，这样才能快速地解决问题并且防止网络在将来出现问题。

3GPP Release 9 定义了自治愈技术规范，给出了自治愈的整体流程，并且不同类型的系统问题所对应的愈合方法也确定下来。此外，Release 9 还定义了 3 种具体的自治愈场景：网元软件的自我恢复、电路板故障的自治愈以及小区中断自治愈。

该问题的本质为几乎所有现存的已经在移动网络中研究和应用的自检测技术打开了大门。下面简要介绍经典的故障修理(TS 过程)，解释如何在蜂窝网络自组织的框架下应用自治愈技术。自治愈过程包括下列步骤：

- 检测。检测出正在发生或将要发生的问题。
- 诊断。找出已检测出问题的根本原因。
- 愈合。找到并运用合适的方法来(全部或部分、永久或暂时)恢复服务。

1. 检测

小区性能下降和中断本质是存在一些严重影响服务质量(QoS)的问题，这对网络性能有着巨大的影响。蜂窝网络中的中断严重程度可能不同，产生的原因也不一样。小区、物理信道的中断可能是由硬件或软件的故障(射频板故障、信道处理运行错误等)、停电或者网络连接错误引起的，甚至可能是因为配置错误。一个自治愈系统应该能够检测出明显存在的问题，并且能够根据对已有数据趋势地分析对未来将要发生的问题进行预测。

被动检测是最简单的方法，实现起来很方便。比如可以选定一系列相关的 KPI 阈值，当一个或多个 KPI 指标不满足阈值时触发中断指示。或者可以通过将一系列的 KPI 指数加权组合成一个统一的健康指数（Health Indicator，HI）。HI 指数需要精心设计，避免掩盖网络中出现的问题。例如，在某种情况下 HI 由 3 个 KPI（X,Y,Z）指数组成，Z 出现的严重问题可能会由于 X 和 Y 的性能优越而被掩盖。

主动检测需要对可能的输入进行更详细的分析，因为目标是在问题变严重之前检测出它们的存在。这种分析基于概率的估计，通常需要利用数据趋势（比如指标性能的下降）和以前处理类似问题的经验来预测网络将来或者一个小区将要出现明显中断时的性能。

2. 诊断

在这种情形下，诊断是找到已检测出的问题发生的根本原因，这个原因是多种多样的，除了不断变化的无线网络环境外，还有可能是人为的操作失误（这将导致错误的网络配置），或者是由硬件或软件引起的设备故障。为了应对复杂的问题，在自治愈技术中应用人工智能变得很有必要。这些技术的复杂和精密程度不一样，既有以简单规则为基础的系统应用，也有更精细的方案，比如神经网络。

3. 愈合

在自治愈的 3 部分中，给出一种愈合方案将非常具有挑战。愈合措施通常都是人工执行，将自动化技术引入愈合过程中会使运营商的内部流程发生重大改变。

除了组织方面的问题外，自动地生成和执行正确的自治愈步骤也有着许多无线制式上的难题，比如需要对一系列的网元和系统接口进行兼容，同样也需要检验愈合过程的正确性。而且，给出的愈合方法中很多都不能远程执行（比如硬件替换、改变机械的倾角等）。因此，即是在最理想的场景中也不太可能对所有的问题都提出一种完全自动化的解决方案。

10.1.2　自治愈输入

由于移动网络的动态特性和相关组成元素繁多的特性，小区中断的原因有很多：从硬件故障到配置问题，甚至可能是由于外部因素导致的性能暂时下降，比如恶劣的天气，这种情况是不需要采取任何自治愈措施的。通常，问题的出现不是由一个孤立的原因导致，而是由很多同时发生的因素引起，这些因素之间的关系很复杂，不能简单地分开。因此，分析一个小区出现问题的原因是一项复杂烦琐的工作，这需要考虑很多可能的原因，也需要对大量的、多样化的信息来源有所了解。这些信息可以分为几类，如下所示：

- 配置管理数据（包括历史记录）；
- 性能管理数据（包括历史记录）；

- 调频数据或者系统警报；
- 呼叫追踪；
- 网络拓扑信息。

10.1.3 小区中断探测

探测和补偿为运营商带来不同的好处，在传统的蜂窝网中，设备一旦出现问题，通常由在这个服务区域的用户向运营商反映以得到解决，而运营商通常是无法根据经验知道问题是何时出现的。小区中断探测保证了运营商在终端用户之前知道故障。

小区中断补偿能够暂时缓解由小区退服所导致的问题——补偿模式缓解中断，但是给用户提供的服务等级受局部拓扑结构、与邻小区间的距离和可用容量限制。

小区中断探测利用收集测量数据和信息来判断一个小区是否正常工作。探测包括了 OAM 发现问题后的主动通知。

在完全的基站失败中，OAM 将不能与基站进行信息交互来判断这个小区是否在服务。缺少交互信息是 OAM 回传错误所导致的结果而不是该站点失效的指示。这样的情况下，网络管理者需要其他信息来判断这个问题。如果小区还在服务中，它将持续与核心网交互信息，所以网管应该可以通过核心网信息来判断是否与某些基站或小区有持续的信息交互。

潜在错误判决机制是指当故障探测到相关依据时就会触发相关补偿方法，例如统计数据异常，而不是基于某些警告或者状态改变。这是对于小区中断探测场景的最大挑战，因为 OAM 指示将指出它持续正常工作。这种类型的探测可能通过统计量和激活看门狗计时器来获得。通常运营商会有一套通用的策略，其中的每一条策略都描述为判定小区中断的状态及事件的集合。通过利用一系列"小区类型"特定规定（规定所有不同类型小区使用分开的或者附加政策）可能会改善现状。基于事件的探测机制的主要意义在于描述每个小区一段时间/天内的基本情况。这是通过一段时间收集统计量并且逐步建立统计在天、周末、工作日特定时间所期望的性能统计数据来实现的。当收集的一个小区的统计值严重偏离了往常小区呈现的值，就有可能存在潜在的故障。

10.1.4 小区中断补偿

在考虑很多复杂的可用的配置来保证邻小区可以服务受小区中断影响的区域之前，应该了解到在大部分城市地区，大部分外部用户有可能从他的邻小区获得至少最低标准的服务，而不需要任何重新配置。

在如图 10-1 所示的例子中，基站 1（B 扇区）发生中断。注意到基站 1（A 扇区和

C 扇区），还有基站 3（扇区 A）和基站 2（扇区 C）有部分重叠区域。由于基站 1（扇区 B）干扰的消除，这些小区边缘性能会有略微提升。

典型的，基于天线下倾角的补偿对于相对扇区是有限的，例如，基站 2（扇区 C）和基站 3（扇区 A），由于调整下倾角对小区边缘覆盖影响最大而对共站邻扇区边缘覆盖影响最小。所以，调整基站 1（A 扇区和 C 扇区）的下倾角可能坏处比好处更多。

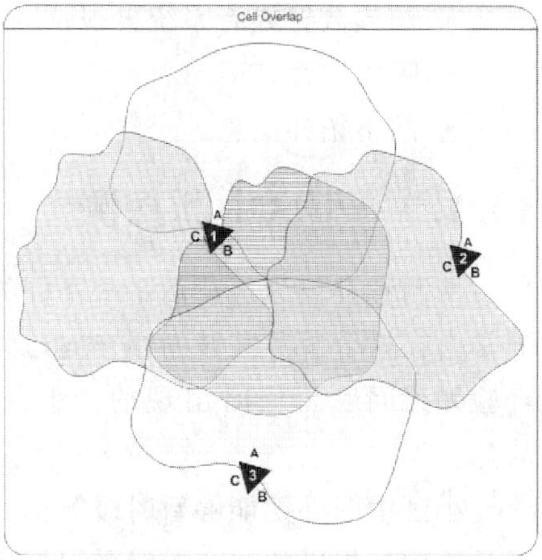

解决邻区交叠问题需要注意以下 3 个方面：

（1）邻区

当某个小区发生中断时，必须将该中断区

图 10-1 中断补偿场景

域相对位置的小区配置为邻区。在大部分情况下，这种关系默认存在，因为大部分邻区规划，不管是手动还是自动，倾向于包含一个邻小区的第二圈邻区，而并不只是直接相邻的邻区。让自动邻区关系用例用在那些中断周围的小区也是很有利的，它可以用来保证没有漏掉重要的邻区。大部分情况下，添加的支持邻小区中断的邻区在正常服务重建之后不需要删除。

（2）物理小区标识

发生中断后，邻区关系也会随之产生改变，因此需要对 PCI 进行检查。

- 邻区间不能使用相同的 PCI。
- 一个特定小区的所有邻区不能共用相同的 PCI。

用运营商重新检查邻区的方法使这些 PCI 重新生效，可以保证不会破坏任何规则。对于新配置的邻区，通常按最坏的情况来规划 PCI 分配是有利的，就像小区为邻区中断提供覆盖。

（3）覆盖范围

有 3 种方法来调整小区覆盖范围：

- 切换参数偏移量

在一定范围内，可以通过调整小区的偏移值 CIO 或类似的参数来调整与直接邻区间的切换边界。然而这与调整基于小区中断引起的覆盖问题没有联系。

- 发送功率

发送功率对小区边界有直接影响，然而，大部分小区规划都采用最大发射功率，几乎没有空间使一个小区朝小区中断方向增加覆盖。

- 天线调整

大部分关于小区中断覆盖调整的讨论都集中于改变天线模式为邻小区增加覆盖。大部分情况下要改变天线下倾角,也就是改变垂直模式。然而,新型天线技术可以按照覆盖要求进行更为复杂的调整。

通过无线规划工具厂商和天线制造商之间的合作,波束成型可以基于由无线规划工具提供的数据进行调整。天线接口标准组(Antenna Interface Standards Group,AISG)规定了天线下倾角和方向角调整标准。这与3GPP标准中的电子下倾角天线一致(参见TS 25.460~TS 25.463)。AISG已经在一些2G和3G的网络中得以应用,并且希望在LTE中能够被广泛应用。

如何保证天线调整可以增强某个区域的覆盖,同时不减弱其他区域的覆盖或对其他区域带来较大的干扰,是利用天线模式调整支持SON所面临的巨大挑战。SON需要收集足够的测量值来预测天线模式调整带来的影响。SON的目标是发生小区中断后,周围小区根据其邻区关系调整天线模式来补偿由中断产生的覆盖空洞。

RAN OAM路径关闭的问题检测主要基于以下基本数据:

- 传统的警示失败的FM信息;
- 潜在故障场景下探测数据;
- 邻区报告来帮助探测潜在的失败;
- 对于网元仍然工作,而RAN OAM路径关闭的问题检测的核心数据。

小区故障情况交给了故障管理处理,一些设备厂商或者运营商可能选择人工处理这些问题。当一个故障不能在几分钟内远程的解决时,就需要采用小区中断补偿技术。在小区中断补偿过程中,SON将持续监视受影响的小区,而且一旦发现这个小区准备服务了,它将重新开启小区并且退出补偿。

10.2 自治愈协议流程

自治愈功能能够自动、快速、准确地检测和定位影响网络性能的故障,并进行自动恢复,以确保用户连续、高质量的进行通信。其目的是当发生小区中断时,通过快速的探测定位中断小区并通过小区中断补偿措施来缓解网络性能恶化。具备自治愈功能的小区能独立或联合地调整无线参数及相关算法,使无线系统性能损失降到最低,同时还大大降低维护成本和人员投入。

可能导致小区中断的网络故障原因有很多,比如硬件和软件故障,网络连接失败,甚至是错误的配置参数都可能导致小区中断。

为了实现网络自治愈,要求移动蜂窝网络具有小区中断探测和小区中断补偿两部分的功能。其中小区中断探测是自治愈的基础和前提,小区中断补偿是自治愈的核心和关键。自治愈中断管理场景如图10-2所示。

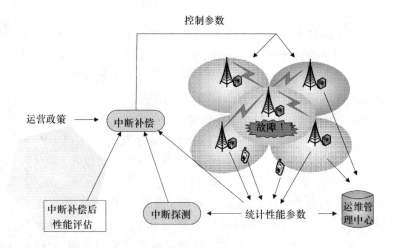

图 10-2　中断管理场景图

中断探测模块收集来自移动台（UE）、eNB、运维管理中心（OAM）的测量数据，对它们进行分析处理从而判断是否有小区发生中断——若有，则触发中断补偿功能，调整相邻基站的无线参数，以补偿中断用户恶化的服务质量。图 10-2 中的中间基站发生了中断，通过补偿算法，其相邻小区提高了覆盖，补偿了中断小区造成的覆盖漏洞。补偿后还需要对该区域进行实时监控并评估补偿后的网络整体性能，以保证达到补偿的目标，且尽量不对补偿小区中的原有用户产生过大的影响。

　　在 3GPP TS 32.541 中给出了小区中断场景如图 10-3 所示，即在整个小区覆盖范围内失去所有的信号服务。具体的说，在这种整个小区覆盖范围下完全失去服务信号的小区中断场景下，不管是处于小区中心的用户（CCU），还是处于边缘的用户都无法建立 RRC 连接。

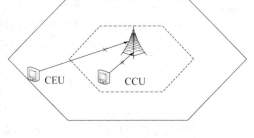

图 10-3　小区中断场景

　　针对上述中断场景，研究任务是通过采集和分析相关性能数据，及时地检测和诊断出上述的故障小区，并通过相关补偿策略，快速恢复中断小区范围的用户服务，以达到对用户的最低程度的影响。

　　图 10-4 表示了通常的小区中断探测和补偿过程。它分为小区中断探测、故障管理、小区中断补偿 3 个部分。在具体执行时的细节差异很大：小区故障情况交给了故障管理处理；一些设备厂商或者运营商可能选择人工处理这些问题；当一个故障不能在几分钟内远程解决时，就需要采用小区中断补偿技术。在小区中断补偿过程中，SON 将持续监视受影响的小区，而且一旦发现这个小区准备服务了，它将重新开启小区并且退出补偿。

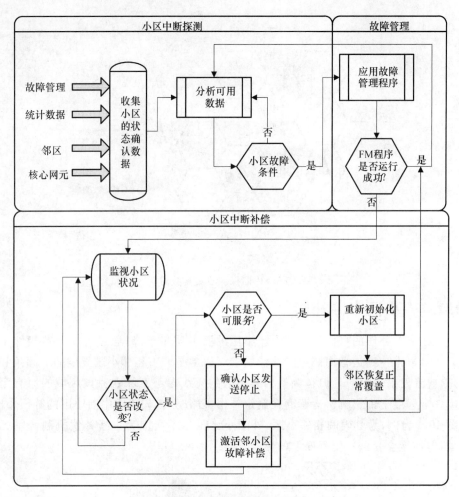

图 10-4 中断探测和补偿过程

10.2.1 小区中断探测

　　小区中断探测机制在实施中首先需要收集来自 UE、eNB、OAM 等的测量信息，并提取能够准确判断小区性能中断的数据信息。如图 10-5 所示，假设 eNB 1 发生了中断，UE1 是 eNB 1 服务的一个用户，UE2 是 eNB 2 服务的一个用户，它们均可以接收到来自服务小区和邻小区的信号。OAM 通过发现 eNB 1 上报的用户 RSRP 突然下降，或者通过发现 eNB 2 中的用户 CQI 突然升高，均可以判断 eNB 1 可能发生了中断。图 10-5 中右侧描述了 UE、eNB、OAM 可以收集到的用以实现中断探测的参数。可探测和提取的数据信息并不是完备的，而无线网络的性能又是时变的，所以需要高效的小区中断探测方法在有限的探测信息前提下实现准确的小区中断探测。

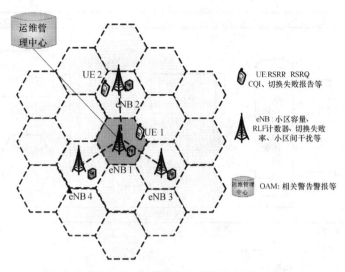

图 10-5　中断探测收集参数过程

10.2.2　小区中断补偿

　　小区中断补偿的目标是缓解中断小区的服务质量下降，通过自动调整相邻小区的无线参数来达到运营商制定的补偿要求。通常是调整相邻小区天线的下倾角和方位角，或者发射功率[5]。但是调整相邻小区的无线参数意味着对该区域的原有用户产生一定程度上的影响。运营商在制定补偿策略时，首先确定中断小区的补偿小区，以图 10-6 为例，为其内圈相邻小区，外圈小区虽然不会因为中断补偿机制调整无线参数，但性能会受到一定程度上的影响。

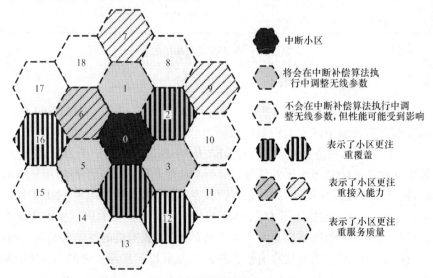

图 10-6　设置中断补偿机制时考虑的小区情况

具体的无线参数调整方案,会因为不同的小区需求而发生变化。比如,一个小区需要维持较大的覆盖面积,这个小区将把覆盖作为首要考虑的因素,而对于用户数较多的小区,则应更多地考虑用户接入率或者服务质量,这造成了制定中断补偿目标以及调整参数是一个非常复杂的过程。所以运营商在制定策略时,需要考虑每一个补偿小区的必要需求,中断区域补偿后覆盖和容量之间的平衡,以及补偿小区性能下降和中断小区性能增强之间的平衡。

10.2.3　中断探测和补偿的评价机制

评价中断探测机制通常利用如下指标:

(1)探测延时:$T_{detect} - T_{fail}$,即中断发生了多久以后,中断才被探测到,相关时间描述如图 10-7 所示。

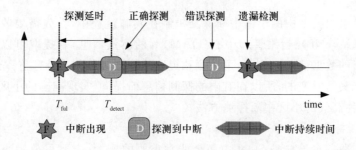

图 10-7　小区中断探测时间轴

(2)成功探测的概率:N_{detect}/N_{fail},即实际发生的中断次数中被正确探测到的概率。

(3)错误探测的概率:$N_{false}/(N_{false}+N_{detect})$,即探测到中断的次数中是错误探测的概率。

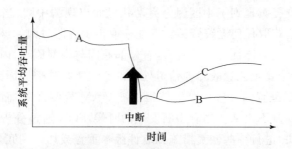

图 10-8　中断前后性能比较

评价中断补偿机制可以通过网络中的参数变化对比,比如系统容量、覆盖情况以及用户服务质量等。为了评价中断补偿机制,通常定义 3 个阶段,如图 10-8 所示,阶段 A 表示了没有发生中断时的系统平均吞吐量，阶段 B 和阶段 C 分别表示发生了中断之后不采用中断补偿机制，以及采用中断补偿机制以后的系统平均吞吐量。

10.2.4　自治愈挑战

1. 中断探测

目前，小区中断的部分故障是由运维管理中心（Operation Administration and Maintenance，OAM）通过警报或性能监视器来发现的，这样，某些小区中断往往需要很长时间（长达数小时或数天）才能被探测到，或者是通过长时间的性能分析或用户反馈才被发现。而且，现在的故障发现和识别都牵涉到大量的人力分析，以及对基站的不断访问，使得中断探测定位既费时，又低效。因此，网络自组织技术中的中断探测因其能够提高网络运维的效率，并减少人为干预，降低网络维护的成本，成为业内关注的焦点。

网络自组织技术中的小区中断探测机制在实施过程中，首先需要收集来自移动台（UE）、基站（eNB）、运维管理中心（OAM）等的测量信息，并提取可以准确判断小区性能中断的数据信息。然而，可探测和提取的数据信息并不是完整齐全的，而无线网络的性能又是时变的，所以在有限的探测信息前提下，实现准确的小区中断探测定位，需要一种高效的小区中断探测方法。

2. 中断补偿

多小区覆盖自治愈是 SON 中一个非常重要的概念，主要可分为小区中断检测（COD）和小区中断补偿（COC）。中断检测需确保维护中心比终端用户先知道中断是否发生、何种中断发生并及时触发采取补偿措施，减少人工操作及分析，尽可能准确及时地报告基站运行中出现的故障及原因，中断补偿则旨在通过小区间的协作修复故障基站，使之能够补偿中断小区，暂时减轻由中断带来的损失。总体上，中断自治愈能够实现覆盖中断快速有效恢复、降低系统容量损失、减少小区间干扰、减少人工干预等。有标准提案提到了小区因为突发状况而出现的中断，当一个小区覆盖区域的所有 UE 无法获取任何无线资源或只能获取很少资源时则称该小区处于中断状态。导致发生中断的可能性有很多种[7]，有外部原因与内部原因，内部诸如软件与硬件的故障（包括信号发生装置故障与信道处理的错误等），外部原因诸如断电、网络连接失败或者是错误配置。一些中断能够很快被 OAM 检测出来，而有一些则可能数小时甚至几天都检测不出来。当有中断发生的时候，SON 通过分析内部设备的日志查找中断发生源头，进行一些恢复措施如软件版本重置或切换到冗余配置，如果不能够通过这些方法解决的话，就通过邻小区间的协作进行邻小区覆盖范围调整，从而对中断小区用户进行覆盖。

在多小区自治愈方面已经有所研究，检测中断发生的信息可以来自多方面，包括从 eNB、UE、OAM 得到的测量信息，但是由于信息量很大，如果都考虑在内，势必会增加运算量,增加时间复杂度,可以选取其中的一些关键参数来检测中断的发生,例如,M. Amirijoo 给出了基于检测延时和检测成功率/误检率来衡量中断检测的标准,并且提出了中断管理以及检测与补偿关键点的框架。同时对调整不同控制参数时对于自治愈能力的比较,最后得出结论在上行的接收功率及天线角度对于覆盖范围的影响最大,而上行接收功率对于吞吐量的影响最大。对于自治愈问题,最终可以归结于邻小区间的协作,有论文提出了利用模糊强制学习型算法来解决自治愈问题,具体是通过调整邻小区的天线角度或发射功率。也可以通过统计学的方法对参数进行分析与比较,通过干扰矩阵及局部最优方案引进了 SLAH(Statistical Learning Automated Healing)算法,获取 KPI 与 RRM(Radio Resource Management)之间的关系,然后通过优化方案优化 RRM 参数来提高性能退化或中断小区的 KPI,其中所需要的迭代次数并不多,所以时间复杂度并不是很高。

10.3 中断检测方法和性能

10.3.1 基于动态聚类算法的中断探测方法

考虑将无线蜂窝网络划分成多个侦听区域,每个侦听区域由地形特点,业务量类似的多个小区组成。如图 10-9 所示,系统模型设置:19 个六边形小区,每个小区 3 个扇区,构成一个侦听区域。小区中断探测机制在实施中首先需要收集来自 UE、eNB、OAM 等的测量信息,并提取能够准确判断小区性能中断的数据信息。在一个侦听周期内,用户在触发 A3 事件时,同时将其各个 KPI 参数和位置信息上报给基站;在每个侦听周期内,基站将接收到的这些数据上报给 OAM,OAM 采用聚类分析方法根据这些数据对用户进行分类;并根据聚类分析结果,判断侦听区域中是否有小区发生中断;若发生中断,再根据各类用户在网络中的分布定位中断小区,并统计发生中断的小区数量和区分小区中断的类型,保证及时发现网络故障,并触发相应补偿措施。在图 10-9 所示的侦听区域中,设置两个中断小区,利用非正常的天线增益设置,来模拟两个不同中断程度的中断小区,通过将这两个小区定位出来,并且能将它们区分开来,以便触发不同的相应的补偿措施。

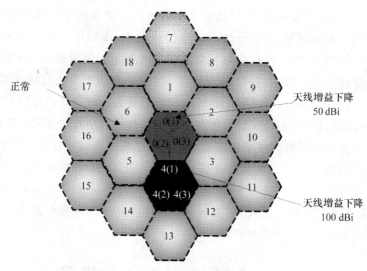

图 10-9　系统模型

1. 方法和算法

用户在触发 A3 事件时，将其各个 KPI 参数（服务小区和邻小区的最大参考信号接收功率 $RSRP_s$ 和 $RSRP_n$（Reference Signal Receiving Power），服务小区和邻小区的最大参考信号接收质量 $RSRQ_s$ 和 $RSRQ_n$（Reference Signal Receiving Quality）及其位置坐标(U_X, U_Y)同时上报给基站；在每个侦听周期内，基站再将这些 KPI 参数和位置信息上报给 OAM。

OAM 将收集的触发 A3 事件的各个用户及其 KPI 参数组成用户集合 $D=\{X_1, X_2, \cdots, X_i, \cdots, X_N\}$，每个用户携带 4 个 KPI 参数组成该用户的 KPI 参数向量，即 $X_i=(RSRP_{si}, RSRP_{ni}, RSRQ_{si}, RSRQ_{mi})$ 作为参与聚类算法的一个数据点。

采用动态 AP 聚类算法对集合 $D=\{X_1, X_2, \cdots, X_i, \cdots, X_N\}$ 中的所有用户进行分类：

（1）计算其中任意两个数据点 X_i 和 X_k 之间的相似度 $s(i,k)$：$s(i,k)=-\parallel X_i-X_k \parallel^2$ 且 $i\neq k$；当 $i=k$ 时，定义数据点 X_k 的偏向参数 $p_k=s(k,k)$，其数值大小能够决定该数据点 X_k 成为聚类中心的可能性的大小。此时，先假设所有数据点成为聚类中心的可能性相同，即 $s(k,k)=p_k=p$。在动态 AP 算法中，引入偏向参数 p 的动态调整范围 $p\in[p_{\min}, p_{\max}]$，使得其对应的聚类分类个数的范围为 $[2, \lceil\sqrt{N}\rceil]$；然后，设置初始偏向参数 $p=p_{\max}$。

（2）按照任意两个不同数据点 X_i 和 X_k 之间的响应度 $r(i,k)$ 和效应度 $a(i,k)$ 的下述 3 个计算公式，进行传统 AP 聚类算法的迭代运算，且每一次迭代运算都要更新下述两种参数：响应度 $r(i,k)$ 和效应度 $a(i,k)$。

响应度 $r(i,k)=s(i,k)-\max\limits_{k'\neq k}\{a(i,k')+s(i,k')\}$ 是数据点 X_k 适宜作为数据点

X_i 的聚类中心的程度。

当 $i \neq k$ 时,效应度 $a(i,k) = \min\left\{0, r(k,k) + \sum\limits_{i' \notin \{i,k\}} \max\{0, r(i',k)\}\right\}$。

当 $i = k$ 时,效应度 $a(k,k) = \sum\limits_{i' \neq k} \max\{0, r(i',k)\}$ 是数据点 X_i 选择数据点 X_k 作为其聚类中心的适合程度。

为避免迭代计算过程中因震荡造成聚类结果的来回摆动,在每次循环迭代 t 计算过程中,引入阻尼系数 $\lambda \in [0,1]$,使得每次迭代的响应度 $r(i,k)$ 和效应度 $a(i,k)$ 都根据下述两个公式 $r(i,k)^t = (1-\lambda)r(i,k)^{t-1} + \lambda r(i,k)^t$ 和 $a(i,k)^t = (1-\lambda)a(i,k)^{t-1} + \lambda a(i,k)^t$ 进行加权更新;其中,t 为迭代次数。

每次迭代结束后,依据公式 $\text{center}_i = \underset{k}{\arg\max}\{r(i,k) + a(i,k)\}$ 判断数据点 X_i 的聚类中心,式中,center 为数据点 X_i 的聚类中心,迭代结束产生的所有聚类中心的个数就是所有用户 $D = \{X_1, X_2, \cdots, X_i, \cdots, X_N\}$ 被聚类分类的总类别个数。

在迭代算法执行过程中,随时观察和判断聚类结果是否保持稳定;若是,则表明算法收敛,并产生聚类结果,结束该步骤,跳转执行(4);否则,即算法迭代达到最大迭代次数,聚类结果仍存在摆动,则表示算法无法收敛,即执行(3)。

(3) 将当前设置的偏向参数 p 的数值降低第一个设定步长 p_{step1} 后,返回执行(2)后,再次判断是否使得聚类结果实现收敛;直到聚类结果实现收敛时,才停止迭代运算,并输出聚类结果。

(4) 为获得不同分类个数下的分类结果,以便对不同分类个数对应的分类结果进行聚类质量的比较,实现最优分类;在(2)获得一个聚类结果后,还将 p 的数值下降第二个设定步长 p_{step2},返回执行(2);然后继续将参数 p 的数值下降而执行迭代操作,直到降至初始设定的偏向参数 p 值的动态调整范围下限 p_{min},以便获得多个分类个数下的不同分类结果。

(5) 采用聚类质量评价指标 $\text{SL}(j) = \dfrac{b(j) - a(j)}{\max\{a(j), b(j)\}}$ 评价每个数据点 X_j 的聚类质量,进而评价不同聚类分类个数下的聚类质量;其中,自然数下标 j 为用户序号,其最大值为 N。假设分类个数 $c = \{c_1, c_2, \cdots, c_i, \cdots, c_K\}$ 总共有 K 类,X_j 属于其中的一类 c_i,式中,$a(j)$ 为数据点 X_j 与它所属类 c_i 的其他数据点间的平均距离;因 $d(X_j, c_{other})$ 为数据点 X_j 到另一类 c_{other} 的所有数据点的平均距离,故 $b(j) = \min\{d(X_j, c_{other})\}$ 是该数据点 X_j 到其他所有各类 c_{other} 的其他数据点之间的最小平均距离,$c_{other} \in \{c_1, c_2, \cdots, c_k\}$ 且 $c_{other} \neq c_i$;类 c_i 的平均聚类质量为 $\text{SL}_{av}(c_i) = \dfrac{1}{m}\sum\limits_{j=1}^{m}\text{SL}(j)$,式中,$m$ 为该类 c_i 所包含的数据点总数;并从 K 类 $c = \{c_1, c_2, \cdots, c_K\}$ 的 $\text{SL}_{av}(c_i)$ 中寻找得到最小值 $\text{SL}_{min}(K) = \min\{\text{SL}_{av}(c_i)\}$,作为本次分类的 K 类中包括类内紧凑度或类间可分度的聚类质量最差的类;再从偏向参数 $p \in [p_{min}, p_{max}]$ 所确定的从 2 到 $\lceil \sqrt{N} \rceil$ 的多个分类个数的分类结果所对应的多个聚类质量评价指标 $\{\text{SL}_{min}(K)\}$ 中

寻找最大值，则该最大值对应的 K 就是最优聚类的分类个数，即最优分类个数为 $\text{opti\_cluster} = \underset{K}{\arg\max}\{\text{SL}_{\min}(K)\}$。

OAM 判断该最优分类对应的聚类质量评价指标值是否小于门限值，若是，则说明触发 A3 事件的用户数据点的聚类可分性差，也就是所有触发 A3 事件的用户性能之间差异不显著，故判断该侦听区域内没有发生小区中断；否则，即该最优分类的聚类质量评价指标大于门限值，说明该聚类的可分性好，表示该侦听区域内触发 A3 事件的用户数据点之间存在差异，则判断该侦听区域存在小区中断。

OAM 提取所有触发 A3 事件的用户位置坐标(U_X, U_Y)，根据最优分类个数，将各类中的用户数据点都映射到网络侦听区域的小区拓扑中；并判断是否有某个分类中的数据点超过设定门限比例值的数据点集中于同一小区，若是，则判断该小区为中断小区，并统计中断小区的数量和区分小区中断的类型；若否，则判断没有小区发生中断。

2. 结果和性能

中断探测仿真场景设置如系统模型中图 10-9 所示，设置扇区 0(1)天线增益对比正常天线增益下降 50 dBi，扇区 4(1)天线增益对比正常天线增益下降 100 dBi，用来表示两种不同类型的中断小区。基于聚类算法的中断探测方法，将一个侦听周期内的触发 A3 事件用户的 KPI 信息组成数据向量，基于动态 AP 算法对这些用户进行分类。图 10-10 为不同聚类数目下对应的聚类评价指标，由于取的聚类评价指标值越大说明聚类质量越高，也就是意味着类内越紧凑，类间可分度越高，故从图中可以看出把触发 A3 事件用户分为三类为最优。图 10-11 为将这些用户分为三类时的示意图，根据不同的分类提取用户位置坐标映射到网络拓扑中，如图 10-12 所示，某两类的数据分别集中于两个小区内，而另一类数据则均匀分布在其他小区的边缘，进而定位了中断小区的位置，且区分了两种不同的中断小区，与原先设定的仿真场景相符，说明通过该方法可以在无任何人工干预的情况下，准确地探测出侦听区域中的故障并定位。

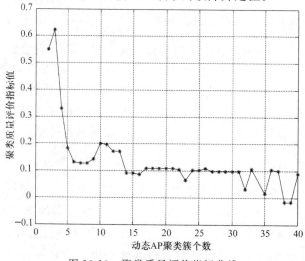

图 10-10　聚类质量评价指标曲线

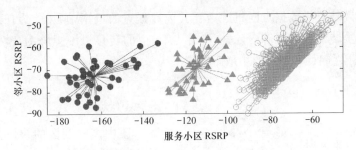

图 10-11　触发 A3 事件用户最优分类图

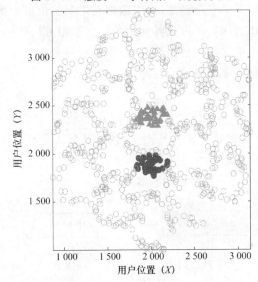

图 10-12　触发 A3 事件用户分布图

10.3.2　基于扩散映射和 k-均值分类的中断检测算法描述

对一个给定的高维数据集 $X=\{x_1,x_2,\cdots,x_N\}$，$x_i \in R^D$，从中提取出一个 d 维 $(d<D)$ 的流形特征 Y，扩散映射方法的实现步骤如下。

1. 算法

首先，根据给定数据点 x_i 建立一个与之对应的图，使用高斯函数定义图中边的权值，得到一个权值矩阵 W，其元素为

$$w_{ij}=\exp\left(-\frac{\|x_i-x_j\|}{2\sigma^2}\right),i,j=1,2\cdots N$$

式中，σ 为高斯核的方差，σ 越大，权值越大。然后通过归一化技术，将矩阵 W 的每行之和单位化为 1，可以得到归一化的权值矩阵 $P^{(1)}$，其元素为

$$p_{ij}^{(1)}=\frac{w_{ij}}{\sum\limits_{k}w_{ik}}$$

此矩阵可看做是对应数据点随机游走到其他数据点的概率，则 $P^{(1)}$ 为任意两个数据点之间的一步转移概率矩阵，经过 t 步游走，相应的转移概率矩阵为 $P^{(t)} = (P^{(1)})^t$，两点 x_i 和 x_j 之间的 t 步后的扩散距离定义为

$$D^{(t)}(x_i, x_j) = \sqrt{\sum_k \frac{(p^t_{ik} - p^t_{jk})}{\varphi(x_k)}}$$

式中，$\varphi(x_i) = \dfrac{m_i}{\sum_j m_j}$，$m_i = \sum_j p_{ij}$。$\varphi(x_i)$ 描述了图中高密度区的权值更大这一属性。从上式可以得出，图中点越密集，成对数据点之间的扩散距离越小。扩散距离考虑了连接两点所有边的贡献，所以比其他一些流行学习方法鲁棒性更强。

最后一步，在保持扩散距离的条件下，提取低维流形 Y。根据 Markov 随机路的谱图理论，Y 由下式的 d 个非平凡的主特征向量构成。

$$P^t Y = \lambda Y$$

由于是全连接图，最大特征值（即 $\lambda_1 = 1$）是平凡的，其对应的特征向量 v_1 应舍弃。低维流形 Y 由其余的 d 个主特征向量给出，及下式所示。

$$Y = \{\lambda_2 v_2, \lambda_3 v_3, \cdots, \lambda_{d+1} v_{d+1}\}$$

如图 10-13 所示为自治愈功能中小区中断检测、判决和定位流程图，其具体实施过程如下。

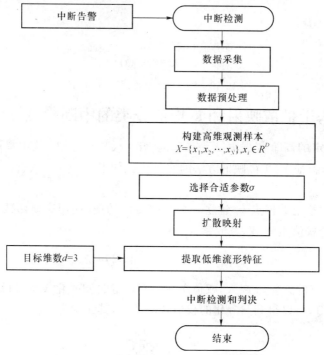

图 10-13　小区中断检测、判决和定位流程图

(1) 阶段一

步骤1:网络告警触发,进入小区中断检测入口。

步骤2:参数采集,以 SNR、RSRP、小区内干扰、eNB 小区间干扰、BLER、RLF、发射功率、CQI、一段时间的统计数接入失败数、切换失败数掉话数等无线性能参数作为 D 维采集数据。

步骤3:数据预处理,利用插值方法对缺失值进行补齐。设定重要性权值对各种属性进行统一并对数据点各属性值归一化处理。

步骤4:构建高维观测数据 $X = \{x_1, x_2, \cdots, x_N\}, x_i \in R^D$。

(2) 阶段二

步骤1:选择高斯核函数的方差 σ,以及目标数据的维数 d。

步骤2:高维观测数据通过扩散映射得到低维流形特征 $Y = \{y_1, y_2, \cdots, y_N\}, y_i \in R^d$。

步骤3:对所得到低维流形特征数据,在低维空间进行分类有以下两种方案准则。

① 准则一

假设数据采样点来自于中断预警前后各一半,如果流形特征空间仅存在单一的区域,则判定基站工作正常。如果出现两个以上的区域则判定基站出现故障。

② 准则二

假定数据采样点都来自于基站预警以后的性能数据,低维的数据特征的统计量参数有:均值、标准差、峰值、均方根值、峰峰值。以均值为例,设定门限值 $\mu = \{\mu_1, \mu_2, \mu_3\}$(根据预警前数据流形特征的均值),则三维数据由单值门限可以将其分为 8 种类型。若除去没有发生中断这种情况,至多可以将中断类型分为 7 种,通常小区中断率非常之低,7 种类型已经足够,根据实际网络性能恢复需求可以将某些中断类型合并。

这种方案可以充分利用网络性能参数,实时监测网络运行状况,能快速检测出网络中突发的小区中断,并且进行故障判决,为快速小区性能恢复做好准备。

2. 仿真结果

中断检测的仿真分析是基于 Mapinfor 软件做的。图 10-14 显示的是某市区内的 7 个基站分布,左图为中断前的小区分布,右图是中心小区中断后的小区分布。

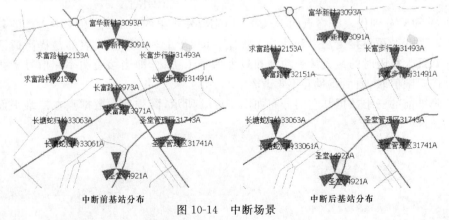

中断前基站分布　　　　　　　　　中断后基站分布

图 10-14　中断场景

　　其中这 7 个基站的系统参数配置如表 10-1 所示。

表 10-1　基于扩散映射和 K-均值分类的中断检测方法仿真参数设置

参数	参数值
传播模型	COST-231 Hata
小区数量	3 * 7
PCCPCH 功率/dBm	25
最大发射功率/dBm	45
波束宽度/(°)	65
下倾角/(°)	6
机械下倾角/(°)	0
电下倾角/(°)	6
中断小区数量	3
中断程度	完全中断

　　用于扩散降维的数据,来源于图 10-14 介绍 Mapinfo 软件的蜂窝网络的仿真系统,这里具体介绍一下采集的数据种类。其中用于标注位置的信息有二维坐标值,用于降维的数据有三维:RSCP,CIR 和 F_RSCP_CIR,其中 F_RSCP_CIR 是由下面 3 个式子确定:

$$F\_RSCP\_CIR = \begin{cases} af_1(x) + bf_2(y), & x > RSCP_{min}, y > CIR_{min} \\ 0, & \text{其他} \end{cases}$$

$$f_1(x) = \begin{cases} 1 - \exp\left(\dfrac{x - RSCP_{min}}{x - RSCP_{max}}\right), & RSCP_{min} < x < RSCP_{max} \\ 1, & x \geqslant RSCP_{max} \end{cases}$$

$$f_2(y) = \begin{cases} 1 - \exp\left(\dfrac{y - CIR_{min}}{y - CIR_{max}}\right), & CIR_{min} < y < CIR_{max} \\ 1, & y \geqslant CIR_{max} \end{cases}$$

式中,x 和 y 分别代表栅格点的 RSCP 和 CIR,公式中的 $RSCP_{min}$ 和 CIR_{min} 指的是维持基本通话的最小接受功率和信号干扰比。$RSCP_{max}$ 和 CIR_{max} 代表的是提高通话质量达到最大极限时的最大接受功率和最大信号干扰比,即当接受功率和信号干扰比超过该门限值时,通话质量并不再改善。

　　降维前的三维数据其空间分布如图 10-15 所示,降维后的数据点在二维平面分布如图 10-16 所示。

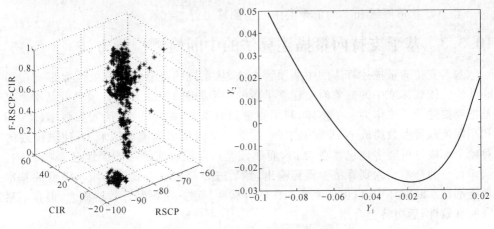

图 10-15　降维前三维数据显示　　　　图 10-16　降维后二位数据显示

观察图 10-15 和图 10-16,可以发现降维前的数据分布无明显规律,而降维后的数据呈一条曲线。数据点之间的距离与降维前相比,变得更加紧密,有利于进一步 k-均值聚类分析。

对于上述通过降维处理后的二维数据进一步经过 k-均值聚类,将数据点分为两类:一类中断数据点,一类是正常点。然后其坐标位置信息显示在其小区网络拓扑结构中,如图 10-17 所示。最后统计每个小区的中断点比例,在图 10-18 中显示结果。

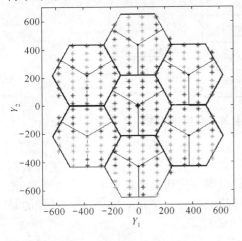

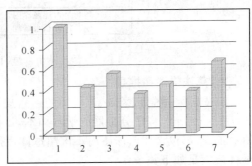

图 10-17　网络中问题区域分布　　　　图 10-18　各小区问题点比例

通过图 10-17 和图 10-18 的分析,可得到以下结论:
① 问题点主要分布于中心小区和邻小区的边缘位置。
② 两幅图都可以清楚显示中心区域内中断比例远高于周围邻小区。
③ 可以断定中心小区发生严重故障,导致完全中断,并影响周围邻小区的边缘用户。

④ 基于扩散降维和 k-均值聚类中断检测算法行之有效。

10.3.3　基于支持向量描述算法的中断检测检测方法

基于支持向量描述算法的中断预警方法，从系统的可靠性和有效性上都有很强的性能。依靠标准中的抽象模型建立了新的模型如图 10-19 所示。模型的基本思想是把要描述的对象作为一个整体，利用测量到的参数，如掉话率、接入失败率、RSRP和小区负载等参数组成 N 维数据空间，建立一个封闭而紧凑的区域 Ω，使被描述的对象全部或尽可能多地包容在 Ω 内，而非该类对象没有或尽可能少地包含在 Ω 内。从而将新的样本输入到算法中得到输出，然后进行判断是否属于区域。模型的基本功能都在不断循环中，以保证系统工作的可靠性。引入了中断计数器概念，提高了系统的有效性，后边将会介绍。

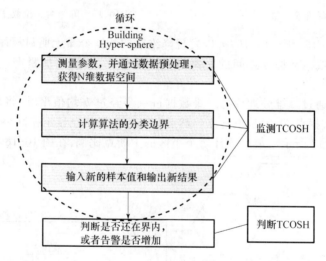

图 10-19　基于支持向量的中断检测模型

1. 算法描述和推导

首先需要建立起区域 $\boldsymbol{\Omega}$，具体的建立规则如下描述。假定有 n 个要描述的数据 $x_i, i=1, \cdots, n$ 即构建分类器的学习样本，目标是要寻找到一个最小体积的超球体，使所有的 x_i 都包含在该球体内。该超球体可用其中心 a 和半径 R 来表示。这样的超球体应满足如下关系：

$$\min f = R^2 \tag{10-1}$$

约束条件：$\| x_i - a \|^2 \leqslant R^2, i=1, \cdots, n$。为增强其分类的鲁棒性，引入了松弛因子 $\xi_i \geqslant 0, i=1, \cdots, n$，式（10-1）变为

$$\min f(R, a, \xi) = R^2 + C \sum_{i=1}^{n} \xi_i, i=1, \cdots, n \tag{10-2}$$

约束条件：$\| x_i - a \|^2 \leqslant R^2 + \xi_i, \xi_i \geqslant 0$。式中，$C$ 为某个指定的常数，起到控制错分样本惩罚程度的作用，以实现在错分样本的比例和算法复杂程度之间的折中。上

述问题可以转化为 Lagrange 极值问题

$$L(R, \boldsymbol{a}, \boldsymbol{\xi}, \alpha, \gamma) = R^2 + C\sum_{i=1}^{n}\xi_i -$$

$$\sum_{i=1}^{n}\alpha_i\left[R^2 + \xi_i - (\boldsymbol{x}_i \cdot \boldsymbol{x}_i - 2\boldsymbol{a} \cdot \boldsymbol{x}_i + \boldsymbol{a} \cdot \boldsymbol{a})\right] - \sum_{i=1}^{n}\gamma_i\xi_i \qquad (10\text{-}3)$$

式中，$\alpha_i \geqslant 0$，$\gamma_i \geqslant 0$ 为 Lagrange 系数。对于每一个 x_i，都有一个对应的 α_i 和 γ_i，式（10-3）中对 R 和 $\boldsymbol{a}$ 求偏导得

$$\frac{\partial L}{\partial R} = 2R - \sum_{i=1}^{n}\alpha_i \cdot 2R = 0, \sum_{i=1}^{n}\alpha_i = 1$$

$$\frac{\partial L}{\partial \boldsymbol{a}} = \sum_{i=1}^{n}\alpha_i(2\boldsymbol{x}_i - 2\boldsymbol{a}) = 0, \boldsymbol{a} = \sum_{i=1}^{n}\alpha_i \cdot \boldsymbol{x}_i \qquad (10\text{-}4)$$

式（10-4）代入式（10-3）后，式（10-3）经过变换，上述 Lagrange 优化目标函数可写为

$$L(R, \boldsymbol{a}, \boldsymbol{\xi}, \alpha, \gamma) = \sum_{i=1}^{n}\alpha_i(\boldsymbol{x}_i \cdot \boldsymbol{x}_i) - \sum_{i=1,j=1}^{n}\alpha_i\alpha_j(\boldsymbol{x}_i \cdot \boldsymbol{x}_j) \qquad (10\text{-}5)$$

式（10-5）是一个二次优化问题，对其求最小值得出 α_i 的最优解 α_i^*，在实际计算中，多数的 α_i 将为 0，在计算中将被忽略。只有少部分 $\alpha_i > 0$，其不为 0 的 α_i 对应的样本称之为支持向量，只有这少部分的支持向量才决定了 a 和 R 的值，其他非支持向量因其对应的 $\alpha_i = 0$，在计算中将被忽略，这种方法的计算效率较高。a 已经求出，R 可由任一支持向量 $\boldsymbol{x}_k$ 按下式求出。

$$R^2 = (\boldsymbol{x}_k \cdot \boldsymbol{x}_k) - 2\sum_{i=1}^{n}\alpha_i(\boldsymbol{x}_i \cdot \boldsymbol{x}_k) + \sum_{i=1,j=1}^{n}\alpha_i\alpha_j(\boldsymbol{x}_i \cdot \boldsymbol{x}_j) \qquad (10\text{-}6)$$

对于一个新样本 z，判断它是否属于目标样本，有如下的判别函数，如果

$$\|\boldsymbol{z} - \boldsymbol{a}\|^2 = (\boldsymbol{z} \cdot \boldsymbol{z}) - 2\sum_{i=1}^{n}\alpha_i(\boldsymbol{z} \cdot \boldsymbol{x}_i) + \sum_{i=1,j=1}^{n}\alpha_i\alpha_j(\boldsymbol{x}_i \cdot \boldsymbol{x}_j) \leqslant R^2 \qquad (10\text{-}7)$$

成立，则判断为目标样本，否则，拒绝接受。

2. 中断检测流程

利用了支持向量描述算法的思想，以系统的测量数据为基础，建立了独创性的中断预警技术，不断计算、更新系统的参数值，实时高效地将新的测量数据样本进行监控，以保证能够及时发现中断并提供报警为目的，充分考虑了系统的某些误差会影响报警的准确性，较好地对 SON 系统中出现的中断进行预警，实现了整个系统的稳定运行。图 10-20 为基于支持向量描述的中断预警方法的总流程图，其具体的实施过程如下：

步骤 1：中断预警装置将以固定的周期 T 从 eNBs，UEs，OAM 等测得数据参数，如掉话率、接入失败率、参考信号接收功率（RSRP）、小区负载等。

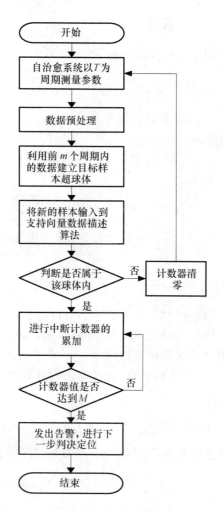

图 10-20 基于支持向量描述的中断检测流程

步骤 2：将原始数据预处理，得到处理后的测量数据，组成 N 维的测量数据空间（如：$\boldsymbol{x}_i=(\boldsymbol{x}_i(1),\boldsymbol{x}_i(2),\cdots,\boldsymbol{x}_i(N))$ 为第 i 个 T 时间间隔内测得数据组成的 N 维向量）。

步骤 3：利用前 m 时间周期内的测量数据在支持向量数据描述算法部分求得目标样本超球体的中心 a 和半径 R。

步骤 4：将新的样本输入到支持向量数据描述算法中。

步骤 5：新的样本标号设为 $z=\boldsymbol{x}_m+1$，利用算法部分判断是否为目标样本，若样本在超球体内或边缘，则属于正常样本，若超出范围，则判断为中断样本。

步骤 6：根据上一步的结果，引入预测准则计算结果符号 F 和中断计数器 L。若判断为正常样本，则 F 为 0，同时中断计数器清零，继续监控系统运行；若判断为中断样本，则 F 为 1，同时中断计数器进行累加，并进入下一步骤。

步骤 7：判断中断计数器是否达到阈值 M，若到达 M，进入下一步骤；若未达到则计数器继续累加。

步骤 8：步骤 7 达到满足时，则系统发出告警，进入中断的判决定位等后续阶段，系统结束。

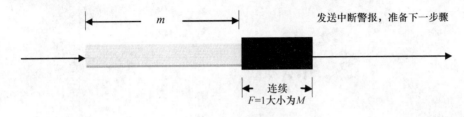

图 10-21　中断时间窗

3. 仿真结果

基于支持向量描述的算法的中断检测的仿真分析，采用 3 种支持向量算法进行对比：支持向量机（SVM），通用的分类算法，需要两类（正常和不正常）样本进行训练；支持向量描述算法（SVDD），仅使用正常样本训练；带负类的支持向量描述算法（NSVDD），在 SVDD 基础上使用两类样本训练。

用于中断检测的数据，来源于 Mapinfo 软件的蜂窝网络的仿真系统。基于支持向量描述的算法的中断检测的仿真分析如图 10-22 所示，包括 9 个小图。从上到下每一行分别是一组不同的测试结果：第一行使用了 50 正常（非中断）＋20 不正常（中断）样本进行训练，第二行使用了 200 正常＋50 不正常样本进行训练，第三行使用了 450 正常＋50 不正常样本进行训练；测试样本数量均为 50 正常＋20 不正常，每一行（每一组）使用的测试样本一样，行（组）之间使用的测试样本不一样。从左至右分别使用①SVM〔支持向量机，通用的分类算法，需要正常和不正常样本进行训练〕；②SVDD〔支持向量描述算法仅使用正常样本训练〕；③NSVDD〔带负类的支持向量描述算法，在 SVDD 基础上使用两类样本训练〕。

其中用于训练和测试的详细数据包括训练、测试样本数量、准确率，以及测量时间等，如表 10-2 所示。

通过上述图 10-22 和表 10-2 的仿真分析结果得到以下结论：

① SVDD 算法仅使用正常数据，不用使用异常数据就可以得到很高的检测效果。

② SVDD 算法训练和检测的时间最短。

③ 引入中断计数器以后，SVDD 的中断检测效果可以达到接近 100%。

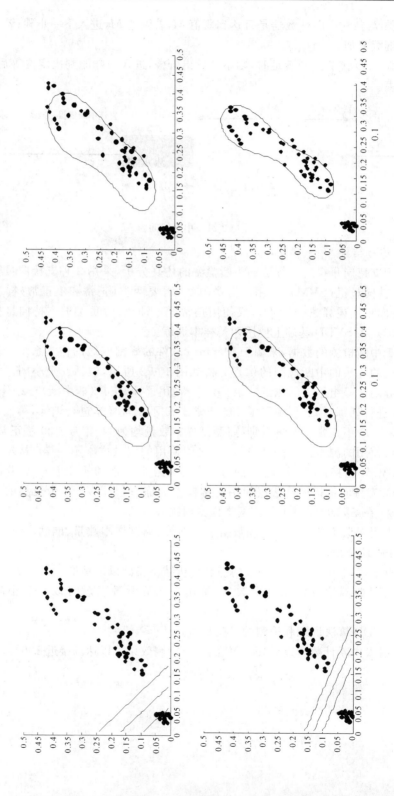

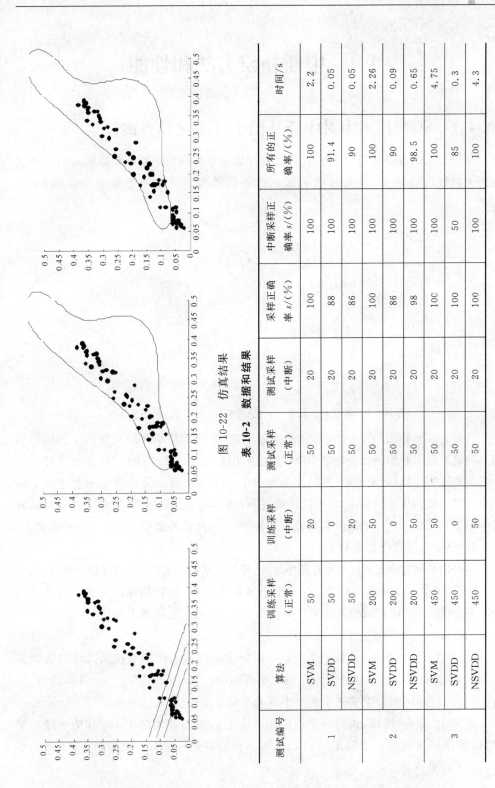

图 10-22 仿真结果

表 10-2 数据和结果

测试编号	算法	训练采样（正常）	训练采样（中断）	测试采样（正常）	测试采样（中断）	采样正确率 s/(%)	中断采样正确率 s/(%)	所有的正确率/(%)	时间/s
1	SVM	50	20	50	20	100	100	100	2.2
	SVDD	50	0	50	20	88	100	91.4	0.05
	NSVDD	50	20	50	20	86	100	90	0.05
2	SVM	200	50	50	20	100	100	100	2.26
	SVDD	200	0	50	20	86	100	90	0.09
	NSVDD	200	50	50	20	98	100	98.5	0.65
3	SVM	450	50	50	20	100	100	100	4.75
	SVDD	450	0	50	20	100	50	85	0.3
	NSVDD	450	50	50	20	100	100	100	4.3

10.4　中断补偿方法和性能

10.4.1　SON 技术中对中断补偿小区的选择方案

当一个基站或小区出现中断后需要选择周围小区利用中断补偿算法对周围小区的相关参数进行调整，得到对中断区域的补偿效果。典型的中断场景如图 10-23 所示。

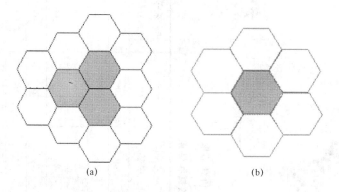

(a)　　　　　　　　　　　(b)

图 10-23　典型中断场景（黑色：中断小区；白色：相邻小区）

此时，该（基站或小区）出现严重的中断问题，周围相邻小区用户受到了轻微的影响。假设通过中断检测已经确定中断（基站或小区）不能立即恢复工作，需要立即采取中断补偿机制，目标是使中断（基站或小区）中的用户服务得到满足，但是补偿小区中的用户一定会受到相应的影响，如干扰提高、接收功率和容量降低等，应该通过补偿后满足中断基站或小区服务的同时选择较少的补偿小区，降低补偿小区用户受到的影响。

1. 补偿小区选择方案分析

本补偿机制重点在选择中断补偿小区上，分为单基站中断和单小区中断两种情况。

如图 10-24（a）所示，01,02,03 三个小区发生中断，计算周围编号为 i 的基站与中断基站的距离，用 d_i 表示，选择其中最小的 6 个（可依实际情况而定）距离值：$\{d_1, d_2, d_3, d_4, d_5, d_6\}$，相应预补偿基站编号为 1,2,3,4,5,6。

如图 10-24（b）所示，对这 6 个基站中的每个小区在二维平面按照天线的法线方向画线，求该线和 d_i（各自基站中心到中断基站中心连线）的夹角 θ_{in}，$i=1,2,3,4,5,6$，$n=1,2,3$，遍历预补偿基站中各个小区求夹角 θ_{in}。

如图 10-24（c）所示，选择 6 个周围小区中夹角 θ_{in} 最小的 3 个小区作为一级补偿小区，要求满足夹角小于等于 30°（经过仿真验证得到），进行一次补偿，一级补偿小区编号为 23,33,62,角度越小补偿优先级越高,权值越大。

如一级补偿小区的补偿效果没有达到要求,可通过调整次级补偿小区进行二次补偿,即剩余的部分夹角小于等于 70°(经过仿真验证得到)的小区,如图 10-24(d)中次级补偿小区编号为 12,22,31,41,43,51,52,61。同样,角度越小补偿优先级越高,权值越大。

单基站中断情况如图 10-24 所示。

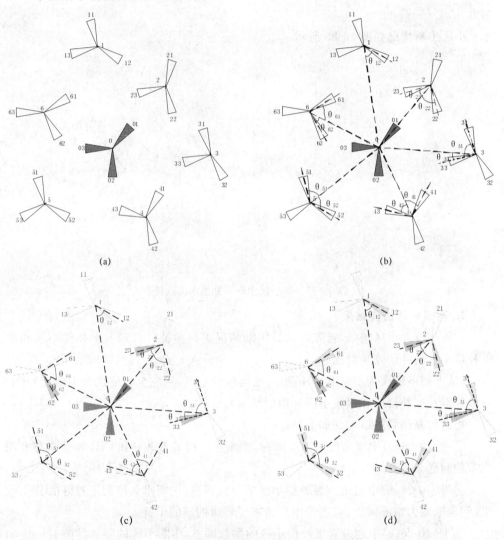

图 10-24 单基站中断下补偿小区选择

图 10-25(a)基站 0 中的小区 01 发生中断;图 10-25(b)作小区编号为 01 的天线法线的垂线,该垂线将区域分为两个,在中断小区侧区域中求得距离最近的 3 个基站

的相邻基站，作为预补偿基站。对预补偿基站中的每个小区在二维平面按照天线的法线方向画线，求该线和 d（各自基站中心到中断基站中心连线）的夹角 θ_{in}，$n=1,2$，3，遍历预补偿基站中小区求夹角 θ_{in}；取最大的两个夹角所属的小区为一级补偿小区，要求满足夹角小于等于 $30°$，角度越小补偿优先级越高，权值越大。图 10-25（b）中一级补偿小区编号为 23,33。其他满足夹角小于等于 $70°$ 的小区为次级补偿小区，图 10-25（b）中次级补偿小区编号为 12,22。同样，角度越小补偿优先级越高，权值越大。

小区中断情况如图 10-25 所示。

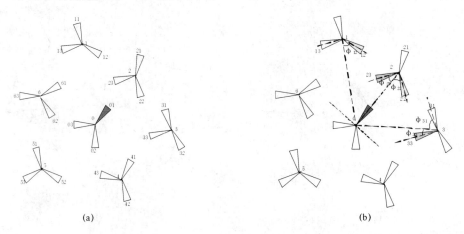

(a)　　　　　　　　　　(b)

图 10-25　单小区中断下补偿小区选择

2. 基站中断仿真结果

选取 19 * 3 小区场景，首先将基站中断情况进行验证。得到一级补偿小区和次级补偿小区的补偿效果对比。

（从上到下依次为 RSCP,CIR 和问题区域分布图，从左至右依次为中断无补偿，一级补偿小区补偿后和次级小区补偿后结果）

通过仿真结果可以得到如下结论：

① 图 10-26（a）中当出现基站中断时，中断小区内的 RSCP 和 CIR 等性能都出现严重的问题。

② 图 10-26（b）中通过一级补偿小区的参数调整，中断小区得到了较好的补偿效果，问题区域大幅度减少，给边缘用户带来了轻微的新的干扰。

③ 图 10-26（c）中通过次级补偿小区的参数调整，中断小区的服务性能有一定的缓和，但是效果不明显，干扰也未能得到减少。

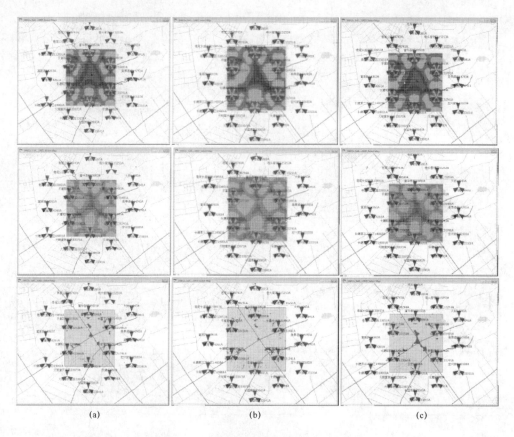

(a)　　　　　　　　　　(b)　　　　　　　　　　(c)

图 10-26　单基站中断补偿仿真结果图

3. 小区中断仿真结果

同样选取 19 * 3 小区场景对小区中断情况进行验证。得到一级补偿小区和次级补偿小区的补偿效果对比。

（从上到下依次为 RSCP,CIR 和问题区域分布图,从左至右依次为中断无补偿,一级补偿小区补偿后和次级小区补偿后场景）

通过仿真看到当图 10-27(a)中出现单小区中断时,该小区周围的 RSCP 和 CIR 都产生较大的影响,自然出现一些问题区域;图 10-27(b)中当通过一级补偿区域补偿后,中断小区内的 RSCP 和 CIR 指标都有明显的改善,问题区域变得很小;图 10-27(c)相比图 10-27(a),问题区域和 RSCP 都没有明显改善,次级补偿小区同一级补偿小区的补偿效果相差很大。

通过仿真对比发现,在第一部分的两种中断情况下,通过调整一级补偿小区的效果明显好于调整次级补偿小区的效果;中断补偿时,优先选择一级补偿小区,多数情况下可达到中断补偿要求。

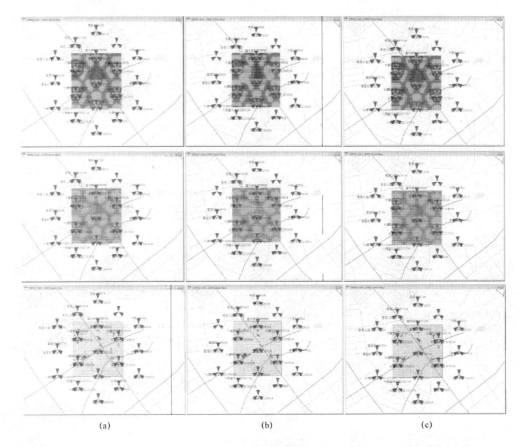

(a)　　　　　　　(b)　　　　　　　(c)

图 10-27　单小区中断补偿仿真结果图

　　但是选择补偿小区的方法在补偿后出现轻微新的干扰,但这不失为一种优先选择的方法,因为在 SON 技术中要求小区中断后需要得到实时的补偿,而通过此方法可以得到最快的服务补偿,在此基础上借助其他中断补偿算法得到更多次的补偿后可得到更好的补偿效果。

10.4.2　分布式 Q-learning 中断补偿算法

　　Q-learning 是强化学习的主要算法之一,是模型无关的学习算法。Q-learning 基于的一个关键假设是把行动者和环境的交互看做一个马尔科夫（Markov）决策过程（MDP）,即行动者当前所处的状态和选择的动作,决定一个固定的状态转移概率分布、下一个状态,并得到一个即时回报值。Q-learning 的目标是通过对客观世界采样,寻找一个策略可以最大化报酬。Q-learning 是一种有效地在线学习方法,可以通过不断的学习找到最优的状态,将其运用到小区中断补偿方法中可以有效地补偿中断小区内用户,降低用户性能损失。

1. 系统模型与算法

把基站的天线下倾角作为调整的参数,中断小区和补偿小区内用户的频谱效率作为性能补偿性能指标。频谱效率累积分布函数(CDF)的低 5％代表小区的边缘频谱效率,用来衡量覆盖这一性能指标;同样地,频谱效率累积分布函数(CDF)的低50％代表小区内的平均频谱效率,用来衡量容量这一性能指标。在该方法中通过引入容量和覆盖的折中系数 λ($0<\lambda<1$)来平衡容量和覆盖之间的关系。

与此同时,在补偿过程中需要同时考虑中断小区(outage cell)和补偿小区(compensation cell)内用户性能,因此引入折中系数 β($0<\beta<1$),下面给出补偿性能函数(Compensation Performance Function,CPF)的表达式:

$$CPF=\lambda\times\beta\times SE_{5\%}(outage\_cell)+$$
$$(1-\lambda)\times\beta\times SE_{50\%}(outage\_cell)+$$
$$\lambda\times(1-\beta)\times SE_{50\%}(comp\_cell)$$

式中,对于小区中断补偿来讲,覆盖比容量具有更高的优先级,因此在该算法中取折中系数 λ 为 0.9,表示该算法中侧重于覆盖的补偿;同时对于补偿小区内的用户来讲,在补偿过程中会受到影响,因此引入因子 $\beta=0.9$,表示在考虑中断小区内用户时,也有考虑补偿小区内用户的性能。

(1)初始化

根据中断小区位置以及周围小区情况选定补偿小区,每个补偿小区作为一个行动者,记录其天线下倾角初始状态。对于每个状态下的行动者有 3 个可能的动作a(-1 0 1),分别代表减小、不变和增加天线下倾角。同时,每个行动者生成初始 Q 值表,表的大小为 $M\times3$,其中 M 表示每个行动者天线下倾角的所有可能的状态值。

(2)学习过程

对于每一个行动者,在开始阶段随机选取一个动作,并计算该动作带来的奖赏 R,并根据下面公式进行 Q 值更新:

$$Q(s_t,a_t)\leftarrow Q(s_t,a_t)(1-\alpha)+\alpha\times(R+\gamma\max Q(s_{t+1},a_{t+1}))$$

式中,R 的计算公式为

$$R=CPF_{new}-CPF_{old}$$

Q 值进行一定迭代更新后,根据表中元素进行动作的选择,表中某动作对应 Q 值表中的元素越大,选择该动作的概率就越大。经过一定的学习阶段后,得到最优的调整方案。

2. 仿真结果与分析

利用蒙特卡罗实验对所提出的小区中断补偿方案进行性能仿真测试,网络的空间分布参照 LTE 网络环境的生成,中断小区处于分布的中心位置,具体参数如表 10-3所示,下面给出仿真中用到的一些关键性参数:性能折中因子 $\lambda=0.9$ $\beta=0.9$,学习因子 $\alpha=0.5$,折中因子 $\gamma=0.5$。

表 10-3　Q-learning 中断补偿参数设置

参数	数值
小区布局	六边形分布
是否(使用 wraparound)	是
每个小区的用户	40
载波频率/GHz	2.0
基站间的距离/m	500
用户和基站间的最小距离/m	35
信号传播模型	$128.1+37.6*\log10 d$，d 的单位为 km
(阴影衰落)标准偏差/dB	8
(阴影衰落)相关距离/m	50
(阴影衰落)相关性	小区与小区之间:0.5;扇区与扇区内:1.0
穿透损耗/dB	20
接收机噪声系数/dB	7
热噪声密度/(dBm·Hz^{-1})	−174
信道带宽/MHz	10
基站最大传输功率/dBm	43
基站天线增益/dBi	17
基站天线波束宽度 3 dB/deg	70
基站天线方向性比/dB	20
基站天线高度/m	32
用户天线增益/dBi	0
用户天线高度/m	1.5
业务模型	满缓冲区
用户移动速率/(km·h^{-1})	随机移动:3
调度算法	轮询

　　从图 10-28 中可以看出,该算法在小区中断后能有效地进行性能恢复,在补偿初期需要进行一段时间的学习,不断地更新 Q 值表,因此波动范围较大,在补偿后期,下一动作的选择主要根据 Q 值表中的元素,因此能有效地进行调整参数的选择,波动范围变小,最终趋于稳定,说明该算法具有很好的收敛性。

　　从图 10-29 中可以看出在小区中断前、中断后补偿前以及补偿后的用户吞吐变化量情况,由于小区发生中断,边缘用户吞吐量(5％对应的吞吐量)由原来的 0.085 降低到 0,下降了 100％,经过该方法进行小区中断补偿后,边缘用户吞吐量得到一定的提升,由 0 增加为 0.075,恢复到原来的 88％左右。同时,对于用户的整体性能(一

般用 50％处对应的吞吐量表示)来讲,都有了一定的恢复,因此证明了该方法的有
效性。

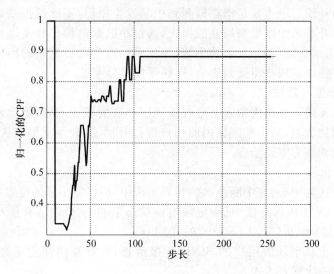

图 10-28　归一化 CPF 曲线图

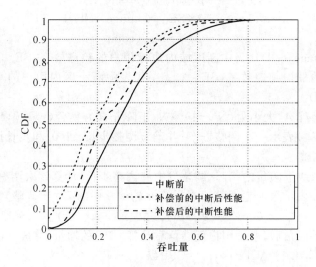

图 10-29　中断前、中断后补偿前以及补偿后的用户吞吐量的 CDF 曲线

　　该方法主要运用强化学习中的 Q-learning 算法对中断小区进行补偿,主要调整
参数为相邻小区的天线下倾角,通过一段时间的学习,该方法能有效地对参数进行调
整,使得中断小区用户的性能得到很好的恢复。由于该算法是基于分布式的,每个补
偿小区各自维护自己的 Q 值表,因此相互之间的协调还存在一定的问题,还可以进
一步完善。

10.4.3 集中式贪婪选择中断补偿算法

小区中断补偿阶段主要是指在检测到中断发生以后，不能通过基站重启或参数的重新配置弥补小区中断带来的性能损失，通过小区间的协作自动调整邻近基站的无线参数（如天线参数、基站发射功率等）来实现。改变邻近基站的网络参数意味着邻居小区的某些终端用户将受到影响，这必须被充分考虑。

1. 系统模型与算法

由于调整天线下倾角能很容易地改变周围小区的覆盖问题，因此考虑通过调整天线下倾角增加覆盖，对中断区域内的用户进行补偿，减轻性能的损失。接下来，主要介绍具体的调整方案及步骤。

（1）初始化

以中断小区为中心，在中断小区的相邻小区中，根据邻小区的位置、负载、参数配置等条件选择 N 个内部补偿小区；记录当前状态下的 N 个内部补偿小区的天线下倾角初始值 $\boldsymbol{\theta}(0)=[\theta_1(0),\theta_2(0),\cdots,\theta_N(0)]$。

通过统计中断小区的用户的 SINR 上报信息，计算补偿性能函数 CPF 的初始值；其中 CPF 的计算表达式为

$$\begin{aligned}
\mathrm{CPF}=&\lambda\times\beta\times\mathrm{SE_{edge}}(\mathrm{outage\_cell})+\\
&(1-\lambda)\times\beta\times\mathrm{SE_{avrg}}(\mathrm{outage\_cell})+\\
&\lambda\times(1-\beta)\times\mathrm{SE_{avrg}}(\mathrm{comp\_cell})
\end{aligned}$$

式中，$\mathrm{SE_{edge}}(\mathrm{outage\_cell})$ 代表中断区域内边缘用户的频谱效率，$\mathrm{SE_{avrg(outage\_cell)}}$ 代表中断小区内用户的平均频谱效率，$\mathrm{SE_{avrg(comp\_cell)}}$ 代表中断小区内用户的平均频谱效率，λ、β 是折中因子）。

定义调整矩阵 $\boldsymbol{A}$，大小为 $(\mathrm{N}^3-1)*\mathrm{N}$，矩阵元素为集合 $(-1,0,1)$ 中的元素，矩阵的第 i 行 $\mathrm{A}(i,:)$ 表示一次调整方案；并确定调整步长 $\Delta\boldsymbol{\theta}(0)$ 和步长调整因子 K。

（2）一次调整

根据当前天线下倾角的状态、调整方案和调整步长，计算该次调整后的新的天线下倾角：（其中 k 表示第 k 轮调整，i 表示第 k 轮调整中的第 i 次调整）

$$\boldsymbol{\theta}(k,i)=\boldsymbol{\theta}(k,0)+\Delta\boldsymbol{\theta}(k)\times\boldsymbol{A}(i,:)$$

改变天线下倾角后，通过用户反馈信息计算 CPF 的增量，完成一次

$$\Delta\mathrm{CPF}(k,i)=\mathrm{CPF}(k,i)-\mathrm{CPF}(k,0)$$

（3）一轮调整

一轮调整主要包括 N^3-1 次调整，得到 N^3-1 次调整结果，在完成相应的调整后，在该轮调整中选择最佳的调整方案进行参数更新。

$$\Delta\mathrm{CPF}(k,m)=\max(\Delta\mathrm{CPF}(k,1),\Delta\mathrm{CPF}(k,2),\cdots,\Delta\mathrm{CPF}(k,N^3-1))$$

选择最佳的调整方案，即 CPF 增量最大的方案，如果该增量大于 0，则更新 CPF 和天线下倾角作为下一轮调整的初始状态；否则保留当前状态，并改变调整步长，进入下一轮调整。

$$\text{CPF}(k+1,0)=\begin{cases}\text{CPF}(k,m), & \Delta\text{CPF}(k,m)>0\\ \text{CPF}(k,0), & 其他\end{cases}$$

$$\boldsymbol{\theta}(k+1,0)=\begin{cases}\boldsymbol{\theta}(k,m)+\Delta\boldsymbol{\theta}(k)\times A(m,:), & \Delta\text{CPF}(k,m)>0\\ \boldsymbol{\theta}(k,0), & 其他\end{cases}$$

$$\Delta\theta(k+1)=\begin{cases}\Delta\theta(k), & \Delta\text{CPF}(k,m)>0\\ \Delta\theta(k)\times K, & 其他\end{cases}$$

（4）结束条件

如果一轮调整无效，即(N^3-1)次调整增量均小于0，并且调整步长小于阈值，则中断补偿结束。

2. 仿真结果与分析

利用蒙特卡罗实验对所提出的小区中断补偿方案进行性能仿真测试，网络的空间分布参照 LTE 网络环境的生成，中断小区处于分布的中心位置，仿真中用到的一些关键参数包括：折中因子 $\lambda=0.9$，$\beta=0.9$，初始调整步长 $\Delta\theta(0)=2$，步长调整因子 $K=1/2$，步长调整阈值 $\varepsilon=0.1$。

从图 10-30 中可以看出，该算法能在小区中断检测后有效地对中断小区的用户进行补偿，在补偿阶段初期，调整步长较大，因此 CPF 曲线的波动性较大，在补偿后期，能有效地收敛到一个较优状态，直至补偿结束。由于该算法中每一轮调整都是基于贪婪算法进行下一轮状态的选择，因此可能存在贪婪算法容易陷入次优解的问题，但合理地选择初始步长可以有效地避免该问题的发生，该方法简单计算复杂度低收敛速度快等优点可以进行小区中断补偿。对于网络中可能不能处于最优状态的问题，可以通过后期的自优化方法（如容量和覆盖优化）进行解决。

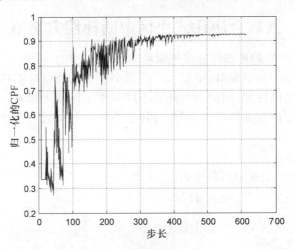

图 10-30　归一化 CPF 曲线图

从图 10-31 中可以看出在小区中断前、中断后补偿前以及补偿后的用户吞吐变化量情况，由于小区发生中断，边缘用户吞吐量（5％对应的吞吐量）由原来的 0.08 降低到 0，下降 100%，经过该方法进行小区中断补偿后，边缘用户吞吐量得到一定的提升，由 0 增加为 0.7，恢复到原来的 70%左右。同时，对于用户的整体性能（一般用50%处对应的吞吐量表示）来讲，都有了很好的恢复，因此证明了该方法的有效性。

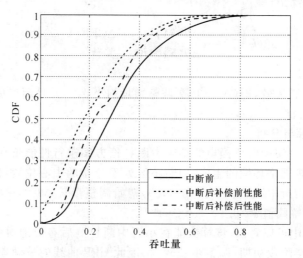

图 10-31　中断前、中断后补偿前以及补偿后的用户吞吐量的 CDF 曲线

该方法主要利用目标增量的方法进行天线下倾角的迭代调整，该方法简单易行，且具有很好的收敛性。经过仿真结果分析，该方法有效地对中断小区内用户进行了补偿，降低了用户的性能损失。在该方法中只是用于调整天线下倾角，同时该方法也适用于其他参数的调整。

10.4.4　多小区联合协作式小区中断补偿方案型

1. 多小区多性能的多目标补偿模型建立

当网络中出现小区中断时，中断小区的邻小区对其补偿时不仅影响中断小区和补偿小区区域的网络性能，同时也对补偿小区周围小区造成影响。而受到影响的不同小区可能关注不同的性能需求，因此对补偿小区调整参数要考虑到不同的性能需求，如图 10-32 所示。

参数定义如下。

- K：系统内所关注的性能个数。
- M_i：关注性能 i 的小区个数，其中 $i = 1, 2, \cdots, K$。
- M：所有小区的关注性能个数之和，即 $M = \sum_{i=1}^{k} M_i$。
- N：所有补偿小区调整参数个数之和。

多目标模型：

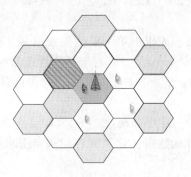

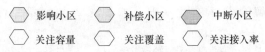

图 10-32 中断补偿时不同小区关注的不同性能

N 个调整参数作为 N 个决策变量、不同的小区关注的多性能作为 M 个目标函数以及多种约束条件组成，最优化目标如下：

$$\max y = f(x) = [f_1(x), f_2(x), f_3(x), \cdots, f_M(x)]$$

满足如下约束条件：

$$g_i(x) \leqslant 0, i = 1, 2, \cdots, p$$
$$h_i(x) \leqslant 0, i = 1, 2, \cdots, q$$

式中，$x = (x_1, x_2, \cdots, x_N) \in D$ 为可调整的参数，包括天线下倾角、天线方位角、波束宽度、发射功率、目标接收功率等，即多目标的决策向量；$y = (f_1, f_2, \cdots, f_M) \in Y$ 表示各个小区所关注的目标性能向量；D 为决策向量形成的决策空间；Y 表示目标向量形成的目标空间。

2. 多目标的分层优化求解方案

在大多数情况下各目标函数是相互冲突的，某目标的改善可能引起其他目标性能的降低，同时使多个目标均达到最优是不可能的，同理对于中断小区的覆盖范围的补偿与性能改善，必然引起周围小区的性能降低，同时让在不降低其他小区的性能基础下达到改善中断区域覆盖质量是不现实的，因而多目标最优解是不存在的，只能在多小区的多性能目标之间进行协调权衡和折中处理，使得所有目标尽可能达到最优。

因此对本方案中考虑的多个目标，按其重要性的等级分成 3 个优先层次，逐层进行优化决策。对于每一优先层，采用协作协同进化算法，一般也只能产生一组少量的 Pareto 最优解，为了使下一优先层优化性能目标得到一定程度的改善，需要将上一层的求解结果作出适当的宽容，因此本方案采用了这种逐层宽容评价的方法。

逐层宽容评价的分层优化步骤：

步骤 1：对于第一优先层的多个目标函数，选用多小区多参数的协作协同的进化算法，求解多目标优化问题

$$\max f_1^1(x),\cdots,f_{m_1}^1(x),x\in D$$

设得最优解集为 D_1。

步骤 2：构建宽容约束集。先求出第一层优先级以某一个最优解时的目标函数值作为理想目标点 $f^{1*}=(f_1^{1*},\cdots,f_{m_1}^{1*})$。对于某些性能目标认为比较满意的，可以做出让步，给出恰当的宽容量 $\Delta_k^1>0$，对于不能作出让步的目标函数 $\Delta_k^1=0$。由此构建宽容约束集：

$$R_1=\{x\in D\,|\,f_k^1(x)\leqslant f_k^{1*}+\Delta_k^1,k=1,\cdots,m_1\}$$

步骤 3：在第一优先目标函数组优化和宽容的基础上求解第二优先层的目标函数组

$$\max f_1^2(x),\cdots,f_{m_2}^2(x),x\in R_1$$

设得目标最优解为 D_2。在此基础上如步骤 2，再对第二优先小区性能作出让步，

$$R_2=\{x\in R_1\,|\,f_k^2(x)\leqslant f_k^{2*}+\Delta_k^2,k=1,\cdots,m_2\}$$

步骤 4：在前两优先级性能目标优化并作出让步的基础上对第三层目标函数求解最优解。

$$\max f_1^3(x),\cdots,f_{m_2}^3(x),x\in R_2$$

设得最优解集为 D_3，求解完毕，D_3 即为最终的多小区补偿的参数调整方案。

3. 多小区协作协同调整参数方案

多小区协作协同调整参数的遗传算法流程如图 10-33 所示。

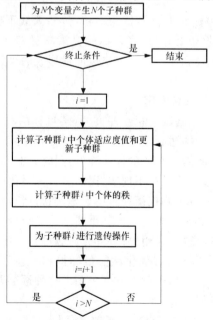

图 10-33　协作协同的遗传算法流程图

对于一个具有 N 个调整参数的多小区联合补偿系统,按 N 个参数的调整方向分为 N 个子种群,每一子种群只对一个调整参数进行优化,且子种群中的个体只是整个补偿方案中的一部分,个体与其他子种群的协作程度决定个体的适应度值,理想情况下,一个子种群的个体需要和其他子种群内的所有个体进行协作,以决定协作程度和适应度值,这样很费时。因此,个体只和其他子种群中的部分个体协作,以估计其协作程度和适应度值。

10.4.5 LTE中基于确定目标区间的小区中断补偿方案

覆盖和质量是LTE系统中表征系统性能的两个重要参数,它们从不同的角度描述了系统提供无线业务的能力。覆盖和质量是一组相互矛盾的参数,通过调整某些系统输入参数,可以使二者相互转化,通过一定的权衡机制,使整个系统的性能最优,从而为用户提供最佳的覆盖和质量服务。

与覆盖和服务质量相关的参数可以作为补偿调整的输入参数,本书中服务质量以用户的吞吐量衡量。通过理论分析,调整接收功率密度 P_r 和天线下倾角 θ,以可接受的服务质量降低换取适当的覆盖范围的提升。如果用户体验的服务质量超出需求的水平,即产生了一定的质量冗余,这个质量的余量就可以被用来提升覆盖。

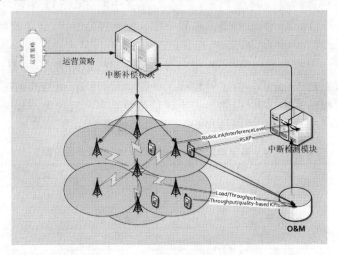

图 10-34 小区中断补偿网络示例

定义考核服务质量的参数,上行质量参数:Q_{UL},下行质量参数:Q_{DL}。实际测量中可以用所有用户5%(或10%)处的吞吐量 $T_{5\%}$ 作为边缘吞吐量,并以此测量参数作为衡量服务质量的指标。

定义目标质量门限参数:上行质量上限门限 $Q_{UT,UL}$,下行质量上限门限 $Q_{UT,DL}$,该门限表示服务质量需求上限,实际服务质量超过该门限则表示存在质量冗余。上行质量下限门限 $Q_{DT,UL}$,下行质量下限门限 $Q_{DT,DL}$,该门限表示服务质量的需求下限,实际服务质量低于该门限则表示本小区用户质量的不到基本保证而存在负冗余。定义的上下限之间的区间作为求解的范围,在这一确定区间范围内调整参数。

定义上行目标接收功率密度即每个 PRB 的目标接收功率为 P_r。降低 P_r 导致上行共享信道发射功率等级降低,从而小区间干扰(ICI)降低,进而 ICI 在每个 PRB 上的平均值降低,进而使覆盖范围提升。

定义量化功率大小 Δ_{P_0}。本方案采用离散调整方式,逐次迭代测量,每次调整一个量化等级,进而支持静态、半静态仿真。

根据方案的基本思想以及以上定义的考核及控制参数,中断发生后,在一定的时间窗内持续的测量上下行 $T_{5\%}$ 并分析,若 $T_{5\%}$ 大于上限门限值 Q_{UT},则说明存在一定的质量冗余,此时将 P_r 下调一个 Δ_{P_r}。

$$P'_r = \begin{cases} P_r - \Delta_{P_r}, & P'_r \geqslant P_{r,\min} \\ P_{r,\min}, & \text{其他} \end{cases}$$

若 $T_{5\%}$ 小于下限门限值 Q_{DT},则需要将 P_0 上调一个 Δ_{P_0},以保证补偿小区的正常运行。

$$P'_r = \begin{cases} P_r + \Delta_{P_r}, & P'_r \leqslant P_{r,\max} \\ P_{r,\max}, & \text{其他} \end{cases}$$

式中,$P_{r,\max}$ 为允许的最大接收功率;$P_{r,\min}$ 为保证上行 SINR 大于等于一个门限值 $\mathrm{SINR}_{\min}$,以支持最低的 MCS 等级。假设 $\mathrm{SINR}_{\min} = -7.5$ dB,则接收信号功率应满足,$S \geqslant \mathrm{SINR}_{\min} \times (N_0 + I_{\max})$,其中 $I_{\max}$ 可观测到的上行最大小区间干扰。

若在上限门限和下限门限之间,说明参数值在目标区间内,不进行调整。测量修改参数后的覆盖范围,分析是否过补偿或欠补偿,给出反馈,更精确的进行下次迭代。在实际的系统级仿真中,可以以路损大小评估接收功率密度的大小。基于 LTE 系统级仿真平台,对提出的方案进行仿真验证,仿真参数设定如表 10-4 所示。

表 10-4　基于确定目标区间中断补偿仿真参数设定

参数	取值
仿真场景	Uma
小区数量	7
每小区扇区数	3
天线下倾角/(°)	15
系统带宽/MHz	10
基站最大发送功率/dBm	46
用户最大发送功率/dBm	23
噪声功率频谱密度/(dBm · Hz^{-1})	−174
基站天线高度/m	30
站间距/m	500

续 表

参数	取值
天线模式	AOGSector
基站天线极化方式	垂直双极化
3 dB 波束水平宽度/(°)	70
3 dB 波束垂直宽度/(°)	10
基站天线增益/dB	15
基站噪声系数/dB	5
穿透损耗/dB	−20
用户噪声系数/dB	9

仿真场景中蜂窝小区的网络拓扑结构如图 10-35 所示。

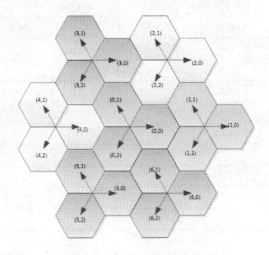

图 10-35　LTE 小区网络拓扑图

用户性能对比如下。

补偿调整前,中断用户按照路损最小原则接入相应的服务小区。确定目标区间小区中断补偿中断用户的吞吐量,如表 10-5 所示,中断用户平均吞吐量为695.07 kbit/s。采用提出的方案对中断小区用户进行补偿,确定区间小区中断补偿方案补偿后中断用户的吞吐量如表 10-6 所示,中断小区用户平均吞吐量为 814.47 kbit/s。

表 10-5　确定目标区间小区中断补偿中断用户的吞吐量

MSID	主服小区 ID	用户吞吐量/(kbit·s⁻¹)	链路损耗/dB
35	(2,2)	49.003 2	−121.56
75	(2,2)	200.802	−121.007

续 表

MSID	主服小区 ID	用户吞吐量/(kbit·s⁻¹)	链路损耗/dB
100	(0,2)	220.271	−131.897
167	(2,2)	607.865	−117.563
14	(0,2)	618.844	−92.889 5
88	(0,2)	740.462	−99.532
93	(0,2)	820.833	−105.139
118	(0,2)	1 079.18	−80.982 9
106	(0,1)	1 217.94	−91.26
80	(1,1)	1 395.49	−110.628

表 10-6 确定区间小区中断补偿方案补偿后中断用户的吞吐量

MSID	主服小区 ID	用户吞吐量/(kbit·s⁻¹)	链路损耗/dB
35	(2,2)	80.481 6	−121.56
75	(2,2)	386.311	−121.007
167	(2,2)	457.692	−117.563
88	(0,2)	565.439	−99.532
100	(0,1)	591.577	−131.897
14	(0,2)	780.381	−92.889 5
93	(0,2)	933.556	−105.139
118	(0,2)	1 033.31	−80.982 9
80	(1,1)	1 501.78	−110.628
106	(0,1)	1 814.18	−91.26

不同补偿方案中断小区用户吞吐量对比曲线如图 10-36 所示。不同补偿方案中断小区用户平均吞吐量对比图如图 10-37 所示。

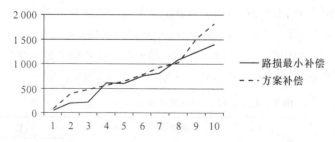

图 10-36 不同补偿方案中断小区用户吞吐量对比图

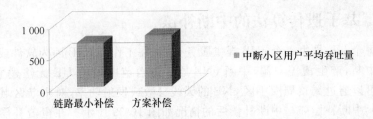

图 10-37　不同补偿方案中断小区用户平均吞吐量对比图

从仿真结果得出的数据可以看出,采用提出方案对中断小区的用户进行补偿后,原中断小区几乎所有用户的吞吐量有了明显改善,这表明本方案通过服务质量的转移,将补偿小区的质量冗余转移至中断小区,使得整个系统的质量更为平均,从而提升了整个网络的质量性能和用户体验。补偿小区性能对比如表 10-7 和图 10-38 所示。

表 10-7　基于确定目标区间小区中断补偿两种方案基站吞吐量对比

仿真场景	BTS 平均吞吐量/(kbit · s^{-1})
路损最小补偿	12 276.85
方案补偿	12 322.91

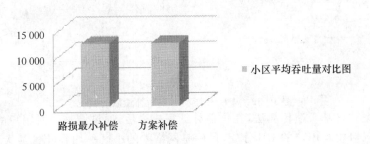

图 10-38　小区平均吞吐量对比图

从对仿真结果的分析数据可以看出,采用提出方案对中断小区用户进行补偿以后,整个系统的小区平均吞吐量有所提升,这表明采用本方案对中断小区补偿后,补偿行为本身对补偿小区的影响减小,从整个系统的角度来看,本方案优化了整个系统的资源分配,在资源给定的情况下提升了整个网络的性能。

通过以上的方案介绍和仿真论证,可以看出降低参数 P_r 可以适当降低服务质量换取小区覆盖范围的提升,进而对中断小区的用户进行补偿,原来处于覆盖空洞的用户重新获得了无线业务后性能有了显著提升,并且提升了整个系统的性能。

10.4.6　基于遗传算法的中断补偿

一般每个 UE 是由一个 eNB 提供服务，某正在工作的 eNB 因为软件或硬件的故障而发生中断，产生覆盖空洞，中断 eNB 原来覆盖范围内的 UE 无法建立 RRC 连接。这时可以通过调整周围小区 eNB 的天线参数或发射功率，对中断区域用户进行覆盖补偿。中断补偿前与中断补偿后的情况如图 10-39 所示。在覆盖补偿的基础上采用优化算法使得尽量提高原中断小区的容量，完成容量补偿。

假设无线接入网络中有 s 个基站，覆盖区域内总共有 t 个用户。$cell_0$ 和 $cell_i$，$i \in [1, s-1]$ 分别表示中断小区和邻小区，对于不同的小区，覆盖范围内用户的数量可以相同，也可以不同，为了简化模型，采用相同数目的用户。每个小区同一时间只分配给每个 UE 一个 RB，同一小区不能将一个 RB 分配给多个 UE。不同小区的 UE 可能被分配使用相同的 RB，这样也就会产生小区间干扰，因为相同的 RB 代表着使用相同时域和频域资源。无序的 RB 分配方案可能会导致较高的小区间干扰。

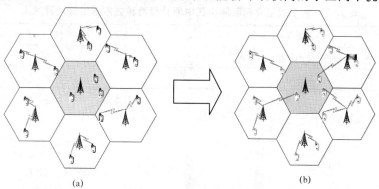

(a)　　　　　　　　　　　　　　(b)

图 10-39　中断补偿前与中断补偿后的情况

本方案就是基于遗传算法，在覆盖补偿完成之后，通过调整中断用户的小区重选和补偿小区对中断用户的 RB 分配，目标是网络中的小区平均吞吐量最大，完成网络性能优化，用数学表示，即：

$$\max f(X), f(X) = \left\lceil \frac{\sum_{i=1}^{s} T_i}{s} \right\rceil$$

$$\text{st}: T_i \leqslant C_i, \quad i \in [1, s]$$

式中，C_i 和 T_i（$i \in [1, s]$）分别表示 $cell_i$ 的容量和实际吞吐量，小区吞吐量等于小区内所用 UE 的用户吞吐量之和。假如每个 UE 分配的带宽和接收到的信号的信干噪比（SINR）可以得到，那么 UE 的用户吞吐量可以通过香农公式计算。前面已经提到，每个 UE 同一时刻只分配一个 RB，那么 UE_j 接收到的信干噪比可由公式

$$SINR_j = \frac{p_i g_{ij}}{\sum_{k=1, k \neq i}^{I} p_k g_{kj} + n_j}$$

计算得到，其中 p_i 代表 $cell_i$ 的基站发射功率，g_{ij} 表示 UE_j

和 cell$_i$ 之间的路径损耗，n_i 是噪声功率。在上式中，如果有 cell$_k$ 中存在 UE 和 UE$_j$ 使用相同的 RB，则表示 UE$_i$ 能够接收到 cell$_k$ 的基站发射的干扰信号，这时 g_{ij} 为正值，否则为 0。这样，中断补偿问题就变成了一个函数优化问题，寻找最佳的中断用户小区重选和 RB 分配方案。

1. 方法和算法

遗传算法(Genetic Algorithm，GA)是一类借鉴生物界的进化理论(适者生存，优胜劣汰遗传机制)演化而来的随机化搜索方法。它是 1975 年率先由美国密歇根大学的 J. Holland教授和他的同事提出，其主要特点是直接对结构对象进行操作，不存在求导和函数连续性的限定；具有内在的隐并行性和更好的全局寻优能力；采用概率化的寻优方法，能自动获取和指导优化的搜索空间，自适应地调整搜索方向，不需要确定的规则。遗传算法的这些性质，使得它被广泛地应用于组合优化、自适应控制、机器学习、信号处理和人工生命等领域。遗传算法是现代有关智能计算中的关键技术。

中断发生后，邻小区分配空闲的 RB 给中断用户。令 x_i 表示某补偿基站分配给一中断用户的 RB，x_i 在刚开始补偿时是一个随机量。那么 $X=(x_1,x_2,\cdots,x_m)$ 表示补偿基站与中断用户之间的连接和 RB 分配关系，此向量也是遗传算法中的个体变量。基于遗传算法方案的流程及步骤如下。

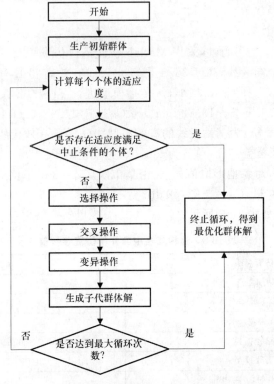

图 10-40　遗传算法中断补偿流程图

步骤 1：重复 n 次生成个体 $X=(x_1,x_2,\cdots,x_m)$ 的过程，则生成初始化群体，其中初代种群中个体的数目固定，每个个体代表特定问题的一个解。

步骤 2：计算群体中每个个体的适应度 $f(X)$，以预定的优化评估准则为标准，判断群体中是否有符合算法终止的个体，如果有，则输出当前群体中的最优个体，并对最优个体进行解码，算法终止；如果没有，则继续下一步。

步骤 3：根据选择操作准则执行选择算子。一般来说，适应度越高的个体被选中的概率越大，适应度越低的个体被淘汰的概率越大，常用的实现方法是轮盘赌（Roulette Wheel）模型。但有时为了兼顾个体的多样性，也可能会选择性地留下一些适应度较低的个体。

步骤 4：对步骤 3 选择出来的个体，按照一定的交叉概率和交叉策略执行交叉算子，交换相同基因位上的基因。其中常用的交叉策略可分为单点交叉、多点交叉和均匀交叉等。

步骤 5：对步骤 4 得到的个体，按照一定的变异概率和变异策略，执行变异算子，生成新的子代个体。

步骤 6：经过交叉、变异算子后生成的所有个体，组成新的子代群体。判断这时是否达到规定的遗传代数，如果否，则转向步骤 2；如果是，则终止算法，返回当前最优个体，得到问题最优解。

2. 性能仿真

为了验证本方案的可行性，采用 Matlab 软件搭建仿真平台，采用宏蜂窝传播模型，基站天线采用全向天线，高度 35 m，移动台天线有效高度 1.5 m。比较几种常见的宏蜂窝传播模型，选择 Cost231-Hata 传播模型进行 TD-LTE 系统的链路预算。

$$PL=46.3+33.9 \lg f_c-13.82 \lg h_{te}-a(h_{re})+(44.9-6.55 \lg h_{te}) \lg d+C_M$$

式中，f_c 为系统频率，h_{te} 为基站天线的有效高度，$a(h_{re})$ 是有效天线因子，h_{re} 是接收机天线高度，d 为小区覆盖半径，单位为 km，C_M 为校正因子。

地理环境不同，对各地形取值如下：密集市区，$C_M=3$ dB；市区，$C_M=0$ dB；郊区，$C_M=-12.28$ dB；农村，$C_M=-22.52$ dB。

其他仿真参数如表 10-8 所示。

表 10-8　遗传算法中断补偿仿真参数值

仿真参数	值
站间距/m	1 000
天线下倾角/(°)	15
系统带宽/MHz	3
路径损耗	$128.1+37.6 \times \log 10$，$r$ 以 km 为单位
天线模型	3GPP 3D model
基站发射功率/dBm	46
噪声功率频谱密度/(dBW·Hz^{-1})	−199

网络部署中中心小区撒 15 个 UE,周围小区每个撒 10 个 UE,系统带宽为 3 MHz,有 15 个 RB 可供分配。一旦中心小区发生中断,通过天线调整获得覆盖补偿,这时通过邻小区分配空闲的 RB 给中断 UE,获得中断容量补偿。

3. 结果和性能

整个仿真分 4 个阶段:阶段 1,发生小区中断之前;阶段 2,发生小区中断之后,这时还没来得及进行中断补偿;阶段 3,中断补偿刚开始的时候;阶段 4,应用本节提出的中断补偿方案之后。

图 10-41 显示的是中断前、中断后补偿前、补偿刚开始时、补偿结束后 4 阶段的小区平均吞吐量。在阶段 1 中,没有发生小区中断,所有的小区正常运行,平均小区吞吐量大约为 5.72 Mbit/s,到了阶段 2,中心小区发生中断,导致覆盖空洞的产生,原本被中断小区覆盖的用户无法建立无线承载,导致网络性能下降,这时平均小区吞吐量的值为 4.7 Mbit/s。通过邻小区天线参数和其他控制参数的调整,扩大邻小区的覆盖范围,对中断区域进行覆盖补偿,这时网络的性能依然很低,比阶段 2 稍好或相同。阶段 4 显示的中断补偿后的性能,明显优于阶段 2,比阶段 1 的性能要差。

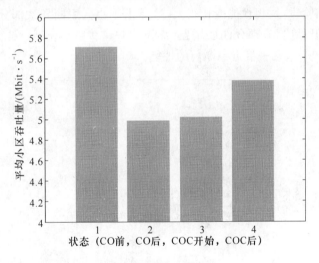

图 10-41　4 阶段的平均小区吞吐量/(Mbit·s^{-1})

图 10-42 显示的是在使用了中断补偿算法之后,平均小区吞吐量随遗传代数的变化曲线,本算法旨在调整覆盖补偿之后,中断用户的小区重选和补偿小区对于中断用户的 RB 分配。由图 10-42 可见,刚开始补偿的时候,小区平均吞吐量大约为 5.03 Mbit/s,随着遗传次数的增加,小区平均吞吐量逐渐增加,最后趋于收敛,大约为 5.36 Mbit/s,验证了此补偿算法的有效性。

图 10-43 显示的是在仿真的 4 个阶段中用户吞吐量的 CDF 曲线,可以看出,相比于中断前,用户吞吐量低于 360 kbit/s 的 UE 比例减小,这是由于当中断发生后,

网络中用户的数目减少了，然而中断补偿前和中断补偿后的用户比例大于阶段 2。

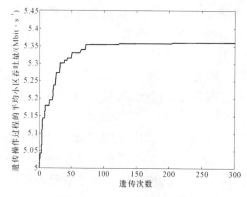

图 10-42 平均小区吞吐量变化曲线

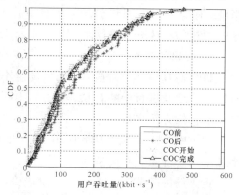

图 10-43 不同阶段用户吞吐量的 CDF 曲线

为了验证本算法的有效性，定义满意用户率的概念，即用户吞吐量大于某一数值的 UE 比例，此次仿真中设为 30 kbit/s。如图 10-44 所示，中断之前，满意用户率为 96％，比较不同阶段，发现性能变化很大，这是由于小区中断导致部分用户无法接入网络。补偿刚开始时，有部分性能增益，满意用户率大约为 83％；补偿完成后，用户满意率上升到 93％，几乎接近中断前的性能。

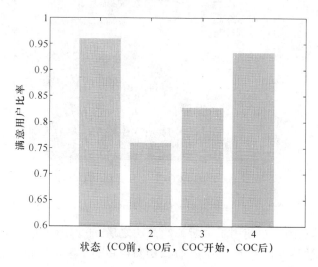

图 10-44 不同阶段满意用户的比例

参 考 文 献

[1] 3GPP. TR 36.913 Requirements for further advancements for Evolved Uni-

versal Terrestrial Radio Access (E-UTRA) (LTE-Advanced) R8 [S]. EU-ROPE：ETSI, 2008.

[2] 3GPP. TS 32. 500 Telecommunication management Self-Organizing Networks (SON) Concepts and requirements R10 [S]. EUROPE：ETSI, 2010.

[3] SOCRATES. INFSO-ICT-216284 SOCRATES D2. 1 Use Cases for Self-Organizing Networks[S]. EU：SOCRATES, 2008.

[4] SOCRATES. INFSO-ICT-216284 SOCRATES D2. 2 Requirements for Self-organizing Networks [S]. EU：SOCRATES, 2008.

[5] SOCRATES. INFSO-ICT-216284 SOCRATES D2. 3 Assessment Criteria for Self-organizing networks[S]. EU：SOCRATES, 2008.

[6] 3GPP. TS 32. 501 Telecommunication management Self-configuration of network elements Concepts and requirements R10 [S]. EUROPE：ETSI, 2011.

[7] 3GPP. TS 32. 521 Telecommunication management Self-Organizing Networks (SON) Policy Network Resource Model (NRM) Integration Reference Point (IRP) Requirements R10[S]. EUROPE：ETSI, 2010.

[8] 3GPP. TR 32. 816 Telecommunication management Study on management of Evolved Universal Terrestrial Radio Access Network (E-UTRAN) and Evolved Packet Core (EPC) R8 [S]. EUROPE：ETSI, 2008.

[9] S Schuetz, K Zimmermann, G Nunzi, et al. Autonomic and Decentralized Management of Wireless Access Networks [J]. IEEE Transactions on Network and Service Management, 2007, 4(2)：96-106.

[10] Nokia Siemens Networks. SON Solution for Coverage and Capacity Optimization [R]. Shenzhen：3GPP, 2009.

[11] 3GPP. TS 32. 541 Telecommunication Management Self-Organizing Networks (SON) Self-healing Concepts and Requirements R10 [S]. EUROPE：ETSI, 2010.

[12] 3GPP. TS 32. 101 Telecommunication Management Principles and High Level Requirements R10 [S]. EUROPE：ETSI, 2010.

[13] Kephart J O, Chess D M. The vision of autonomic computing [J]. IEEE Computer, 2003, 36(1)：41-50.

[14] 3GPP. TS 32. 821 Telecommunication management Study of Self-Organizing Networks (SON) related Operations Administration and Maintenance (OAM) for Home Node B (HNB) R9 [S]. EUROPE：ETSI, 2009.

[15] Broadband Forum. TR-069 CPE WAN Management Protocol v1. 1 [S]. 2007 The Broadband Forum, 2007.

[16] 中华人民共和国信息产业部. YD/T 1584.1-2007 2GHz 数字蜂窝移动通信网网络管理通用技术要求第 1 部分基本原则[S].北京:人民邮电出版社,2007.

[17] 中华人民共和国信息产业部. YD/T 1584.2-2007 2GHz 数字蜂窝移动通信网网络管理通用技术要求第 2 部分接口功能[S].北京:人民邮电出版社,2007.

[18] 中华人民共和国信息产业部. YD/T 1584.3-2007 2GHz 数字蜂窝移动通信网网络管理通用技术要求第 3 部分接口分析[S].北京:人民邮电出版社,2007.

[19] 3GPP. TS 32.502 Telecommunication management Self-configuration of network elements Integration Reference Point (IRP) Information Service (IS) R10[S]. EUROPE：ETSI,2010.

[20] 3GPP. TS 32.511 Telecommunication management Automatic Neighbor Relation (ANR) management Concepts and requirements R9 [S]. EUROPE：ETSI,2009.

[21] 3GPP. TS 32.531 Telecommunication management；Software management (SwM) Concepts and Integration Reference Point (IRP) Requirements R9 [S]. EUROPE：ETSI,2010.

[22] 3GPP. TS 32.532 Telecommunication management Software management (SwM) Integration Reference Point (IRP) Information Service (IS) R10 [S]. EUROPE：ETSI,2010.

[23] 3GPP. TS 36.331 Evolved Universal Terrestrial Radio Access (E-UTRA) Radio Resource Control (RRC) Protocol specification R10[S]. EUROPE：ETSI,2010.

[24] 3GPP. TS 25.133 Requirements for support of radio resource management (FDD) R10[S]. EUROPE：ETSI,2011.

[25] 3GPP. TS 45.008 Radio subsystem link control R10 [S]. EUROPE：ETSI,2011.

[26] 3GPP. TS 36.304 Evolved Universal Terrestrial Radio Access (E-UTRA) User Equipment (UE) procedures in idle mode R10 [S]. EUROPE：ETSI,2011.

[27] 3GPP TS 36.423 Evolved Universal Terrestrial Radio Access Network (E-UTRAN) X2 Application Protocol (X2AP) R10[S]. EUROPE：ETSI,2011.

第 11 章　分层异构无线网络自组织

分层异构无线网络是指在传统的宏蜂窝移动基站覆盖区域内再部署若干个小功率传输节点形成同覆盖的不同节点类型的异构系统。按照小区覆盖范围的大小,可以将小区分成宏小区、微微蜂窝小区、毫微微蜂窝小区以及用于信号中继的中继站。分层异构网不同范围小区相互重叠覆盖形成异构分层无线网络。目前以宏基站为主的网络部署已经很难满足容量需求,运营商、设备及终端制造商一直在推动异构无线网络融合的应用,接入网络架构上引入小基站作为网络部署的关键点呈现"小功率,多天线"的特征。

分层异构无线网络存在的主要困难及问题包括:

(1) 技术难度加大。无线网和移动网在宽带化演进中不断提出新的技术,但技术的实现日益复杂。IT 业的摩尔定律面临工艺水平和生产成本的严峻压力,蜂窝无线设备研发面临物理层基带处理能力可挖掘空间受限,射频技术要求大大提高的挑战。

(2) 干扰协调复杂。异构网络在原来的小区范围之内引入了新的发射节点,相当于引进了新的干扰源,分层异构网络拓扑结构的变化,不同类型小区基站发射功率差异以及小区间切换场景都会引入新的干扰。过多的网络在频率分配、小区间干扰协调上存在巨大困难。

(3) 频谱资源紧张。由于目前我国采用的静态频谱规划与实际异构无线网络动态频谱需求之间的矛盾,导致面向异构无线网络宽带应用的频谱资源比较紧张。一方面已经分配的频谱利用率不高,另一方面优质的低端频谱已经被其他系统占用,异构网络系统中难以获得。

鉴于有限的无线资源要在多异构节点复用,对传统的无线资源管理和移动性管理带来极大的挑战。传统的网络规划优化针对同构单层网络开展,而分层异构网络由于资源复用更趋频繁,干扰控制更为自适应,需要管理的通信实体和无线参数急剧增加,所以需要简化无线分层异构网络的设计和运维,实现网络的协同自配置和自优化,提高网络的自组织能力。

本章将系统介绍分层异构无线网络下的自组织技术,包括相应的协议,自配置、自优化和自治愈方法和性能等。

11.1 分层异构无线网络自组织协议

移动通信网络与 Internet 的逐步融合是网络发展的必然趋势。传统的移动通信网络围绕语音业务为核心进行设计和优化,而未来移动通信网络将以 Internet 为核心进行设计和优化。据 NTT 等运营商的研究结果表明,约 70% 的语音业务需求都来自于室内,约 90% 的数据应用来自于室内,室内覆盖可能成为影响 LTE/LTE＋运营成败的关键。运营商认识到室内覆盖在 3G 以及后续的 LTE/LTE＋网络建设中都是极其关键和重要的环节。因此 3GPP 引入了家庭网络,家庭网络以家庭基站(Home NodeB 或 Home eNB,分别简称为 HNB 和 HeNB)为核心,也被称为家庭基站网络或"femtocell"。家庭基站是针对家庭通信特点设计的,通过放置在用户家中的家庭基站设备实现以家庭为单位的室内覆盖,提供了更多更新的宽带应用,促进了固定网络和移动网络的融合。鉴于家庭基站是分层异构无线网络的重要组成,下面以家庭基站为例简单介绍分层异构无线网络的自组织协议及其流程等。

11.1.1 家庭基站应用场景

家庭基站子系统的网络架构参照 3G UTRAN 的网络架构,同时考虑到对原有网络(包括核心网和终端)的支持和改变。以 UTRAN 环境为例,家庭基站子系统的网络架构如图 11-1 所示。

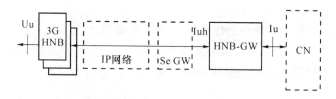

图 11-1　家庭基站子系统的体系架构

如图 11-1 所示,家庭基站接入网主要包括家庭基站(HNB)、家庭基站网关(HNB-GW)等设备实体。HNB-GW 通过标准 Iu 接口与 3G 核心网相连。HNB 与 HNB-GW 之间通过新定义的 Iuh 接口相连,HNB 具备原来的 NodeB 功能和 RNC 的大部分功能。HNB、HNB-GW 还支持一些由于家庭基站特性所引入的诸如 HNB 注册、UE 注册等新功能。家庭基站网络中的两类主要设备包括:

(1) 家庭基站(HomeNB, HNB)。HNB 属于用户端设备,集成了 NodeB 和 RNC 的主要功能,并通过公共 IP 网络接入到 3G 的 UTRAN 网络。HNB 支持功能包括:①为 UE 提供 Uu 接口;②提供 Iuh 接口;③具备 NodeB 功能,并支持 RNC 的大部分功能;④在 Iuh 接口上支持 HNB 和 UE 的注册。

(2) 家庭基站网关(HomeNB Gateway, HNB-GW)。HNB-GW 是为家庭基站

网络新增的网关设备,其主要功能如下:①因 HNB 数量众多,HNB-GW 负责对 HNB 和核心网之间的信令和数据进行汇聚和分发。②与 HNB 之间为 Iuh 接口,通过该接口可以实现对 HNB 和 UE 的注册和接入控制;同时承载 3G UTRAN 系统的原有信令和连接。③与 CN 之间为 Iu 接口,通过该接口为 CN 屏蔽了 Iuh 接口及 HNB 的特性,在 CN 看来 HNB-GW 就是一个 RNC。

由于家庭基站位于家庭内部,需要通过公众 IP 网络以 VPN 的方式连接到 HNB-GW 上,但公众 IP 网络不在移动运营商的管理范围之内,因此对家庭基站网络的管理实际上跨越了不同的运营商,这是不同于其他网络的重要特征。此外,与 3G UTRAN 相比,家庭基站接入网有一些不同的特性,包括:

(1) 管理的网元数量不同。HNB 的数量要远多于 UTRAN 中的 RNC 与 NodeB 数量。

(2) 每个网元所服务的用户数量不同。每个 HNB 所服务的用户数最多只有4~6个。

(3) 每个网元的覆盖范围不同。每个 HNB 覆盖范围一般在 50~100 m。

(4) 用户对网元的操作不同。一般普通用户不会对 UTRAN 网元进行操作,而针对 HNB,普通用户可以随时进行开、关等操作,因此 HNB 虽然属于接入网设备,但同时也具备了用户终端设备的特性。

由于这些特性的存在,使得对 HNB 接入网的管理也有了与 UTRAN 管理不同的特性,包括:

(1) 由于网元众多,分布广泛,且用户可能随时开关 HNB,通过集中式管理来实现 HNB 的接入代价较高;此外由于普通用户水平各异,不能要求用户来完成 HNB 的接入配置,因此 HNB 需要具备完全的自配置功能,即在 HNB 加电后能够有机制支持它自动寻找到适当的接入设备接入到核心网中。

(2) HNB 需要具备自优化功能,当周围环境发生变化,如相邻 HNB 小区或相邻宏小区发生变化后,能够有机制支持 HNB 实现自优化。

(3) 对 HNB 的性能管理要求降低。在 UTRAN 管理中,要求 UTRAN 网元能够按照要求定期采集并上报相应的性能参数以便管理系统实时掌握 UTRAN 网元的运行状况,但对于 HNB 接入网,不要求网元周期性主动上报所采集的性能参数,而是按管理系统的要求上报,同时对性能数据的采集间隔要求也相应降低。

(4) 对 HNB 的告警管理要求降低。由于 HNB 的故障所影响的用户数量有限,因此可以不要求 HNB 实时上报,而是按管理系统的要求上报。

(5) 为减轻管理系统的负担,不要求 HNB 与管理系统的连接为永久性连接,可以在需要时连接。

通过以上分析可以看出,由于家庭基站网络中引入了新的网元 HNB-GW,同时由于 HNB 位于用户家中,且 HNB 通过公众 IP 网络以 VPN 的方式连接到 HNB-

GW 上，与普通的宏蜂窝基站相比，家庭基站数目众多，而且本质上家庭基站与宏蜂窝网络、家庭基站与家庭基站间是无协调的，且存在开放式和封闭式等多种访问方式。家庭基站虽然是一种网络设备，但从用户使用角度看又具备用户端设备的性质，用户使用家庭基站的时间、地点等是任意的，因此对家庭基站的操作维护管理与普通宏基站必然要求不同。

家庭网络场景中的 SON 功能也分为自优化、自配置和自修复 3 个阶段。鉴于家庭基站的特点，其自优化需要重点解决两个问题：（i）干扰和覆盖优化；（ii）家庭基站的切入和切出自优化。家庭基站的干扰和覆盖优化的目标是提供有效的覆盖并最小化对宏网络的干扰。对于与宏网络基站采用同样频段的封闭式家庭基站，一个难题是会出现盲区，即非封闭式用户群由于家庭基站的干扰而无法接入宏网络。此时发射功率成为了确定覆盖和减少干扰的一个很重要的参数。对于切换优化，其目的是在家庭基站和宏网络的 eNB 之间实现无缝的切入和切出，同时还需要对在家庭内部不同区域内的切换进行优化。切换优化过程中需要调整的重要参数包括迟滞时间和 TTT 等。

家庭网络 SON 功能的自治愈的触发和过程与宏网络一致。在家庭基站出现中断时，自治愈功能也会被触发。但是由于家庭基站的部署相对较为分散，不存在彼此间的重叠。因此需要通知宏网络的 eNB 执行补偿动作。在家庭基站修复之后，宏网络和家庭网络的参数均恢复到正常状态。

11.1.2　家庭基站自配置流程

家庭网络场景下，加入新家庭基站（Home eNB）的自配置流程设计如图 11-2 所示。HeNB 的自配置过程主要分为 3 个部分：服务 HeMS 发现过程，HeNB 向服务 HeMS 注册过程，以及 HeNB 从 HeMS 获取配置信息过程。

当 HeNB 加电启动后，需要与服务 HeMS 和 MME 建立连接。与服务 HeMS 连接的建立是通过"服务 HeMS 发现流程"完成的，通过该流程可以获得服务 HeMS 的地址，并建立与服务 HeMS 的安全连接。

一旦 HeNB 与服务 HeMS 建立 IP 连接后，HeNB 需要向服务 HeMS 注册，这是通过"HeNB 向服务 HeMS 注册流程完成的"。注册完成后，HeNB 从服务 HeMS 获得配置信息，完成自配置。整个流程如下：

（1）HeNB 与初始 HeMS 建立安全连接。初始 HeMS 和初始 SeGW 的 FQDN 或 IP 地址是被硬编程在 HeNB 内的。

（2）HeNB 与初始 HeMS 建立 TR-069 会话，HeNB 发送包含自身设备 ID、位置信息等其他参数的请求消息给初始 HeMS。

（3）HeMS 通过 RPC 方法，提供服务 SeGW 和服务 HeMS 的 IP 地址给 HeNB。

（4）HeNB 释放与初始 HeMS 的 TR-069 会话。

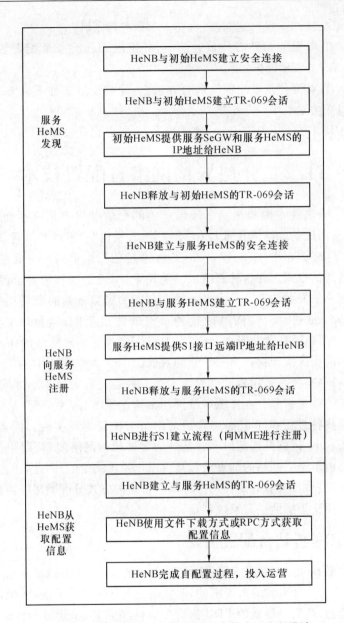

图 11-2　家庭网络场景下的基站自安装应用流程设计

（5）HeNB 与服务 HeMS 建立安全连接。

（6）HeNB 与服务 HeMS 建立 TR-069 会话，HeNB 发送包含自身设备 ID、位置信息等其他参数的请求消息给服务 HeMS。

（7）服务 HeMS 通过 RPC 方法配置 HeNB 的远端 S1 接口 IP 地址。

（8）HeNB 释放与服务 HeMS 的 TR-069 会话。

　　（9）HeNB 进行 S1 接口建立流程，向 MME 进行注册。

　　（10）HeNB 向服务 HeMS 完成注册后，开始从 HeMS 获取配置数据。首先建立与服务 HeMS 的 TR-069 会话。

　　（11）HeNB 有两种获取配置信息的方式，一种是通过文件下载方式，一种是通过 TR-069 RPC 方法。

　　（12）HeNB 释放 TR-069 会话，激活配置，完成自配置过程。

11.2　分层异构网络自配置技术

　　统计表明，未来在室内和热点区域内产生的通信量将占系统吞吐量的 80%～90%[6]。但是，传统的蜂窝网技术具有"重室外、轻室内"、"重蜂窝组网、轻孤立热点"和"重移动切换、轻固定游牧"的特点，LTE-A 系统的工作重点之一就是优化室内和热点场景下的通信模式。在这种新需求的驱使下，引入了一种相对于传统的小区基站发射功率更小的发射节点——家庭基站[7,8]，因为家庭基站的发射功率小，对于网络部署可以非常便利、灵活，同时因这种节点的覆盖范围小，可以更方便地利用 LTE-A 潜在的高频段频谱。但是，新节点的引入会改变原来网络的拓扑结构，使得这种网络结构的小区间干扰成为一个新的挑战。

　　在许多系统中，频率复用机制都被认为是一种通过有效减少小区间干扰来实现高吞吐量性能的技术措施。在传统广域网的部署场景下，频率分配、基站位置、基站传输功率和天线特性等都可以通过合适的网络前期规划而实现。但是，在 LTE-A 系统的局域场景中，运营商提前对家庭基站的部署执行网络规划（即频谱分配）是不可行的。这是由于家庭基站的部署通常是由用户随机决定的，因此，在这种分布式家庭基站的部署过程中，很有必要提出一种以自组织的方式分配频谱资源的机制，以便减少小区间的相互干扰而提高系统容量。

11.2.1　家庭基站自配置方法

　　目前大多数研究中，新建家庭基站的物理资源块（Physical Resource Block，PRB）选择都是从自身干扰的角度出发，而忽略了对其邻区的干扰，因此，如何兼顾上述两方面的性能，提出一种新的 PRB 的优先级排序方案，用于指导新建家庭基站进行无线资源配置就成为重要的研究点之一。本章节介绍一种家庭基站的无线资源自配置机制，新建的家庭基站通过占用不同 PRB 后，对本小区与邻区产生的干扰影响进行预测估计，对 PRB 进行筛选并执行优先级排序与选择，从而不仅保证本小区内的通信性能，同时还兼顾了新建家庭基站引入后的邻区通信性能。

1. 系统模型

　　在家庭基站共享频谱的场景下，本章考虑 OFDMA（Orthogonal Frequency

Division Multiple Access)下行性能。因为家庭基站通常都部署在写字楼等规则的室内场景中,所以考虑三维家庭基站场景,如图 11-3 所示。

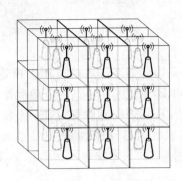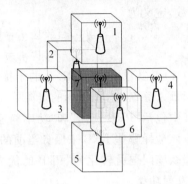

图 11-3 家庭基站场景下的系统模型

如图 11-3 所示,与传统的单层部署相比,左图三维场景更符合实际中家庭基站多层部署的情况。在该三维场景下,右图描述了邻区的概念,以便自配置方案的提出。右图阐述了在多层部署场景下,家庭基站邻区的概念:假设新建家庭基站为图中标号为 7 的中心小区,则对应标号 1~6 的小区即为小区 7 的各个邻区。在实际场景中,判定邻区的指标可以为小区间的平均信道增益,即设定一个门限值,高于该门限值的为邻区,否则为非邻区,邻区和非邻区的物理意义如下。

(1)非邻区:占用与本小区同样的 PRB 所产生的干扰可以忽略,即信道增益低于设定门限可认为是非邻。

(2)邻区:占用与本小区同样的 PRB 所产生的干扰不能忽略,但是只要干扰在设定门限以下,即可共用该 PRB。即信道增益高于设定门限就认为是邻区。

在 OFDMA 传输系统中,最基本的资源单元即为 PRB,它是时频域上的二维概念,每个 PRB 在时域上占用一个时隙,即 0.5 ms;而在频域上占用 12 个子载波,共计 180 kHz[10]。在 OFDMA 系统中,各个家庭基站占用相同的频谱,小区内干扰可以通过正交的频率资源来规避,而小区间的干扰则成为限制系统性能的重要因素。因此,如何配置资源来尽可能的减小干扰成为研究的主要问题。

假设只有具备邻区关系的小区间才有可能相互干扰。对于某一新建家庭基站的小区 i,它占用了序号为 k 的 PRB,对应发射功率为 p^k,那么序号为 k 的 PRB 在小区 i 内的信干噪比 SINR_i^k 为

$$\mathrm{SINR}_i^k = \frac{p_i^k g_{ii}^k}{N_i^k + \sum_j^{n_i} \rho_j^k p_j^k g_{ij}^k} \tag{11-1}$$

式中,下标 i 代表新建家庭基站所在小区的索引,下标 j 代表相应邻区的索引,n_i 为相应邻区的集合,上标 $k(k=1,2,\cdots,K)$ 表示 PRB 序号,k 的最大值即可用的 PRB 总数为 K,g_{ii} 为小区 i 的平均信道增益,g_{ij} 为邻区 j 与小区 i 之间的平均信道增益,

p_i^k 和 p_j^k 分别为序号为 k 的 PRB 在小区 i 和邻区 j 内的发射功率，N_i^k 表示序号为 k 的 PRB 在小区 i 内的噪声功率，ρ_j^k 是一个表征邻区 j 是否占用序号为 k 的 PRB 的一个示性函数，定义为

$$\rho_j^k = \begin{cases} 1, & \text{邻区 } j \text{ 占用序号为 } k \text{ 的 PRB} \\ 0, & \text{邻区 } j \text{ 未占用序号为 } k \text{ 的 PRB} \end{cases} \tag{11-2}$$

由(11-1)可以看出，某 PRB 上的干扰主要是由于邻区占用相同 PRB 所造成的。

在 LTE-A 系统中，最基本的资源单元是 PRB，也就是说所谓的资源配置即 PRB 的配置，其中包括"PRB 选择"和"功率确定"。"PRB 选择"意味着对于一个新建的家庭基站，应该选择哪些 PRB 来服务当前的小区。很明显，PRB 的数量和小区的业务量相关，那么该问题就转化为"PRB 的优先级排序"；"功率确定"，顾名思义，即 PRB 所对应的发射功率。

为了便于之后与所提机制相比，先简单介绍传统的资源配置机制对待这两方面的思路。

(1) PRB 的优先级排序：即通过权衡所有 PRB 上所感知到的干扰，将其由小到大的顺序排列即可得到 PRB 的优先级排序，当然，如果对于某 PRB，即使以最大功率发射仍然不能满足最小信干噪比参数 $\text{SINR}_{\min}$ 的要求，那么该 PRB 将被剔除在外。

(2) 功率确定：功率越大，新建家庭基站所在小区内的用户性能越好，所以功率设置为最大发射功率。

由上述传统资源配置机制可以看出，"PRB 的优先级排序"和"功率确定"仅仅考虑了最大化新建家庭基站所在小区的性能，而完全忽略了由于新小区的加入而对已经存在小区性能的影响。已存在小区很有可能因为新小区占用相同的 PRB 而性能骤降。基于这一点，介绍了一种家庭基站的无线资源自配置机制。

2. 家庭基站的无线资源自配置机制

与传统资源配置机制不同，新建的家庭基站首先预测其占用每个 PRB 后，对本小区和邻区产生的干扰，再综合考虑本小区及邻区所允许的最大干扰门限，筛选和判断每个 PRB 是否可用，以及在可用的 PRB 基础上求得其相应的发射功率；然后基于这些可用的 PRB 的发射功率，计算其在本小区内的信干噪比，再根据信干噪比数值，对其进行由大到小的降序排列，即对可用的 PRB 执行优先级排序，用于指导新建家庭基站的资源配置。

无线资源自配置机制的各个具体操作步骤，如图 11-4 所示。

步骤 1：新建家庭基站执行初始化操作。设置系统参数和获取资源配置所需的邻区信息。该步骤的具体操作如下所示。

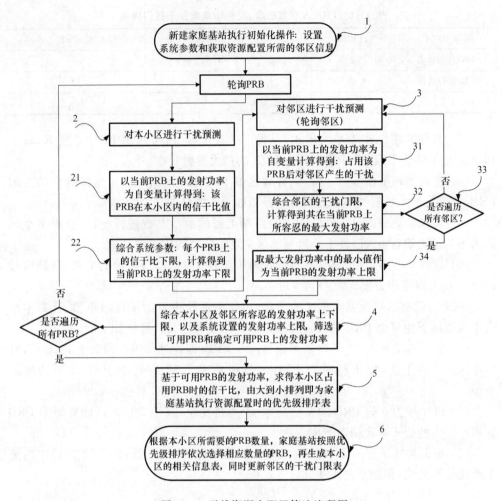

图 11-4 无线资源自配置算法流程图

（1）家庭基站开机，首先工作于终端模式，通过接入周围邻区，获得各邻区的
PRB 占用状态、发射功率和干扰门限。表 11-1 为 PRB 占用状态表、发射功率表和干
扰门限表。其中，各邻区的 PRB 占用表（表 11-1）A 中的字符 ρ_j^k 用于记录家庭基站
所在小区的每个邻区占用序号为 k 的 PRB 的情况；邻区的 PRB 发射功率表
（表 11-1）B 中的字符 p_j^k 用于记录序号为 j 的邻区在序号为 k 的 PRB 上的发射功
率；邻区的干扰门限表（表 11-1）C 中的干扰门限值 $I_{\max j}^k$ 用于记录序号为 j 的邻区在
序号为 k 的 PRB 上能够容忍的最大干扰门限。

表 11-1　PRB 占用状态表、发射功率表和干扰门限表

邻区 ID　C_j	1st PRB	2nd PRB	…	K^{th} PRB
（A）占用状态	ρ_j^1	ρ_j^2	…	ρ_j^K
（B）发射功率	p_j^1	p_j^2	…	p_j^K
（C）干扰门限	$I_{\max j}^1$	$I_{\max j}^2$	…	$I_{\max}$

（2）家庭基站工作于基站模式，设置下述系统参数：可用的 PRB 总数 K、每个 PRB 的信干噪比下限 $SINR_{min}$ 和每个 PRB 的最大发射功率 p_{max}。

（3）家庭基站根据步骤 1（1）中各邻区的 PRB 占用状态，优先选择剩余的空闲 PRB，并以其最大发射功率 p_{max} 暂时服务当前小区的终端。

（4）家庭基站根据设定时间内各个终端上报的测量参数进行统计，获得本小区内的平均信道增益 g_{ii}，以及本小区与邻区 j 之间的平均信道增益 g_{ij}。

（5）家庭基站结束初始化操作，准备利用步骤 1（1）、（2）和（4）的信息，开始执行 PRB 的优先级排序方案。

步骤 2：家庭基站预测本小区的干扰，再根据系统设置的干扰门限值，计算本小区干扰预测下的每个 PRB 的发射功率下限。该步骤的具体操作如下所示：

（1）家庭基站从 $k=1$ 开始依序轮询每个 PRB：即通过预测占用每个 PRB 后，对本小区产生的干扰，以求得对应 PRB 的发射功率下限、即每个 PRB 发射功率最小值。

（2）以序号为 k 的 PRB 的发射功率 p_i^k 为自变量，按照式（11-1）计算每个 PRB 在本小区内的信干噪比值 $SINR_i^k$。

（3）根据初始设置的每个 PRB 的信干噪比下限 $SINR_{min}$，结合步骤 2（2）中的信干噪比计算公式，得到下述不等式：

$$SINR_i^k = \frac{p_i^k g_{ii}}{N_i^k + \sum_j^{n_i} \rho_j^k p_j^k g_{ij}} \geqslant SINR_{min} \tag{11-3}$$

进而求得本小区每个 PRB 的发射功率下限

$$p_{i\,min}^k = \frac{SINR_{min} \times (N_i^k + \sum_j^{n_i} \rho_j^k p_j^k g_{ij})}{g_{ii}} \tag{11-4}$$

步骤 3：家庭基站预测每个邻区的干扰，根据每个邻区的干扰门限值，计算每个 PRB 的发射功率上限。该步骤的具体操作如下所示：

（1）以序号为 k 的 PRB 的发射功率 p_i^k 为自变量，按照下述公式计算占用该 PRB 对邻区 j 产生的干扰：

$$I_j^k = \rho_j^k p_i^k g_{ij} \tag{11-5}$$

（2）从步骤 1（1）中的各邻区的干扰门限表中找到邻区 j 在序号为 k 的 PRB 所容忍的最大干扰门限值 $I_{\max j}^k$，再结合步骤 3（1）中的干扰计算式（11-5），得到下述不

等式：

$$I_j^k = \rho_j^k p_i^k g_{ij} \leqslant I_{\max j}^k \tag{11-6}$$

进而求得邻区 j 能够容忍的本小区在序号为 k 的 PRB 上的最大发射功率：

$$p_{i\max,j}^k = \frac{I_{\max j}^k}{\rho_j^k g_{ij}} \tag{11-7}$$

（3）家庭基站依序轮询每个邻区 $j,(j \in n_i)$，即对每个邻区循环执行步骤 3(1) 和 (2)，直至遍历所有邻区。

（4）通过遍历得到每个邻区能够容忍的本小区在序号为 k 的 PRB 上的最大发射功率后，选取其中数值最小的作为本小区在序号为 k 的 PRB 所允许的最大发射功率，即得到最终的发射功率上限：$p_{i\max}^k = \min\{p_{i\max,j}^k\}$。

步骤 4：综合上述两个步骤计算得到的每个 PRB 在本小区的发射功率下限与发射功率上限，筛选可用的 PRB 并确定每个可用的 PRB 的发射功率。该步骤的具体操作如下所示：

（1）判断序号为 k 的 PRB 在本小区干扰预测下的发射功率下限 $p_{i\min}^k$ 与其在邻区干扰预测下的最大发射功率 $p_{i\max}^k$ 以及步骤 1(2) 中初始设置的最大发射功率 $p_{\max}$ 的数值大小，如果 $p_{i\min}^k$ 同时满足小于两个上限：$p_{i\min}^k < p_{i\max}^k$ 和 $p_{i\min}^k < p_{\max}$，即这 3 个参数数值范围有交集且不冲突时，表明该序号为 k 的 PRB 为可用的 PRB，则执行后续步骤 4(2)；否则，表明该序号为 k 的 PRB 不可用，需返回执行步骤 2，开始轮询下一个 $(k+1)$ 序号 PRB。

（2）因该序号为 k 的 PRB 为可用 PRB，求得该序号为 k 的可用的 PRB 的发射功率：

$$p_i^k = \min\{p_{i\max}^k, p_{\max}\} \tag{11-8}$$

步骤 5：基于可用的 PRB 的发射功率，计算该可用的 PRB 在本小区内的信干噪比，再将这些可用的 PRB 按照其信干噪比数值的大小降序排列，即对可用的 PRB 执行优先级排序。该步骤的具体操作如下所示：

（1）基于上述步骤得到的序号为 k 的可用 PRB 的发射功率 p_i^k，按照式(11-1)计算该序号为 k 的可用的 PRB 对于本小区的信干噪比 $SINR_i^k$。

（2）判断是否已经轮询了所有序号可用的 PRB，即判断是否 $k=K$，若是，则执行后续步骤 5(3)；否则，返回执行步骤 2，开始轮询下一个序号 PRB。

（3）将每个可用的 PRB 按照其信干噪比 $SINR_i^k$ 的数值大小进行降序排列，即对每个可用的 PRB 执行优先级排序。

步骤 6：家庭基站根据本小区所需要的 PRB 数量，按照优先级排序依次选择相应数量的可用的 PRB，生成本小区的相关信息表，同时更新邻区的干扰门限表。该步骤生成的本小区的相关信息表包括：

（1）本地家庭基站的 PRB 占用状况，该表格是根据步骤 5 计算得到的可用的

PRB 优先级排序,以及本小区所需的 PRB 数目而得到的。

（2）本地家庭基站的 PRB 发射功率,该表格是根据所选择的可用的 PRB,对应步骤 4 中确定的发射功率得到的。

（3）本地家庭基站的干扰门限,其中的干扰门限值 $I_{\max i}^{k}$ 表示本小区在序号为 k 的 PRB 上能够容忍的干扰最大值,该参数定义为:如果本小区不占用该序号为 k 的 PRB,则 $I_{\max i}^{k}$ 为无穷大;如果本小区占用序号为 k 的 PRB,则 $I_{\max i}^{k}$ 的计算公式为

$$I_{\max i}^{k} = \frac{p_i^k g_{ii}}{\text{SINR}_{\min}} - \sum_{j}^{n_i} \rho_j^k p_j^k g_{ij} - N_i^k \qquad (11\text{-}9)$$

式中,$\text{SINR}_{\min}$ 为步骤 1(2)中初始设定的系统参数:每个 PRB 的信干噪比下限。

（4）邻区的干扰门限表也需要更新,其中的门限值 $I_{\max j}^{k}$ 表示每个邻区在每个 PRB 上能够容忍的实时干扰最大值,该参数的实时更新过程是:先分别计算本小区所占用的各个 PRB 对邻区的干扰:在邻区干扰门限表找到该邻区 j 在序号为 k 的 PRB 上能够容忍的最大干扰门限值 $I_{\max j}^{k}$,再分别轮询本小区对每个邻区 j 在序号为 k 的 PRB 上产生的干扰 $I_j^k = \rho_j^k p_i^k g_{ij}$,然后求解 $I_{\max j}^{k} - I_j^k$ 的差,即为更新后的邻区实时干扰门限值。

3. 仿真及性能评估

所提机制是指导新家家庭基站进行资源自配置的,因此,关于仿真,首先设定一个特殊的三维部署场景,然后逐个模拟家庭基站的建立过程（即资源自配置）,当该过程遍历完所有的小区时,从系统的角度出发来评估中断概率以及吞吐量等性能。

在三维场景中,默认对于某一个小区,只有前后左右上下 6 个方向上的小区是与自身互为邻区的,对角线方向上的两个小区由于远距离、墙体/地面的损耗等原因而不具有邻区关系。

如图 11-5 所示,主要关注核心的 7 个小区:中心的红色小区以及与它互为邻区的周边 6 个黄色邻区;同时,为了凸显所提机制的优势,对于每个黄色小区,假设其周围还存在 5 个与其互为邻区的边缘小区。在这样的部署场景下,家庭基站新建的过程分 3 大步进行。

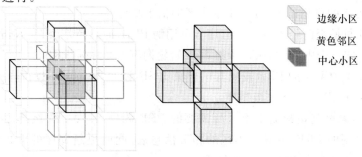

边缘小区
黄色邻区
中心小区

图 11-5　仿真场景

（1）边缘小区建立家庭基站：一共要为 30 个边缘小区新建家庭基站（6 个黄色小区，每个有 5 个边缘小区），且它们之间没有邻区关系，所以资源配置间没有约束关系。

（2）黄色邻区建立家庭基站：将上一步所产生的 30 个小区，分为 6 组，作为 6 个黄色小区的邻区，在相应邻区的资源约束下，为黄色小区配置相应的资源。

（3）中心小区建立家庭基站：6 个黄色小区即为中心小区的邻区，因此，在其资源约束下，为中心小区配置相应的资源。

在上述场景下，传统机制和前面所介绍机制将分别应用其中，当所有小区的基站建立完毕，从系统的角度出发来评估中断概率以及吞吐量等性能。

本书的仿真参数均依据 LTE 标准所设置，如表 11-2 所示。

表 11-2　仿真参数

参数	数值
频谱占用	带宽 20 MHz，载频 2 GHz
PRB 总数	100
核心小区的个数	7
所有小区的个数	37
每个小区中 UE 的个数	5～8
每个 UE 所需要的 PRB 个数	3～10
每个 PRB 上的最大发射功率/mW	4
热噪声 PSD/(dBm·Hz^{-1})	−174
噪声系数/dB	7
传播模型	
室内场景大小/m	10×10
层与层间的高度/m	3
墙体损耗/dB	5
地面损耗/dB	5
路损模型	• 视距传输（LOS）： $18.7\log_{10}d+46.8+20\log_{10}(f/5.0)$ 式中，d 的单位为 m；f 的单位为 GHz。 • 非视距传输（NLOS）： $20\log_{10}d+46.4+nL_{w/f}+20\log_{10}(f/5.0)$ 式中，d 为直线距离的长度，单位为 m；f 为载波频率，单位为 GHz；n 为发送机与接收机间墙体/地面的层数；$L_{w/f}$ 为墙体/地面的损耗，单位为 dB

　　图 11-6 中系统所设置的信干噪比门限为 $SINR_{min}=4$ dB,仿真结果考虑所有小区(共 37 个),它对比了两种资源配置机制下,平均每个小区所能提供的有效 PRB 个数。如图 11-6 所示,横坐标为平均每个 UE 所需要的 PRB 的个数,纵坐标为平均每个小区所能提供的有效 PRB 个数。图例中,$N_{required}$ 表示实际需要 PRB 的个数;N_{valid_con} 表示传统机制下有效 PRB 的个数;N_{valid_pro} 表示本书所提机制下有效 PRB 的个数。这里,所谓的"有效 PRB"意味着该 PRB 上的信干噪比数值要大于等于 $SINR_{min}$。从图中可以看出,当每个 UE 所需要的 PRB 的个数较少时,两种机制均可以满足所有 PRB 的需求;然而,随着所需 PRB 个数的逐渐增多,所提机制的优势越来越明显,虽然不能提供足够多的有效 PRB,但与传统机制相比,性能还是有所提升的。这个结论和预期相符,正因为所提机制在配置资源时弥补了传统机制只考虑新建小区性能的不足,通过兼顾邻区的性能,使得从系统角度出发,性能有所提升。

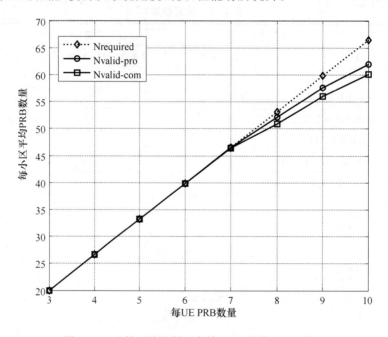

图 11-6　比较两种机制下有效 PRB 的数目(37 小区)

　　为了凸显所提机制的优势,之后的仿真均只考虑核心 7 小区的性能,因为边缘小区建立家庭基站时没有邻区资源的约束,所以体现不出机制的优势。和图 11-6 相比,图 11-7 的唯一差别即为仿真结果是基于核心 7 小区产生的,而非所有 37 个小区。正如所料,所提机制的优势更明显,随着 UE 所需 PRB 个数的逐渐增多,有效 PRB 的个数反而减少了,这是因为当所需 PRB 个数较多时,边缘小区可以提供足够多的 PRB,在他们的资源限制下,核心 7 个小区的有效 PRB 数目也就因此减少了。

　　图 11-8 对比了不同 $SINR_{min}$ 下,两种机制关于中断概率性能的差别,中断概率是通过有效 PRB 的个数除以所需 PRB 的个数得到的。由图可知,当 $SINR_{min}=-2$ dB

时,两种机制都可以实现中断概率为 0 的最佳性能,这是因为信干噪比门限较低,可以提供足够的有效 PRB;随着 $SINR_{min}$ 的逐渐增大(0 dB,2 dB,4 dB),两种机制下的中断概率都是先为 0 然后增大,但所提机制仍然优于传统机制,这个结果显而易见,同时符合预期;当 $SINR_{min}$ 大到一定程度时(6 dB),两种机制已经没有差别,因为较高的信干噪比门限很有可能使得每个 PRB 都不能被复用。

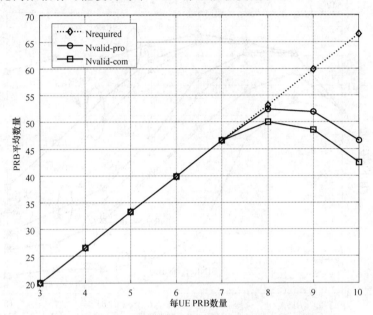

图 11-7　比较两种机制下有效 PRB 的数目(核心 7 小区)

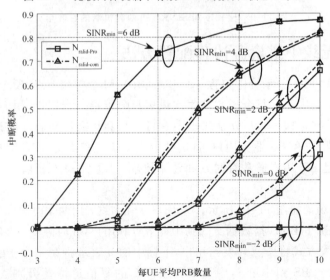

图 11-8　比较不同 $SINR_{min}$ 下两种机制的中断概率

　　图 11-9 对比了不同 $SINR_{min}$ 下，两种机制关于吞吐量性能的差别。相比于中断概率的结果，两种机制关于吞吐量的关系与其类似，不同点在于，随着平均每个 UE 所需 PRB 个数的增加，系统吞吐量是逐渐下降的，这个和图 11-6 中有效 PRB 数逐渐减少的原因是相同的。

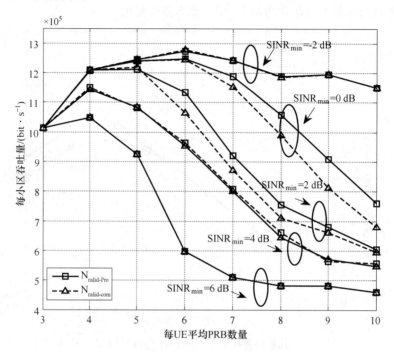

图 11-9　比较不同 $SINR_{min}$ 下两种机制的吞吐量

11.2.2　无线中继资源协作配置方法

　　如图 11-10 所示。系统中包含一个基站（BS），M 个中继节点，K 个用户，所有用户共享 N 个子载波并且每个子载波每次最多只分配给一个用户，用 $i \in [1, \cdots, M]$，$k \in [1, \cdots, K]$，$n \in [1, \cdots, N]$ 分别代表中继、用户、和子载波集合。在该场景中同时存在 RT 业务用户和 BE 业务用户，且个数分别为 K_{RT} 和 K_{BE}。BE 用户没有特殊的 QoS 要求，但是 RT 用户通常有时延和速率要求。RT 用户 k 当前经历的时延表示为 τ_k。

　　协作网络场景如图 11-10 所示，BS、用户 k 和中继 i 用两个时隙完成一次下行协作传输。在时隙 1，BS 广播数据 $x_{s_k,n}$ 到中继节点和用户，在时隙 2，中继节点采取 AF 或者 DF 的转发方式将 $x_{R_i,n}$ 转发给用户，下标中的 n 表示将第 n 个子载波分给用户 k。BS 到用户 k，BS 到中继 i，中继 i 到用户 k 的复信道增益分别表示为 $h_{(s,k),n}$，$h_{(s,R_i),n}$ 和 $h_{(R_i,k),n}$，并且假设两时隙的信道增益相同。用户 k 在第一、第二时隙接收到

的信号分别表示为 $y_{k,n}^1,y_{k,n}^2$ 中继 i 在第一时隙接收到的信号表示为 $y_{R_1,n}^1$。这些向量中的上标1、2分别表示第1时隙、第2时隙。此外，$n_{(s,k),n}$，$n_{(s,R_i),n}$ 和 $n_{(R_i,k)}$ 分别表示加性高斯白噪声且服从分布 $CN(0,\sigma^2)$。

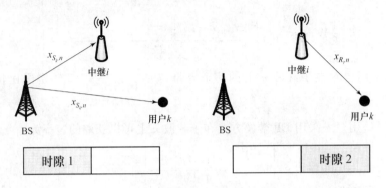

图 11-10　混合 QoS 的协作资源分配的系统模型

中继节点转发方式，以够获取更高的传输速率为目标在 DF 和 AF 中进行选取，下面分别具体分析 DF 和 AF 转发过程。

1. 基于用户 QoS 的资源分配算法

研究所提出的是基于用户 QoS 的资源分配算法，将考虑在满足 RT 业务的时延和速率要求的前提下，最大化 BE 业务的总体传输速率，从而在满足用户的 QoS 要求的基础上，尽可能地提高资源的利用率。该算法将重新优化协作传输中的资源分配，在满足 RT 和 BE 业务不同的 QoS 要求的同时，优化整个系统整体的性能。具体的资源分配过程为：首先，考虑到 RT 业务的时延要求，为了最小化丢包率，在子载波分配过程中将结合各 RT 业务的当前时延来选择需求最迫切的用户，为其分配资源，选择中继节点和中继转发策略，并以最低的功率开销达到其速率要求。然后，将剩余的资源分配给 BE 用户，这个资源分配过程分为了两个子问题：一是联合中继节点、中继转发策略和子载波的选择问题，另一个是功率分配问题，以最大化 BE 业务整体的吞吐量为目标，对这两个子问题进行求解。

（1）解码转发（DF）

DF 转发方式，中继节点对接收到的 BS 发送的信息先进行解码，然后重新编码传输，DF 转发可用公式表示为

$$\left.\begin{array}{l} y_{k,n}^1 = h_{(S,k),n}\sqrt{P_{(S,k),n}}x_{S_k,n} + n_{(S,k),n} \\[4pt] y_{R_i,n}^1 = h_{(S,R_i),n}\sqrt{P_{(S,k),n}}x_{S_k,n} + n_{(S,R_i),n} \\[4pt] y_{k,n}^2 = h_{(R_i,k),n}\sqrt{P_{(R_i,k),n}}x_{S_k,n} + n_{(R_i,k),n} \end{array}\right\} \qquad (11\text{-}10)$$

式中，$P_{(S,k),n}$ 和 $P_{(R_i,k),n}$ 分别表示 BS、中继 i 通过子载波 n 向用户 k 传输所消耗的功率值。中继 i 和用户 k 要正确解码 $x_{S_k,n}^1$ 需要满足条件：

$$r_{k,n} \leqslant \frac{1}{2}W \log_2\left(1 + \frac{P_{(S,k),n}\left|h_{(S,R_i),n}\right|^2}{\Gamma\sigma^2}\right) \tag{11-11}$$

同时要满足：

$$r_{k,n} \leqslant \frac{1}{2}W \log_2\left(1 + \frac{P_{(S,k),n}\left|h_{(S,k),n}\right|^2 + P_{(R_i,k),n}\left|h_{(R_i,k),n}\right|^2}{\Gamma\sigma^2}\right) \tag{11-12}$$

式中，$r_{k,n}$ 表示用户 k 在子载波 n 上的信道容量，$\Gamma = \dfrac{-1.5}{\ln(5B_k^{\min})}$，$B_k^{\min}$ 是误比特率门限值。

通过计算，用户 k 采用 DF 转发方式在子载波 n 上可以获取的速率为

$$r_{k,n}^{\mathrm{DF}} = \min\left\{\begin{array}{l}\dfrac{1}{2}W \log_2\left(1 + \dfrac{P_{(S,k),n}\left|h_{(S,R_i),n}\right|^2}{\Gamma\sigma^2}\right) \\[3mm] \dfrac{1}{2}W \log_2\left(1 + \dfrac{P_{(S,k),n}\left|h_{(S,k),n}\right|^2 + P_{(R_i,k),n}\left|h_{(R_i,k),n}\right|^2}{\Gamma\sigma^2}\right)\end{array}\right\} \tag{11-13}$$

（2）放大转发（AF）

在 AF 转发方式中，中继 i 首先对接收到的信号 $x_{S_k,n}$ 放大，然后以功率大小 $p_{(R_i,k),n}$ 将其发送出去。AF 转发可以用公式表示为

$$\left.\begin{array}{l}y_{k,n}^1 = h_{(s,k),n}\sqrt{p_{(s,k),n}}x_{s_k,n} + n_{(s,k),n} \\[2mm] y_{R_i,n}^1 = h_{(s,R_i),n}\sqrt{p_{(s,k),n}}x_{s_k,n} + n_{(s,R_i),n} \\[2mm] y_{k,n}^2 = h_{(R_i,k),n}\beta y_{R_i,n}^1 + n_{(R_i,k),n}\end{array}\right\} \tag{11-14}$$

式中，$\beta = \sqrt{\dfrac{p_{(R_i,k),n}}{p_{(s,k),n}\left|h_{(s,R_i),n}\right|^2 + \sigma^2}}$ 表示中继 i 的功率放大因子。

用户 k 采用 AF 方式在信道 n 上的速率为

$$r_{k,n}^{\mathrm{AF}} = \frac{1}{2}W \log_2\left(1 + \frac{p_{(s,k),n}\left|h_{(s,k),n}\right|^2}{\Gamma\sigma^2} + \frac{\sum_i \alpha_{R_i,k,n}\beta^2 p_{(s,k),n}\left|h_{(R_i,k),n}\right|^2\left|h_{(s,R_i),n}\right|^2}{\Gamma\sigma^2\left(1 + \beta^2\left|h_{(R_i,k),n}\right|^2\right)}\right) \tag{11-15}$$

式中，$\alpha_{R_i,k,n}$ 表示中继选择因子，当选择中继 i 为用户 k 在子载波 n 上进行协作传输时值为 1，否则为 0。

根据以上分析，用户 k 在子载波 n 上可获得的速率能够表示为

$$r_{k,n} = \mu_{k,n}r_{k,n}^{\mathrm{AF}} + (1 - \mu_{k,n})r_{k,n}^{\mathrm{DF}} \tag{11-16}$$

式中，$\mu_{k,n}$ 是中继策略选择因子，选择 AF 方式时 $\mu_{k,n} = 1$，选择 DF 方式时为 0。

用户 k 的总速率表示为

$$R_k = \sum_{n=1}^{N} \rho_{k,n} r_{k,n} \qquad (11\text{-}17)$$

式中,$\rho_{k,n}$ 表示子载波分配因子,当子载波 n 分配给用户 k 时 $\rho_{k,n}=1$,反之为 0。

2. 分析和推导

（1）RT 用户资源分配

为了降低系统的丢包率,按用户的时延顺序为用户分配资源,时延最大的用户最先分配传输时隙,并将对其来说质量最好的信道分配给该用户,使其尽可能快地完成传输,然后计算该用户和所有中继节点在各个信道采用 AF、DF 传输,达到用户速率要求所分别消耗的功率值,选取功率消耗最小的一种方式作为中继节点、中继转发方式、子载波选择、功率分配的策略。

RT 用户资源分配算法描述如算法 1 所述。

算法 1 RT 业务资源分配

While $\mathcal{K}_{RT} \neq \varnothing$

$\qquad k \leftarrow \max\{\tau_k\}$

$\qquad$ while $\displaystyle\sum_{n \notin N_k} r_{k,n} < R_{K\min}$

$\qquad\qquad n \leftarrow \max\{h_{(s,k)n}\}$

$\qquad\qquad (R_i, \mu_{k,n}, p^*_{(s,k),n}, p^*_{(R_i,k),n}) = \arg\min\left\{ \sum_{k=1}^{K_{RT}} \right.$

$\qquad\qquad N_k \leftarrow N_k + \{n\} \qquad \mathcal{N} \leftarrow \mathcal{N} \setminus \{n\}$

$\qquad$ end while

$\qquad \mathcal{K}_{RT} \leftarrow \mathcal{K}_{RT} \setminus \{k\}$

end while

如果采用 DF 方式,根据式（11-11）和式（11-12）计算使用户 n 达到目标速率 $r_{k,n}$,基站和中继节点的最小功率开销 $p^*_{(s,k),n}$、$p^*_{(R_i,k),n}$,得到:

$$\left. \begin{aligned} p^*_{(s,k),n} &= \left(2^{\frac{2r_{k,n}}{W}} - 1\right) \cdot \frac{\Gamma\sigma^2}{\left|h_{(s,R_i),n}\right|^2} \\[2em] p^*_{(R_i,k),n} &= \left(2^{\frac{2r_{k,n}}{W}} - 1\right) \cdot \frac{\Gamma\sigma^2}{\left|h_{(R_i,k),n}\right|^2} - \frac{p^*_{(s,k),n}\left|h_{(s,k),n}\right|^2}{\left|h_{(R_i,k),n}\right|^2} \end{aligned} \right\} \qquad (11\text{-}18)$$

如果采用 AF 方式,计算达到目标速率 $r_{k,n}$ 最小的功率开销,将式（11-6）表示为

$$p_{(R_i,k),n} = \frac{(c_1 p_{(s,k),n} + c_2)(c_3 p_{(s,k),n} + c_4)}{c_\xi p_{(s,k),n} + c_6} \qquad (11\text{-}19)$$

其中,

$$c_1 = \left| h_{(s,k),n} \right|^2$$

$$c_2 = -\left(2^{\frac{2r_{k,n}}{W}} - 1 \right) \Gamma \sigma^2$$

$$c_3 = \left| h_{(s,R_i),n} \right|^2$$

$$c_4 = \sigma^2$$

$$c_5 = -\frac{\left| h_{(R_i,k),n} \right|^2 \left(\left| h_{(s,k),n} \right|^2 + \left| h_{(s,R_i),n} \right|^2 \right)}{\sum_i \alpha_{R_i,k,n}}$$

$$c_6 = \frac{\left(2^{\frac{2r_{k,n}}{W}} - 1 \right) \Gamma \sigma^2 \left| h_{(R_i,k),n} \right|^2}{\sum_i \alpha_{R_i,k,n}}$$

求解 $\arg\min \left\{ \sum_{k=1}^{K_{BT}} \sum_{n=1}^{N} p_{(S,k),n} + p_{(R_i,k),n} \right\}$ 得到

$$p_{(s,k),n}^* = \sqrt{\frac{(c_1 c_6 - c_2 c_5) \cdot (c_4 c_5 - c_3 c_6)}{c_5^2 (c_5 - c_1 c_3)}} - \frac{c_6}{c_5} \tag{11-20}$$

然后根据式(11-19)计算 $p_{(R_i,k),n}^*$。

(2) BE 用户资源分配

完成对 RT 用户的资源分配后，剩余的资源将以最大化吞吐量为目标分配给 BE 用户。BE 用户的资源分配问题转化为一个多限制条件混合的 NP-hard 问题，不仅仅有功率、子载波的限制，同时也需要对中继节点和中继转发方式进行选择。为了解决这个问题，将其分为了两个子问题，一个解决联合的中继节点、中继转发策略和子载波的选择问题，另一个解决功率分配的问题。

(3) 联合中继节点、中继转发策略、子载波选择

假设用户和中继节点的功率均分，即 $p_{(s,k),n} = p_{(R_i,k),n} = p_{Totol}/2N$。中继节点、中继转发策略、子载波选择表示为

$$(k, R_i, \mu_{k,n}) = \arg\max \left\{ \sum_{k=1}^{K_{BE}} R_k \right\} \tag{11-21}$$

分别计算所有用户-中继对采用 AF 和 DF 在子载波 n 上的速率 R_k，将该子载波分配给能获得最大 R_k 的用户-中继对，并选取对应转发方式，具体算法流程如算法 2 所述。

算法 2　BE 业务的中继 & 转发策略 & 子载波选择

While　$\mathcal{N} \neq \emptyset$

　　$k \leftarrow \text{random}\{\mathcal{K}_{\text{BE}}\}$

　　$R_i \leftarrow \text{random}\{\mathcal{R}\}$

　　$\mu_{k,n} \leftarrow \text{random}\{0,1\}$

　　$(k, R_i, \mu_{k,n}) = \arg \max \left\{ \sum\limits_{k=1}^{K_{\text{BE}}} R_k \right\}$

　　$\rho_{k,n} = 1$

　　if　$R_i \neq 0$

　　　$\alpha_{R_i, k, n} = 1$

　　end　if

　　$N_k \leftarrow N_k + \{n\}$　$\mathcal{N} \leftarrow \mathcal{N} \backslash \{n\}$

end　while

（4）功率分配

解决了式（11-21）的问题之后，还剩下功率分配问题需要解决：

$$(p_{(S,k),n}, p_{(R_i,k),n}) = \arg \max \left\{ \sum_{k=1}^{K_{\text{BE}}} R_k \right\} \tag{11-22}$$

$$s.t. C1: \sum_{k=1}^{K_{\text{BE}}} \sum_{n=1}^{K_N} \left[\rho_{k,n} \cdot \left(p_{(S,k),n} + \sum_i \alpha_{R_i,k,n} p_{(R_i,k),n} \right) \right] \leqslant P_{\text{Total}} - P_{\text{RT}}$$

$$C2: p_{(s,k),n} \geqslant 0$$

$$C3: p_{(R_i,k),n} \geqslant 0$$

采用拉格朗日算法求解式（11-22），为限制条件 C1、C2 和 C3 分别引入拉格朗日乘子 λ_k, ξ_k^n 和 ζ_i^n，相应的拉格朗日公式可以表示为

$$L = \sum_{k=1}^{K_{\text{BE}}} R_k - \left\{ \sum_k \lambda_k \sum_n \left[\rho_{k,n} \cdot \left(p_{(s,k),n} + \sum_i \alpha_{R_i,k,n} p_{(R_i,k),n} \right) \right] - \right.$$

$$\left. (P_{\text{Total}} - P_{\text{RT}}) \right\} + \sum_k \xi_k^n p_{(s,k),n} + \sum_i \zeta_i^n p_{(R_i,k),n} \tag{11-23}$$

分别对 $p_{k,n}$ 和 $p_{(S,R_i),n}$ 求偏导：

$$\frac{\partial L}{\partial p_{(S,k),n}} = \sum_{k=1}^{K_{\text{BE}}} \frac{\partial R_k}{\partial P_{(S,k),n}} - \sum_k \lambda_k \sum_{n=1}^{N} \rho_{k,n} + \xi_k^n$$

$$= \sum_k \sum_n \left(\rho_{k,n} \cdot \frac{\partial r_{k,n}}{\partial p_{(s,k),n}} - \lambda_{k,n} \rho_{k,n} + \xi_k^n \right) = 0 \tag{11-24}$$

$$\frac{\partial L}{\partial p_{(R_i,k),n}} = \sum_{k=1}^{K_{BE}} \frac{\partial R_k}{\partial P_{(R_i,k),n}} - \sum_{k=1}^{K_{BE}} \lambda_k \left(\sum_{n=1}^{N} (\rho_{k,n} \sum_i \alpha_{R_i,k,n}) \right) + \zeta_i^n$$

$$= \sum_k \sum_n \left[\rho_{k,n} \cdot \frac{\partial r_{k,n}}{\partial p_{(s,k),n}} - \lambda_{k,n} (\rho_{k,n} \alpha_{R_i,k,n}) + \zeta_i^n \right] = 0 \quad (11\text{-}25)$$

下面对 DF、AF 两种策略分别计算：

$\mu_{k,n}=0$ 即采用 DF 策略，$p_{(S,k),n}$ 和 $p_{(R_i,S),n}$ 从以下两组解中选择可以获取更小 $r_{k,n}^{DF}$ 的值：

$$\left. \begin{array}{l} p_{(S,k),,n} = \left[\dfrac{1}{2D} - \dfrac{1}{g_2} \right]^+ \\[4mm] p_{(R_i,k),n} = 0 \end{array} \right\} \quad (11\text{-}26)$$

$$\left. \begin{array}{l} p_{(S,k),n} = \left[\dfrac{1}{2D} - \dfrac{1}{g_2} + \dfrac{\sqrt{g_1^2 - 4\alpha_{R_i,k,n} D^2 g_2 p_{(R_i,k),n}}}{2Dg_1^2} \right]^+ \\[5mm] p_{(R_i,k),n} = \left[\dfrac{1}{D} - \dfrac{(1+g_1 p_{(s,k),,n})^2}{g_2} \right]^+ \end{array} \right\} \quad (11\text{-}27)$$

式中，$[\cdot]^+$ 表示取正值，$D = \dfrac{\ln 2}{W} \lambda_{k,n}$，$g_1 = \dfrac{|h_{(S,k),n}|^2}{\Gamma\sigma^2}$，$g_2 = \dfrac{|h_{(S,R_i),n}|^2}{\Gamma\sigma^2}$，$g_3 = \dfrac{|h_{(R_i,k),n}|^2}{\Gamma\sigma^2}$。

$\mu_{k,n}=1$ 即采用 AF 策略，此时直接求解式(11-23)十分困难，在高 SNR 的条件下对其进行化简求解。

令 $p_{k,n}$ 表示在子载波 n 上分配给用户 k 的总功率，$k_{k,n}$ 表示功率分配系数。求解得

$$p_{k,n} = \frac{p_{\text{Total}} - p_{\text{RT}}}{\sum\limits_{k=1}^{K_{BE}} \sum\limits_{n=1}^{N} \rho_{k,n}} + \frac{\Gamma\sigma^2}{\sum\limits_{k=1}^{K_{BE}} \sum\limits_{n=1}^{N} \rho_{k,n}} \left[\left(\sum_{n=1}^{N} \rho_{k,n} \frac{1}{h_{k,n}} - \frac{\sum\limits_{k=1}^{K_{BE}} \sum\limits_{n=1}^{N} \rho_{k,n}}{h_{k,n}} \right) \right]^+ \quad (11\text{-}28)$$

因此，AF 方式的功率分配为

$$\left. \begin{array}{l} p_{(s,k),n} = k_{k,n} p_{k,n} \\[2mm] p_{(R_i,k),n} = (1-k_{k,n}) p_{k,n} \end{array} \right\} \quad (11\text{-}29)$$

3. 仿真及结果分析

本节对本章介绍的基于用户 QoS 的协作资源分配算法进行 Matlab 仿真验证。设置系统仿真场景为单小区场景，BS 位于小区中心，6 个中继节点以及用户均匀分布在小区中，如图 11-11 所示，小区中有一个基站且位于小区中心，六个中继均匀分布在距离基站为小区半径一半的圆周上。小区内同时存在 RT 用户和 BE 用户且随机分布，每个中继可以为多个用户进行服务。

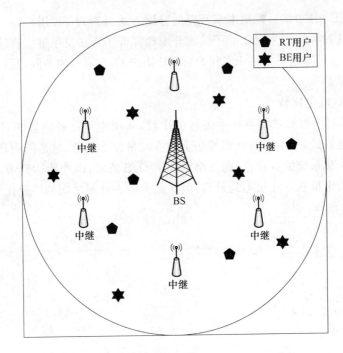

图 11-11　仿真场景模型

仿真参数的详细设置如表 11-3 所示。

表 11-3　仿真参数设置

参数	数值	
	RT	BE
噪声功率 N_0/W	1	1
用户数	1~25	1~25
误码率	10^{-4}	10^{-6}
速率门限/(kbit·s^{-1})	100	0
时延门限/ms	150	2 000
系统总功率 P/W	10	
系统总带宽/MHz	1	
子载波总数/N	128	

路径损耗模型为:$L=128.1+37.61\ gd$,为了对基于 QoS 的优化资源算法进行比较分析,本节考虑了 3 种不同的资源分配算法。算法Ⅰ为介绍算法,算法Ⅱ为固定分配和优化分配的混合资源分配算法,即将一部分固定的子信道分配给 RT 用户,将剩下的子信道分配给 BE 用户(例如,将子载波 1~64 分配给 RT 用户,子载波 65~

128 分配给 BE 用户）然后采用本章所提的分配方法分别对 BE 用户和 RT 用户进行资源分配。这种算法因为简化了子载波分配而降低了算法复杂度。算法Ⅲ为最大化吞吐量算法，这种算法不考虑 RT 用户和 BE 用户 QoS 要求的不同，只以最大化系统吞吐量为目标。

- 系统吞吐量比较

图 11-12 对 3 种算法的吞吐量进行了比较，从图中可以看出算法Ⅲ最大化吞吐量算法的吞吐量最高，本章所介绍算法Ⅰ的吞吐量比之稍差，这是因为算法Ⅲ的分配目标即为最大化系统的吞吐量，而忽略用户的 QoS 要求，因此能达到最高的吞吐量，本章所提算法Ⅰ虽然吞吐量不是最高，但与最大的吞吐量之间的差距比较小，也有较高的吞吐量。

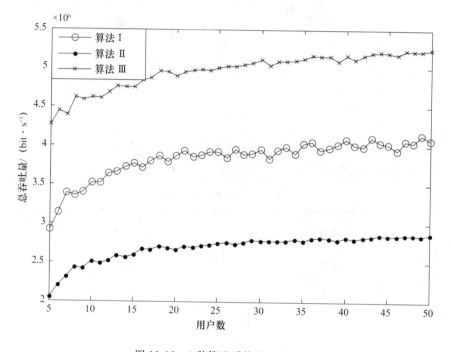

图 11-12　3 种算法系统吞吐量比较

- 用户速率比较

图 11-13 对 30 个用户时每个用户的速率进行了详细的展示，其中用户 1～15 为 RT 用户，16～30 为 BE 用户。从图中可以看出，前 15 个用户（即 RT 用户），算法Ⅰ和算法Ⅱ都达到了用户的最提速率要求 100 kbit/s，而算法Ⅲ的用户 3、5、10、11、13 都没有达到 QoS 要求。因为本章所提算法考虑了用户的速率门限，且在资源分配时优先最 RT 用户进行资源分配，使其 QoS 得到了保证。

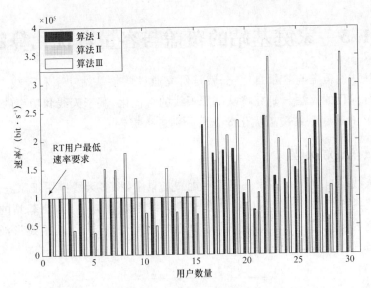

图 11-13 用户总数为 30 时每个用户的速率

• RT 用户丢包率比较

图 11-14 对 3 种算法的 RT 用户的丢包率进行了比较,从图中可以看出,算法Ⅲ用户的丢包率最大,在用户数为 50 时,已经达到了 7%,算法Ⅱ的丢包率较小,而本章所提算法丢包率一直几乎为 0。QoS 的资源分配算法中,首先对当前时延最大的用户分配了资源,并且是在保证对所有 RT 用户资源分配完成之后才对 BE 用户进行分配的,所以当用资源足够时,能够保证 RT 用户不会因为时延而产生丢包。而算法Ⅱ当用户数达到 32 时,因为 RT 用户的子载波数无法满足用户的需求而开始产生丢包。

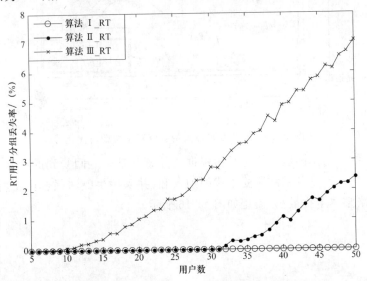

图 11-14 3 种算法 RT 业务的丢包率比较

11.3 家庭基站的覆盖与容量自优化算法

家庭基站的覆盖与容量自优化，就是研究通过调整基站功率和天线参数实现容量与覆盖自优化的算法。研究将从基于天线的自优化、基于天线和功率的联合优化、基于 CoMP 的家庭基站覆盖优化 3 方面分别进行报告。

11.3.1 系统模型

基于天线的自优化指在家庭基站自配置场景中，将多天线应用于家庭基站，根据覆盖和干扰的权值应用 MUSIC 算法自配置天线系数和方向图，使基站的覆盖范围与指定的室内环境相一致。考虑单个家庭基站的室内环境下，基于赋形波束的家庭基站覆盖自优化，其模型图如图 11-15 所示。

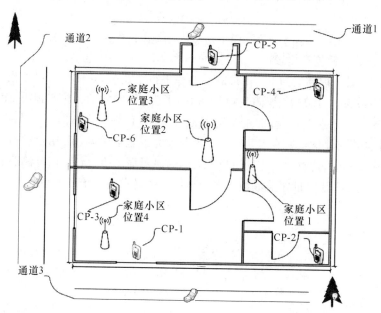

图 11-15　基于赋形波束的家庭基站覆盖自优化

基于天线和功率的联合优化是指根据相邻家庭基站之间受到的相互干扰，由家庭基站网关统一计算各基站所受干扰的加权和，并采用牛顿法联合优化所有基站的功率，使网络整体干扰最小，模型如图 11-16 所示。

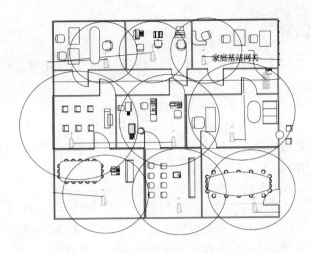

图 11-16   经过联合优化的家庭基站覆盖

基于 CoMP 的家庭基站覆盖优化从另一方面进行了家庭基站覆盖与容量的自由化。Femtocell 网络中多小区的 CoMP-JP 场景如图 11-17 所示,考虑了一个公共场所(企业)中的多 Femocell 网络,为了更明白地说明问题,假设所有的 Femtocell 都属于同一小区簇,从而可以清晰地反映出所介绍方法是如何大幅度降低联合多点协作传输算法的信令开销。在系统运行过程中,用户终端对多个小区的信道质量进行检测并将信道质量指示(CSI)信息通过回路反馈给服务小区。小区簇中的基站间交互相关用户与各个基站之间的信道状态信息,并独立进行多用户 CoMP 的预编码,以降低不同小区中分配相同时频资源的用户之间的相互干扰。

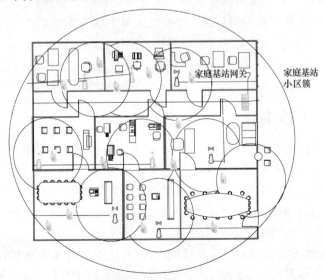

图 11-17   多 Femtocell 网络示意图

11.3.2　方法和算法

　　基于天线的自优化对室外用户的干扰可用下式计算，优化对室内用户的服务，同时减小对室外的干扰：

$$\omega = (A \cdot A^H)^{-1} \cdot A \cdot G$$

式中，$A = [a_{\theta_1}, \cdots, a_{\theta_l}]$，$G = [g_{\theta_1}, \cdots, g_{\theta_l}]$，$a_{\theta_l} = [1, e^{j\pi\cos(\theta_l - 2\pi/N)}, \cdots, e^{j\pi\cos(\theta_l - 2\pi \cdot L/N)}]$。

　　对基于天线和功率的联合优化进一步通过计算网络中用户容量的加权和，得出网络容量最优化方程

$$f_{\text{obj}} = \max \left\{ \log_2 \prod_{i=1}^{N} \left(\sum_{l=1}^{M} \varepsilon_{l,i} g_{l,i}^t + n_0 \right) - \log_2 \prod_{i=1}^{N} \left(\sum_{l=1, l \neq k}^{M} \varepsilon_{l,i} g_{l,i}^t + n_0 \right) \right\}$$

式中，f_{obj} 是优化目标，即网络容量最大化，$\varepsilon_{l,i}$ 是发送功率、路损等因子的乘积，在较短的时间内可认为是定值，$g_{l,i}^t$ 是各个基站的天线在不同方向的权值。联合优化方程中的天线因子 $g_{l,i}^t$，使各个基站的天线覆盖相互协调，减小干扰并优化覆盖，使网络容量达到最大化。

　　而在基于 CoMP 的家庭基站覆盖优化中最关键的问题是如何确定预编码矩阵 W_m，以减少不同小区同信道用户间的干扰和增强系统的频谱效率。对此有不同的解决策略，进而产生了相应的预编码方法，基于多个小区的合作，提出了不需要在小区间共享用户数据，并且可以在相同信道上为多个用户分别提供空间复用增益的 Femtocell 网络的吞吐量最大化的 BD-SVD 预编码方法。

　　多用户 MIMO 系统会产生用户间的额外干扰，消除这一干扰的有效办法是采用合适的预处理技术，例如块对角化编码。块对角化算法是一种应用于多用户 MIMO 系统下行链路中的线性预编码技术。对角化是从迫零波束成形算法改进而来的一种优化算法，它主要的优点是与脏纸编码算法或循环的发送接收端波束成型算法相比，复杂度较低，并可以在用户组中消除用户之间的干扰。它通过完全消除用户间的干扰，将一个多用户的 MIMO 信道并行分解成多个独立的单用户 MIMO 信道。

11.3.3　分析和推导

　　针对基于天线的自优化，图 11-18 所示为本方法所对应的场景中，天线根据各方向扩大覆盖和减小对外干扰的权值进行自配置后的方向图。

　　按照优化覆盖和减小对外干扰的权值，对天线调整方向图前后室外经过的用户发生切换概率分别如图 11-19 所示，可以看出赋形后的家庭基站对外干扰明显减小，同时也大大避免了给网络带来额外负荷。

　　另外，还设计了在家庭基站运行过程中，针对周围网络环境即宏小区功率的变化自动调节发射功率及天线方向图，优化室内覆盖和对外干扰的算法。具体来说，当在某一方向上发生用户不必要切换时，则求出与这一切换方向最接近的天线方向图的

既定方向,若是:(i) 宏小区用户切换到家庭基站又在短时间内(<门限值)切回宏小区,则根据步长 Δ 减小这一方向的家庭基站的天线增益;(ii) 家庭基站用户切换到宏小区又在短时间内(<门限值)切回基站,则根据步长 Δ 增大这一方向的家庭基站的天线增益。

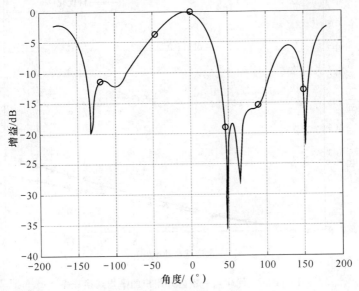

图 11-18 天线方向图

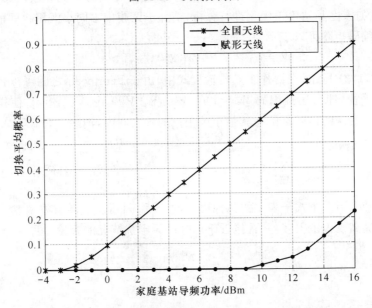

图 11-19 室外用户在家庭基站波束赋形前后的切换概率

　　由图 11-20 可见，进行优化后室内外用户的总的切换概率明显减小，提高了室内用户的服务质量，同时降低了对室外网络用户的干扰。

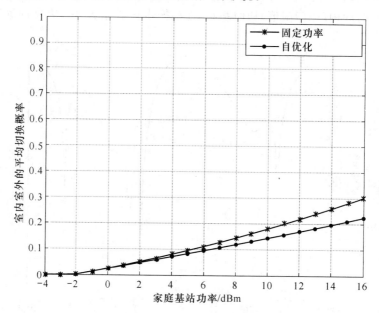

图 11-20　优化前后室内外用户的平均切换概率

　　此外还可以根据 Femtocell 网络环境的特点，借鉴块对角化算法的思想，来对基于 COMP 的家庭基站覆盖优化进行分析，消除小区簇中不同小区用户间的干扰。进一步将预编码矩阵可以表示为

$$W_i = [\,\overline{V}_1^{(0)} V_1^{(1)},\overline{V}_2^{(0)} V_2^{(1)},\cdots,\overline{V}_M^{(0)} V_M^{(1)}\,]$$

　　如图 11-21 所示，在协作多点传输模式中，由于 Femtocell 之间可以借助预编码消除相互干扰，即采用预编码 $W_i = [\,\overline{V}_1^{(0)} V_1^{(1)},\overline{V}_2^{(0)} V_2^{(1)},\cdots,\overline{V}_M^{(0)} V_M^{(1)}\,]$，使得每个小区向自己用户发送的信号都落在其他小区用户的零空间内，消除了公式

$$\mathrm{SINR}_{m,t} = \frac{|\,A_m(t,t)\,|^2 P_m}{\displaystyle\sum_{\substack{i=1 \\ i \neq u}}^{u} |\,(A_m(t,i)\,|^2 P_m + \sum_{\substack{j=1 \\ j \neq m}}^{M} |\,A_m^j(t,t)\,|^2 P_j + \sigma^2}$$

中分母上第二个式子表示的其他用户的干扰，因而容量随着发射功率的增大和信噪比的提高改善了很多，并且接近于理想的无干扰情况的容量。

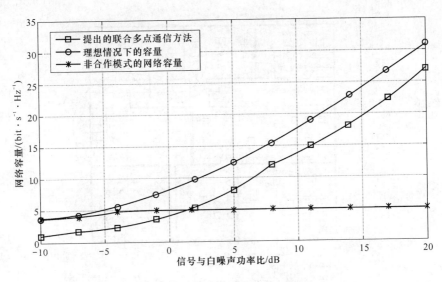

图 11-21 Femtocell 网络容量性能

11.3.4 结果和性能

对基于天线的自优化进行仿真,通过家庭基站的赋形波束,可以有效地降低家庭基站网络与宏蜂窝网络的干扰,减小室内的家庭基站用户和周围的室外宏蜂窝用户的掉话率。优化前后室内外用户的平均切换概率如图 11-22 所示。通过联合的家庭基站的功率控制,优化了家庭基站网络的覆盖,降低了邻小区之间的干扰,如图 11-23 所示。

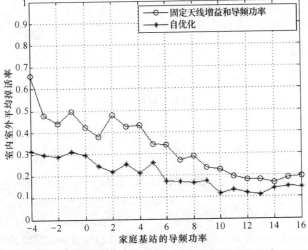

图 11-22 优化前后室内外用户的平均切换概率

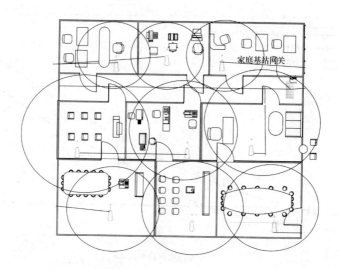

图 11-23   优化后家庭基站网络覆盖情况

通过联合的多家庭基站功率和天线参数的优化,降低了家庭基站之间的干扰,优化了整个公共家庭基站网络的覆盖,提高了网络的容量,如图 11-24 所示。

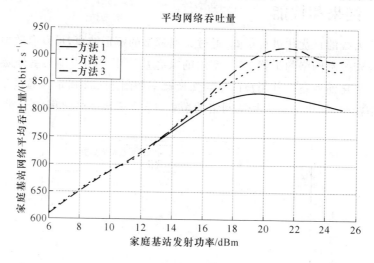

图 11-24   优化前后网络容量的对比

参 考 文 献

[1]   M Peng,Y Liu,D Wei,et al. Hierarchical Cooperative Relay Based Heterogeneous Networks [J]. IEEE Wireless Communications,2011,18(3)：48-56.

[2]   H Chen,C Wang,M Peng. Evolution of Air-Link Technologies for Futuristic

Wireless Communications [J]. IET Communications,2012,6(3)：243-245.

[3] B Han,W Wang,Y Li,et al. Investigation of Interference Margin for the Co-existence of Macrocell and Femtocell in OFDMA Systems[J],IEEE System Journal,2013,7(1)：59-67.

[4] Mugen Peng,Xiang Zhang,Wenbo Wang. Performance of Orthogonal and Co-Channel Resource Assignments for Femto-Cells in LTE Systems [J]. IET Communication,2011,7(5)：996-1005.

[5] 苗小康,沈嘉,宋令阳,等. 分层异构无线网络干扰协调——挑战和应对[J]. 移动通信,2009 (24)：63-67.